Niedersachsen

SPEKTRUM

PHYSIK 9/10

Gymnasium

Schroedel
westermann

SPEKTRUM
PHYSIK 9/10 Niedersachsen

Bearbeitet von
Thomas Appel, Northeim
Manfred Klostermann, Vechta
Sigrun Otte-Spille, Hemmingen
Wolfgang Rieger, Bad Düben

Unter Mitarbeit von
Jürgen Bissel, Frank Eiselt, Ulrich Fries, Gerhard Glas,
Jens Gössing, Norbert Goldenstein, Dagmar Günther,
Katja von Jagow, Frank Küchenberg, Michael Langer,
Prof.em Dr. Hansjoachim Lechner†, Dietmar Lohmann,
Dr. Michael Müller, Georg Peters, Dr. Karl Sarnow,
Jürgen M. Schröder, Rainer Serret, Reinhard Stumpf,
Kerstin Sube, Petra Ullrich, Michael Voß, Thea Wolf,
Gottfried Wolfermann, Martin Zieris

© 2016 Westermann Bildungsmedien Verlag GmbH,
Georg-Westermann-Allee 66, 38104 Braunschweig
www.westermann.de

Druck A^5 / Jahr 2023
Alle Drucke der Serie A sind im Unterricht parallel verwendbar.

Redaktion: Bernd Trambauer; Dr. Sebastian Linden
Fotos: Michael Fabian; Markus Mettin; Hans Tegen
Grafik: CMS - Cross Media Solutions GmbH, Würzburg;
deckermedia GbR, Vechelde; Lithos, Wolfenbüttel; Lüddecke,
Liselotte, Hannover; Mall, Karin, Berlin; newVISION! GmbH,
Pattensen OT Reden; Rinke, Volkmar, Villingen-Schwenningen;
Scheid, Walther-Maria, Berlin; Schlief, Birgit und Olaf, Lachen-
dorf
Umschlaggestaltung: Janssen Kahlert Design & Kommunikation
GmbH, Hannover
Satz: CMS – Cross Media Solutions GmbH, Würzburg
Repro/Druck/Bindung: Westermann Druck GmbH,
Georg-Westermann-Allee 66, 38104 Braunschweig

ISBN 978-3-507-**86788**-8

Strukturelemente

Sachtexte
Sie vermitteln das Fachwissen und die Kompetenzen ins-
besondere aus den Bereichen der Erkenntnisgewinnung,
Kommunikation und Bewertung.

Werkzeug
Diese Arbeitstechniken und Fertigkeiten ermöglichen eine
erfolgreiche Auseinandersetzung mit den physikalischen
Inhalten und helfen beim Erwerb prozessbezogener Kompetenzen naturwissenschaftlichen Arbeitens.

Durchblick
Einzelaspekte werden vertieft oder in größeren Zusammenhängen reflektiert, wodurch Überblickswissen entsteht. Die dabei erworbenen Kompetenzen befähigen zur
bewussten Auseinandersetzung mit naturwissenschaftlichen Verfahren und ihren Ergebnissen.

Grundwissen und Vertiefung
Das **Grundwissen** fasst die wesentlichen Inhalte grafisch
zusammen. Lebensweltliche, zur Aufschlüsselung anre-
gende Situationen bilden die Basis von Aufgaben, die das
physikalische Wissen aktivieren.
Die **Vertiefung** bietet in Form von projektartigen Aufträgen
oder Versuchen und anspruchsvollen Aufgaben die Möglichkeit, die Inhalte der Sachtexte zu erweitern.

Projekt
Sie fordern selbsttätige Erarbeitung fach- und prozessbezogener Kompetenzen und ermöglichen ergänzend zu
den Sachtexten ein kontextgebundenes Lernen.

Versuche und Aufträge
Damit können wichtige physikalische Inhalte selbstständig
erarbeitet werden.

Pinnwand
Sie bieten Anregungen, die im Unterricht erarbeiteten ver-
bindlichen Inhalte mit außerschulischen Sachverhalten in
Verbindung zu bringen, und stellen so Kontexte her.

Streifzug
Streifzüge enthalten u. a. anwendungsorientierte, oft fächer-
übergreifende Bezüge, die über die verpflichtenden Inhalte
hinausgehen. Sie vertiefen die Inhalte der Sachtexte oder
ergänzen sie durch Ausblicke in andere Fächer.

Basiskonzepte
Jede Sachtextseite ist einem Basiskonzept (*System,
Wechselwirkung, Materie* oder *Energie)* zugeordnet.

Inhalt

Energie und Energieerhaltung

Bricht ein Vulkan aus, werden leichtere Lava-brocken in die Höhe geschleudert, größere Lavamassen fließen den Vulkan herab. Stürzt die Lava dabei ins Meer, so erhitzt sie das Wasser bis es siedet und verdampft. Die Lava kühlt sich dabei ab und erstarrt.

In diesem Kapitel lernst du, wie die Energie eines hochgeschleuderten Körpers berechnet wird. Du erfährst, welcher Zusammenhang zwischen der Geschwindigkeit und der Bewe-gungsenergie eines Körpers bestehen, welche physikalischen Größen die Energie im Innern eines Körpers bestimmen und unter welchen Voraussetzungen Körper schmelzen, verdamp-fen oder erstarren.

■ **Auto fällt vom Kran:** Autoverbände oder die Polizei veranstalten immer wieder einen spektakulären Versuch: Mithilfe eines Krans wird ein PKW 10 m über den Boden gehoben und dann fallen gelassen. Die Wucht des Aufpralls entspricht einem Frontalzusammenstoß mit einer Geschwindigkeit von etwa 50 $\frac{km}{h}$.
Gibt es Formeln für die hierbei beteiligten Energieformen Höhenenergie und Bewegungsenergie, mit denen sich ein Zusammenhang zwischen Höhe und Geschwindigkeit herstellen lässt? Was hat das Prinzip von der Erhaltung der Energie damit zu tun?

■ **Schmelzen von Alu:** Aluminium ist ein Metall, das in vielen Bereichen unseres Lebens Einzug gehalten hat – ob es die Felgen am Auto oder große Teile des Motors sind oder die Pfannen in der Küche. Warum wird oft Aluminium und nicht Stahl oder Eisen verwendet? Gegenstände aus Aluminium sind deutlich leichter als solche aus Eisen oder Stahl; außerdem hat Aluminium eine deutlich niedrigere Schmelztemperatur. Zum Gießen von geformten Körpern ist bei Aluminium daher weniger Energie nötig.

■ **Wassertürme wollen hoch hinaus:** Wassertürme werden heute noch verwendet, um Städte mit Wasser zu versorgen. In Zeiten geringen Wasserverbrauches werden die Türme, die höher als die angeschlossenen Verbraucher liegen, mittels Pumpen gefüllt. Die dadurch gewonnene Höhenenergie wird in Zeiten eines Spitzenverbrauchs von Trinkwasser genutzt, um den Wasserdruck überall konstant zu halten: Die Türme leeren sich.

■ **Stein oder Wasser?** Früher wurden oft Wärmesteine ins Bett gelegt, damit es dort nicht so kalt war. Heute werden eher Wasser gefüllte Wärmflaschen verwendet. Ob das energetisch günstiger ist? Zumindest ist es weniger laut, wenn die „Wärmflasche" aus dem Bett fällt und die Anzahl der „blauen Flecken" wird durch sie wohl auch reduziert.

Vorbereitung

1 Lies die Texte dieser beiden Seiten durch und betrachte die zugehörigen Bilder. Schreibe zu den einzelnen Themen Fragen auf, die du dazu hast.

2 Blättere das folgende Kapitel durch, lies die Überschriften und betrachte die Bilder. Notiere neben den Fragen aus **1** die Seitenzahlen, die deiner Meinung nach Antworten zu deinen Fragen liefern könnten.

3 Überlege und schreibe auf, was du in Experimenten untersuchen möchtest. Vielleicht hast du ja schon Ideen, wie die Versuche aussehen könnten.

4 Studiere die im Vorwissen „Energie" auf Seite 8 dargestellten Zusammenhänge. Schreibe dazu die wichtigsten Begriffe zusammen mit einer kurzen Erklärung auf.

Vorwissen | Energie und Energieerhaltung

- Energie ist erforderlich, damit Vorgänge ablaufen können.
- Energie tritt in unterschiedlichen Formen, auf die ineinander gewandelt werden können.
- Bei einer Energiewandlung wird meist ein Teil der Energie an die Umgebung abgegeben und ist nicht mehr nutzbar.
- Energie geht nie verloren, sie wandelt nur ihre Form.

wichtige Energieformen:
Höhenenergie
Bewegungsenergie
elektrische Energie
innere Energie
Lichtenergie

Energieflussdiagramme:

ENERGIE

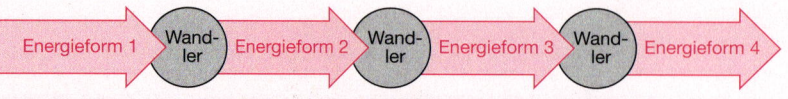

Energieform 1 — Wandler — Energieform 2 — Wandler — Energieform 3 — Wandler — Energieform 4

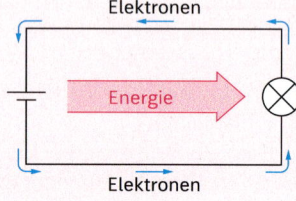

Elektronen

Energie

Elektronen

Einheit der Energie: 1 J (Joule)   1 kJ = 1000 J   1 kWh = 3,6 Mio J

Elektrische Stromkreise haben den Zweck, Energie von einer Quelle zu einem Gerät zu übertragen. Für diesen Energiestrom ist ein **Träger** nötig. Das ist der Kreislauf der strömenden Elektronen bzw. der fließenden Ladung.
Die **Spannung** U (in V) ist ein Maß für die Größe des Antriebs, den die Quelle den Elektronen gibt. Die Spannung gibt an, wie viel Energie pro Ladung eine Quelle zur Verfügung stellt.
Die **Stromstärke** I (in A) ist ein Maß für die pro Zeitdauer t geflossene Anzahl an Elektronen bzw. Ladungen.

Wie viel Energie strömt, wird durch die **Energiestromstärke** P ausgedrückt:
$$\text{Energiestromstärke} = \frac{\text{Energie}}{\text{Zeit}} \text{ oder } P = \frac{E}{t}.$$
Die Einheit ist $1\,\text{Watt} = 1\,\text{W} = 1\frac{\text{J}}{\text{s}}$.
Bei Elektrogeräten wir die Energiestromstärke als **Leistung** bezeichnet.

WECHSELWIRKUNG

Bewegungen sind gleichförmig, wenn in gleichen Zeitabschnitten Δt gleiche Wegstrecken Δs zurückgelegt werden.
Die **Geschwindigkeit** ist bei gleichförmigen Bewegungen konstant. Der Quotient aus zurückgelegtem Weg Δs und dafür benötigter Zeit Δt ist die Geschwindigkeit v des Körpers: $v = \frac{\Delta s}{\Delta t}$.
Einheiten sind $1\frac{\text{m}}{\text{s}}$ oder $1\frac{\text{km}}{\text{h}}$.

Die Erde übt auf jeden Körper die **Erdanziehungskraft** $F_E = m \cdot g$ aus, wobei g der Ortsfaktor ist: $g = 9{,}81\frac{\text{N}}{\text{kg}}$.

Reibungskräfte sind bei Bewegungen unvermeidlich. Sie bremsen den sich bewegenden Körper ab. Dabei wird Energie und die Umwelt abgegeben.

Festkörper
Die Teilchen liegen dicht an dicht und halten sich gegenseitig auf ihren Plätzen fest; sie können nur ein wenig hin und her zittern.

Flüssigkeit
Die Teilchen hängen nur locker aneinander und können ihre Plätze tauschen; sie liegen so dicht beieinander wie im Festkörper.

Luft/Gase
Die Teilchen sind nicht miteinander verbunden, sondern völlig frei beweglich.

Am absoluten Nullpunkt sind alle Teilchen völlig in Ruhe. Das ist der Nullpunkt der Kelvin-Skala. Tiefere Temperaturen gibt es nicht.

Materie

Temperatur

gasförmig

Siedetemperatur

Sieden — flüssig — Kondensieren

Resublimieren — Sublimieren

Schmelztemperatur

Schmelzen — Erstarren

fest

Mechanische Energieformen

Die mechanischen Energieformen und ihre Wandlungen bestimmten früher viele Prozesse des täglichen Lebens und tun es auch heute noch. Hierbei können der Spaß, wie bei Spielzeug oder in Vergnügungsparks, aber auch die Bewältigung von Tätigkeiten im Alltag im Vordergrund stehen.

P1 a) Erstellt eine Übersicht von Kinderspielzeug, dessen Funktion auf der Wandlung von mechanischen Energieformen beruht. Ergänzt die Vorschläge „Auto mit Friktionsmotor", „Flugzeug mit Gummimotor" um eigene Beispiele.
b) Erklärt, welche Energieformen ineinander gewandelt werden.

P2 Auf Volksfesten und in den zahlreichen Vergnügungsparks gibt es Attraktionen, die auf dem physikalischen Prozess der Energiewandlung beruhen.
a) Ergänzt die bekanntesten Attraktionen „Achterbahn" und „Wildwasserbahn" um eigene Beispiele. Beschreibt die Wandlungsprozesse.
b) Fotografiert eine Achterbahn aus großer Distanz und die Wagen in einzelnen Abschnitten der Bahn.

Nutzt die Fotos, um die Situationen hinsichtlich der Bewegungen und mechanischen Energieformen zu beschreiben.

P3 a) Vor der Erfindung des Elektromotors wurden viele Maschinen mechanisch angetrieben. Erkundigt euch zum Beispiel im Internet oder in einem Museum, wie diese Antriebe aufgebaut waren. Was geschah dabei aus energetischer Sicht?
b) Auf vielen Baustellen wird die Energiewandlung bei Maschinen genutzt. Beschreibt die mechanische Energiewandlungen auf einer Baustelle z. B. in Form eines Plakats.

Gebäude heizen

P1 Abgesehen von wenigen Sommermonaten, müssen die meisten Gebäude ständig mehr oder weniger beheizt werden. Außerdem muss Warmwasser bereitgestellt werden.
a) Erkundigt euch, wie groß die Menge des benötigten **Brennstoffs** für euer Haus (eure Wohnung oder eure Schule) im letzten Jahr war. Recherchiert die aktuellen Preise und berechnet die Heizkosten für ein Jahr.
b) Ermittelt mithilfe des **Heizwerts** des Brennstoffs (die Heizwerte können einem Tafelwerk entnommen werden) die Menge der durch den Brennstoff gelieferten Energie. Wählt eine anschauliche Zahlendarstellung.
c) Moderne Gas- und Ölheizungen nutzen den sogenannten **Brennwerteffekt**. Recherchiert, was darunter zu verstehen ist und stellt den Sachverhalt verständlich dar.

P2 a) In Mehrfamilienhäusern muss für jede Wohnung die von der Zentralheizung gelieferte Energie gesondert festgestellt werden. Dazu befinden sich an jedem Heizkörper einer Wohnung kleine Geräte, die **Heizkostenverteiler** genannt werden. An ihnen wird nur eine dimensionslose Zahl abgelesen.

Recherchiert, welche Modelle es gibt und nach welchem Prinzip sie funktionieren.
b) Findet durch Messungen heraus, wie die **Temperaturverteilung** auf verschiedenen Heizkörpern ist. Fertigt dann farbige Zeichnungen der Temperaturverteilung an und tragt darin eure Messwerte ein. Vergleicht die von euch ermittelten Temperaturverteilungen mit den Empfehlungen von Fachleuten.

Energie und Leistung

Große Wassermengen, die in der Höhe gestaut oder in die Höhe gepumpt wurden, speichern Energie – Höhenenergie. Diese Energie kann nach der Wandlung in Bewegungsenergie im Kraftwerk zur Gewinnung elektrischer Energie genutzt werden. Gibt es Formeln, mit denen Energiemengen berechnet und somit verglichen werden können?

Höhenenergie

Hat ein Körper Energie, kann er etwas bewegen, anheben, verformen oder andere Wirkungen hervorrufen. Aus der Größe dieser Wirkung lässt sich auf die Größe der Energie des Körpers schließen. Wird ein Haus auf sumpfigem Grund gebaut, werden Pfähle in die Erde getrieben, um die nötige Festigkeit für das Fundament zu schaffen. Diese Arbeit erledigt eine Pfahlramme, bei der ein schwerer Klotz immer wieder auf den Pfahl herunterfällt und ihn so in den Boden treibt. Wie lässt sich seine **Energie** berechnen?

Ein fallender Tonnenfuß treibt Nägel in einen Styroporklotz. Aus ihrer Eindringtiefe lässt sich schließen, wie groß die Energie des Tonnenfußes vor dem Auftreffen war: Wegen des Energieerhaltungssatzes ist diese Energie genau so groß wie die Energie, die der Tonnenfuß vor dem Fallen in der Höhe h hatte; sie wird als seine **Höhenenergie** bezeichnet:

① und ②: Je größer die Höhe h ist, aus der der Körper fällt, desto weiter wird der Nagel in das Styropor hineingetrieben. Bei doppelter Höhe geht der Nagel auch etwa doppelt so tief hinein; also ist die Höhenenergie in diesem Fall auch doppelt so groß gewesen. Es gilt also $E_{\text{Höhe}} \sim h$.
③ Je größer die Masse m des Körpers ist, desto tiefer dringt der Nagel ein. Fallen zwei Tonnenfüße mit insgesamt doppelter Masse m aus der ursprünglichen Höhe, so hatten sie die doppelte Höhenenergie. Also gilt $E_{\text{Höhe}} \sim m$. Diese beiden Proportionalitäten können zu einer zusammengefasst werden:
$E_{\text{Höhe}} \sim m \cdot h$.

Eine theoretische Überlegung führt zu einer weiteren Proportionalität. $E_{\text{Höhe}}$ muss auch proportional zum Ortsfaktor g sein, denn ohne die Anziehungskraft

durch die Erde oder den Mond gibt es auch keine Höhenenergie. Zusammengefasst:

$$E_{\text{Höhe}} = m \cdot g \cdot h = F_{\text{E}} \cdot h.$$

Als Einheit für die Energie ergibt sich 1 N·m; abgekürzt **1 Nm = 1 J = 1 Joule,** benannt nach dem Engländer JAMES PRESCOTT JOULE (1818–1898), der bahnbrechende Veröffentlichungen zu Energie und Energiewandlungen machte.

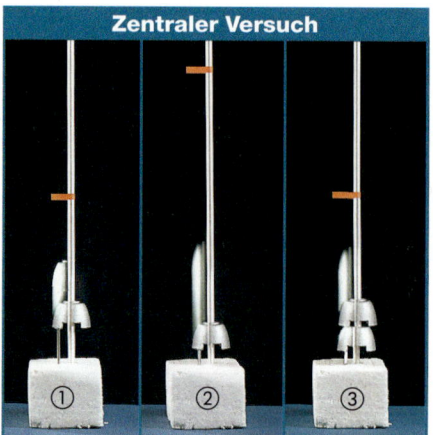

Zentraler Versuch

① ② ③

Die Höhe h ist dabei kein absoluter Wert. Im Versuch wurde die Höhe zur Styroporoberfläche betrachtet. Es könnte aber auch die Höhe zur Tischplatte oder zum Fußboden betrachtet werden: relevant ist nur die Höhendifferenz Δh.

Wird ein Körper mit der Masse m um die Höhe Δh gehoben, dann ändert sich seine Höhenenergie um
$\Delta E_{\text{Höhe}} = m \cdot g \cdot \Delta h$.

| **Durchblick** | **Der Nullpunkt bestimmt ΔE** |

Hat ein Körper (Masse m), der von einem Tisch (Höhe h_1) aus um eine Strecke h senkrecht nach oben gehoben wird am Ende tatsächlich die Höhenenergie $E_{\text{Höhe}} = m \cdot g \cdot h$?
Ja und nein, lautet die Antwort. Es hängt davon ab, wo die Nulllage, d. h. der Ort mit der Höhe $h_0 = 0$, definiert wird:
Ist der Fußboden die Nulllage, so ergibt sich für die Höhenenergie nach dem Anheben $E_{\text{Höhe}} = m \cdot g \cdot (h_1 + h)$;
ist die Tischfläche die Nulllage, ergibt sich $E_{\text{Höhe}} = m \cdot g \cdot h$.
Für die Festlegung des Nullpunkts gibt es eine einfache Regel: „Die Nulllage ist dort, wo das Heben beginnt."

Mechanische Energie und Arbeit

Ein Körper bekommt Höhenenergie, wenn er gegen die Erdanziehungskraftkraft F_E um eine Strecke Δh gehoben wird:
$$\Delta E_{\text{Höhe}} = F_E \cdot \Delta h.$$

Fällt nun der Körper aus der Höhe h nach unten, so ist nach dem Energieerhaltungssatz seine Bewegungsenergie im tiefsten Punkt genauso groß wie seine anfängliche Höhenenergie:
$$E_{\text{Bew}} = \Delta E_{\text{Höhe}} = F_E \cdot \Delta h.$$

Dies lässt sich auch so interpretieren: Wenn ein Körper fällt, wirkt auf ihn längs der Strecke Δs ($= \Delta h$) die Erdanziehungskraft F ($= F_E$). Dadurch bekommt er Bewegungsenergie. Für den Energiezuwachs gilt
$$\Delta E_{\text{Bew}} = F \cdot \Delta s.$$

Analog gilt für Reibungsvorgänge: Wird ein Körper durch eine Kraft F (entgegengesetzt gleich der Reibungskraft F_{Reib}) längs der Strecke Δs verschoben, so ist dafür Energie nötig:
$$E_{\text{Reib}} = F_{\text{Reib}} \cdot \Delta s.$$

Generell gilt: Wird ein Körper mit einer konstanten Kraft F längs einer Strecke Δs bewegt, so ändert sich seine Energie E um
$$\Delta E = F \cdot \Delta s.$$

ΔE ist die Energie, die einem Körper zugeführt werden muss, um den Weg Δs gegen eine Kraft F zurückzulegen. Sie wird auch als **Arbeit W** bezeichnet.

Aber Achtung: Die Gleichung $\Delta E = F \cdot \Delta s$ darf nur angewandt werden, wenn F und Δs die gleiche Richtung haben. Bei Bewegungen parallel zur Erdoberfläche darf für F z.B. nicht die Gewichtskraft F_G eingesetzt werden, denn die steht ja senkrecht auf der Verschiebungsstrecke Δs.

Ein Beispiel dafür, dass nur die Kraft in Richtung der Verschiebungsstrecke Δs verwendet werden darf, ist die schiefe Ebene:

Zentraler Versuch

- Wird der Wagen senkrecht um die Höhe Δh nach oben „gezogen" (gehoben), so ist die Zugkraft F_{Zug} so groß wie die Gewichtskraft F_G. Der Wagen bekommt durch das Hochheben die Höhenenergie $E_{\text{Höhe}} = F_{\text{Zug}} \cdot \Delta h$
- Ist die schiefe Ebene doppelt so lang wie die Hubhöhe, so ist als Zugkraft F_{Zug} nur noch die Hälfte der Gewichtskraft nötig, bei dreifacher Länge nur noch $\frac{1}{3}$ usw.

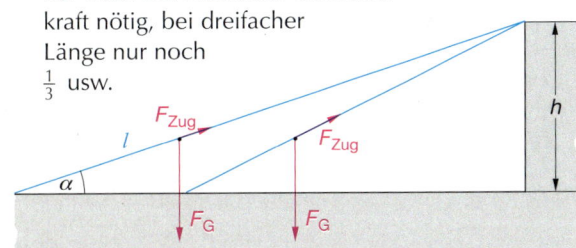

Das ist aber nicht weiter verwunderlich, denn in allen Fällen wird der Wagen ja auf dieselbe Höhe gebracht, bekommt also die gleiche Höhenenergie.

Wird ein Körper durch eine Kraft F längs einer Strecke Δs bewegt, so ändert sich seine Energie um $\Delta E = F \cdot \Delta s$.

Rechenbeispiel

Der Rammklotz einer Pfahlramme mit der Masse 450 kg fällt aus einer Höhe von 3,90 m herab. Berechne seine Höhenenergie vor dem Herabfallen.

Geg.: $m = 450$ kg; $\Delta h = 3,90$ m; $g = 9,81\ \frac{N}{kg}$

Ges.: $E_{\text{Höhe}}$

Lösung: $E_{\text{Höhe}} = m \cdot g \cdot \Delta h$
$= 450\ \text{kg} \cdot 9,81\ \frac{N}{kg} \cdot 3,90\ \text{m}$
$= 17\,216,55\ \text{Nm} = 17\,217\ \text{J} = 17,2\ \text{kJ}$

Die Höhenenergie des Rammklotzes betrug 17,2 kJ.

Aufgaben

1 Berechne die Höhe, auf die ein gefüllter 10 ℓ-Wassereimer gehoben werden müsste, damit er genauso viel Energie hat wie der Rammklotz im Rechenbeispiel. (Masse des Eimers 360 g)

2 In einem Pumpspeicherwerk beträgt der Höhenunterschied zwischen dem Speicherbecken und den Turbinen 90 m. Bestimme die Höhenenergie der 3,8 Mio. m³ Wasser im Speicherbecken, die unten in elektrische Energie gewandelt wird.

3 Gib die Änderung der Höhenenergie eines Körpers an, wenn sich seine Höhe verdreifacht und seine Masse verdoppelt.

Bewegungsenergie

Zentraler Versuch

Um den Zusammenhang zwischen Bewegungsenergie und Geschwindigkeit herauszufinden, fährt ein Wagen gegen ein bewegliches Hindernis. Der Weg, auf dem der Wagen abgebremst wird, entspricht der Verschiebungsstrecke Δs des Hindernisses. Die zum Verschieben nötige Energie kommt aus der Bewegungsenergie des Wagens. Sie berechnet sich aus $E_{\text{Reib}} = F_{\text{Reib}} \cdot \Delta s$. Die Reibungskraft kann mit einem Federkraftmesser bestimmt werden. Die Geschwindigkeit des Wagens wird variiert und gemessen.

- Wird die Aufprallgeschwindigkeit verdoppelt bzw. verdreifacht, so vervierfacht bzw. verneunfacht sich der Bremsweg in etwa. Die Bewegungsenergie des Wagens ist proportional zum Quadrat der Geschwindigkeit: $E_{\text{Bew}} \sim v^2$.
- Natürlich spielt auch die Masse des Wagens eine Rolle: Je größer seine Masse, desto länger der Bremsweg, desto größer also seine Bewegungsenergie. Genaue Messungen wie in der Tabelle unten zeigen, dass gilt: $E_{\text{Bew}} \sim m$.

Beide Proportionalitäten lassen sich zu einer zusammenfassen: $E_{\text{Bew}} \sim m \cdot v^2$.

m	v	Δs	$m \cdot v^2$	$F_{\text{Reib}} \cdot \Delta s$
50 g	$0{,}30\,\frac{m}{s}$	0,023 m	$0{,}005\ \text{kg}\,\frac{m^2}{s^2}$	0,003 J
50 g	$0{,}63\,\frac{m}{s}$	0,079 m	$0{,}020\ \text{kg}\,\frac{m^2}{s^2}$	0,010 J
50 g	$0{,}91\,\frac{m}{s}$	0,180 m	$0{,}041\ \text{kg}\,\frac{m^2}{s^2}$	0,023 J
100 g	$0{,}30\,\frac{m}{s}$	0,038 m	$0{,}009\ \text{kg}\,\frac{m^2}{s^2}$	0,005 J
100 g	$0{,}63\,\frac{m}{s}$	0,154 m	$0{,}040\ \text{kg}\,\frac{m^2}{s^2}$	0,020 J
100 g	$0{,}91\,\frac{m}{s}$	0,343 m	$0{,}083\ \text{kg}\,\frac{m^2}{s^2}$	0,045 J
150 g	$0{,}30\,\frac{m}{s}$	0,058 m	$0{,}014\ \text{kg}\,\frac{m^2}{s^2}$	0,008 J
150 g	$0{,}63\,\frac{m}{s}$	0,236 m	$0{,}060\ \text{kg}\,\frac{m^2}{s^2}$	0,031 J
150 g	$0{,}91\,\frac{m}{s}$	0,521 m	$0{,}124\ \text{kg}\,\frac{m^2}{s^2}$	0,068 J

$F_{\text{Reib}} = 0{,}13$ N

Für eine Gleichung fehlt noch der Proportionalitätsfaktor. Er ergibt sich bei einer proportionalen Zuordnung aus der Quotientengleichheit

$$\frac{F_{\text{Reib}} \cdot \Delta s}{m \cdot v^2} = \text{konstant.}$$

Es ergibt sich aus allen Messwerten etwa der Wert $\frac{1}{2}$. Seine Einheit müsste $\frac{J}{\text{kg} \cdot m^2/s^2}$ sein, damit die Gleichung auch von den Einheiten her stimmt.

Das Newton ist international nicht als Basiseinheit wie Meter oder Sekunde festgelegt, sondern aus anderen Basiseinheiten zusammengesetzt: $1\,\text{N} = 1\,\frac{\text{kg} \cdot m}{s^2}$.

Damit kürzen sich sämtliche Einheiten im Proportionalitätsfaktor heraus, sodass nur noch $\frac{1}{2}$ übrig bleibt. Es gilt also: $E_{\text{Bew}} = \frac{1}{2}\,m \cdot v^2$.

> Ein Körper der Masse m, der sich mit der Geschwindigkeit v bewegt, hat die Bewegungsenergie $E_{\text{Bew}} = \frac{1}{2}\,m \cdot v^2$.

Rechenbeispiel

Im Straßenverkehr kann es durch eine kurzzeitige Unachtsamkeit zu einem Unfall kommen. Deshalb werden Crashtests gemacht. Dabei fährt ein Fahrzeug mit $50\,\frac{\text{km}}{\text{h}}$ vor einen Betonklotz. Berechne die Höhe, aus der das Fahrzeug fallen müsste, um beim Aufprall die gleiche Energie zu haben.

Geg.: $v = 50\,\frac{\text{km}}{\text{h}}$

Ges.: Fallhöhe h

Lösung: Es gilt $E_{\text{Bew}} = E_{\text{Höhe}}$, also
$$\frac{1}{2}\,m \cdot v^2 = m \cdot g \cdot h$$
Die Masse m kürzt sich heraus:
$$\frac{1}{2}\,v^2 = g \cdot h$$
Nach h umformen und Werte einsetzen:
$$h = \frac{\left(50\,\frac{\text{km}}{\text{h}}\right)^2}{2 \cdot 9{,}81\,\frac{m}{s^2}} = \frac{\left(50 \cdot \frac{1000\,\text{m}}{3600\,\text{s}}\right)^2}{2 \cdot 9{,}81\,\frac{m}{s^2}}$$
$$= 9{,}83\,\text{m}$$

Der Aufprall mit $50\,\frac{\text{km}}{\text{h}}$ entspricht dem Fall aus fast 10 m Höhe.

Aufgaben

1 Berechne die Energie, die beim Abbremsen
① eines Pkw (Masse 1000 kg) von $70\,\frac{\text{km}}{\text{h}}$ auf $50\,\frac{\text{km}}{\text{h}}$,
② eines Formel-1-Fahrzeugs (Mindestmasse 620 kg) von $300\,\frac{\text{km}}{\text{h}}$ auf $80\,\frac{\text{km}}{\text{h}}$,
③ eines ICE (Masse 400 t) von $300\,\frac{\text{km}}{\text{h}}$ bis zum Stillstand
als Abwärme in Bremsbeläge und Bremsscheiben geht.

2 Ein Pkw fährt mit der Geschwindigkeit $v_1 = 80\,\frac{\text{km}}{\text{h}}$.
a) Erläutere, wie sich die Bewegungsenergie eines Körpers bei doppelter bzw. dreifacher Geschwindigkeit ändert.
b) Berechne die Geschwindigkeit, auf die der Fahrer beschleunigen muss, damit die Bewegungsenergie des Pkws verdoppelt wird.

Sicherheit im Straßenverkehr

Die Gefahren im Straßenverkehr – besonders die Gefahren, die bei hohen Geschwindigkeiten auftreten – werden von vielen Verkehrsteilnehmern häufig unterschätzt. Entscheidend für die Unfallfolgen ist nämlich in erster Linie die Bewegungsenergie eines Fahrzeugs.
Eine Zone mit einer Geschwindigkeitsbegrenzung auf 30 km/h wird von manchen Autofahrern eher als Ärgernis denn als Notwendigkeit angesehen.

Dabei zeigt die Formel für die Berechnung der Bewegungsenergie $E_{Bew} = \frac{1}{2}\, m \cdot v^2$, dass diese Energie quadratisch von der Geschwindigkeit abhängt.
Eine vergleichende Rechnung kann das verdeutlichen: Der Aufprall mit einer Geschwindigkeit von 30 km/h (8,33 m/s) entspricht einem Fall aus einer Höhe von etwa 3,5 m. Dagegen würde der Aufprall mit der innerorts festgelegten Geschwindigkeit von 50 km/h (13,9 m/s) einem Fall aus einer Höhe von 9,8 m, also fast dem Dreifachen entsprechen.

Deshalb gibt es neben den Verkehrsregelungen eine Reihe von Sicherheitseinrichtungen, die das Verletzungsrisiko von Verkehrsteilnehmern mindern sollen. Viele dieser Einrichtungen sind inzwischen auch gesetzlich vorgeschrieben.

In Deutschland besteht seit vielen Jahrzehnten die Pflicht, **Sicherheitsgurte** anzulegen, auch in LKWs und nun auch in Reisebussen. Die Gurte sorgen dafür, dass die Fahrzeuginsassen bei einem Frontalaufprall nicht durch ihre Trägheit nach vorne geschleudert und erst durch die Verformung des Bauteils, auf das sie aufprallen, abgebremst werden.
Bei einem Aufprall mit 54 km/h (15 m/s) und einer Verformung des Armaturenbrettes um 10 cm würde der Oberkörper eines Fahrers (m = 30 kg) mit der Energie $E_{Bew} = 3375$ Nm auf das Brett prallen. Somit wirkt eine Kraft $F = \frac{E}{s} \Rightarrow F = 33,75$ kN auf den Oberkörper, das entspricht der Gewichtskraft eines Körpers der Masse 3,4 Tonnen.

Die Gurte sorgen dafür, dass die Insassen straff mit dem Fahrzeug verbunden bleiben, sodass der Bremsweg der Länge der **Knautschzone** des Fahrzeugs entspricht. Zusätzlich dehnen sich die gestrafften Gurte und zehren einen Teil der Bewegungsenergie auf. Wird dadurch der Bremsweg etwa auf einen Meter verlängert (d. h. verzehnfacht sich der Bremsweg), verringert sich die Kraft auf ein Zehntel, d. h. auf etwa 3,4 kN. Dies entspricht zwar immer noch etwa der 10-fachen Gewichtskraft des Oberkörpers, bedeutet aber dennoch eine spürbare Verbesserung.

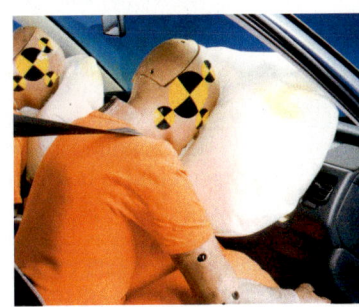

Bei Unfällen mit hohen Geschwindigkeiten können sich aber auch Sicherheitsgurte soweit dehnen, dass ein Autofahrer auf das Armaturenbrett oder das Lenkrad prallt. Um lebensgefährliche Verletzungen zu vermeiden, werden deshalb in allen Automodellen **Airbags** eingebaut, die sich bei einem Aufprall in kürzester Zeit aufblasen und so zusammen mit den Gurten einen Teil der Bewegungsenergie auffangen.

Zweiradfahrer haben aber keine Gurte, keine Knautschzone und keinen Airbag. Daher können sie nur dafür Sorge tragen, ihren Körper und vor allen Dingen ihren Kopf vor den Folgen eines Aufpralls auf die Straße oder auf ein Hindernis bestmöglich zu schützen. Für Fahrer motorbetriebener Zweiräder ist ein Schutzhelm gesetzlich vorgeschrieben, für Radfahrer ist er empfohlen, aber noch keine gesetzliche Pflicht.

> Entscheidend für Unfallfolgen ist die Bewegungsenergie eines Fahrzeugs.
> Durch Sicherheitseinrichtungen wie Sicherheitsgurte, Knautschzonen, Airbags und Schutzhelme kann das Verletzungsrisiko vermindert werden.

Aufgaben

1 a) Bestimme die Energie, mit der ein Fahrzeug mit der Masse m = 1,1 t bei einer Geschwindigkeit von 60 km/h (120 km/h) auf ein Hindernis prallt.
b) Berechne, welche Kraft auf den Oberkörper eines Fahrers (m = 35 kg) wirken würde, wenn dieser durch die Verformung des Lenkrads um 5 cm abgebremst würde.
c) Führe die Rechnung für den Fall durch, dass der Bremsweg 1 m beträgt und durch die Gurtstraffung 20 % der Bewegungsenergie aufgezehrt würden.

Energieerhaltung

Mit den entwickelten Formeln für die einzelnen Energieformen lässt sich prüfen, ob der Energieerhaltungssatz gilt.

Freier Fall

- Jeder Körper, der zunächst ruht und dann fällt, hat zu Beginn des Falles im Punkt A nur Höhenenergie $E_A = m \cdot g \cdot h$.
- Während des Fallens verringert sich die Höhenenergie, der Körper gewinnt Bewegungsenergie. (Von Reibung und Anfangsgeschwindigkeit wird abgesehen – deshalb „freier" Fall!) Der Körper besitzt jetzt Höhen- und Bewegungsenergie, die von der aktuellen Höhe h_B und der Momentangeschwindigkeit v_B abhängen: $E = m \cdot g \cdot h_B + \frac{1}{2} m \cdot v_B{}^2$.
- Unmittelbar bevor der Körper im Punkt C am Boden auftrifft, ist seine ganze Höhenenergie gewandelt und er besitzt maximale Bewegungsenergie $E_B = \frac{1}{2} m \cdot v_C{}^2$.

Im Versuch fällt eine Kugel der Masse 50 g aus einer Höhe von 50 cm (Punkt A).

Pendel

Jeder Körper, der schwingt, hat in seinem tiefsten Punkt (Punkt B) nur Bewegungsenergie und in seinen Umkehrpunkten (A und C) nur Höhenenergie. Auf dem Weg nach unten wird die Höhenenergie zu Bewegungsenergie, auf dem Weg nach oben umgekehrt. Gäbe es keine Reibung, würde der Körper immer zwischen den beiden Umkehrpunkten hin- und herschwingen und die Energie zwischen den beiden Formen kontinuierlich wechseln.

Wird ein Pendel aus verschiedenen Höhen h losgelassen, kann seine Durchgangsgeschwindigkeit v im tiefsten Punkt mithilfe einer Lichtschranke gemessen und mit den aus der Energieerhaltung berechneten Werten verglichen werden.

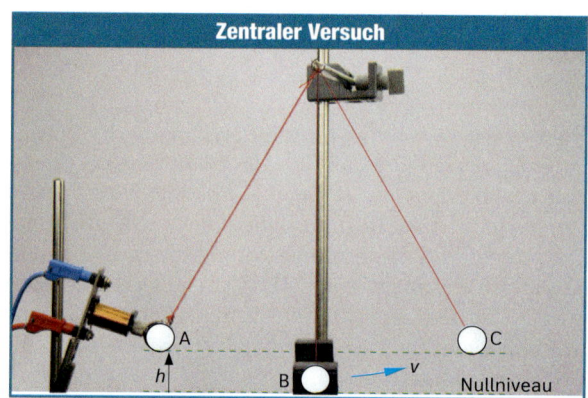
Zentraler Versuch

Aus der Energiebilanz $E_A = E_B$ folgt mithilfe der Formeln für die Höhen- und Bewegungsenergie:

$$m \cdot g \cdot h = \frac{1}{2} \cdot m \cdot v^2$$
$$2g \cdot h = v^2$$

Die Tabelle zeigt den Vergleich zwischen den gemessenen und den berechneten Geschwindigkeiten

h	5,0 cm	7,5 cm	10 cm
$v_{gemessen}$	0,99 $\frac{m}{s}$	1,2 $\frac{m}{s}$	1,3 $\frac{m}{s}$
$v_{berechnet}$	0,99 $\frac{m}{s}$	1,2 $\frac{m}{s}$	1,4 $\frac{m}{s}$

Für kleine Auslenkungen werden obige Überlegungen gut bestätigt. Bei größeren Auslenkungen muss die Luftreibung und die Reibung der Pendelschnur am Aufhängepunkt berücksichtigt werden.

Unter Vernachlässigung der Reibung kann der Energieerhaltungssatz experimentell bestätigt werden: Die Summe aller auftretenden Energien ist stets konstant. Mithilfe des Energieerhaltungssatzes lassen sich Energiebilanzen aufstellen.

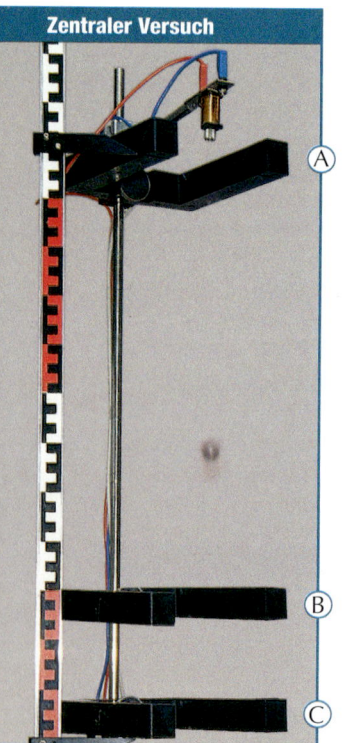
Zentraler Versuch

Mithilfe der Verdunklungszeit einer Lichtschranke und des Kugeldurchmessers kann die Geschwindigkeit berechnet werden.

Mithilfe von Lichtschranken wird die Geschwindigkeit der Kugel 10 cm über dem Boden (Punkt B) und kurz vor dem Auftreffen am Boden (Punkt C) ermittelt:
$v_B = 2{,}79 \frac{m}{s}$,
$v_C = 3{,}13 \frac{m}{s}$.
Daraus lassen sich die Energien an den einzelnen Punkten berechnen (siehe Kasten unten). Ein Vergleich der Energiewerte E_A, E_B und E_C zeigt:
Die Kugel hat – wie vom Energieerhaltungssatz gefordert – zu Beginn, während und am Ende des Falls gleich viel Energie (Reibung vernachlässigt).

$E_A = 0{,}05\,\text{kg} \cdot 9{,}81 \frac{N}{kg} \cdot 0{,}5\,\text{m}$
$\quad = 0{,}245\,\text{J}$

$E_B = 0{,}05\,\text{kg} \cdot 9{,}81 \frac{N}{kg} \cdot 0{,}1\,\text{m}$
$\quad + \frac{1}{2} \cdot 0{,}05\,\text{kg} \cdot (2{,}79 \frac{m}{s})^2$
$\quad = 0{,}244\,\text{J}$

$E_C = \frac{1}{2} \cdot 0{,}05\,\text{kg} \cdot (3{,}12 \frac{m}{s})^2$
$\quad = 0{,}243\,\text{J}$

Energiebilanzen · Werkzeug

Energie geht nie verloren, sondern wird nur in andere Formen gewandelt. Für einen Körper muss somit zu jedem Zeitpunkt die Summe all seiner Energien konstant sein, solange keine Energie zu- oder abgeführt wird. Dabei können sich die einzelnen Energieanteile durchaus verändern. **Energiebilanzen** sind geeignet, Größen zu ermitteln, deren experimentelle Ermittlung schwierig oder möglicherweise fehlerbehaftet ist. Das gelingt folgendermaßen:

① Analyse der Energieformen zu bestimmten Zeitpunkten:
Zeitpunkt A: $E_{\text{Gesamt, A}} = E_{\text{Bew, A}} + E_{\text{Höhe, A}}$
Zeitpunkt B: $E_{\text{Gesamt, B}} = E_{\text{Bew, B}} + E_{\text{Höhe, B}}$

② Die Gesamtenergien zu verschiedenen Zeitpunkten sind gleich, wenn in dem System keine Energie z. B. durch Reibung als innere Energie „verloren" geht. Dann lässt sich eine Energiebilanz aufstellen:

$$E_{\text{A}} = E_{\text{B}}$$
$$E_{\text{Bew, A}} + E_{\text{Höhe, A}} = E_{\text{Bew, B}} + E_{\text{Höhe, B}}$$

Das Beispiel Fadenpendel zeigt, wie durch eine Energiebilanz aus der Starthöhe h in fünf Schritten die Maximalgeschwindigkeit ermittelt werden kann, die sonst nur mit beträchtlichem Aufwand bestimmt werden könnte.
Die Zahl der durchzuführenden Schritte kann im Einzelfall unterschiedlich sein.

1. Schritt:
Festlegung eines geeigneten Nullniveaus für die Höhenenergie: Nullniveau im tiefsten Punkt:
$h = 0 \Rightarrow E_{\text{Höhe, B}} = 0$

2. Schritt:
Berücksichtigung der Besonderheit im Umkehrpunkt Momentangeschwindigkeit betrachten
$v = 0 \Rightarrow E_{\text{Bew, A}} = 0$

3. Schritt:
Weitere Reduktion der Energiebilanz:
$E_{\text{Höhe, A}} = E_{\text{Bew, B}}$

4. Schritt:
Einsetzen der bekannten Formeln
$m \cdot g \cdot h = \frac{1}{2} m \cdot v^2$

5. Schritt:
Durchführung der algebraischen Umformung
$m \cdot g \cdot h = \frac{1}{2} m \cdot v^2 \quad |:m \quad | \cdot 2$
$v^2 = 2 \cdot g \cdot h \quad |\sqrt{}$
$v = \sqrt{2 \cdot g \cdot h}$

Aufgaben

1 Mit einer Leuchtpistole können Segler im Notfall Leuchtkugeln abschießen.
a) Berechne, wie hoch diese Leuchtkugeln steigen können, wenn sie mit einer Geschwindigkeit von 150 km/h senkrecht nach oben abgeschossen werden.
b) Wie ändert sich das Ergebnis, wenn davon ausgegangen werden kann, dass 5 % ihrer ursprünglichen Energie durch Luftreibung in innere Energie der Luft gewandelt werden.

2 Peter ($m = 45$ kg) klettert im Schwimmbad auf die unterschiedlichen Sprungbretter und springt ohne Anlauf aus 1 m, 3 m und 5 m ins Wasser.
a) Berechne seine Energie auf den Sprungbrettern.
b) Er springt vom 5-m-Brett. Berechne, in welcher Höhe er eine Geschwindigkeit von 5 m/s besitzt.
c) Berechne die maximale Auftreffgeschwindigkeit auf der Wasseroberfläche nach dem Sprung aus 5 m Höhe.

d) Ändert sich aus physikalischer Sicht etwas, wenn er vor dem Absprung auf dem Brett „federt"?

3 a) Recherchiere, wie hoch Partikel, die von einem Vulkan herausgeschleudert werden, steigen können.
b) Schätze ab, mit welcher Geschwindigkeit diese Partikel aus dem Vulkan herausgeschleudert wurden.

4 Auf dem Oktoberfest ist ein 15 m hoher Fünferlooping aufgebaut. Die Wagen werden zu Beginn der Fahrt auf eine Höhe von 20 m gezogen und fahren anschließend in den Looping ein.
a) Beschreibe die Veränderungen von Bewegungs-, Höhen- und Gesamtenergie der Wagen während der Fahrt.
b) Bestimme die Geschwindigkeiten der Wagen im tiefsten und im höchsten Loopingpunkt (ohne Reibung).
c) Die letzte Loopingschleife ist wesentlich kleiner als die erste. Erläutere, welcher physikalische Grund sich dahinter verbirgt.

Mechanische Energiestromstärke, Leistung

233 m lang, 147 m hoch und gebaut aus 2,3 Mio. Steinquadern! Über 20 Jahre benötigten vor 4500 Jahren die Bauarbeiter, um die Cheops-Pyramide in Gizeh (Ägypten) zu errichten. Welch eine Leistung! Der Begriff „Leistung" wird aber auch verwendet, um die „Stärke" eines Motors, einer Herdplatte oder einer Lampe anzugeben. Was wird in der Physik unter der „Leistung" verstanden? Wie kann sie gemessen werden? Welche Einheit hat sie?

Wenn nach dem Musikunterricht Pause ist, sollen die Schultaschen zuvor noch ins Klassenzimmer im 2. Stock getragen werden. Einige Schüler sprinten die Treppe hinauf, andere hingegen nehmen gemütlich eine Treppenstufe nach der anderen. Jeder Schüler überträgt durch das Hinauftragen Energie auf seine Schultasche. Die Menge der übertragenen Energie ist bei gleich schweren Schultaschen jeweils gleich, denn sie haben am Ende in beiden Fällen die gleiche Höhenenergie.

Und doch gibt es Unterschiede: Während die schlendernde Schülerin zum Hochtragen eine Minute benötigt, schafft es der sprintende Schüler leicht außer Puste in zwanzig Sekunden. Er überträgt also die Energie auf die Schultasche in einer kürzeren Zeit. Dieser *Energiestrom* ist umso größer, je mehr Energie übertragen wird und je kürzer die dazu benötigte Zeit ist. Die Größe **Energiestromstärke** wird in der Physik auch als **Leistung** bezeichnet, mit dem Buchstaben *P* abgekürzt (von Engl.: *power*) und durch den Quotienten aus übertragener Energie und dafür benötigter Zeit berechnet:
$P = \frac{\Delta E}{\Delta t}$.

Als Einheit für die Energiestromstärke ergibt sich daraus 1 $\frac{J}{s}$. Sie wird nach dem Erfinder der Dampfmaschine JAMES WATT (1736–1819) benannt und mit W abgekürzt. Das Watt ist somit eine zusammengesetzte Einheit:
$1\text{ W} = 1\ \frac{J}{s} = 1\ \frac{Nm}{s}$.

> **Energiestromstärke**
>
> Die Einheit ist 1 W (Watt).
> Das Formelzeichen ist *P*.
>
> Weitere Einheiten:
> Kilowatt: 1 kW = 1 000 W
> Megawatt: 1 MW = 1 000 kW
>   = 1 000 000 W

Die Energiestromstärke 1 W liegt vor, wenn in einer Sekunde eine Energie von 1 J übertragen wird.

Die Energiestromstärke von Pkw wird auch heute immer noch von vielen Leuten in der alten Einheit Pferdestärke (PS) angegeben. Für die Umrechnung gilt:
1 PS = 735 W = 0,735 kW.

Zentraler Versuch

Die Energiestromstärke (Leistung) *P* ist die in einer bestimmtem Zeit Δ*t* übertragene Energiemenge Δ*E*:
$P = \frac{\Delta E}{\Delta t}$.

Gerät	Leistung
Halogenlampe	10 W–50 W
LED-Lampe	2 W–15 W
Desktop-PC	90 W–150 W
Staubsauger	bis 2000 W
Motorroller	3–5 kW
Leichtkraftrad	bis 11 kW
Durchlauferhitzer	18 kW
Pkw	20 kW–300 kW
Mensch (Dauerleistung)	75 W
Mensch (Höchstleistung)	2 kW
Großkraftwerk	1700 MW

Aufgaben

1 Lea (47 kg) und Vanessa (53 kg) klettern an der Stange hoch. Beide schlagen nach 7,0 s in 5,0 m Höhe an. Der Sportlehrer meint, beide hätten dieselbe Leistung erbracht, und gibt beiden dieselbe Note.

2 Ein mit 10 ℓ Wasser gefüllter Eimer hat eine Masse von etwa 10 kg. Berechne, wie viele solcher Eimer in der Minute um 1 m angehoben werden müssten, um eine Energiestromstärke von 1 PS zu erbringen.

3 Suche Beispiele für die Verwendung der Worte „Leistung" und „geleistet" in der Alltagssprache und überlege, ob es sich um die Energiestromstärke aus der Physik handelt.

Was leistet ein Mensch?

Der menschliche Erfindergeist ist zu gewaltigen Leistungen fähig. Wird dagegen die körperliche Leistungsfähigkeit des Menschen betrachtet, dann ist das Resultat eher dürftig: Die Dauerleistung beträgt etwa 75 Watt, das entspricht der Energieaufnahme eines Laptops! In besonderen Situationen, z.B. in Lebensgefahr, kann der Körper erhebliche Reserven mobilisieren und seine Leistung kurzfristig auf über 1 Kilowatt steigern – das entspricht einer voll aufgedrehten Herdplatte!

Durch intensives körperliches Training und entsprechende Ernährung lässt sich die Leistungsfähigkeit erhöhen. Wenn ein untrainierter Mensch eine Dauerleistung von 100 Watt erbringen soll, kann sein Herzschlag auf bis zu 180 Schlägen pro Minute ansteigen (im Ruhezustand sind es ca. 70 Schläge pro Minute). Ein sehr gut trainierter Sportler erreicht diese Herzfrequenz erst bei einer Belastung von 400 Watt. Das beste Alter für körperliche Höchstleistungen liegt bei etwa 25 Jahren; aber auch ältere Menschen können durch Training ihr Leistungsvermögen erheblich verbessern.

Angesichts der geringen Leistungsfähigkeit des menschlichen Körpers ist es immer wieder erstaunlich, zu welchen Ergebnissen Sportler fähig sind. In einem der härtesten Wettkämpfe der Welt, dem Triathlon, wird der „Iron Man" (Eisenmann) gesucht. Das ganze Jahr über trainieren die Sportlerinnen und Sportler für diesen Wettkampf. Die Besten schaffen es, in einer Zeit unter zehn Stunden 3,8 km zu schwimmen, 180 km mit dem Rad zu fahren und 42 km zu laufen.

Da Frauen meist kleiner und leichter sind als Männer, ein kleineres Herz und damit eine geringere Sauerstoffaufnahme besitzen, können sie oft nicht dieselben Spitzenresultate erreichen wie männliche Sportler. Werden diese Unterschiede allerdings berücksichtigt, so ist ihre Leistung der Leistung der Männer ebenbürtig, im Ausdauerbereich sogar oft überlegen. In Nepal arbeiten zierliche Frauen als Trägerinnen: Sie schleppen Gepäck, z.B. zwei schwere Seesäcke von 15 kg, am Tag acht Stunden lang über einen Höhenunterschied von 2000 Metern! Und auch der „Iron Man" in der Schweiz war 1997 eine Frau.

Grundumsatz 5900 kJ–7100 kJ	leichte Arbeit Grundumsatz + 4000 kJ pro Tag	schwere Arbeit Grundumsatz + 600 kJ–1000 kJ pro Stunde	Bergsteigen 35000 kJ pro Tag

Damit der Mensch rennen, springen, werfen, aber auch auf geistigem Gebiet tätig sein kann, braucht er Energie. Die nimmt er mit der Nahrung auf; sie ist die Quelle aller seiner Leistungen. Verspürt ein Mensch Hunger, bekommt er signalisiert, dass er Energie zuführen soll. Eine erwachsene Frau benötigt bei mittelschwerer Arbeit etwa 10000 kJ täglich, ein Mann 12000 kJ, Jugendliche im Alter von 14 Jahren etwa ebenso viel. Ein Zuviel an zugeführter Energie speichert der Körper in Form von Fett, das in den Fettzellen gelagert wird. Damit legt er sich Reserven an für schlechte Zeiten, falls zu wenig Nahrung zur Verfügung stehen sollte.

Die richtige Zusammensetzung der Nahrung

50 % Kohlehydrate (17 kJ/g)

30 % Fett (40 kJ/g)

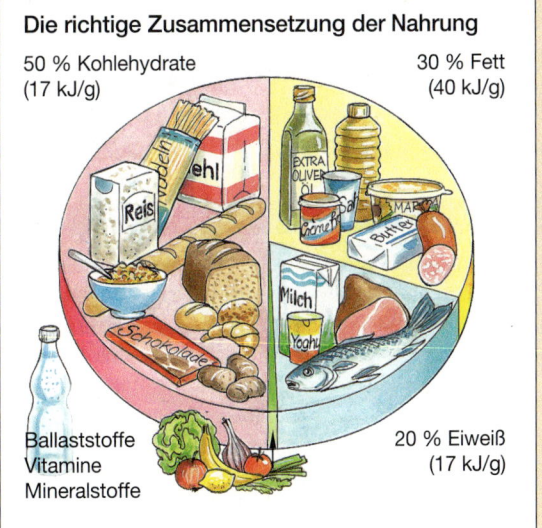

Ballaststoffe Vitamine Mineralstoffe

20 % Eiweiß (17 kJ/g)

Elektrische Energiestromstärke, Leistung

Rechts ist das Energieflussdiagramm für einen Wasserkocher gezeichnet. Dieses Diagramm soll nun unter zwei Gesichtspunkten untersucht werden: Zunächst wird der linke Teil betrachtet, also das Strömen von Energie zum Gerät, im zweiten Schritt dann die Energiewandlung durch das Gerät.

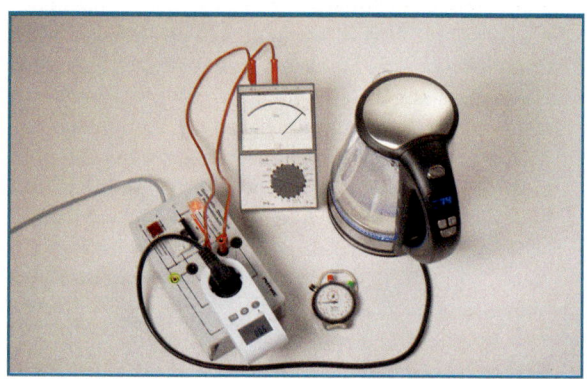

① Von der Batterie aus strömt Energie mittels des Stromkreises zum Wasserkocher. Fließt in der Zeit Δt die Energiemenge ΔE durch den Stromkreis, so kann der Quotient $\Delta E/\Delta t$ als **Energiestromstärke** aufgefasst werden. Diese Größe bezieht sich nicht auf den Tauchsieder, sondern auf den Stromkreis.

② Es gibt unterschiedliche Wasserkocher: Der eine erwärmt Wasser schneller als ein anderer. In ihm wird deshalb in der kürzeren Zeit Δt eine größere Energiemenge ΔE in Wärmeenergie gewandelt. Der Quotient $\Delta E/\Delta t$ gibt also die **Energiewandlungsrate** des Wasserkochers an; sie kennzeichnet den Wasserkocher. Diese Größe $\Delta E/\Delta t$ wird auch als **Leistung P** bezeichnet.

> Die Leistung P kann als Energiestromstärke oder als Energiewandlungsrate aufgefasst werden.
> In jedem Fall gilt: $P = \frac{\Delta E}{\Delta t}$.

Wird die Formel $P = \Delta E/\Delta t$ nach ΔE umgeformt und der aus der Elektrik bekannte Zusammenhang $P = U \cdot I$ eingesetzt, ergibt sich $\Delta E = P \cdot \Delta t = U \cdot I \cdot \Delta t$ für die in der Zeit Δt geströmte bzw. gewandelte Energie, einfacher formuliert: $E = U \cdot I \cdot t$.
Für die Einheit gilt:

$$1\,J = 1\,Ws = 1\,V \cdot 1\,A \cdot 1\,s = 1\,VAs$$

Der Versuch bestätigt die Formel für E: Das Stromstärkemessgerät zeigt 7,8 A, das Energiemessgerät nach drei Minuten 0,09 kWh an. Mithilfe der Formel und der Umrechnung 3 min = 3/60 h folgt für die umgesetzte Energie:

$$E = 230\,V \cdot 7,8\,A \cdot 3/60\,h = 90\,Wh = 0,09\,kWh$$

Im Haushalt wird die insgesamt gewandelte elektrische Energie mit einem Drehstromzähler (Bild rechts) gemessen.

> Für die elektrische Energie, die in einem Gerät in der Zeit t gewandelt wird, gilt: $E = U \cdot I \cdot t$.

Elektrische Energie

Das Formelzeichen ist E. Die Einheit ist 1 J (Joule) oder elektrisch 1 kWh (Kilowattstunde).

Es gilt:
$$1\,J = 1\,Ws = 1\,VAs$$

$$\begin{aligned}1\,kWh &= 1\,kW \cdot 1\,h \\ &= 1000\,W \cdot 3600\,s \\ &= 3,6\,Mio\,J\end{aligned}$$

Aufgaben

1 Ein Fernsehgerät hat eine Leistung von 90 W. Berechne die Stromstärke bei laufendem Betrieb sowie die innerhalb eines Jahres gewandelte Energie, wenn das Gerät durchschnittlich 3 Stunden pro Tag in Betrieb ist.

2 Bei einem Schulfest werden an einem Stand 4 h lang pausenlos Waffeln mit drei Waffeleisen mit je 1000 W gebacken.

a) Berechne die dabei gewandelte elektrische Energie.
b) Prüfe, ob die Geräte an einer mit 16 A gesicherten Mehrfachsteckdose betrieben werden dürfen.

3 Bei Kühl- und Gefrierschränken schaltet sich der Kompressor thermostatgeregelt immer nur zeitweise ein, um zu kühlen. Zu einem Gefriergerät finden sich

folgende Angaben: Stromstärke = 0,7 A, Jahresenergieverbrauch = 288 kWh. Berechne aus diesen Angaben, wie viele Stunden der Kompressor durchschnittlich täglich in Betrieb sein wird.

4 Ein Kaffeeautomat hat im Standby eine Leistung von 5 W und wird nur von 20 Uhr bis 7 Uhr ganz ausgeschaltet. Berechne den Mindestenergiebedarf.

Energiesparen zuhause   Streifzug

Auch wenn elektrische Energie für den Einzelnen nicht teurer ist als andere Energieformen, ist es trotzdem absolut sinnvoll, mit ihr sparsam umzugehen, denn elektrische Energie lässt sich in Kraftwerken großtechnisch nur gewinnen, wenn etwa die dreifache Menge an chemischer Energie (als Kohle, Erdöl oder Erdgas) eingesetzt wird. Bei der Wandlung in elektrische Energie gehen ja etwa 60 % der eingesetzten chemischen Energie als Abwärme nutzlos in die Umwelt, sie werden entwertet. Jede vom „Verbraucher" nicht benötigte Kilowattstunde „Strom" spart etwa 10 MJ Energie (0,3–0,5 t Kohle) bei den Kraftwerken!

In unseren Haushalten gibt es viele versteckte „Energieverschwender", die leicht übersehen werden, die aber merkliche Mengen an Energie „fressen". Um sie ausfindig zu machen, können in Elektrofachgeschäften, Geschäftsstellen der EVU oder Verbraucherzentralen Messgeräte für die Energiestromstärke von Elektrogeräten, sogenannte **Leistungsmesser** oder „Wattmeter" gegen geringe Gebühr ausgeliehen oder gekauft werden. Damit lassen sich die „heimlichen Stromfresser" im Haushalt schnell ausfindig machen. In erster Linie sind das Elektrogeräte mit Stand-by-Schaltungen, die Energie wandeln, obwohl sie nicht in Betrieb sind. Dazu gehören Stereoanlagen, Fernseher, Videorecorder und Computer.

Wie kann jeder von uns Energie sparen?

- **Bei der Beleuchtung sparen ohne auf Helligkeit zu verzichten:** Leuchtstoffröhren oder LED-Lampen benötigen bei gleicher Lichtabgabe nur ein Fünftel an elektrischer Energie im Vergleich zu Glühlampen. Letztere dürfen deshalb – von Ausnahmen abgesehen – nicht mehr verkauft werden.
- **Effiziente Geräte sinnvoll einsetzen:** Wasch- und Spülmaschinen erwärmen bei jedem Gang etwa 20 ℓ Wasser auf bis zu 95 °C. Dazu sind rund 7 MJ Energie nötig – sinnvollerweise werden derartige Geräte also möglichst voll beladen. Weitere Energieeinsparungen ergeben sich durch niedrigere Wasch- bzw. Spültemperatur. Bei Kühl- und Gefriergeräten wirken sich eine gute Wärmedämmung und möglichst seltenes und dann nur kurzzeitiges Öffnen energiesparend aus.

Alle modernen Elektro-Großgeräte sind in **Effizienzklassen** eingeteilt, die Auskunft über ihre Energieeinspar-Möglichkeiten geben.
- **Stand-by-Betrieb von Geräten vermeiden:** Während es für neue Elektrogeräte mittlerweile strenge Vorschriften für die Leistung im Stand-by-Betrieb gibt (seit 2010 höchstens 2 W), gibt es in Haushalten und Büros noch viele alte Geräte mit einem hohen Stand-by-Bedarf. Wenn ein solches Gerät nicht vollständig ausgeschaltet werden kann, sollte bei Nichtgebrauch der Stecker gezogen oder eine schaltbare Steckdosenleiste benutzt werden.

Energiedienstleistungen

Energie wird nicht um ihrer selbst willen genutzt, sondern sie wird stets für bestimmte Zwecke eingesetzt. Die Energie soll gute Dienste leisten. Daher wird von **Energiedienstleistungen** gesprochen.

Eine Kanne Kaffee kann zum Beispiel auf einer beheizten Warmhalteplatte abgestellt werden. Dieselbe Energiedienstleistung (nämlich Kaffee mit angenehmer Trinktemperatur) wird aber auch erhalten, wenn eine Isolierkanne verwendet oder ein Teelicht untergestellt wird. Beim Einsatz elektrischer Energie sollte stets überlegt werden, ob die gewünschte Energiedienstleistung nicht auch auf andere Weise erbracht werden kann. Elektrische Energie ist die wertvollste Energieform und kann nur mit relativ großen „Verlusten" aus anderen Energieformen gewandelt werden.

Versuche und Aufträge   Mechanische und elektrische Energie ...

V1 Baue mit einem Brett und einem höhenverstellbaren Experimentiertisch eine schiefe Ebene auf dem Tisch auf. Lege an das Ende der schiefen Ebene einen etwa 70 cm langen Streifen Teppichboden. Schaffe mithilfe eines kleinen Pappstückchens, das du am Brett festklebst, einen glatten Übergang zwischen Brett und Teppich. Außerdem benötigst du ein Spielzeugauto oder einen Experimentierwagen sowie einen geeigneten Kraftmesser.

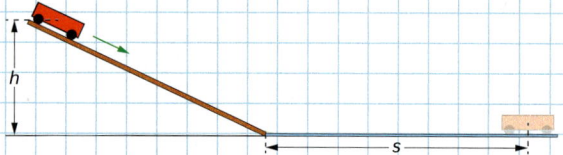

a) Der Wagen soll an der oberen Kante der schiefen Ebene losgelassen werden. Formuliere Vermutungen zum Zusammenhang zwischen dem Neigungswinkel der schiefen Ebene und der Strecke *s*, die der Wagen auf dem Teppich zurücklegt.
b) Miss für drei verschiedene Neigungswinkel die Ausgangshöhe *h* des Wagens und die Länge der Auslaufstrecke *s*. Berechne die Höhenenergie, die der Wagen jeweils am Startpunkt besitzt.
c) Ziehe den Wagen mithilfe eines Kraftmessers mit konstanter Geschwindigkeit über den Teppich und lies die erforderliche Kraft ab. Bestätige mithilfe deiner Ergebnisse aus b) den Energieerhaltungssatz.

V2 Fertige aus einem Ball (z. B. einem Tennisball) und einer Schnur ein Fadenpendel. Befestige es an einer Aufhängung, die sich beim Schwingen nicht mitbewegt.
a) Lenke das Pendel so aus, dass es sich direkt vor deiner Nase befindet und lasse es los. (Deine Position darfst du nicht verändern.) Erläutere, ob du gefahrlos stehen bleiben kannst.
b) Lasse das Pendel nun einmal schwingen und markiere in geeigneter Form die maximal erreichte Höhe. Formuliere eine Vermutung zur Veränderung der maximalen Pendelhöhe des Balls, wenn ein Stock an unterschiedlichen Positionen (siehe Abbildung) in die Pendelbahn gehalten wird. Überprüfe deine Vermutungen im Experiment und erkläre das Ergebnis.

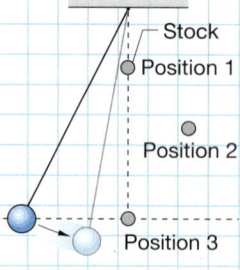

V3

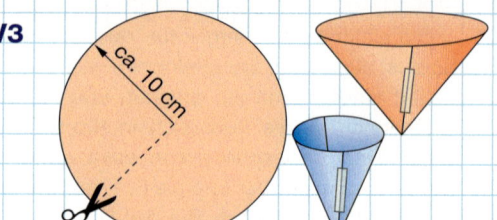

Schneide aus Papier drei Kreise mit gleichem Radius (ca. 10 cm) aus. Schneide zwei der Kreise bis zum Mittelpunkt ein und fertige durch Zusammendrehen zwei unterschiedlich spitze Kegel. Schneide die überlappenden Teile *nicht* ab, sondern klebe sie außen mit Klebefilm fest. Klebe auf den dritten Kreis ein gleich großes Stück Klebefilm und zerknülle es dann zu einer Papierkugel.
a) Vergleiche die Höhenenergien, wenn du beide Kegel gleichzeitig aus derselben Höhe fallen lässt.
b) Lasse nun zunächst beide Kegel gleichzeitig aus derselben Höhe fallen, anschließend den spitzeren Kegel und die Papierkugel ebenfalls aus derselben Höhe. Notiere deine Beobachtungen und deute sie in Bezug auf den Energieerhaltungssatz und die Energieentwertung.

V4 a) Lasse einen kleinen Ball (z. B. Tischtennisball, Gummiball, Tennisball, Flummi o. Ä.) aus einer Höhe von 1,5 m entlang eines Maßstabes nach unten fallen. Ermittle die Höhen, die der Ball beim ersten, zweiten, dritten, vierten Hochspringen wieder erreicht. Genauere Werte sind mit der Serienbildfunktion einer Digitalkamera zu erhalten.
b) Berechne die Geschwindigkeit, die der Ball beim ersten Mal kurz vor Auftreffen auf dem Boden besitzt.
b) Im Moment der Bodenberührung sind Höhen- und Bewegungsenergie des Balles null. Erkläre, evtl. mit Unterstützung der aufgenommenen Serienfotos, weshalb der Ball dennoch Energie besitzt.
c) Berechne anhand der Messwerte, welcher Anteil der Energie von Sprung zu Sprung entwertet wird. Gib hierfür eine Erklärung.
d) Wiederhole den Versuch mit Bällen anderer Größe bzw. Masse. Deute deine Ergebnisse.

A5 In elastischen Schraubenfedern kann Energie gespeichert werden: Spannenergie.
a) Stelle eine Vermutung auf, von welchen Größen die in einer solchen Feder gespeicherte Energie abhängen wird. Recherchiere dann die zugehörige Formel für die Spannenergie.
b) Plane ein Experiment, mit dem du diese Formel experimentell überprüfen kannst.

... und Energieerhaltung

A6 a) Erstelle eine Tabelle aller Geräte in eurer Küche (in eurem Wohnzimmer; in deinem Zimmer), die elektrische Energie wandeln. Notiere die auf den jeweiligen Geräten angegebene elektrische Leistung.
b) Schätze die Zeit ab, die diese Geräte täglich in Gebrauch sind und ermittle mithilfe dieser Daten die elektrische Energie, die an jedem Tag gewandelt wird. Vergleiche dein Ergebnis mit der „Stromrechnung", die am Ende eines jeden Jahres vom Energieversorger erstellt wird.

A7 a) Erkundi-
ge dich über die
Energiemengen,
die verschiedene
Wasserkraft-
werke (Speicher-
kraftwerke) als
elektrische Ener-

gie zur Verfügung stellen können. Vergleiche die gespeicherten Wassermassen und die Höhenunterschiede der einzelnen Kraftwerke.
b) Erstelle eine Übersicht, in welchen europäischen Ländern große Mengen elektrischer Energie durch Wasserkraftwerke gewonnen werden.

V8 An der Decke eines Raumes hängt ein Fadenpendel, bestehend aus einem Faden der Länge 2 m und einem Pendelkörper mit einer veränderbaren Masse m. Das Pendel wird bei gestrafftem Faden zur Seite hin ausgelenkt und dabei um die Höhe h angehoben und dann losgelassen. Mithilfe einer Lichtschranke wird die Geschwindigkeit des Pendels beim Durchgang durch seine Ruhelage gemessen.

a) Miss für verschiedene Hubhöhen h die jeweilige Durchgangsgeschwindigkeit des Fadenpendels. Werte die erhaltenen Messdaten graphisch und rechnerisch aus.
b) Wiederhole die Messungen mit unterschiedlichen Massen des Pendelkörpers. Erläutere mithilfe des Energieerhaltungsprinzips die dabei gemessenen Werte.

V9 a) Baue den Versuch wie im Foto auf.
Lasse vom Motor das Massestück vom Boden bis auf eine vorgegebene Höhe hochziehen. Miss während des Vorgangs Stromstärke und Spannung sowie die Zeit, die der Motor braucht, um das Massestück hochzuziehen.

kleiner Elektromotor

b) Vergleiche mithilfe der gewonnenen Messwerte die gewandelte elektrische Energie und die „gewonnene Höhenenergie". Berechne den Wirkungsgrad deines „Lastenaufzugs".

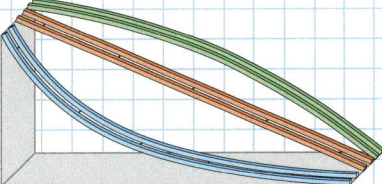

c) Das Foto links zeigt einen realen Lastenaufzug. Schätze Stromstärke und Motorleistung.

Technische Daten:
max. Hubhöhe: 20,3 m
max. Hubgewicht: 250 kg
Der Motor arbeitet bei 230 V und weist eine Fördergeschwindigkeit von 34 $\frac{m}{min}$ auf.

V10 a) Baue dir mithilfe biegsamer Plastikschienen aus dem Baumarkt drei unterschiedlich geformte nebeneinanderliegende Kugelbahnen wie in der Abbildung gezeigt.

b) Lasse auf zwei verschiedenen Bahnen zwei gleiche Kugeln zeitgleich von oben losrollen. Notiere deine Beobachtungen bezüglich der Laufzeit. Gib mögliche Erklärungen für deine Beobachtungen.
c) Mache eine begründete Vorhersage bezüglich der Geschwindigkeiten der Kugeln, mit denen die Kugeln das Bahnende erreichen. Prüfe deine Vorhersage mithilfe geeigneter Versuchsgeräte

Temperatur und innere Energie

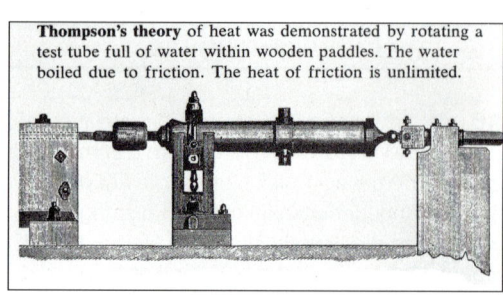

Thompson's theory of heat was demonstrated by rotating a test tube full of water within wooden paddles. The water boiled due to friction. The heat of friction is unlimited.

Erst 1797 konnte das Geheimnis um die innere Energie durch Benjamin THOMPSON, der später als Graf RUMFORD bayerischer Kriegsminister war, etwas gelüftet werden. Er beobachtete die Herstellung von Kanonenrohren und wunderte sich über den hohen Temperaturanstieg, der durch das Ausbohren der Metallblöcke entstand. Woher kam dieser Temperaturanstieg?

Energiezufuhr bewirkt Temperaturerhöhung und Zustandsänderungen

Eis aus der Tiefkühltruhe wird zerstoßen und in ein Gefäß gefüllt. Dann wird ihm Energie durch eine Herdplatte zugeführt. Dabei gibt es ein paar Überraschungen, wie die Energie-Temperatur-Kurve unten zeigt:

① Zunächst steigt die Temperatur wie erwartet von ca. –15 °C auf 0 °C an.

② Bei 0 °C bleibt die Temperatur längere Zeit stehen, obwohl laufend Energie in das Eis hineinfließt – jetzt schmilzt das Eis.

③ Nach einiger Zeit ist von dem Eis nichts mehr übrig, es ist zu Wasser geworden; erst jetzt beginnt die Temperatur wieder zu steigen – wie erwartet gleichförmig.

④ Bei 100 °C angekommen, macht der Temperaturanstieg wieder eine Pause und bleibt bei 100 °C stehen, obwohl nach wie vor Energie zugeführt wird. Jetzt verdampft das Wasser.

⑤ Nach längerer Zeit ist kein Wasser mehr vorhanden – alles Wasser ist verdampft.

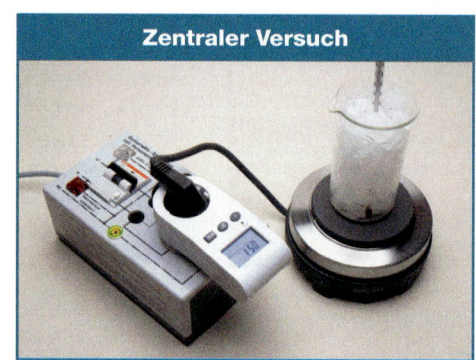

Zentraler Versuch

⑥ Wäre der Versuch mit einem geschlossenen Gefäß gemacht worden, aus dem der Wasserdampf nicht entweichen kann, dann hätte auch der rechte Teil der Temperaturkurve gemessen werden können. Er zeigt, dass die Dampftemperatur bei Energiezufuhr steigt.

Nimmt ein Körper Energie auf, so steigt seine Temperatur oder er schmilzt bzw. verdampft.

Aufgaben

1 Bestimme aus dem Diagramm die Energie, die für das Schmelzen von 150 g Eis von 0 °C erforderlich ist. Berechne daraus die Schmelzenergie für 1 kg Eis von 0°C.

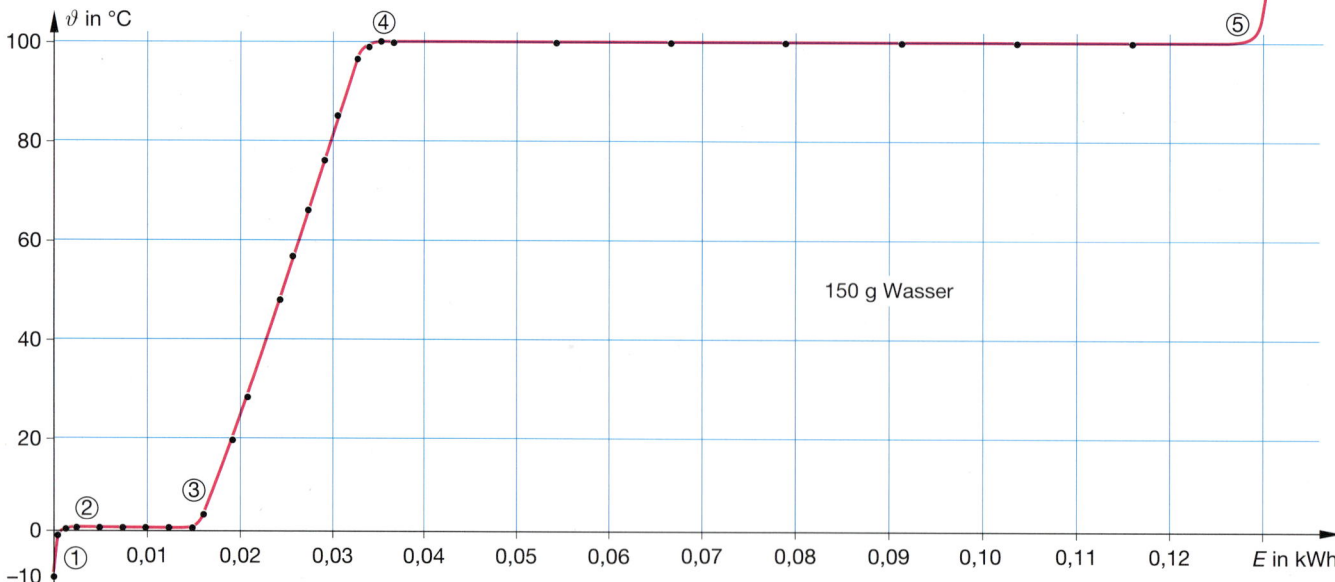

150 g Wasser

Temperatur und innere Energie sind zweierlei

An dem Energiemessgerät im zentralen Versuch lässt sich ablesen, dass der Energiestrom von der Heizplatte zum Eis bzw. Wasser bzw. Wasserdampf immer gleich geblieben ist, also konstant war. Die zugeführte Energie ist dann *in dem Eis*, *in dem Wasser* oder *in dem Dampf* gespeichert; sie vergrößert die **innere Energie** des Körpers „Wasser im Gefäß".

Der Temperaturverlauf aber war während des Versuchs nicht linear, sondern mehrmals geknickt. Das zeigt, dass die Temperatur eines Körpers und seine innere Energie zwei ganz verschiedenen Dinge sind! Das wird durch folgende Beobachtung noch einmal ganz deutlich: Wäre im Versuch der doppelten Wassermenge die gleiche Energiemenge zugeführt worden, so wäre die Temperaturerhöhunhg in der gleichen Zeit nur halb so groß gewesen.

Im zentralen Versuch wurde dem Körper „Eis (Wasser)" Energie zugeführt, die ursprünglich elektrische Energie aus der Steckdose war. Die Abbildung rechts zeigt weitere Vorgänge, die auch zu einer Erhöhung der inneren Energie eines Körpers führen können.

Wenn sich ein Körper abkühlt, also seine Temperatur sinkt, oder sich sein Zustand von gasförmig zu flüssig oder von flüssig zu fest ändert, muss der Körper natürlich Energie in irgendeiner Form abgeben. Dadurch wird seine innere Energie geringer. Er gibt so viel Energie wieder ab, wie er vorher bei Temperaturerhöhung oder Zustandsänderung aufgenommen hat.

> Innere Energie ist in Körpern gespeichert. Änderungen der inneren Energie eines Körpers durch Energiezufuhr oder -abgabe zeigen sich in Änderungen seiner Temperatur oder seines Zustandes.

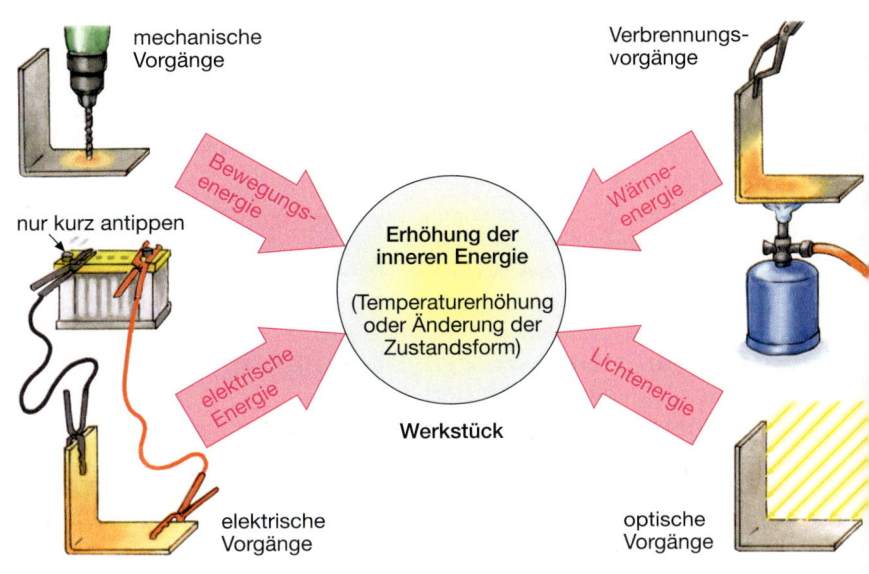

mechanische Vorgänge

Verbrennungsvorgänge

nur kurz antippen

Bewegungsenergie

Erhöhung der inneren Energie

(Temperaturerhöhung oder Änderung der Zustandsform)

Werkstück

Wärmeenergie

elektrische Energie

Lichtenergie

elektrische Vorgänge

optische Vorgänge

Wärmeenergie ist Energie unterwegs

Wenn sich ein Körper abkühlt, gibt er einen Teil seiner inneren Energie an andere Körper ab. Z. B. nimmt die innere Energie einer heißen Suppe ab, die der Umgebungsluft dagegen steigt. Es ist also Energie von der Suppe zur Luft unterwegs. Die bei diesem von selbst entstehenden Energiestrom von heiß nach kalt transportierte Energie wird als **Wärmeenergie** bezeichnet, umgangssprachlich kurz *„Wärme"*. Von der Suppe strömt also **Wärmeenergie** zur Luft.

Der Begriff „Wärmeenergie" wird immer dann verwendet, wenn der Energieübergang zwischen zwei Körpern unterschiedlicher Temperatur die Temperaturen der beiden Körper oder ihre Zustandsformen ändert. Wärmeenergie kann also nie in einem Körper enthalten sein wie innere Energie, sondern ist immer unterwegs – genauso wie Lichtenergie oder elektrische Energie in einem Stromkreis.

> Wärmeenergie ist nie in einem Körper enthalten, sondern immer „unterwegs".

Aufgaben

1 Nenne Beispiele von Vorgängen, bei denen Wärmeenergie abgegeben wird, ohne dass sich die Temperatur des Energie abgebenden Körpers ändert.

2 Beschreibe einen Weg zur Bestimmung der Energiemenge, die notwendig ist, um 150 g Wasser der Temperatur 70 °C vollständig zu verdampfen. Unterteile in verschiedene Vorgänge.

3 **Vorsicht:** Verbrühungen mit heißem Wasserdampf sind sehr viel gefährlicher als mit heißem Wasser!
Erläutere diese Aussage am Beispiel von Wasserdampf und Wasser mit jeweils 100 °C.

Die Richtung des Wärmeenergie-Stroms

Kaltes Wasser lässt sich auch erhitzen, indem ein heißer Kupferklotz hineingelegt wird. Dadurch steigt die Wassertemperatur, die Temperatur des Kupferklotzes sinkt. Das heißt, die innere Energie des Wassers hat sich erhöht. Im gleichen Maß hat sich die innere Energie des Kupferklotzes erniedrigt. Dieser Vorgang läuft von selbst ab und zwar so lange, bis der Kupferklotz die gleiche Temperatur hat wie das Wasser.

Zentraler Versuch

Aufgaben

1. Die Temperatur im Badezimmer nimmt ab, wenn kaltes Wasser in die Badewanne eingelassen wird. Erkläre diese Beobachtung.

2. a) Finde weitere Beispiele, in denen Wärmeenergie von selbst von einem Körper zu einem anderen übergeht.
b) Beschreibe die Temperaturänderungen.

3. Wird heißer Tee in ein Glas gegossen, kann dieses zerspringen. Ein Metallgegenstand im Glas verhindert das.

Eine Tasse mit heißem Kaffee oder Tee kühlt sich allmählich ab; warmes Wasser in der Badewanne wird von selbst kälter. Das Umgekehrte wurde noch nie beobachtet, dass nämlich ein kalter Körper von selbst Energie abgibt und dadurch einen wärmeren Körper noch wärmer macht. All diesen Vorgängen ist gemeinsam, dass sie von selbst nur in einer Richtung ablaufen, nämlich von heiß nach kalt.

> Wärmeenergie geht von selbst immer nur vom heißeren zum kälteren Körper über, nie umgekehrt.

zu Beginn	später	am Ende
hohe Temperatur / niedrige Temperatur	Temperatur sinkt / Temperatur steigt	Temperaturen sind gleich
Wärmeenergie beginnt zu strömen	innere Energie nimmt ab / innere Energie nimmt zu	kein weiterer Energieübergang

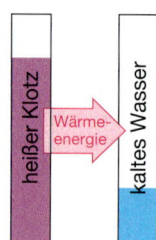 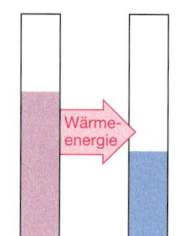

heißer Klotz — Wärmeenergie → kaltes Wasser

lauwarmer Klotz — lauwarmes Wasser

Versuche und Aufträge | **Wärmeenergie-Ströme**

V1 In einer Wohnung gibt es ganz unterschiedliche Bodenbeläge.
a) Betrete barfuß zunächst etwa eine Minute lang einen Fliesenfußboden (ohne Fußbodenheizung), dann genauso lange einen Holz- oder Laminat-Fußboden und schließlich einen Teppichboden. Beschreibe deine Beobachtungen.
b) Erkläre die Beobachtungen, indem du jeweils die auftretenden Wärmeenergie-Ströme betrachtest.

V2 a) Plane einen Versuch, mit dem die Abkühlungskurve einer heißen Tasse Kaffee aufgenommen werden kann, und führe ihn durch. Stelle deine Ergebnisse in einem Diagramm dar. Miss auch die Zimmertemperatur. (Vorsicht beim Experimentieren mit heißen Flüssigkeiten!)

b) Beschreibe anhand des Diagramms, wie die Temperaturabnahme jeweils von der aktuellen Kaffeetemperatur abhängt. Ziehe Folgerungen in Bezug auf die Energieströme an die Umgebung.

V3 Du benötigst ein Bügeleisen und eine etwa DIN-A5-große Plexiglasplatte
a) Stelle das Bügeleisen hochkant auf eine geeignete Unterlage und heize es auf die höchste mögliche Temperatur auf. Halte dann eine Hand in ca. 15 cm Abstand vor das Bügeleisen.
b) Halte die Plexiglasplatte ebenfalls in etwa 15 cm Abstand etwa 2 min lang vor das Bügeleisen und danach in einigen cm Abstand vor deine Wange.
b) Beschreibe aufgrund deiner Beobachtungen die hier stattfindenden Wärmeenergie-Ströme.

Geschichte des Thermometers

Als es noch keine Messgeräte zur Temperaturmessung gab, konnten die Menschen nur vage Aussagen darüber machen, wie kalt oder warm etwas war.

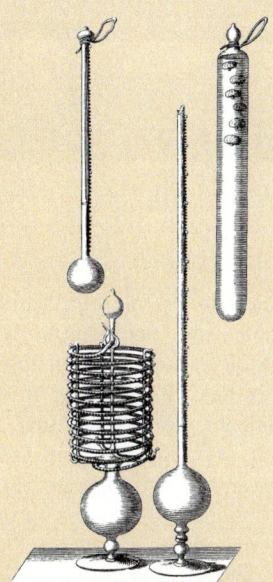

Die ersten Flüssigkeitsthermometer entstanden um 1600 in Italien nach einer Idee von GALILEO GALILEI (1564–1642) für medizinische Zwecke. Sie waren z. T. sehr kunstvoll hergestellt und funktionierten auch recht zuverlässig mit dem einzigen Nachteil, dass jedes Thermometer seine eigene Skala hatte. Eine allgemein gültige Temperaturangabe war mit einem solchen Thermometer nicht möglich.

Trotzdem konnten diese Thermometer schon von Ärzten benutzt werden. Diese wendeten folgenden Trick an: Zum Vergleich nahm erst der Arzt die Thermometerkugel in den Mund und markierte die Anzeige am Steigrohr. Danach wurde beim Patienten gemessen und wenn bei ihm die Flüssigkeitssäule deutlich höher stieg als beim Arzt, so hatte der Patient offensichtlich Fieber. Das ging natürlich nur, wenn der Arzt selbst kein Fieber hatte.

Den ersten Versuch, eine einheitliche und überall gültige Temperaturskala herzustellen, machte im Jahre 1714 DANIEL GABRIEL FAHRENHEIT (1686–1736) aus Danzig mit der Einführung zweier Fixpunkte.
Für den ersten wählte er die tiefste Temperatur, die er damals herstellen konnte, nämlich die Temperatur ei-

ner „Kältemischung" (Mischung aus Eis, Wasser und Salmiak). Diese Temperatur (–18 °C) wählte er als Nullpunkt seiner Skala. Als zweiten Fixpunkt wählte er vermutlich seine eigene Körpertemperatur und bezeichnete sie mit 100 Grad. Den Abstand dazwischen teilte er in 100 gleiche Teile. So entstand die Fahrenheit-Skala, die heute z. B. in den USA noch benutzt wird. Solltest du bei einem USA-Besuch einmal Fieber bekommen, so musst du nicht erschrecken, wenn das dortige Fieberthermometer über 100 Grad anzeigt!
Im Jahre 1742 schlug der schwedische Professor für Astronomie ANDERS CELSIUS (1701–1744) die bereits bekannten Fixpunkte vor, allerdings nannte er damals die Temperatur der Eis-Wasser-Mischung 100° und die Temperatur des siedenden Wassers 0°! Die schwedische Akademie der Wissenschaften übernahm diesen Vorschlag acht Jahre später, tauschte aber die Werte um. Die so entstandene Celsius-Skala wird heute in allen europäischen Staaten verwendet.

Etwa 100 Jahre später führten Forschungen in der Physik zu der Erkenntnis, dass die Temperaturskala nach unten begrenzt ist, dass es also eine tiefste Temperatur gibt, die nicht unterschritten werden kann. Diese Temperatur, die im Labor zwar nicht hergestellt werden kann, der man aber inzwischen sehr nahe gekommen ist, liegt bei –273,15 °C.

Nun wäre es ja sinnvoll, diese Temperatur als Nullpunkt auf der Temperaturskala zu wählen. Genau dies tat der englische Physiker LORD KELVIN (1824–1907): Er bezeichnete diese tiefste Temperatur als **absoluten Nullpunkt 0 K** (null Kelvin). Ansonsten behielt er die Skaleneinteilung der Celsius-Skala bei, sodass die Skalenabstände auf beiden Skalen gleich sind. Deshalb stimmen auch Temperaturdifferenzen auf beiden Skalen überein. So kam es in der Physik zu der Vereinbarung, Temperaturdifferenzen in K anzugeben. Die Kelvin-Skala wird heute vorwiegend in der Wissenschaft verwendet.

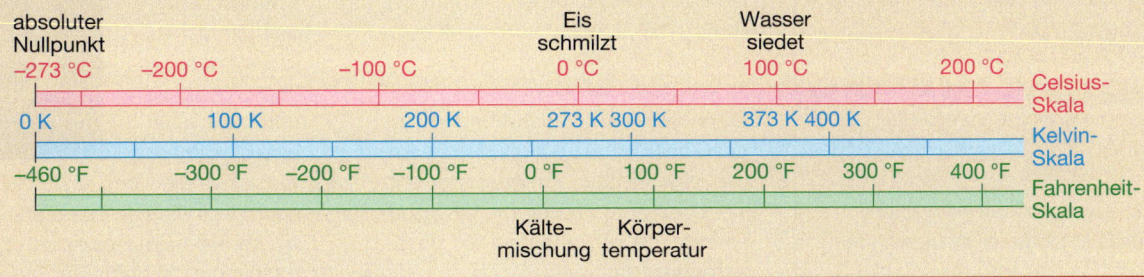

Energieentwertung

So ein Pech! Erst ist die Glühlampe kaputtgegangen und nun verbrennt sich der Junge beim Auswechseln auch noch die Finger! Dabei hätte er doch wissen können, dass eine Glühlampe beim Leuchten auch ziemlich heiß wird. Diese innere Energie ist aber gar nicht gewollt, sondern nur die Lichtenergie ist erwünscht.

Offensichtlich gibt es zwei Arten von Energie: Solche, die erwünscht ist, und solche, die bei den Wandlungsprozessen zusätzlich auftritt. Entsteht dieser unerwünschte Anteil immer und zwangsläufig?

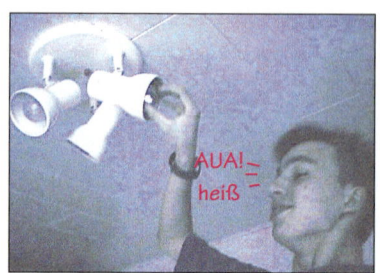

AUA! heiß

Energie, die keinem mehr nützt

Im Bild leuchtet eine kleine Glühlampe unter Wasser. Wenn sie z. B. zehn Minuten in Betrieb war, kann eine Temperaturerhöhung von 7 °C festgestellt werden. Wie erwartet ist nur ein Teil der zugeführten elektrischen Energie in Lichtenergie gewandelt worden, ein anderer in innere Energie.

Es ist sogar abschätzbar, wie groß die beiden Anteile sind:
An einem Energiemessgerät kann abgelesen werden, dass die Lampe insgesamt etwa 3,6 kJ elektrische Energie aufgenommen hat. Da 4,18 J nötig sind, um 1 g Wasser um 1 °C zu erwärmen, ergibt sich, dass 3,36 kJ für die Erhitzung des

Zentraler Versuch

Wassers (115 ml) gebraucht werden und nur 240 J als Lichtenergie abgegeben werden. Nur 7 % der elektrischen Energie sind also in Lichtenergie gewandelt worden. Der Rest hat die Glühlampe und das Wasser erwärmt.
Dieser Energieanteil war weder erwünscht noch kann er später genutzt werden, denn diese Energie geht im Laufe der Zeit von selbst aus dem Wasser in die Umgebungsluft über. Mit ihr können keine Vorgänge mehr bewirkt werden. Sie wird deshalb **entwertet** genannt. Je geringer der entwertete Anteil ist, desto nützlicher, weil wirkungsvoller, ist der Energiewandler.

Dass bei Energiewandlungen aus der zugeführten Energie nicht nur die gewünschte Energieform entsteht, sondern immer auch Wärmeenergie, ist ein allgemeines physikalisches Prinzip.

Wird die Energie, die ein Wandler aufnimmt, mit der Energie verglichen, die er nutzbringend abgibt, so kann das Ergebnis als Bruch, Dezimalzahl oder Prozentsatz angegeben werden. Bei der Glühlampe war es z. B. 0,07 oder 7 %. In einem Energiefluss-Schema können die Energieanteile durch die Pfeildicken dargestellt werden.

Lichtenergie

elektrische Energie — Glühlampe — Wärmeenergie

Bei allen Energiewandlungen entsteht zwangsläufig auch nicht erwünschte Wärmeenergie.
Meist fließt diese Energie von selbst in die Umgebung ab und kann nicht weiter genutzt werden; sie ist entwertet.

Rechenbeispiel

Berechne den Anteil der zugeführten elektrischen Energie von 3,60 kJ, der im zentralen Versuch in Licht gewandelt wurde. Um 115 ml Wasser um 7 °C zu erwärmen, sind 3,36 kJ nötig.

Geg.: $E_{el} = 3{,}6$ kJ; $E_W = 3{,}36$ kJ

Ges.: Anteil von E_{Licht} an E_{el}

Lösung: $E_{Licht} = E_{el} - E_W = 3{,}6$ kJ $- 3{,}36$ kJ
$= 0{,}24$ kJ

Anteil $= \frac{0{,}24 \text{ kJ}}{3{,}60 \text{ kJ}} = 0{,}07 = 7\,\%$

Nur 7 % der zugeführten elektrischen Energie wurde in Lichtenergie gewandelt.

Aufgaben

1 Das Foto rechts wurde bei einem Bremsscheibentest gemacht. Erkläre den Versuchsablauf und stelle eine Energiekette auf.

2 Was passiert, wenn ein Schüler nach dem Hinaufklettern an einem Seil beim Herunterrutschen nicht aufpasst?

Wirkungsgrad

Die Wandlung von einer Energieform in eine andere geht immer mit Energieentwertung einher. Zur Beurteilung, wie gut die zugeführte Energie genutzt wird, wird der Quotient aus der genutzten und der zugeführten Energie verwendet. Der Wert heißt **Wirkungsgrad η** (gesprochen: eta).

$$\eta = \frac{E_{genutzt}}{E_{zugeführt}}$$

Der Wirkungsgrad ist stets kleiner oder gleich 1. Er ist einheitenlos und wird als Bruch, Dezimalzahl oder in Prozent angegeben. Der Wirkungsgrad einer Glühlampe beträgt ca. 7%, d.h. nur $\frac{1}{14}$ der zugeführten elektrischen Energie wandelt sich in die gewünschte Lichtenergie. Das ist nicht besonders viel. Daher ist es sinnvoll, LED-Lampen zu verwenden und Lampen nicht unnötig lange leuchten zu lassen.

Viele Geräte besitzen aber nur einen so schlechten Wirkungsgrad, weil bei der Wandlung der (elektrischen) Energie zwangsläufig der Anteil der unerwünschten Wärmeenergie wächst. Es gibt allerdings auch Geräte, die die Temperatur von Körpern erhöhen sollen, z.B. Wasserkocher oder Tauchsieder. Der Temperaturanstieg in den Leitungen des Gerätes, der sonst immer Ursache für einen schlechten Wirkungsgrad ist, ist hier gewollt. Wird die Erwärmung der Umgebung z.B. durch ein Isoliergefäß so gering wie möglich gehalten, erreichen Wasserkocher und Tauchsieder sogar Wirkungsgrade von nahezu 1, also fast 100%.

Beispiele für weitere Wirkungsgrade sind:

Glühwürmchen:	95%
Energiesparlampe:	25%
Generator:	96%
Wasserturbine:	90%
Benzinmotor:	35%

Wirkungsgrad $\eta = \dfrac{\text{genutzte Energie}}{\text{zugeführte Energie}}$

Aufgaben

1 Erkläre, warum Zentralheizungen (η bis zu 85%) einen besseren Wirkungsgrad als ein offenes Kaminfeuer besitzen.

2 Zu Spitzenzeiten benötigt ein modernes Kohlekraftwerk 150t Steinkohle pro Stunde. Für den Nutzer stehen jedoch lediglich 1 980 000 MJ zur Verfügung. Berechne, welchen Wirkungsgrad das Kraftwerk besitzt und wie hoch der Restanteil der Energie ist. Wo bleibt diese Restenergie?

Energieentwertung | Versuche und Aufträge

V1 Bringe dein Fahrrad aus zügiger Fahrt mit der Hinterrad-Bremse zum Stehen. Berühre danach sofort Felge und Bremsbeläge. Beschreibe und erkläre.

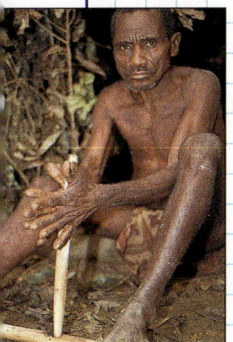

V2 Wie entzündet man Feuer ohne Streichhölzer, Feuerzeug o. Ä.?
a) Nimm die Abbildung als Anregung und versuche es selbst.
b) Woran könnte es liegen, wenn das Feuermachen nicht gelingt?

V3 Teewasser (0,5 ℓ) kann ganz unterschiedlich erhitzt werden.
a) Begründe, weshalb das Erhitzen mithilfe eines Topfes auf einer Herdplatte nur einen geringen Wirkungsgrad haben wird.
b) Plane einen Versuch, mit dem du den Wirkungsgrad beim Erhitzen von 0,5 ℓ Wasser mithilfe eines Wasserkochers beziehungsweise mithilfe einer Mikrowelle ermitteln kannst. Du benötigst dazu ein Energiemessgerät für Haushalte und ein geeignetes Thermometer.
c) Verdeutliche am Beispiel Wasserkochen, dass ein hoher Wirkungsgrad trotzdem vollständige Energieentwertung bedeuten kann.

V4 a) Drehe die Wäscheklammer gleichmäßig um den Messfühler des Thermometers und notiere alle 10, 20,… Umdrehungen die Temperatur.
b) Erkläre deine Beobachtung.

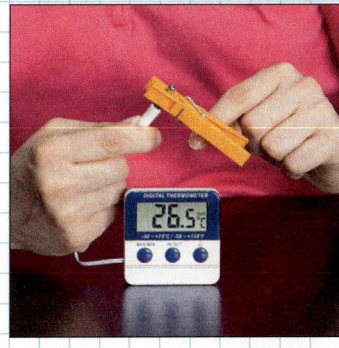

Einbahnstraße Energieentwertung

Neben der begehrten elektrischen Energie produziert ein Kraftwerk sehr viel Wärmeenergie, die über die Kühltürme ungenutzt entweicht. Ist das nicht eine gewaltige Vergeudung von Kohle, Öl, Gas oder Uran, die teuer eingekauft wurden? Gibt es physikalische Gründe dafür, dass eine solche „Verschwendung" hingenommen werden muss? Woran liegt es, dass Energie nicht beliebig von einer Form in eine andere gewandelt werden kann, sondern dass dies nur unter „Verlust" möglich ist? Wo bleibt der Rest?

Die springende Kugel, die Erde am Aufprallpunkt und die alles umgebende Luft bilden ein *System,* in dem Energie gewandelt wird. In ihm gilt der Energieerhaltungssatz: Wenn diesem System Energie weder zu- noch abgeführt wird, bleibt die Summe aller beteiligten Energien konstant und die verschiedenen, im Inneren des Systems auftretenden Energieformen können beliebig lange ineinander gewandelt werden.

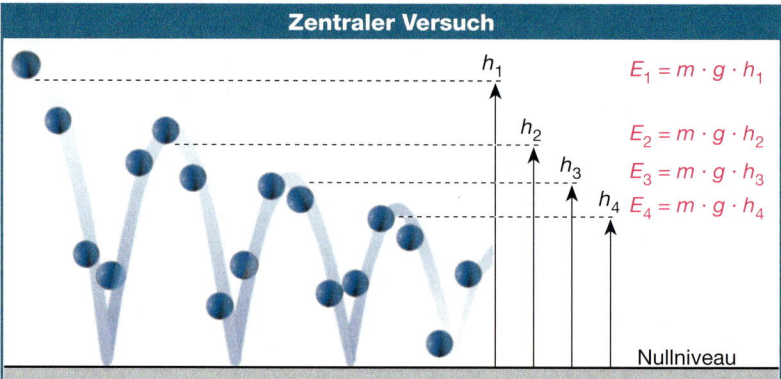

Zentraler Versuch

h_1 $E_1 = m \cdot g \cdot h_1$

h_2 $E_2 = m \cdot g \cdot h_2$

h_3 $E_3 = m \cdot g \cdot h_3$

h_4 $E_4 = m \cdot g \cdot h_4$

Nullniveau

Die anfänglich vorhandene Höhenenergie wird bei den Wandlungen in Bewegungs- und Spannenergie und wieder zurück in Höhenenergie aber kontinuierlich entwertet. Nach jedem Ab und Auf ist weniger Höhenenergie da als vorher – nach hinreichend langer Zeit ist überhaupt keine mechanische Energie mehr in diesem System.

Stattdessen haben sich die inneren Energien des Balles, der Aufprallstelle und der umgebenden Luft durch Reibung erhöht. Diese innere Energie kann nicht mehr in eine der mechanischen Energieformen zurückgewandelt werden. Sonst müsste ja die Kugel wieder anfangen zu springen, während sie, die Aufprallstelle und die Luft ringsum kühler würden, sie also die von der Kugel empfangene Bewegungsenergie wieder an sie zurückgäben. Nach dem Energieerhaltungssatz wäre das denkbar, aber gesehen hat das noch niemand!

Auch bei den Energiewandlungen in Kraftwerken wäre es wünschenswert, die Entwertung der kostbaren Eingangsenergie in dem System Kraftwerk–Umgebungsluft wieder rückgängig zu machen. Dazu müsste nur die erwärmte Luft in den Kühltürmen, also die Abwärme des Kraftwerks, abgekühlt werden und die dabei frei werdende Energie wieder als Wärmeenergie in den Kessel zurückgeführt werden. Aber auch das ist nicht machbar!

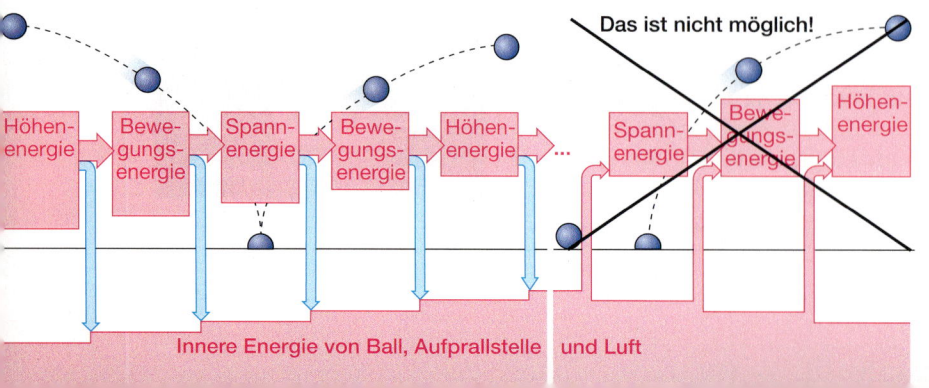

Innere Energie von Ball, Aufprallstelle und Luft

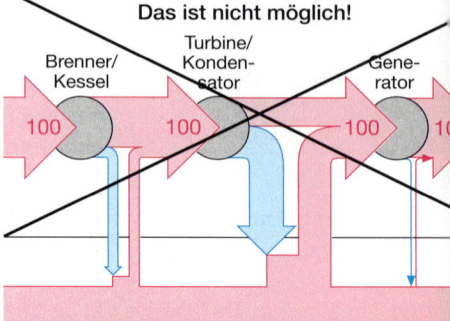

Innere Energie der Umgebung

Die Richtung von Vorgängen

Dem Energieerhaltungssatz würden solche Umkehrungen der Entwertung nicht widersprechen. Die Erfahrung zeigt aber, dass der Vorgang nur in der Richtung abläuft, in der Entwertung auftritt, nicht in der umgekehrten. Um Energiewandlungen vollständig zu beschreiben, muss es also noch eine weitere Eigenschaft dieser Wandlungen geben, die die Einseitigkeit von Entwertungsvorgängen beschreibt.

Die Energiewandlungen an der springenden Kugel laufen in beiden Richtungen ab. Gäbe es die Entwertung durch Reibung nicht, würde der Idealfall eintreten, dass die Kugel nach jedem Aufprall wieder genau die Höhe erreichen würde, die sie vorher hatte. Es läge ein umkehrbarer, ein **reversibler Vorgang** vor. Der rückwärtslaufende Vorgang wäre vom vorwärts ablaufenden nicht zu unterscheiden.

Die Bewegungsenergie einer Turmspringerin „verschwindet" im Wasser. Dort ist sie in innere Energie des Wassers gewandelt und dadurch entwertet worden. Es ist noch nie beobachtet worden, dass solch ein Vorgang in der Natur umgekehrt abläuft. Er wäre umgekehrt, wenn durch Abkühlung die innere Energie wieder zu Bewegungs- und Höhenenergie würde.

Ein nicht umkehrbarer Vorgang heißt **irreversibel.** Er ist eine Einbahnstraße, weil die Wandlungen nur in einer Richtung ablaufen, so wie bei der springenden Kugel oder wie bei den Energiewandlungsprozessen im Kraftwerk.

Bei allen Energiewandlungen entsteht Wärmeenergie, die nicht dem Zweck des Prozesses dient und die nicht in andere Energieformen weiter gewandelt werden kann. Am Ende aller Energieketten steht immer innere Energie der Umgebung, die nicht mehr in eine nutzbare Form wandelbar ist, eben **entwertete Energie.** Stehen elektrische, mechanische, chemische Energie oder Lichtenergie dagegen am Ende von Energieketten, dann sind sie noch nutzbar. Deshalb sind sie *wertvoll.*
Energieentwertung ist also ein Wandlungsprozess, der Einbahnstraße und Sackgasse zugleich ist: Entwertete Energie nimmt am Austausch der Energieformen nicht mehr teil.

> Alle Energiewandlungen sind irreversibel. Sie laufen nur in Richtung Entwertung ab, nie umgekehrt.

Aufgaben

1 Finde aus deinem Alltag drei weitere Beispiele für irreversibel ablaufende Energiewandlungen.

2 Nenne für das Beispiel Fahrrad Maßnahmen, die zur Verringerung der Energieentwertung ergriffen werden oder von dir beim Radfahren ergriffen werden können.

3 **a)** Betrachte am Beispiel eines Tauchsieders die Begriffe „zugeführte Energie", „Nutzenergie" und „entwertete Energie".
b) Erläutere auch, warum der Wirkungsgrad eines Tauchsieders so hoch ist.

4 Axel hat eine geniale Idee für sein Fahrrad: Ein Elektromotor treibt das Hinterrad an und wird selbst vom Dynamo am Vorderrad mit Strom versorgt. Franziska hat Zweifel. Kommentiere.

5 Ein Filmregisseur ist auf der Suche nach lustigen Filmszenen. Dazu lässt er normale Bewegungsabläufe rückwärts ablaufen.
a) Denke dir Filmszenen aus, die rückwärts ablaufend lustig wirken.
b) Untersuche den rückwärts ablaufenden Vorgang anhand des Verlaufs der inneren Energie der Umgebung.
c) Gib Beispiele für Vorgänge, die rückwärts wie vorwärts abgespielt physikalisch möglich sind.

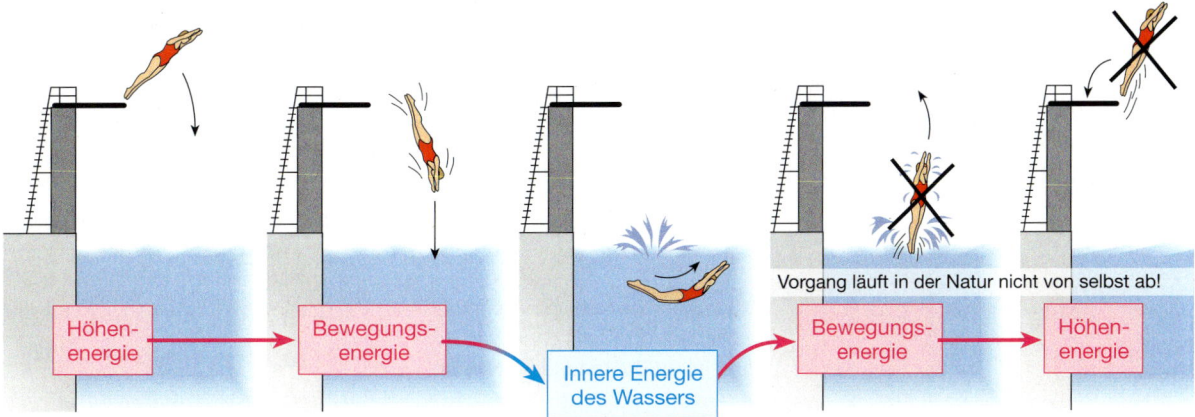

Vorgang läuft in der Natur nicht von selbst ab!

Höhen-energie → Bewegungs-energie → Innere Energie des Wassers → Bewegungs-energie → Höhen-energie

Änderung der inneren Energie und die Wirkungen

An heißen Tagen erwärmt die Sonne das Wasser im Freibad um einige Grad. Warum ist die Temperatur des Planschbeckens aber stets höher als die des Schwimmerbeckens? Warum sind eiserne Gullydeckel stets heißer als Steinplatten auf dem Boden. Alle beide bekommen doch von der Sonne die gleiche Menge an Energie!
Wovon hängt die Temperaturerhöhung ab, wenn ein Körper Energie absorbiert und dadurch seine innere Energie zunimmt?

Temperaturänderungen

Energiezufuhr – Temperatur

Die einem Körper zugeführte Energie kann auch eine Vergrößerung seiner inneren Energie bewirken. Das führt meist zur Erwärmung des Körpers, seine Temperatur steigt. Um den genauen Zusammenhang zwischen der zugeführten Energie und der Temperaturänderung zu untersuchen, müssen beide Größen gleichzeitig bestimmt werden.

Als Energielieferant wird ein Tauchsieder verwendet. Auf seinem Typenschild steht, wie viel Energie er abgibt: In jeder Sekunde sind es z. B. 300 J.
In der Tabelle unten sind die Messwerte für ein Becherglas mit 100 g Wasser festgehalten. Beim Vergleich der Quotienten aus der zugeführten Energie und der Temperaturänderung lässt sich feststellen, dass diese annähernd gleich sind. Die zugeführte Energie und die Temperaturänderung sind also proportional zueinander: $\Delta E \sim \Delta \vartheta$.

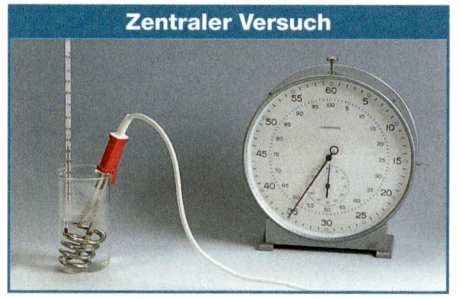

Zentraler Versuch

Diese Proportionalität $\Delta E \sim \Delta \vartheta$ gilt allerdings nur, wenn während der Energiezufuhr keine Zustandsänderung eintritt, wenn die zugeführte Energie also vollständig zur Temperaturerhöhung des Körpers führt. Sie gilt nicht nur für Wasser, sondern für alle Stoffe.

> Zugeführte Energie und Temperaturerhöhung sind proportional, wenn keine Zustandsänderungen stattfinden.

t	ΔE	$\Delta \vartheta$	$\frac{\Delta E}{\Delta \vartheta}$
10 s	3 kJ	7 K	0,43 $\frac{kJ}{K}$
20 s	6 kJ	14 K	0,43 $\frac{kJ}{K}$
30 s	9 kJ	22 K	0,41 $\frac{kJ}{K}$
40 s	12 kJ	29 K	0,41 $\frac{kJ}{K}$
50 s	15 kJ	36 K	0,42 $\frac{kJ}{K}$

Energiezufuhr – Masse

Natürlich ist im Schwimmerbecken mehr Wasser enthalten als im Planschbecken. Vermutlich hat also auch die Menge des Wassers, das erwärmt wird, einen Einfluss auf die Temperatursteigerung. Um das zu überprüfen, wird unterschiedlichen Mengen Wasser wieder mit dem Tauchsieder Energie zugeführt und gemessen, wie viel Energie für eine Temperatursteigerung um jeweils 10 K nötig ist.

Die Messwerte in der Tabelle unten zeigen, dass der Quotient aus zugeführter Energie und erwärmter Masse stets annähernd der gleiche ist. Die für eine bestimmte Temperaturänderung zuzuführende Energie ist also proportional zur Masse des Wassers: $\Delta E \sim m$.

m	t	ΔE	$\frac{\Delta E}{m}$
0,05 kg	14 s	2,10 kJ	43 $\frac{kJ}{kg}$
0,10 kg	28 s	4,20 kJ	42 $\frac{kJ}{kg}$
0,15 kg	43 s	6,45 kJ	43 $\frac{kJ}{kg}$
0,20 kg	56 s	8,40 kJ	42 $\frac{kJ}{kg}$
0,25 kg	68 s	10,20 kJ	41 $\frac{kJ}{kg}$

Auch diese Proportionalität gilt für alle Stoffe, solange während der Energiezufuhr keine Zustandsänderung eintritt.

Jetzt wird die höhere Temperatur des Planschbeckens verständlich: Aufgrund der geringeren Tiefe ist die Wassermenge, die von der einfallenden Sonnenstrahlung erwärmt wird, viel geringer und folglich die Temperatursteigerung viel größer – obwohl die Fläche des Schwimmerbeckens größer ist und daher mehr Strahlung absorbiert wird.

Im Versuch wurde dem Wasser so lange Energie zugeführt, bis seine Temperatur um 10 K gestiegen ist. Es waren immer etwa 42 kJ – hochgerechnet auf 1 kg Wasser. Für eine Temperaturerhöhung von 1 kg Wasser um 1 K ist also $\frac{1}{10}$ dieser Energie nötig: 4,2 kJ.

> Die für eine bestimmte Temperaturänderung zuzuführende Energie ist zur Masse des Körpers proportional.
> Für Wasser gilt: Um die Temperatur von 1 kg Wasser um 1 K zu erhöhen, sind 4,2 kJ Energie nötig.

Rechenbeispiele

1. Berechne die Kosten für ein Wannenbad, wenn die Wanne mit rund 150 Liter Wasser gefüllt wird und die Wassertemperatur 38 °C betragen soll. Das zufließende Leitungswasser hat eine Temperatur von 14 °C.

Geg.: $m = 150$ kg; $\Delta\vartheta = (38 - 14)$ K = 24 K

Ges.: ΔE

Lösung: Um die Temperatur von 1 kg Wasser um 1 K zu erhöhen, sind 4,2 kJ nötig. Daraus ergibt sich für eine beliebige Wassermenge m und eine beliebige Temperatursteigerung $\Delta\vartheta$ eine einfache Formel für die zuzuführende Energie:

$$\Delta E = 4,2 \, \frac{\text{kJ}}{\text{kg} \cdot \text{K}} \cdot m \cdot \Delta\vartheta$$
$$= 4,2 \, \frac{\text{kJ}}{\text{kg} \cdot \text{K}} \cdot 150 \text{ kg} \cdot 24 \text{ K} = 15120 \text{ kJ} \approx 15 \text{ MJ}$$

Wenn die Energie von einer Öl- oder Gasheizung bereitgestellt wird, so kosten 1000 kJ etwa 4 Cent. Die Energie für das Bad kostet also 60 Cent – ohne Wasserkosten, die etwa 1,2 € betragen. Insgesamt kostet das Wannenbad etwa 1,8 €.

2. Berechne, wie viel gespart werden kann, wenn anstatt des Bades eine Dusche genommen wird. Die Wassertemperatur soll die gleiche sein, die benötigte Wassermenge beträgt beim Duschen jedoch nur etwa 30 Liter.

Geg.: $m = 30$ kg; $\Delta\vartheta = (38 - 14)$ K = 24 K

Ges.: ΔE

Lösung: Da die für das Duschen benötigte Wassermenge nur $\frac{1}{5}$ der für das Baden benötigten Wassermenge beträgt, reduzieren sich die entsprechenden Kosten (wegen der sonst gleichen Bedingungen) um denselben Faktor.

Insgesamt betragen die Kosten für das Duschen nur $\frac{1}{5}$ der Kosten für ein Wannenbad, also 36 Cent.

Aufgaben

1 Begründe, welches der beiden Verfahren zum Kartoffelkochen du bevorzugen würdest.

2 **a)** Stelle die in den Tabellen angegebenen Werte für
- die zugeführte Energie und die Temperaturänderung
- die zugeführte Energie und die Masse des Wassers
in jeweils einem Diagramm dar.
b) Gib an, welcher Graph gezeichnet werden muss.
c) Lies im ersten Diagramm die zuzuführende Energie für eine Temperaturänderung von 10 K, 20 K, 30 K ab.

d) Lies im zweiten Diagramm die zuzuführende Energie für eine Masse von 120 g, 240 g ab.

3 Begründe mit dem Teilchenmodell, warum die für eine bestimmte Temperaturerhöhung nötige zuzuführende Energie der Masse proportional sein muss.

4 Berechne die gesamte Energie, die notwendig ist, um 5 kg Wasser mit der Temperatur 14 °C zum Sieden zu bringen.

5 Wenn an wolkenlosen Sommertagen die Sonne zehn Stunden lang scheint, dann ist insgesamt eine Energie von 18 MJ pro m² eingestrahlt worden. Um wie viel erhöht sich dadurch die Temperatur im Schwimmbecken (Wassertiefe 2,5 m) und im Planschbecken (Wassertiefe 0,8 m)? (*Hinweis:* Berechne die Temperaturdifferenz für 1 m² Wasseroberfläche.)

Energiezufuhr – Stoff

Wenn im Sommer die Sonne längere Zeit scheint, dann werden die Steinplatten im Schwimmbad angenehm warm, ein eiserner Gullydeckel aber unangenehm heiß. Sie bekommen beide gleich viel Energie von der Sonne zugestrahlt und haben auch etwa die gleiche Masse. Die unterschiedlichen Temperaturen könnten darauf beruhen, dass beide aus unterschiedlichen Stoffen hergestellt sind.

Die vier Metallstücke und zwei Bechergläser im Versuch haben die gleiche Masse und erhalten wegen ihrer jeweils gleich großen Grundfläche die gleiche Energie von der Kochplatte. Trotzdem steigt die Temperatur der Körper in der gleichen Zeit unterschiedlich stark an.
Es hängt also vom Stoff ab, welche Temperaturerhöhung durch die gleiche Energiezufuhr bewirkt wird. Die für eine bestimmte Temperaturerhöhung bei einer bestimmten Masse zuzuführende Energie ist abhängig von einer Stoffkonstanten. Wird als Bezug wieder eine Temperaturänderung von 1 K und eine Masse von 1 kg gewählt, dann ist diese Stoffkonstante die **spezifische Wärmekapazität c**. Es gilt: $\Delta E \sim c$.

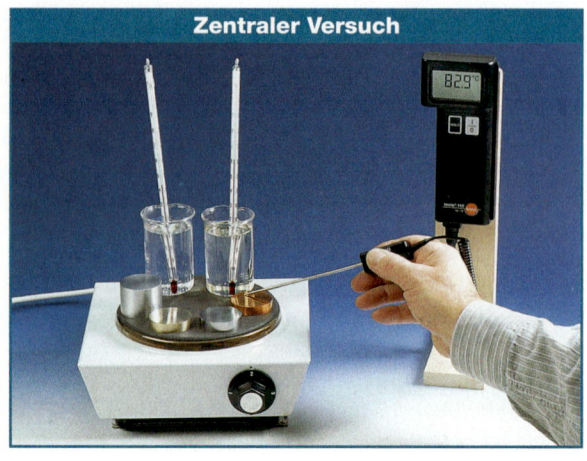

Zentraler Versuch

anstieg des Körpers am größten, dessen spezifische Wärmekapazität am kleinsten ist, denn er benötigt pro Kelvin Temperaturerhöhung die kleinste Energiemenge.

Die spezifische Wärmekapazität von Wasser ist mit $c_W = 4{,}19 \frac{kJ}{kg \cdot K}$ besonders hoch. Diese Tatsache wird in der Natur und Technik oft genutzt, z.B. bei der Temperaturregelung im menschlichen Körper, zum Schutz vor Frostschäden bei Pflanzen oder bei Wärmetauschern. Ändert das Wasser allerdings seinen Zustand, so verändert sich auch seine spezifische Wärmekapazität und sinkt

bei Eis auf $c_{W\text{-Eis}} = 2{,}09 \frac{kJ}{kg \cdot K}$ oder

bei Wasserdampf sogar auf $c_{W\text{-Dampf}} = 1{,}95 \frac{kJ}{kg \cdot K}$.

Stoff	c
Aluminium	$0{,}90 \frac{kJ}{kg \cdot K}$
Beton	$0{,}92 \frac{kJ}{kg \cdot K}$
Eis	$2{,}09 \frac{kJ}{kg \cdot K}$
Eisen	$0{,}47 \frac{kJ}{kg \cdot K}$
Glas	$0{,}86 \frac{kJ}{kg \cdot K}$
Holz	$2{,}39 \frac{kJ}{kg \cdot K}$
Kupfer	$0{,}39 \frac{kJ}{kg \cdot K}$
Porzellan	$0{,}73 \frac{kJ}{kg \cdot K}$
Sand, Stein	$0{,}84 \frac{kJ}{kg \cdot K}$
Styropor	$1{,}50 \frac{kJ}{kg \cdot K}$
Zinn	$0{,}23 \frac{kJ}{kg \cdot K}$
Milch	$3{,}90 \frac{kJ}{kg \cdot K}$
Petroleum	$2{,}00 \frac{kJ}{kg \cdot K}$
Quecksilber	$0{,}14 \frac{kJ}{kg \cdot K}$
Spiritus	$2{,}43 \frac{kJ}{kg \cdot K}$
Wasser	$4{,}19 \frac{kJ}{kg \cdot K}$
Luft	$1{,}01 \frac{kJ}{kg \cdot K}$
Sauerstoff	$0{,}92 \frac{kJ}{kg \cdot K}$
Wasserdampf	$1{,}95 \frac{kJ}{kg \cdot K}$
Wasserstoff	$14{,}28 \frac{kJ}{kg \cdot K}$

Die Tabelle zeigt, dass die Werte für die spezifische Wärmekapazität von Stoff zu Stoff sehr unterschiedlich sind. Diese Werte sagen aus, wie viel Energie einem Körper der Masse 1 kg zugeführt werden muss, um seine Temperatur um 1 K zu erhöhen. Bei Wasser sind das 4,2 kJ, bei Sand bzw. Stein 0,84 kJ und bei Eisen nur 0,47 kJ. Wird Körpern gleicher Masse die gleiche Energiemenge zugeführt, dann ist der Temperatur-

> Die für eine bestimmte Temperaturerhöhung zuzuführende Energie hängt vom Stoff des Körpers ab. Die spezifische Wärmekapazität c gibt an, wie viel Energie einem Körper aus einem bestimmten Stoff mit der Masse 1 kg zugeführt werden muss, damit sich seine Temperatur um 1 K erhöht.

Aufgaben

1 Erkläre, warum die eisernen Gullydeckel einer gepflasterten Straße im Sommer deutlich heißer sind als die Pflastersteine unmittelbar neben den Gullydeckeln.

2 Viele Teile einer Heizungsanlage sind aus Eisen, können also rosten. Nenne Gründe, warum trotzdem kein Öl (z. B. Petroleum) für den Kreislauf genommen wird, sondern Wasser.

3 Beim Löten kann es passieren, dass du eine Lötperle (Zinn) mit $\vartheta \approx 250\,°C$ auf die Hand bekommst. Das Ergebnis ist eine kleine Brandwunde. Erkläre, warum es viel schmerzhafter ist, die gleiche Menge „kochendes" Wasser ($\vartheta \approx 100\,°C$) auf die Hand zu bekommen.

4 Überlege, ob die spezifischen Wärmekapazitäten für Isolierkannen und Kühlflüssigkeiten hoch oder niedrig sein müssen. Begründe deine Antwort.

Die Energie-Temperatur-Gleichung

Für alle Körper gelten drei Proportionalitäten – sofern keine Zustandsänderungen erfolgen, also die gesamte zugeführte Energie nur zu einer Temperaturerhöhung des Körpers führt;

- Energiezufuhr und Temperatursteigerung sind proportional: $E \sim \Delta\vartheta$.
- Um eine bestimmte Temperatursteigerung zu bewirken, muss die zugeführte Energie proportional zur Masse sein: $\Delta E \sim m$.
- Um eine bestimmte Temperaturerhöhung zu bewirken, muss die zugeführte Energie proportional zur spezifischen Wärmekapazität sein: $\Delta E \sim c$.

Alle drei Proportionalitäten können zu einer Proportionalität zusammengefasst werden: $\Delta E \sim c \cdot m \cdot \Delta\vartheta$.

Da sich die Einheiten der Größen auf der rechten Seite gegenseitig „wegkürzen" bis auf die Einheit Joule, kann diese Proportionalität als Gleichung ohne zusätzlichen Proportionalitätsfaktor geschrieben werden. Sie sagt, wie viel Energie einem Körper zugeführt werden muss, um seine Temperatur um $\Delta\vartheta$ zu erhöhen:

$\Delta E = c \cdot m \cdot \Delta\vartheta$.

Umgekehrt gilt: Wird von einem Körper Energie aufgenommen, ohne dass sich sein Zustand ändert, dann erfolgt eine Temperaturerhöhung des Körpers um $\Delta\vartheta$:

$\Delta\vartheta = \frac{\Delta E}{c \cdot m}$.

Sinkt die Temperatur eines Körpers um $\Delta\vartheta$, so gibt er Energie ab. Dadurch nimmt auch seine innere Energie ab, und zwar ebenfalls um den Wert $\Delta E = c \cdot m \cdot \Delta\vartheta$.

Solange keine Zustandsänderungen auftreten, hängen die Änderung der inneren Energie eines Körpers und seine Temperaturänderung folgendermaßen zusammen:

$\Delta E_{innere} = c \cdot m \cdot \Delta\vartheta$.

Rechenbeispiele

1. Die Betonplatten im Schwimmbad sind durch Sonneneinstrahlung von 15 °C auf 25 °C erwärmt worden ($c_{Beton} = 0{,}92 \frac{kJ}{kg \cdot K}$). Sie haben eine Masse von ca. 4000 kg. Berechne, wie viel Energie die Platten durch die Absorption der Sonnenstrahlung gespeichert haben.

Geg.: $m = 4000$ kg; $c_{Beton} = 0{,}92 \frac{kJ}{kg \cdot K}$
$\vartheta_1 = 15$ °C; $\vartheta_2 = 25$ °C

Ges.: Anstieg der Energie ΔE

Lösung: Bestimmung des Temperaturanstiegs:
$\Delta\vartheta = \vartheta_2 - \vartheta_1$
$= 25$ °C $- 15$ °C
$= 10$ °C $\triangleq 10$ K
Bestimmung der Energieänderung:
$\Delta E = c \cdot m \cdot \Delta\vartheta$
$= 0{,}92 \frac{kJ}{kg \cdot K} \cdot 4000$ kg $\cdot 10$ K
$= 36800$ kJ $= 36{,}8$ MJ

Die Betonplatten haben eine Energie von 36,8 MJ gespeichert.

2. Ein Wasserkocher mit der Leistung 1500 W wird mit zwei Liter kaltem Wasser gefüllt und eine Minute lang eingeschaltet. Berechne die Temperaturerhöhung.

Geg.: $m = 2$ kg; $c = 4{,}2 \frac{kJ}{kg \cdot K}$; $P = 1500$ W
$t = 60$ s

Ges.: $\Delta\vartheta$

Lösung: Der Tauchsieder gibt an das Wasser in jeder Sekunde 1500 J Energie ab. In 60 Sekunden also insgesamt 90 kJ.

$\Delta\vartheta = \frac{\Delta E_{innere}}{c \cdot m} = \frac{90 \text{ kJ}}{4{,}2 \frac{kJ}{kg \cdot K} \cdot 2 \text{ kg}} = 10{,}7$ K

Die Temperatur des Wassers erhöht sich um 10,7 K.

Aufgaben

1 Eine Bremsscheibe aus Eisen (Masse 8 kg) eines Pkw wurde beim Bremsen im Gebirge auf 700 °C erhitzt. Berechne den Energiebetrag, den sie aufgenommen hat.

2 Ein Quader der Masse 150 g wird durch Zufuhr von 2,5 kJ um 43 K erhitzt. Bestimme das Material.

3 Heißer Tee wird in einen Becher aus Porzellan und in einen aus Edelstahl gegossen. Beide Becher haben die gleiche Masse und vorher die gleiche Temperatur. In welchem Becher wird der Tee danach kühler sein? Begründe deine Antwort.

4 Bestimme die Temperaturänderung, die die beiden rechten Quader (aus gleichem Material) erfahren.

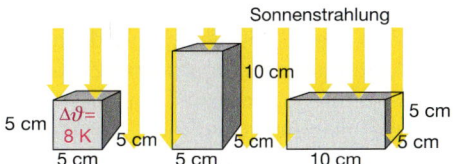

Zustandsänderungen

Wasser ist eine unserer wichtigsten Lebensgrundlagen. Normalerweise ist es flüssig. Aber es tritt auch in fester Form als Eis oder gasförmig als Wasserdampf auf.
Wie kann Wasser von einem Zustand in einen anderen überführt werden? Ist für die Änderung der Zustandsform Energie nötig und wenn ja wie viel?

Schmelzen und Verdampfen

Jeder Stoff hat seine eigene Schmelz- und Siedetemperatur. Da die Schmelz- und Siedetemperatur von Wasser in Bereichen liegen, die leicht zugänglich sind, ist es einfach, alle drei Zustände zu beobachten. Bei anderen Stoffen ist dies schwieriger. Eisen hat z. B. eine so hohe Siedetemperatur, dass es mit den Verfahren, die in der Schule zur Verfügung stehen, niemals gasförmig gemacht werden kann.

Im Versuch wird Eis geschmolzen. Das aus dem Eis entstehende Wasser wird weiter erhitzt, bis am Ende alles Wasser verdampft ist. Dazu wird eine Kochplatte verwendet, die über den gesamten Zeitraum gleichmäßig Energie an das Eis bzw. das Wasser im Becherglas abgibt.

Im Diagramm ist der Temperaturverlauf in Abhängigkeit von der Zeit dargestellt. Da die Kochplatte in jeder Sekunde die gleiche Energiemenge abgibt, kann die Zeitachse in eine Energieachse umgewandelt und so die Energiezufuhr für das gesamte Experiment dargestellt werden.

Obwohl dem Eis konstant Wärme zugeführt wurde, zeigt der Graph Bereiche, in denen die Temperatur konstant bleibt. Die Energie wird dort benötigt, um den Aggregatzustand zu ändern. Zunächst, um das Eis zu schmelzen. Und später, um das Wasser zu verdampfen. In diesen Bereichen bleibt die Bewegungsenergie der Teilchen unverändert. Würde der Versuch mit der glei-

chen Masse Blei durchgeführt, so würde festgestellt, dass das Blei viel schneller schmilzt. Das heißt, dass jeder Stoff einen ganz bestimmten Energiebetrag zum Schmelzen benötigt: die **spezifische Schmelzenergie e_S.** In Tabellen von Formelsammlungen stehen die entsprechenden Werte bezogen auf 1 kg des jeweiligen Stoffes. (Manchmal findet sich auch der historisch bedingte Begriff „Schmelzwärme".)

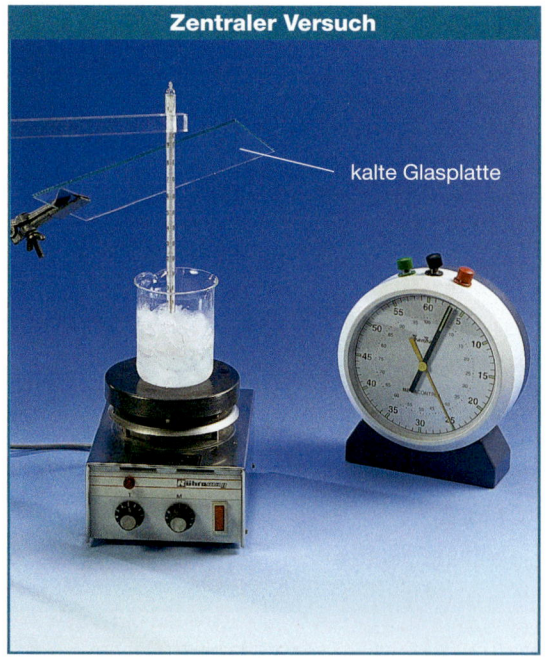

Zentraler Versuch

kalte Glasplatte

Mit den Tabellenwerten lässt sich der Energiebetrag berechnen, der einem Körper aus einem bestimmten Stoff zugeführt werden muss, um ihn zu schmelzen: Die spezifische Schmelzenergie muss nur mit der Masse des Körpers multipliziert werden, um diesen Energiebetrag zu erhalten:
$$E_S = m \cdot e_S.$$

Zum Verdampfen benötigt 1 kg eines Stoffes ebenfalls eine ganz bestimmte Energiemenge, die **spezifische Verdampfungsenergie e_V.**

Für die einem Körper zum Verdampfen zuzuführende Energie gilt analog zum Schmelzen:
$$E_V = m \cdot e_V.$$

Das Diagramm zeigt, dass die nötigen Energiebeträge für das Schmelzen von Eis bzw. das Verdampfen von Wasser sehr stark voneinander abweichen. Es ist etwa siebenmal so viel Energie zum Verdampfen nötig wie zum Schmelzen.

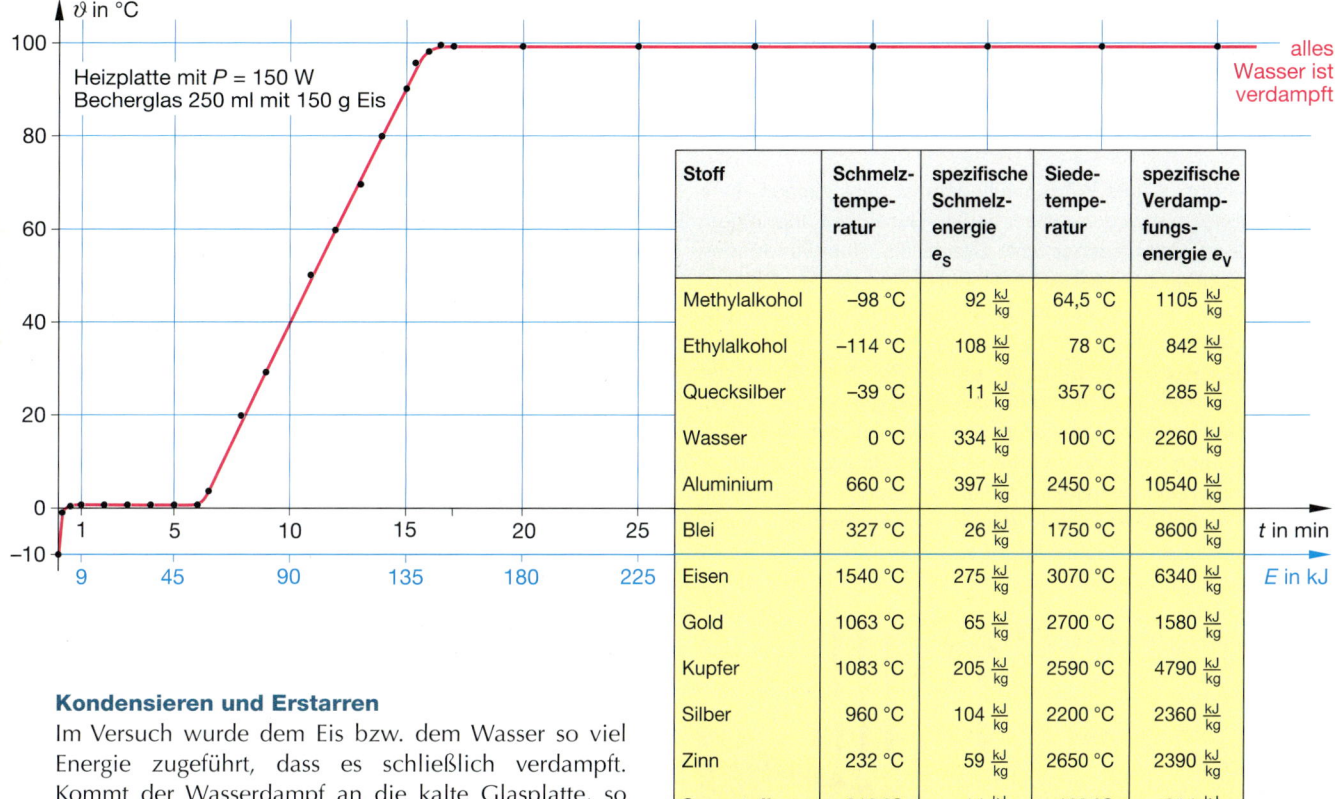

Stoff	Schmelz-temperatur	spezifische Schmelz-energie e_S	Siede-temperatur	spezifische Verdamp-fungs-energie e_V
Methylalkohol	−98 °C	92 $\frac{kJ}{kg}$	64,5 °C	1105 $\frac{kJ}{kg}$
Ethylalkohol	−114 °C	108 $\frac{kJ}{kg}$	78 °C	842 $\frac{kJ}{kg}$
Quecksilber	−39 °C	11 $\frac{kJ}{kg}$	357 °C	285 $\frac{kJ}{kg}$
Wasser	0 °C	334 $\frac{kJ}{kg}$	100 °C	2260 $\frac{kJ}{kg}$
Aluminium	660 °C	397 $\frac{kJ}{kg}$	2450 °C	10540 $\frac{kJ}{kg}$
Blei	327 °C	26 $\frac{kJ}{kg}$	1750 °C	8600 $\frac{kJ}{kg}$
Eisen	1540 °C	275 $\frac{kJ}{kg}$	3070 °C	6340 $\frac{kJ}{kg}$
Gold	1063 °C	65 $\frac{kJ}{kg}$	2700 °C	1580 $\frac{kJ}{kg}$
Kupfer	1083 °C	205 $\frac{kJ}{kg}$	2590 °C	4790 $\frac{kJ}{kg}$
Silber	960 °C	104 $\frac{kJ}{kg}$	2200 °C	2360 $\frac{kJ}{kg}$
Zinn	232 °C	59 $\frac{kJ}{kg}$	2650 °C	2390 $\frac{kJ}{kg}$
Sauerstoff	−219 °C	14 $\frac{kJ}{kg}$	−183 °C	214 $\frac{kJ}{kg}$
Stickstoff	−210 °C	26 $\frac{kJ}{kg}$	−196 °C	198 $\frac{kJ}{kg}$

Kondensieren und Erstarren

Im Versuch wurde dem Eis bzw. dem Wasser so viel Energie zugeführt, dass es schließlich verdampft. Kommt der Wasserdampf an die kalte Glasplatte, so gibt er Energie an diese ab. Dadurch sinkt seine Temperatur und er kondensiert zu Wasser, das als Wassertröpfchen an der Glasplatte sichtbar wird. Dieser Vorgang findet bei der **Kondensationstemperatur** statt. Für Wasser beträgt sie 100 °C. Die Kondensationstemperatur stimmt bei allen Stoffen mit der Siedetemperatur überein. Deshalb gibt es in Tabellen nur Angaben zur Siedetemperatur.

Kühlt das Wasser auf 0 °C ab und wird ihm weiter Energie entzogen, so erstarrt es zu Eis. Auch Schmelz- und Erstarrungstemperatur sind gleich.

Da Energie nicht vernichtet oder erschaffen werden kann, muss ein Körper beim Erstarren bzw. Kondensieren genau die gleiche Energiemenge E_E bzw. E_K abgeben, die er beim Schmelzen bzw. Verdampfen aufgenommen hat. Deshalb gilt:

$$E_S = E_E \quad \text{bzw.} \quad E_K = E_V$$

Die spezifische Schmelzenergie e_S bzw. die Verdampfungsenergie e_V eines Stoffes gibt an, wie viel Energie einem Körper der Masse 1 kg aus diesem Stoff zugeführt werden muss, damit er vollständig schmilzt bzw. verdampft.
Beim Kondensieren bzw. Erstarren gibt der Körper die gleiche Energiemenge wieder ab, die er zum Verdampfen bzw. zum Schmelzen aufnehmen musste.

Aufgaben

1 Berechne die Energiemenge, die zum Schmelzen bzw. zum Verdampfen von 250 g Eis bzw. Wasser notwendig ist. Vergleiche sie miteinander.

2 a) Erkläre, warum es im Frühjahr zum Teil sehr lange dauert, bis das Eis auf einem großen See vollständig geschmolzen ist.
b) Erläutere, warum es am Wasser dabei wesentlich kühler ist als weiter entfernt am trockenen Ufer.

3 Erstelle eine Übersicht über die Wirkungen, die das Zuführen bzw. das Abführen von Energie für einen Stoff haben kann.

4 Erläutere, warum eine Brille beschlägt, wenn sie
a) über einen Topf mit heißem Wasser gehalten wird;
b) aus der Kälte in ein warmes Zimmer kommt.

5 Auf einer Herdplatte steht ein Topf mit 850 ml Wasser der Temperatur 20 °C. Die Herdplatte gibt an das Wasser in jeder Sekunde 1000 J ab. Berechne, wie lange es dauert, bis das Wasser vollständig verdampft ist. (*Hinweis:* Die Energieabgabe an die Umgebung und an den Topf wird nicht berücksichtigt.)

Technische Wärmetauscher

Das Prinzip des Wärmetauschers ist sehr einfach. Eine Rohrleitung wird von einer heißen Flüssigkeit oder einem heißen Gas durchströmt. Durch die Rohrwandungen wird dann die gespeicherte innere Energie an die Umgebung, z. B. an das Nutzwasser eines Haushaltes, abgegeben.

Eine besondere Bauform dieser Rohrleitung ist der Wandheizkörper in Wohnräumen. Wegen seines hohen c_W-Wertes wird Wasser als Durchflussmedium gewählt, das dann seine innere Energie an die Raumluft abgibt.

Auch in Sonnenkollektoren fließt Wasser mit Frostschutz. Seine innere Energie wird in einem Wärmetauscher zur Erwärmung von Nutzwasser verwendet.

Die Oberfläche der Rohrleitung und die Fließgeschwindigkeit sind ein Maß für die Menge der übertragenen Energie – die Temperatur kann somit geregelt werden.

Wärmendes Eis

Eis zum Schutz gegen Frostschäden klingt vorerst paradox. Dennoch werden besonders im Frühling, wenn es nachts oder in den frühen Morgenstunden noch oft Frost gibt, auf Obstplantagen u. ä. die jungen Triebe, Blüten und Blätter mit Wasser besprüht. Sinken die Temperaturen unter den Gefrierpunkt, gibt das Wasser beim Erstarren Energie an die Umgebung ab und schützt so die Pflanzen vor Frostschäden.

Viel Wasser – mildes Klima?

Der Vergleich von Temperaturschwankungen des Klimas im Küstenbereich zu dem im Inland zeigt deutlich, dass die Differenz zwischen höchster und tiefster Temperatur am Meer wesentlich kleiner ist, als die in der Mitte der Kontinente. Das liegt an der hohen spezifischen Wärmekapazität c_W von Wasser. Im Sommer speichert das Meerwasser große Energiemengen, ohne dass sich seine Temperatur wesentlich erhöht. Im Winter wird diese Energie dann an die Umgebung wieder abgegeben, die Umgebung wird „geheizt".

So wird Europa auch durch die Sonneneinstrahlung über dem Golf von Mexiko erwärmt. Die dort im Wasser gespeicherte innere Energie wird über den Golfstrom nach Europa transportiert, sodass hier ein milderes Klima herrscht, als in anderen Regionen, die auf dem gleichen Breitengrad liegen (z. B. in Nordamerika).

c_W im menschlichen Körper

Der hohe c_W-Wert des Wassers ist für die Temperaturregelung im menschlichen Körper wichtig.

Blut besteht zu ca. 56 % aus Wasser. Das Blut transportiert Energie an die Körperoberfläche, wenn die Körpertemperatur den Normalwert von ca. 37 °C überschreitet; die Kapillargefäße sind erweitert, Energie wird an die Umgebung abgegeben. Andererseits ziehen sich die Kapillargefäße zusammen, wenn es zu kalt wird. Das warme Blut gelangt nicht mehr an die Körperoberfläche und der Körper ist vor weiterer Auskühlung geschützt.

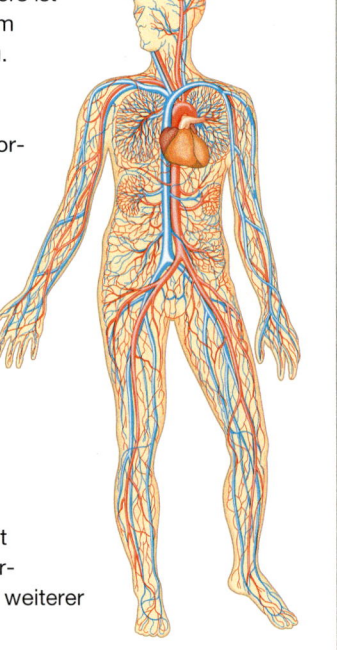

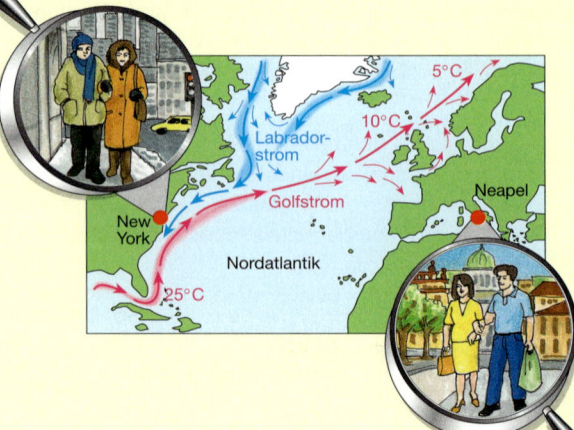

Hagel

Wolken bilden sich aus dem Wasserdampf der Luft, wenn dieser in den kälteren Schichten der Atmosphäre zu kleinen Tröpfchen kondensiert. In den teilweise Kilometer hohen Wolken herrschen starke Luftströmungen, die die Wassertropfen noch weiter nach oben in die kälteren Bereiche der Wolke transportieren. So werden aus den Tropfen Eiskügelchen, an denen der sie umgebende Wasserdampf erstarrt. Werden die Kügelchen immer größer und schwerer, fallen sie als Graupel oder Hagel zur Erde. Diese „Kügelchen" können dann Tennisballgröße erreichen und damit erheblichen Schaden anrichten.

Schwitzen ist gesund

Durch die Muskelbewegung bei Sport und Spiel bzw. körperlicher Arbeit wandelt sich Energie. Ein Teil dieser Energie wird zur Aufrechterhaltung der Körpertemperatur benötigt. Steigt die Temperatur im Körper aber an, so funktioniert der Stoffwechsel nicht mehr richtig. Bei Temperaturen über 42 °C bricht unser Stoffwechsel gänzlich zusammen. Daher muss bei körperlicher Anstrengung eine größere Menge an Energie abgegeben werden als im Normalzustand. Dies erreicht der Körper durch Schwitzen. Beim Verdunsten entzieht der Schweiß der Haut die für die Zustandsänderung notwendige Energie, die Körpertemperatur sinkt. Da leicht ein bis zwei Liter Flüssigkeit verdunsten können, ist es wichtig, dass dem Körper ausreichend neue Flüssigkeit zugeführt wird!

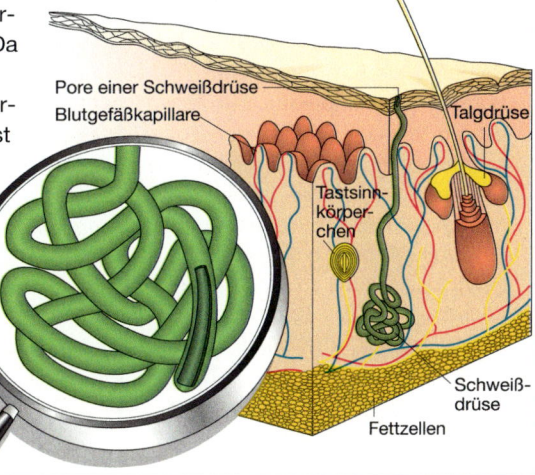

Pore einer Schweißdrüse
Blutgefäßkapillare
Talgdrüse
Tastsinnkörperchen
Schweißdrüse
Fettzellen

Ein Experiment vereinheitlicht die Physik

Noch bis ins 19. Jahrhundert standen die Teilgebiete der mechanischen Energie und der inneren Energie unverknüpft nebeneinander. Für jede Größe gab es eigene Einheiten: für die innere Energie die Kalorie (cal), für die mechanische Energie das Newtonmeter (Nm). Dass die beiden Energien etwas miteinander zu tun hatten und damit ihre Einheiten ineinander umrechenbar sein müssen, war lange nicht klar.

Mit dem dargestellten Versuch ist es JAMES PRESCOTT JOULE (1818–1889) gelungen, einen zahlenmäßigen Zusammenhang zwischen der bei einem Vorgang aufgewendeten mechanischen Energie (in Nm) und der daraus entstehenden inneren Energie (in cal) herzustellen.

Zwei Körper mit der Gesamtmasse m fielen an je einem Seil eine vorgegebene Strecke h hinunter. Damit war aus der ursprünglichen Höhenenergie $E = m \cdot g \cdot h$ die von den beiden Körpern abgegebene Energie berechenbar. Diese Energie bewirkte die Drehung eines Rührwerks in

Wasser. Durch die zugeführte Energie erwärmte sich dieses. Schon lange vorher war festgelegt worden, dass 1 kcal Energie zugeführt werden muss, um die Temperatur von 1 kg Wasser um 1 K zu

erhöhen. Nun konnte JOULE das „Wärmeäquivalent" bestimmen. Er fand heraus, dass Körper der Gesamtmasse 42,7 kg zehn Meter tief fallen müssen, um Wasser 1 kcal Energie zuzuführen. (Natürlich arbeitete JOULE noch nicht mit den heute gebräuchlichen Einheiten „kg", „m" und „K".) Es galt also:

$$1 \text{ kcal} = 42,7 \text{ kg} \cdot 9,81 \frac{N}{kg} \cdot 10 \text{ m} = 4,189 \text{ kNm} = 4,189 \text{ kJ}.$$

Energieübertragung und die zugehörigen Energiebilanzen

Lange Bergabfahrten auf Serpentinenstrecken mit großem Gefälle können zu einer gefährlichen Überhitzung der Bremsscheiben führen. Die Bremswirkung lässt dann deutlich nach. Die Einhand-Mischbatterie am Waschbecken ermöglicht ein bequemes Einstellen der gewünschten Temperatur. Dazu werden kaltes und warmes Wasser gemischt. Lässt sich bei solchen und ähnlichen Vorgängen die Temperaturänderung vorhersagen?

Erhöhung der inneren Energie durch Reibung

Wenn sich mechanische Energie in innere Energie wandelt, geschieht das in der Regel durch Reibung. Sie hat immer eine Erhöhung der Temperatur zur Folge. Im Versuch wird dieser Zusammenhang näher untersucht.

Um einen drehbar gelagerten Messingzylinder mit einem Umfang von 14 cm ist ein Nylonband gewickelt. Wird an der Kurbel gedreht, reibt das Band an dem Zylinder und die Temperatur steigt. Sie wird mit einem Thermometer gemessen, das in einer axialen Bohrung des Zylinders steckt. Zur Bestimmung der zugeführten mechanischen Energie wird das eine Ende des Nylonbandes mit einem 5-kg-Wägestück beschwert, das andere Ende an einen Federkraftmesser gehängt. In Ruhestellung zeigt der Federkraftmesser die Gewichtskraft an: 49 N. Wird der Zylinder aber in die richtige Richtung gedreht, bleibt das Wägestück auf gleicher Höhe und der Federkraftmesser zeigt einen viel kleineren Wert an: 3 N. Die Differenz aus der Gewichtskraft und der Kraft am Federkraftmesser ist die wirkende Reibungskraft: $F_{Reib} = 46$ N. Die Kurbel wird 150-mal gedreht. Danach ist eine Temperaturerhöhung von 3,8 K am Messingzylinder zu messen.

Die Reibungskraft F_{Reib} bewirkt eine mechanische Energieübertragung von
$$\Delta E = F_{Reib} \cdot \Delta s,$$
wobei die Strecke Δs, längs der Reibungskraft wirkt, bei 150 Umdrehungen $\Delta s = 150 \cdot 14$ cm $= 21$ m beträgt. Beim Kurbeln werden also
$$\Delta E = 46\,N \cdot 21\,m = 966\,Nm = 966\,J = 0,966\,kJ$$
auf die Walze übertragen.

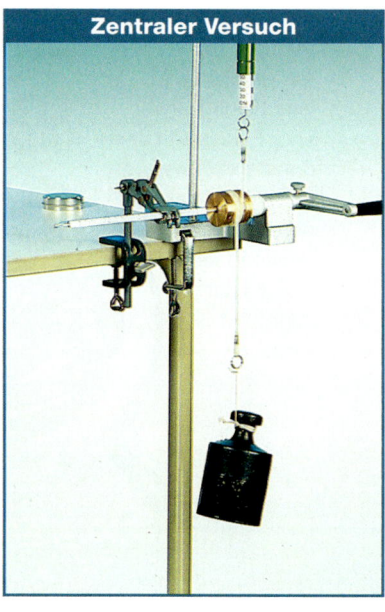

Zentraler Versuch

Die mechanische Energie wandelt sich durch Reibung vollständig in innere Energie (das Wägestück gewinnt nicht an Höhe). Das führt zu einem Temperaturanstieg des Messingzylinders. Dementsprechend kann aus der Menge an zugeführter mechanischer Energie auf die Erhöhung der inneren Energie geschlossen werden.

Über die Masse des Messingzylinders ($m = 640$ g) und die spezifische Wärmekapazität ($c = 0,39\,\frac{kg}{kJ \cdot K}$), kann die zu erwartende Temperaturerhöhung bestimmt werden.

Mit $\Delta E = 0,966$ kJ und der Formel $\Delta E = c \cdot m \cdot \Delta\vartheta$ für die innere Energie folgt für die zu erwartende Temperaturänderung:

$$\Delta\vartheta = \frac{\Delta E}{c \cdot m} = \frac{0,966\,kJ}{0,39\,\frac{kJ}{kg \cdot K} \cdot 0,64\,kg} = 3,9\,K$$

Im Rahmen der Messgenauigkeit stimmt die gemessene Temperaturerhöhung von 3,8 K gut mit diesem Wert überein.

> Wird mechanische Energie durch Reibung vollständig in innere Energie gewandelt, so gilt die Energiebilanz $F_{Reib} \cdot \Delta s = c \cdot m \cdot \Delta\vartheta$.

Aufgaben

1 Erläutere wie sich das Versuchsergebnis ändert, wenn bei sonst gleichen Versuchsbedingungen anstelle des Messingzylinders ein Aluminiumzylinder gleicher Masse verwendet wird.

Übertragung von innerer Energie durch Mischen

Wenn warmes Wasser definierter Temperatur benötigt wird, kann das einfach durch die Übertragung innerer Energie beim Mischen von Wasser geschehen. Ein typisches Beispiel hierfür ist eine Duscharmatur, bei der das aus dem Heizkessel kommende heiße Wasser und das kalte Leitungswasser gemischt werden. Ein Thermostat kann dabei für konstant warmes Wasser sorgen.

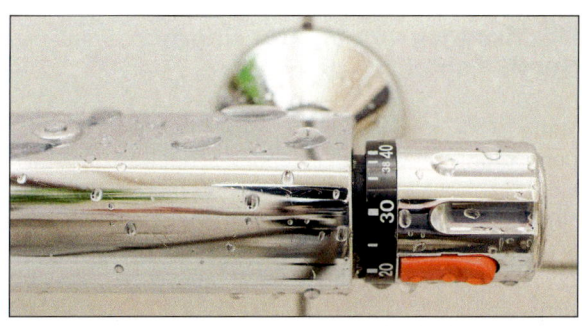

Werden zwei Wassermengen m_1 und m_2 unterschiedlicher Temperatur ϑ_1 und ϑ_2 ($\vartheta_1 > \vartheta_2$) in ein Becherglas gegossen, so ergibt sich eine gemeinsame Mischtemperatur ϑ_M mit $\vartheta_1 > \vartheta_M > \vartheta_2$. Die innere Energie des kälteren Wassers nimmt dabei zu (Energieaufnahme ΔE_{auf}), die des wärmeren Wassers nimmt ab (Energieabgabe ΔE_{ab}). Die Temperatur des kälteren Wassers steigt von ϑ_2 auf ϑ_M, die Temperatur des wärmeren Wassers sinkt von ϑ_1 auf ϑ_M. Bei Vernachlässigung der Abgabe von Energie an die Umgebung gilt:

$$\Delta E_{ab} = \Delta E_{auf}.$$

Mit $\quad \Delta E = m \cdot c \cdot \Delta\vartheta$

folgt für $\Delta E_{ab} = m_1 \cdot c_W \cdot (\vartheta_1 - \vartheta_M)$

und $\quad \Delta E_{auf} = m_2 \cdot c_W \cdot (\vartheta_M - \vartheta_2)$:

Also $\quad m_1 \cdot c_W \cdot (\vartheta_1 - \vartheta_M) = m_2 \cdot c_W \cdot (\vartheta_M - \vartheta_2)$.

Kürzen von c_W ergibt

$$m_1 \cdot (\vartheta_1 - \vartheta_M) = m_2 \cdot (\vartheta_M - \vartheta_2).$$

Hieraus wird die Mischungstemperatur berechnet.

Werden Flüssigkeiten mit unterschiedlichen spezifischen Wärmekapazitäten c_1 und c_2 gemischt, gilt eine entsprechende Energiebilanz, aber die Konstanten c_1 und c_2 können nicht gekürzt werden. Weitere Berechnungen gestalten sich dann schwieriger.

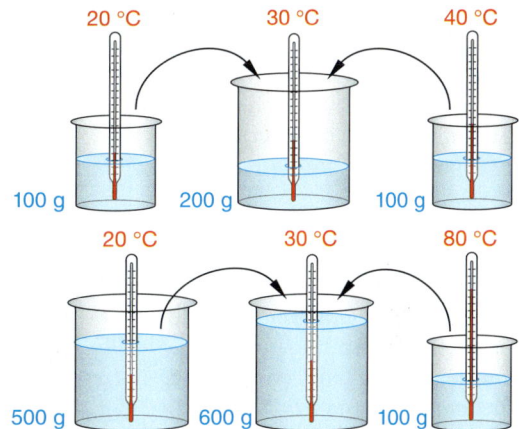

Beim Mischen von Flüssigkeiten unterschiedlicher Temperatur ($\vartheta_1 > \vartheta_2$) gibt die eine Flüssigkeit Energie ab und die andere nimmt Energie auf.
Es gilt die Energiebilanz:

$$\Delta E_{ab} = \Delta E_{auf}$$
$$m_1 \cdot c_1 \cdot (\vartheta_1 - \vartheta_M) = m_2 \cdot c_2 \cdot (\vartheta_M - \vartheta_2)$$

bei Vernachlässigung der Energieabgabe an die Umgebung.

Aufgaben

1 Bestätige die im Bild angegebenen Mischungstemperaturen für beide Fälle durch Rechnung.

2 a) In einer Badewanne befinden sich 150 ℓ Wasser von 50 °C. Berechne, wie viel Liter Wasser von 18 °C zugefügt werden müssen, damit eine Badewassertemperatur von 35 °C erreicht wird.
b) In einer Duscharmatur sollen warmes Wasser von 60 °C und kaltes Wasser von 12 °C so gemischt werden, dass das Duschwasser eine Temperatur von 38 °C hat.
Berechne, in welchem Verhältnis das warme und kalte Wasser gemischt werden müssen.

3 Für einen Milchkaffee werden 150 ml heißer Kaffee (80 °C) und 50 ℓ Milch aus dem Kühlschrank (6 °C) in einen Becher gegossen.
a) Schätze zunächst die Temperatur des Milchkaffees. Prüfe dann diesen Wert anhand einer Rechnung. (Die spezifische Wärmekapazität von Kaffee und Milch entspricht der von Wasser.)
b) Begründe, warum die errechnete Temperatur in der Praxis nicht erreicht wird.

4 100 g Eis von –10 °C und 100 g Wasser von 90 °C werden gemischt. Begründe, warum die Mischungstemperatur deutlich kleiner als 50 °C sein wird.

Übertragung von innerer Energie durch Kontakt

Stahl ist nicht gleich Stahl. Durch gezielte Wärmebehandlung und anschließendes schnelles Abkühlen kann Stahl gehärtet und damit seine mechanische Festigkeit erhöht werden. Dabei wird viel Energie an das Kühlmittel, häufig Wasser mit Zusätzen, abgegeben. Die Temperatur dieses Kühlmittels steigt dabei beträchtlich.

Die Flammentemperatur eines Gasbrenners lässt sich nicht mit gebräuchlichen Thermometern messen. Sie kann allerdings auf indirektem Weg bestimmt werden, wenn ähnlich vorgegangen wird wie bei der Härtung von Stahl.

Dazu wird eine Eisenkugel der Masse m_K und der spezifischen Wärmekapazität c_K einige Minuten lang in eine Flamme gehalten, so dass davon ausgegangen werden kann, dass sie die Temperatur der Flamme ϑ_F angenommen hat. Danach wird die heiße, rot glühende Kugel schnell in einem Wasserbad mit bekannter Masse m_W und der Anfangstemperatur ϑ_W vollständig untergetaucht. Dann wird so lange gewartet, bis die Temperatur nicht mehr steigt. Vor dem Ablesen dieser Mischtemperatur ϑ_M muss das Wasser umgerührt werden, damit sich eine gleichmäßige Temperaturverteilung innerhalb des Wassers ergibt und das Ergebnis möglichst genau wird.
Die innere Energie des Wassers nimmt zu (ΔE_{auf}), die innere Energie der Eisenkugel nimmt ab (ΔE_{ab}).
Bei Vernachlässigung der Energieabgabe an die Umgebung gilt wiederum:
$$\Delta E_{ab} = \Delta E_{auf}.$$
Mit $\Delta E = c \cdot m \cdot \Delta\vartheta$ und c_W als spezifischer Wärmekapazität von Wasser folgt:
$$\Delta E_{auf} = c_W \cdot m_W \cdot (\vartheta_M - \vartheta_W)$$
sowie $\Delta E_{ab} = c_K \cdot m_K \cdot (\vartheta_K - \vartheta_M)$ und damit
$$c_K \cdot m_K \cdot (\vartheta_K - \vartheta_M) = c_W \cdot m_W \cdot (\vartheta_M - \vartheta_W).$$
Mithilfe dieser Gleichung lässt sich die unbekannte Flammentemperatur oder auch umgekehrt die Mischungstemperatur berechnen, wenn ϑ_F bekannt ist.

Zentraler Versuch

Aufgaben

1 a) Berechne die Flammentemperatur eines Gasbrenners, wenn eine 50 g schwere Stahlkugel, nach ausreichend langem Verbleib in der Flamme 100 mℓ Wasser der Temperatur 20 °C auf 45 °C erhitzen.
b) Der errechnete Wert dieses Experimentes ist ziemlich ungenau. Nenne mögliche Fehlerquellen.

Rechenbeispiel

Eine Stahlkugel der Masse 150 g wird in einer Flamme auf 350 °C erhitzt und danach in 200 ml Wasser von 18 °C gebracht. Berechne, auf welche Temperatur das Wasser sich erwärmt.

Geg.: $m_K = 150$ g; $\vartheta_F = 350$ °C;
       $m_W = 200$ g; $\vartheta_W = 18$ °C;
       $c_{Stahl} = 0{,}47 \frac{kJ}{(kg \cdot K)}$ $c_W = 4{,}19 \frac{kJ}{(kg \cdot K)}$

Ges.: ϑ_M

Lösung: ΔE_{ab} (Kugel) $= \Delta E_{auf}$ (Wasser)
  $m_K \cdot c_{Stahl} \cdot (\vartheta_F - \vartheta_M) = m_W \cdot c_W \cdot (\vartheta_M - \vartheta_W)$.

Einsetzen der Messwerte ergibt:
$0{,}15 \text{ kg} \cdot 0{,}47 \frac{kJ}{(kg \cdot K)} \cdot (350\,°C - \vartheta_M)$
$= 0{,}20 \text{ kg} \cdot 4{,}19 \frac{kJ}{(kg \cdot K)} \cdot (\vartheta_M - 18\,°C)$

Das entspricht nach Kürzen der Einheiten und Multiplikation der jeweils ersten Faktoren der Gleichung

$0{,}0705 \cdot (350\,°C - x) = 0{,}838 \cdot (x - 18\,°C)$ mit $x = \vartheta_M$.

Die Lösung dieser Gleichung ist $x = 43{,}8$ °C.
Das Wasser erwärmt sich also auf 43,8 °C.

Die Energiebilanz $\Delta E_{ab} = \Delta E_{auf}$, $m_1 \cdot c_1 \cdot (\vartheta_1 - \vartheta_M) = m_2 \cdot c_2 \cdot (\vartheta_M - \vartheta_2)$ gilt auch beim Kontakt von Körpern unterschiedlicher Temperatur.

Energiebilanzen bei Zustandsänderungen

Weil Energie eine Erhaltungsgröße ist und nicht verloren gehen kann, lassen sich mithilfe von Energiebilanzen auch Energieübergänge bei Änderungen der Aggregatzustände beschreiben und berechnen. In den beiden folgenden Experimenten gibt jeweils ein Körper Energie ab, die ein anderer Körper aufnimmt.

Eiswürfel in Apfelschorle

Zentraler Versuch

Die Apfelschorle liefert die Energie, die benötigt wird, um das Eis zu schmelzen und es dann auf die Mischungstemperatur zu erwärmen. Weil die innere Energie der Apfelschorle dadurch kleiner wird, sinkt ihre Temperatur.

Mithilfe einer Energiebilanz kann berechnet werden, wie viel Eis in die Apfelschorle gegeben werden muss, damit eine gewünschte Temperatur erreicht wird.

Rechenbeispiel

250 g Apfelschorle von 30 °C sollen auf 12 °C heruntergekühlt werden. Berechne wie viel Eis der Temperatur 0 °C dazu nötig ist. (*Hinweis:* Apfelschorle hat die gleiche spezifische Wärmekapazität wie Wasser.)

Geg.: $m_{\text{Saft}} = 250$ g ; $\vartheta_{\text{Saft}} = 30\,°C$; $\vartheta_{\text{Eis}} = 0\,°C$; $c_{\text{W}} = 4{,}19\,\frac{\text{kJ}}{\text{kg} \cdot \text{K}}$; $E_{\text{Schmelz}} = 334$ kJ

Ges.: m_{Eis}

Lösung:

E_{auf} (vom Eis) $= E_{\text{ab}}$ (vom Saft);

$E_{\text{auf}} = 334\,\frac{\text{kJ}}{\text{kg}} \cdot m_{\text{Eis}} + c_{\text{W}} \cdot m_{\text{Eis}} \cdot (\vartheta_{\text{M}} - \vartheta_{\text{Eis}})$

$E_{\text{ab}} = c_{\text{W}} \cdot m_{\text{Saft}} \cdot (\vartheta_{\text{Saft}} - \vartheta_{\text{M}})$

Gleichsetzen und Einsetzen der Messwerte ergibt:

$334\,\frac{\text{kJ}}{\text{kg}} \cdot m_{\text{Eis}} + 4{,}19\,\frac{\text{kJ}}{\text{kg} \cdot \text{K}} \cdot m_{\text{Eis}} \cdot 12\,\text{K}$

$\quad = 4{,}19\,\frac{\text{kJ}}{\text{kg} \cdot \text{K}} \cdot 0{,}25\,\text{kg} \cdot 18\,\text{K}$

Der Übersicht halber wird ohne Einheiten weitergerechnet, und für die Unbekannte m_{Eis} wird x gesetzt:
$334 \cdot x + 50{,}28 \cdot x = 18{,}855$.
Lösung: $x = 0{,}049$. Für die Abkühlung der Apfelschorle von 30 °C auf 12 °C sind 49 g Eis nötig.

Flüssigkeiten mit Wasserdampf erhitzen

Bei Kaffeeautomaten wird die Milch dadurch erhitzt, dass heißer Wasserdampf in die Milch eingeleitet wird. Beim Kondensieren des Wasserdampfes in der Milch wird die Energie an die Milch abgegeben, die zuvor zum Verdampfen benötigt wurde.

Im Becherglas rechts befinden sich 80 mℓ Wasser von 20 °C. Die Masse des gefüllten Glases wird mit einer Waage bestimmt. Das Wasser im linken

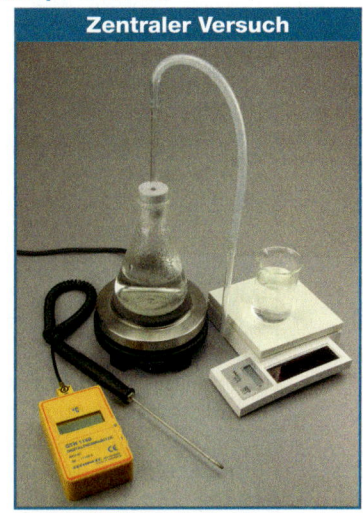

Zentraler Versuch

Glaskolben wird mit der Kochplatte zum Sieden gebracht und der entstehende Wasserdampf durch das Glasrohr in das Becherglas geleitet. Nach einigen Minuten wird das Glasrohr entfernt, die Masse des Becherglases und die Temperatur gemessen. Der Vergleich mit den Ausgangswerten zeigt, dass die Masse des Wassers um 4 g und die Wassertemperatur um 25 K gestiegen ist.

Mithilfe dieser Werte lässt sich die spezifische Verdampfungsenergie von Wasser abschätzen. Aus der Temperaturzunahme kann auf eine Energiezufuhr von $\Delta E = 4{,}19\,\frac{\text{J}}{\text{kg} \cdot \text{K}}\,80\,\text{g} \cdot 25\,\text{K} = 8380\,\text{J}$ geschlossen werden. Diese Energie ergibt sich aus der Kondensation von 4 g Wasserdampf. Pro Gramm Wasserdampf werden also bei der Kondensation etwa 2100 J freigesetzt. Es werden also etwa 2100 J benötigt, um 1 g Wasser zu verdampfen. Dieser Wert entspricht im Rahmen der Messgenauigkeit dem Tabellenwert von 2260 kJ/kg.

> Für das Verdampfen von 1 kg Wasser werden 2260 J benötigt.

Aufgaben

1 Nenne Gründe, weshalb der in diesem Experiment ermittelte Wert für die spezifische Verdampfungsenergie von Wasser etwas zu klein ist.

2 In ein Glas Cola von 18 °C werden 30 g Eiswürfel gegeben. Berechne, wie viel Energie zum Schmelzen der Eiswürfel erforderlich ist und schätze damit begründet ab, auf welche Temperatur die Cola abkühlt.

Versuche und Aufträge   Energieübertragung mit   ... Temperaturänderungen

V1 a) Gieße Wasser der Temperatur 40 °C in ein Becherglas, das längere Zeit im Kühlschrank gestanden hat. Miss nach kurzem Umrühren die Temperatur des Wassers.
b) Eine Anleitung bei einem Experiment, in dem Flüssigkeiten in andere Gefäße umgefüllt werden sollen, sagt aus, dass die Temperaturunterschiede zwischen Gefäßen und Flüssigkeiten vernachlässigt werden können. Beurteile mit deinem Ergebnis aus Aufgabenteil a) diese Aussage.
c) Führe Versuch a) nochmals durch und bestimme die Energie, die das Becherglas aufnimmt.

V2 a) Fülle eine kleine Dose (z. B. Filmdose) mit Wasser und eine mit Sand. Stelle beide Dosen in ein heißes Wasserbad und warte einige Zeit. Gieße in dieser Zeit in zwei Bechergläser jeweils die gleiche Menge kaltes Wasser und miss die Temperatur. (Sie sollte bei beiden Bechergläsern gleich sein.) Danach stelle beide Dosen in die Bechergläser und miss erneut die Temperatur.
b) Erkläre dein Ergebnis.
c) Bestimme die Energiemenge, die dem Wasser im Becherglas jeweils zugeführt worden ist.

V3 Damit eine Kerze brennt, muss ihr zunächst Energie zugeführt werden, um die Reaktion zwischen dem Sauerstoff und dem gasförmigen Wachs in Gang zu setzen. Dies geschieht in Form einer Flamme von einem Streichholz oder Feuerzeug. Bei unvorsichtigem Auspusten der Kerzenflamme entstehen aber oft unerwünschte Wachsflecken. Dagegen gibt es einen Trick:
Wickle ein unisoliertes Kupferdrahtstück (Durchmesser 1,5 mm; Länge ca. 10–20 cm) um einen Stab mit dem Durchmesser 4–6 mm (z. B. einen Stift), sodass eine ca. 3 cm lange Spule entsteht. Ihre Windungen müssen relativ eng beieinander liegen.
Stülpe nun diese Spule über die Kerzenflamme, ohne den Docht zu berühren.
a) Beschreibe deine Beobachtungen, wenn du die Spule unterschiedlich weit über die Flamme stülpst.
b) Erkläre deine Beobachtungen.

V4 Dir stehen warmes Wasser, ein Thermometer, mehrere 10 Cent-Münzen und eine Waage zur Verfügung.
a) Überlege dir einen Versuch, mit dem du die spezifische Wärmekapazität und damit das Material der Münzen bestimmen kannst.
b) Führe deinen Versuch durch.

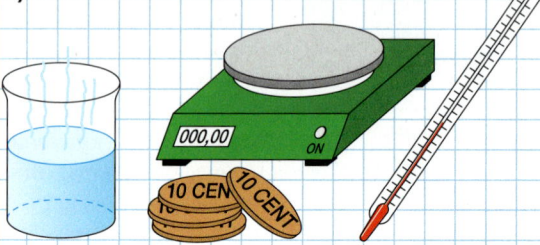

V5 Bei diesem Versuch musst du relativ schnell und genau arbeiten. Denke beim Erwärmen und Mischen des Wassers ans Umrühren.
a) 400 g Wasser der Temperatur 60°C und 200 g Wasser der Temperatur 18 °C sollen gemischt werden. Vermute vor der Versuchsdurchführung eine Mischtemperatur ϑ_M. Überprüfe dann deinen vermuteten Wert anhand einer Rechnung.
b) Führe nun den Versuch durch, indem du die 60 °C warme Wassermenge in die 18 °C warme Menge gießt und die Mischtemperatur misst.
c) Baue nun den Versuch erneut auf. Gieße diesmal das kältere Wasser in das wärmere und miss ϑ_M. Vergleiche das Versuchsergebnis mit dem aus Aufgabenteil b) und erkläre deine Beobachtung.

V6 Verschließe eine 1 m lange Pappröhre mit einem Korken und fülle dann etwas Bleischrot hinein, dessen Masse du vorher bestimmt hast. Durchbohre nun einen weiteren Korken so, dass ein Thermometer gerade hindurch passt und verschließe mit diesem Korken das andere Ende des Rohres. Halte das Rohr anfangs so, dass der Bleischrot auf der Seite des Thermometers liegt und bestimme die Temperatur.
a) Drehe die Röhre 50-mal um und bestimme erneut die Temperatur.
b) Verändere die Menge des Bleischrotes und führe den Versuch erneut durch.
c) Bestimme für die Aufgabenteile a) und b) die Menge der zugeführten mechanischen Energie und die Änderung der dann gespeicherten Energie.

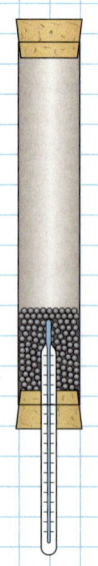

... Zustandsänderungen

V7 Fülle in eine Wanne so viel kaltes Wasser, dass das Wasserbad mindestens 1 cm tief ist. Danach füllst du eine leere Getränkedose ebenfalls mit Wasser, so dass ihr Boden gerade bedeckt ist. Diese Dose hältst du dann mit einer Zange vorsichtig über einen Bunsenbrenner, bis das Wasser siedet. Danach muss

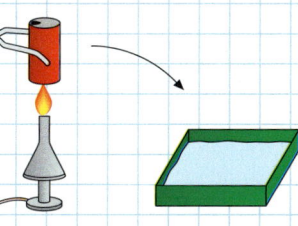

es schnell gehen: Tauche die Dose mit siedendem Wasser kopfüber in das Wasserbad. Achte darauf, dass niemand mit dem heißen Wasser aus der Dose in Berührung kommt! Erkläre deine Beobachtung.

V8 a) Lege ein unter fließendem Wasser abgekühltes Flüssigkeitsthermometer in ein Gefrierfach und notiere nach 10 und nach 30 Minuten die Temperatur, die das Thermometer zeigt.
b) Führe das Experiment nochmals durch, umhülle jetzt aber das Thermometer mit etwas feuchtem Wischpapier. Halte das Thermometer vorher wieder unter fließendes Wasser.
c) Erkläre die unterschiedlichen Beobachtungen.
d) Nenne Beispiele, wo dieses Phänomen in der Natur oder Technik eine Rolle spielt bzw., wo es genutzt wird.

V9 Wasser kann nicht nur verdampfen, sondern auch unterhalb der Siedetemperatur verdunsten. Was dabei passiert, zeigt der folgende Versuch.
a) Gib einen Tropfen Wasser auf deinen Handrücken und puste ein wenig.
b) Tauche ein Flüssigkeitsthermometer in etwas Spiritus. Hebe es vorsichtig heraus, so dass ein Tropfen hängen bleibt. Puste auch hier vorsichtig.
c) Erkläre anhand deiner Beobachtungen, dass auch zum Verdunsten Energie nötig ist.
d) Erkläre die folgenden Phänomene:
- Mit feuchtem Körper und nasser Badekleidung friert man sehr schnell.
- Wein in unglasierten Tongefäßen bleibt lange kühl.
- Fieber kann mithilfe nasser Wadenwickel gesenkt werden.

V10 Mit diesem Versuch kannst du die Schmelzenergie E_s eines Eiswürfels bzw. die spezifische Schmelzenergie e_s von gefrorenem Wasser bestimmen. Dazu benötigst du einen Eiswürfel, der an der Oberfläche bereits etwas angeschmolzen ist. So

stellst du sicher, dass es sich um Eis der Temperatur 0 °C handelt. Des Weiteren brauchst du ein Becherglas mit Wasser, dessen Masse m_W und Temperatur ϑ_W du bestimmt hast. Miss die Masse m_{ges} des Eiswürfels und einem saugfähigen Material (Filter-, Lösch- oder Küchenpapier) als Unterlage. Trockne danach den Eiswürfel mit dem Papier ab und gib ihn in das Becherglas mit Wasser. Die Masse

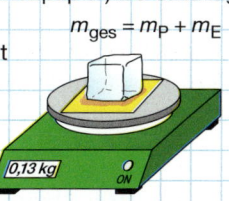
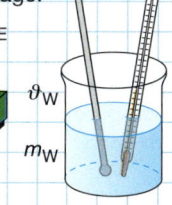

$$m_{ges} = m_P + m_E$$

des feuchten Papiers m_P musst du ebenfalls messen, damit du die Masse des Eiswürfel über $m_E = m_{ges} - m_P$ bestimmen kannst.
Das Wasser im Becherglas wird so lange umgerührt, bis das Eis vollständig geschmolzen ist. Miss dann die Mischtemperatur ϑ_M.
a) Bestimme aus deinen Messdaten die Schmelzenergie E_s deines Eiswürfels.
b) Berechne die spezifische Schmelzenergie e_s von Eis und vergleiche deinen Wert mit dem aus einer Formelsammlung. Erkläre mögliche Abweichungen.
c) Erkläre, warum dein Ergebnis ungenau wird, wenn der Eiswürfel vorher nicht antaut bzw. nicht abgetrocknet wird.

A11 Für einen guten Cappuccino oder Café Latte wird heißer Milchschaum benötigt.
a) Erkundige dich, wie dieser Milchschaum hergestellt wird. Es gibt unterschied-

liche Methoden. Erkläre den Vorgang energetisch.
b) Milchschaum herzustellen ist schwierig. Für den idealen Schaum liegt die Temperatur der Milch zwischen 67 °C bis 77 °C. Versuche mit Schulmaterialien einen Versuch aufzubauen, mit dem du Milchschaum herstellen kannst, ohne dass die Milch vorher erwärmt werden muss. (Vorsicht beim Experimentieren mit heißen Flüssigkeiten und Wasserdampf.)

A12 Wer in der kalten Jahreszeit draußen Sport treiben will, benötigt spezielle Kleidung, damit die vom Körper abgegebene Energie sich nicht unter der Kleidung staut. Die Kleidung muss „atmungsaktiv" sein. Erkundige dich und stelle dar, was „atmungsaktiv" physikalisch bedeutet.

Durchblick	Energieströme

Der Tauchsieder im Foto rechts ist an eine Batterie angeschlossen. Seine Heizspiralen stehen in einem Glas mit Wasser. Von der Batterie wird Energie auf den Tauchsieder übertragen. Dieser wandelt sie und gibt sie an das Wasser im Glas ab. Hier strömt also zweimal nacheinander Energie. Unter welchen Voraussetzungen kommen Energieströme zustande, was bewirken sie?

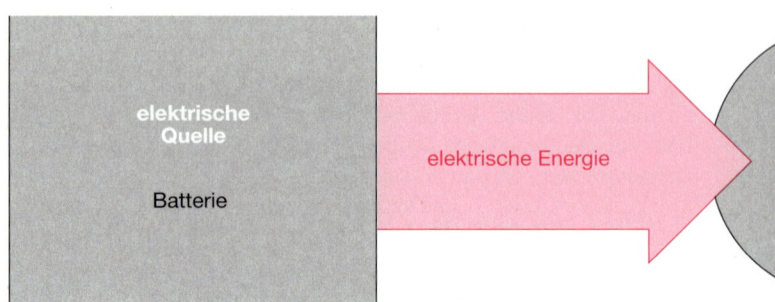

Unterschiede schaffen Ströme

Ströme kommen nicht von alleine zustande, sie benötigen immer einen Antrieb.

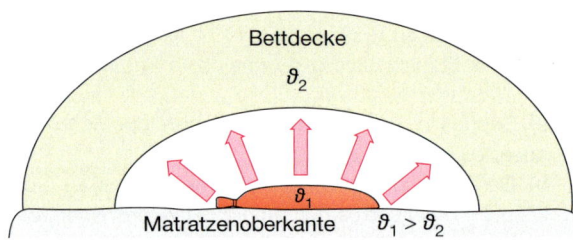

Wird eine heiße Wärmflasche in ein kaltes Bett gelegt, so wird es im Bett warm. An das Bett wird Energie abgegeben, weil die Temperatur ϑ_1 der Wärmflasche höher ist als die Temperatur ϑ_2 des Bettes.
Dieser Energiestrom von der Wärmflasche zum Bett hört aber in dem Moment auf, in dem beide dieselbe Temperatur erreicht haben.

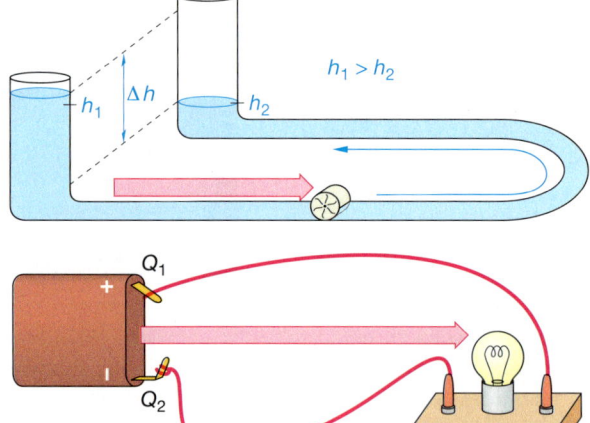

Das Wasser strömt vom vorderen Gefäß zum hinteren. Dadurch wird das Wasserrad in Bewegung gesetzt. Hier entsteht also ein Energiestrom. Das Wasser strömt, weil es links höher steht als rechts und damit der Höhenunterschied $h_1 - h_2 = \Delta h$ besteht.
Sobald die Flüssigkeitssäulen dieselbe Höhe haben und damit der Höhenunterschied null ist, hört das Wasser auf zu fließen und das Rad wird nicht mehr gedreht.

Die Lampe leuchtet, weil sie an die Batterie angeschlossen ist. Es wird Energie an die Lampe abgegeben, weil die Pole der Batterie verschiedene Ladungen Q besitzen.
Der Energiestrom hört sofort auf, wenn die Pole der Batterie keine unterschiedlichen Ladungen Q mehr besitzen.

Im ersten Beispiel liefert der Temperaturunterschied $\Delta\vartheta$, im zweiten der Höhenunterschied Δh und im dritten der Ladungsunterschied ΔQ den Antrieb für den Energiestrom.

Ein Energiestrom zwischen einem Körper ① und einem Körper ② kommt zustande, wenn sie unterschiedliche Zustände φ_1 und φ_2 haben. Die Energie strömt dann so lange von selbst vom höheren Zustand zum niedrigeren, bis der Unterschied $\Delta\varphi = \varphi_1 - \varphi_2 = 0$ ist.

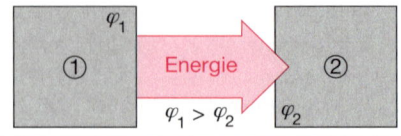

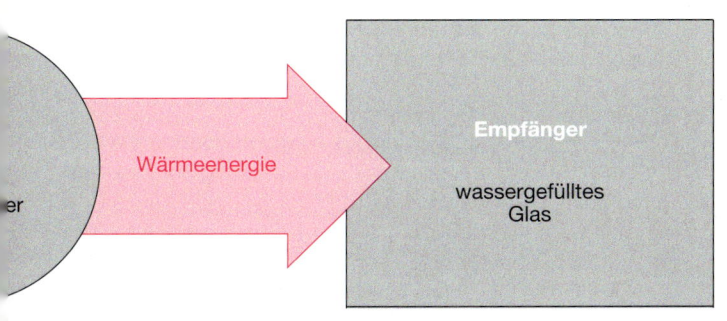

Wärmeenergie

Empfänger

wassergefülltes
Glas

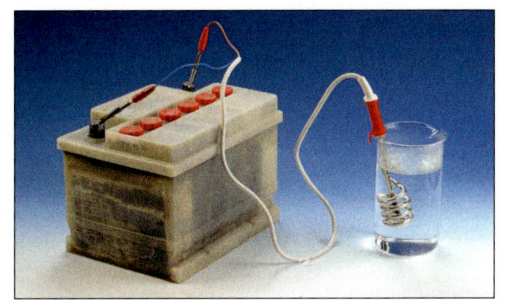

Ströme schaffen Unterschiede

Strömt Energie in das Federbett, so steigt dessen Anfangstemperatur ϑ_A auf eine höhere Endtemperatur ϑ_E. Der Wärmeenergiestrom kann ausgelöst werden durch einen Menschen, eine Wärmflasche oder eine Heizdecke.

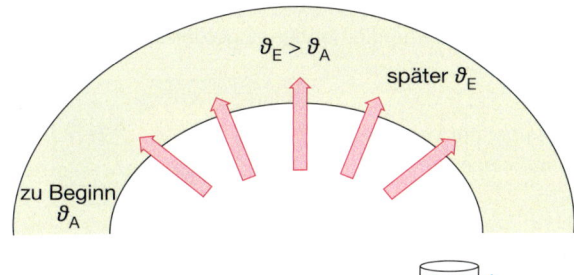

Fazit:

Hier strömt Energie von alleine in Richtung Zustand niedriger Temperatur.

Wird die Pumpe eingeschaltet, wird das Wasser in Bewegung gesetzt. Dadurch wird Energie übertragen, die Wassersäule steigt von h_A auf h_E.

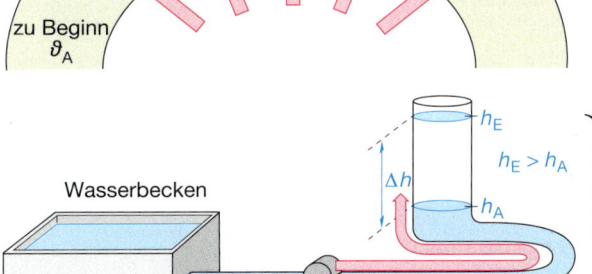

Wird die Autobatterie an eine elektrische Quelle angeschlossen, so fließt ein Elektronenstrom durch sie. Auch hier wird Energie übertragen, die die in der Batterie vorhandenen Ladungen voneinander trennt und dadurch eine Spannung zwischen den Batteriepolen erzeugt.

Bei diesen beiden Beispielen strömt Energie nur unter Zwang, weil von selbst kein Höhenunterschied bzw. Ladungsunterschied entsteht.

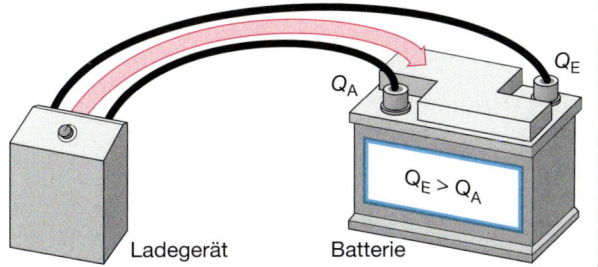

Beim Bett bewirkt die Zufuhr von Energie eine Temperatursteigerung um $\Delta\vartheta = \vartheta_E - \vartheta_A$, im Glasrohr eine Höhenzunahme $\Delta h = h_E - h_A$ und in der Autobatterie eine Ladungsverschiebung $\Delta Q = Q_E - Q_A$.

Nur durch die Abgabe und die Aufnahme von Energie, also durch einen Energiestrom, ist es möglich, den Zustand φ_A eines Körpers oder eines Systems in den Zustand φ_E desselben Körpers oder Systems zu überführen. Dadurch entsteht die Zustandsänderung $\Delta\varphi = \varphi_E - \varphi_A$.

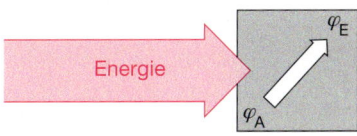

Energie

Grundwissen | Energie und Energieerhaltung

Höhenenergie: $E_{\text{Höhe}} = m \cdot g \cdot h$

h hängt vom gewählten Nullpunkt der Höhenenergie ab.

Bewegungsenergie: $E_{\text{Bew}} = \frac{1}{2} m \cdot v^2$

Energieübertragung durch eine Kraft F (Arbeit):

$\Delta E = F \cdot \Delta s$

Die Kraft muss dabei längs der Strecke Δs wirken.

Die **Energiestromstärke (Leistung) P** ist die in einer bestimmtem Zeit Δt übertragene Energiemenge ΔE:

$P = \frac{\Delta E}{\Delta t}$

Bei Reibungsvorgängen erfolgt aufgrund der Energie-übertragung durch eine Kraft eine Erhöhung der inneren Energie eines Körpers.

Änderung der inneren Energie

- **Temperaturänderung**

  Erhöht oder erniedrigt sich die innere Energie eines Körpers, ohne dass sich sein Zustand ändert, so ändert sich seine Temperatur. Die Höhe der Temperaturänderung ist abhängig von der Masse und dem Stoff des Körpers. Energie-Temperatur-Gleichung: $\Delta E = c \cdot m \cdot \Delta \vartheta$

- **Zustandsänderung**

  Um den Zustand eines Körpers zu ändern, müssen ihm von seiner Masse und seinem Stoff abhängige Energiemengen zugeführt oder von ihm abgegeben werden.

- **Übergang innerer Energie**

  Innere Energie geht von selbst nur von einem Körper höherer Energie auf einen Körper niedriger Energie über.

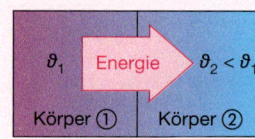

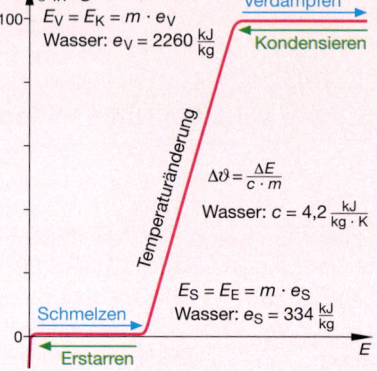

Elektrische Energie: $E = U \cdot I \cdot t$

Elektrische Energiestromstärke: $P = \frac{E}{t} = U \cdot I$

Bei elektrischen Geräten heißt P auch **Leistung**.

ENERGIE

Einheiten:

$1\ \text{W} = 1\ \text{VA} = 1\ \frac{\text{J}}{\text{s}}$

$1\ \text{J} = 1\ \text{Ws} = 1\ \text{VAs},\ 1\ \text{kWh} = 3{,}6\ \text{Mio J}$

Energieentwertung

Bei allen Energiewandlungen wird ein Teil der Energie in die Umgebung abgegeben. Diese Energie ist **entwertete Energie**.

Alle Energiewandlungen sind **irreversibel**. Sie laufen nur in Richtung Entwertung ab, nie umgekehrt.

Energiebilanzen

Für alle Energiewandlungen und Energieübertragungen lässt sich ausgehend vom Energieerhaltungssatz eine Energiebilanz aufstellen.

Beispiel 1: Beim Fadenpendel gilt bei Vernachlässigung der Reibung in zwei verschiedenen Punkten A und B:

$$E_{\text{Höhe, A}} + E_{\text{Bew, A}} = E_{\text{Höhe, B}} + E_{\text{Bew, B}}$$

Beispiel 2: Beim Mischen von warmem und kaltem Wasser gilt:

$$\Delta E_{\text{ab}} = \Delta E_{\text{auf}}$$
$$c_w \cdot m_1 \cdot (\vartheta_1 - \vartheta_M) = c_w \cdot m_2 \cdot (\vartheta_M - \vartheta_2)$$

Der **Wirkungsgrad η** gibt den Anteil der nutzbaren an der eingesetzten Energie an. Es gilt:

$\eta = \frac{E_{\text{nutz}}}{E_{\text{zugef}}}$

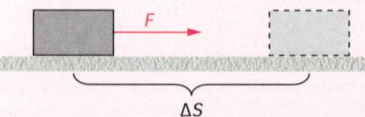

Beispiel 3: Energiebilanz bei Reibung
$$F \cdot \Delta s = c \cdot m \cdot \Delta \vartheta$$

A1 a) Fertige mit den Grundbegriffen unten rechts Karteikarten an. Notiere den Begriff auf der Vorderseite und erläutere ihn auf der Rückseite, eventuell mit sonstigen Besonderheiten. Anstelle der Karteikarten kannst du auch eine elektronische Datenbank anlegen.
b) Erstelle eine Mindmap für das ganze Kapitel. Die Begriffe links helfen dir dabei.

A2 Ein Tennisball ($m = 57\,g$) verlässt beim Aufschlag den Schläger mit sehr hoher Geschwindigkeit.
a) Berechne die Bewegungsenergie des Balls bei einer Abschlagsgeschwindigkeit von $180\,\frac{km}{h}$.
b) Ermittle durch eine Energiebetrachtung, aus welcher Höhe dieser Ball aus der Ruhe heraus fallen müsste, um am Boden mit derselben Geschwindigkeit aufzutreffen.

A3 a) Ein PKW ($m = 1500\,kg$) beschleunigt zunächst von 0 auf $50\,\frac{km}{h}$, dann von $50\,\frac{km}{h}$ auf $100\,\frac{km}{h}$. Entscheide, ob die folgenden Aussagen richtig sind. Korrigiere sie gegebenenfalls.
(1) Bei einer Geschwindigkeit von $100\,\frac{km}{h}$ ist die Bewegungsenergie doppelt so groß wie bei $50\,\frac{km}{h}$.
(2) Für den zweiten Beschleunigungsvorgang (von $50\,\frac{km}{h}$ auf $100\,\frac{km}{h}$) wird die dreifache Energie wie für den ersten benötigt.

A4 Auf einer Baustelle müssen mehrere 50-kg-Zementsäcke in verschiedene Etagen gebracht werden: drei Säcke in die erste Etage ($h = 3{,}0\,m$) des Hauses, vier in die zweite Etage ($h = 6{,}5\,m$) und zwei auf den Dachboden ($h = 9{,}5\,m$). Alle Zementsäcke werden gleichzeitig von einem Kran angehoben und dann jeweils in der entsprechenden Etage abgeladen.
a) Berechne, wie viel Energie der Kran dabei für den gesamten Auftrag aufbringen muss.
b) Einer der Zementsäcke fällt versehentlich vom Dachgeschoss bis zum Erdboden. Berechne, mit welcher Geschwindigkeit er am Boden auftrifft.
c) Berechne, welche elektrische Leistung der Kran haben müsste, wenn alle 9 Säcke innerhalb von 30 Sekunden bis auf den Dachboden gehoben werden sollten.

A5 Ein kühles Alster ($c_{Alster} = 4{,}2\,\frac{kJ}{kg \cdot K}$) wird mit $8\,°C$ serviert. Im Magen wird es auf Körpertemperatur gebracht ($37\,°C$). Berechne, wie viel Energie der Körper zur Erwärmung von $0{,}5\,\ell$ Alster benötigt.

A6 Zwei Metallkugeln unterschiedlicher Größe aber gleichen Materials werden für etwa 5 Minuten in ein $60\,°C$ heißes Wasserbad gelegt und danach wieder herausgenommen.
a) Notiere begründete qualitative Aussagen über die jeweilige Temperatur und innere Energie der beiden Kugeln und des Wassers.
b) Erläutere an Beispielen verschiedene Möglichkeiten, um die innere Energie eines Körpers zu erhöhen.

A7 In ein Becherglas werden $150\,g$ Wasser mit einer Temperatur von $18{,}6\,°C$ gegossen. Dann wird eine $85\,g$ schwere Stahlkugel, die zuvor mehrere Minuten in siedendem Wasser gehangen hat, ebenfalls in das Becherglas gegeben. Die Temperatur steigt auf $23{,}3\,°C$.
Berechne anhand der Messwerte die spezifische Wärmekapazität von Stahl. Vergleiche deinen Wert mit dem auf Seite 32. Erkläre Abweichungen.

A8 In ein Glas Cola ($200\,m\ell$) von Zimmertemperatur ($20\,°C$) werden drei Eiswürfel von je $10\,g$ getan.
a) Berechne die Energie, die benötigt wird, um die Eiswürfel vollständig zu schmelzen. (Gehe von einer Temperatur der Eiswürfel von $0\,°C$ aus.)
b) Schätze mithilfe des Ergebnisses aus a) rechnerisch ab, auf welche Temperatur sich die Cola dabei abkühlt.

Energie von warm nach kalt

Energie strömt von selbst nur von Körpern höherer Temperatur zu Körpern niedriger Temperatur.

1 a) Erläutert dazu vier Beispiele aus eurer Umgebung.

b) Notiert die folgende Aussage physikalisch korrekt: „Schließt das Fenster, es zieht kalt herein."

2 a) Baut den abgebildeten Versuch mit massiven Stangen aus Glas, Eisen, Kupfer und Aluminium nach (Gasbrenner noch aus). Befestigt dabei an jeder Stange in gleichen Abständen gleich große Wachskügelchen. Notiert eure Beobachtungen nach Anzünden des Brenners.

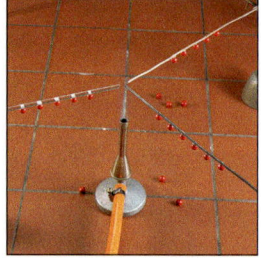

b) Zieht auf der Basis eurer Beobachtungen Schlüsse in Bezug auf die **Wärmeleitfähigkeit** der verwendeten Materialien. Recherchiert, in welcher Einheit die Wärmeleitfähigkeit gemessen wird.

Der **Golfstrom** im Atlantik stellt eine Wasserströmung dar, die das Klima in Europa beeinflusst.

3 a) Baut den abgebildeten Versuch auf (Netzgerät erst ausgeschaltet). Bringt direkt oberhalb der Heizspirale einen Tropfen Tinte oder Lebensmittelfarbe in das Wasser. Zeigt, dass bei genügend starker Erwärmung und Abkühlung eine ausgeprägte Wasserzirkulation entsteht. Deutet diesen Effekt energetisch.

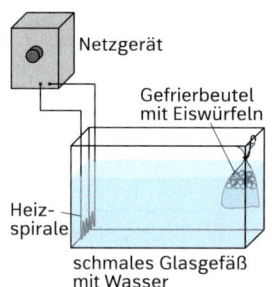

Netzgerät

Gefrierbeutel mit Eiswürfeln

Heiz-spirale

schmales Glasgefäß mit Wasser

4 a) Informiert euch über den Golfstrom. Erklärt, wofür die Heizspirale und der Beutel mit Eiswürfeln in Bezug auf den Golfstrom stehen.

b) Beim Golfstrom spielt der Salzgehalt des Meerwassers eine wichtige Rolle. Recherchiert und erläutert diese.

5 Überlegt, unter welchen Voraussetzungen der Golfstrom zum Erliegen kommen könnte. Beschreibt mögliche Auswirkungen für Nordeuropa.

Das Peltier-Modul

Ein **Peltier-Modul** ist ein elektronisches Bauteil, das nach dem französischen Physiker JEAN PELTIER benannt ist. Im Folgenden soll seine Wirkungsweise untersucht werden.

1 Das Peltier-Modul wird jeweils zwischen zwei Aluminiumwürfeln platziert, deren Temperaturen mithilfe von Digitalthermometern gemessen werden.

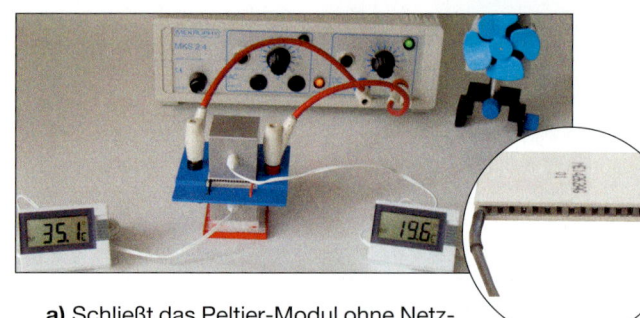

a) Schließt das Peltier-Modul ohne Netzgerät an einen kleinen Motor mit Propeller an. Erwärmt den oberen Würfel auf etwa 40 °C, bevor ihr ihn auf das Modul setzt. Prüft auch, was passiert, wenn ihr die Anschlüsse am Motor vertauscht.

b) Die beiden Würfel sollen zu Beginn annähernd dieselbe Temperatur besitzen. Schließt das Peltier-Modul an ein regelbares Netzgerät (bis 12 V-) an. Prüft auch, was passiert, wenn ihr die Anschlüsse am Netzgerät vertauscht.

2 Notiert eure Beobachtungen und beschreibt die Wirkungsweise des Peltier-Moduls aus energetischer Sicht. Nehmt Stellung zu der Aussage: „Energie kann auch von kalt nach warm fließen."

3 Recherchiert und beschreibt, in welchen Anwendungen Peltier-Module benutzt werden.

4 a) Legt einen Aluminiumwürfel und einen gleichgroßen Styroporwürfel gleicher Temperatur auf eine Hand und beschreibt eure Beobachtung.

b) Legt nun das Peltier-Modul direkt auf eine Hand und messt die entstehende Spannung am Peltier-Modul, wenn sich der Aluminiumwürfel bzw. der Styroporwürfel auf dem Peltier-Modul befindet.

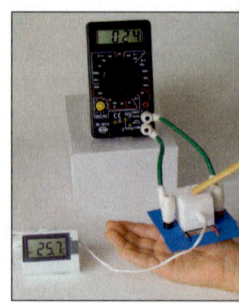

A1 Die Sonne liefert bei senkrechtem Lichteinfall auf die Erde und ganz klarem Wetter eine Energie von 1000 J pro m² und Sekunde.

a) Berechne, um wie viel Grad Celsius ein 25 m × 21 m großes Schwimmbecken mit dieser Energie in 4 Stunden erwärmt werden kann, wenn das Becken zur Hälfte 1,5 m und sonst 3,0 m tief ist.

b) Auch die Meere werden im Sommer stark von der Sonne erwärmt. Erläutere, welche zentrale Bedeutung die hohe spezifische Wärmekapazität von Wasser dabei hat.

A2 Eine Goldschmiedin möchte aus einem Stück Gold der Masse 50 g Ringe herstellen. Das Gold muss dafür geschmolzen und dann in Form gegossen werden, bevor es weiter verarbeitet wird.

a) Erkläre den Vorgang des Schmelzens unter Verwendung des Teilchenmodells.

b) Berechne die notwendige Energiezufuhr, wenn das Gold die Ausgangtemperatur 20 °C hat und 40 K über seine Schmelztemperatur erhitzt werden soll (c_{Gold} = 0,130 $\frac{\text{kJ}}{\text{kg} \cdot \text{K}}$; weitere Werte S. 35).

c) Berechne, wie lange der Vorgang des Erhitzens etwa dauert, wenn der Schmelzofen eine Leistung von 500 W hat.

A3 100 g Wasserdampf der Temperatur 120 °C werden bis auf –20 °C abgekühlt.

a) Skizziere für diesen Vorgang ein prinzipielles Zeit-Temperatur-Diagramm. Beschreibe die Besonderheiten und erkläre anhand des Diagramms den Unterschied zwischen innerer Energie und Temperatur.

b) Beschreibe mithilfe der Teilchenvorstellung, was während des gesamten Vorgangs geschieht.

c) Während einzelner Zeitabschnitte werden unterschiedlich große Energiebeträge an die Umgebung abgegeben. Berechne diese Energiebeträge und die insgesamt bei diesem Vorgang frei werdende Energie.

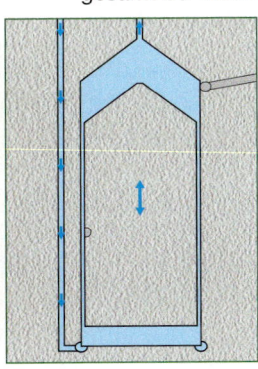

A4 Es gibt Überlegungen, durch Anheben großer Felsbrocken elektrische Energie aus dem Netz zu speichern.

a) Erläutere anhand der nebenstehenden Abbildung, wie diese Speicherung realisiert werden soll.

b) Berechne, wie viel Energie in kWh gespeichert werden könnte, wenn ein 30 t schwerer Felsbrocken, um 10 m angehoben werden würde.

A5 Das Netzteil eines Computers hat die Aufschrift „P = 350 W“. Der Besitzer des Computers lässt ihn 40 Minuten lang in Betrieb (ohne Stand-by-Modus), um mittagessen zu gehen.

a) Berechne die Energie, die in diesem Zeitraum ungenutzt gewandelt wird.

b) Berechne, wie lange eine LED-Lampe der Leistung (Energiestromstärke) 4,5 W mit dieser Energie betrieben werden könnte.

A6 Ein Benzinmotor und ein Elektromotor haben beide eine (maximale) Leistung von P = 50 kW. Der Wirkungsgrad des Benzinmotors liegt bei η = 0,38, der des Elektromotors bei η = 0,94.

a) Erläutere die Bedeutung der drei genannten Werte. Zeichne für beide Motoren ein maßstabsgerechtes Energieflussdiagramm.

b) Berechne, welche Energie jedem Motor bei einer Betriebsstunde bei voller Leistung zugeführt werden muss.

A7 Während einer Autofahrt hält Alina bei einer Geschwindigkeit von 90 $\frac{\text{km}}{\text{h}}$ vorsichtig die Hand aus dem Fenster und überlegt, wie groß wohl die Reibungskräfte von Boden und Luft für das Auto bei dieser Geschwindigkeit sind. Zur Berechnung nimmt sie die Energiestromstärke (Leistung) aus dem Fahrzeugschein: 55 kW.

A8 Eine Kugel der Masse m = 100 g rollt mit der Anfangsgeschwindigkeit v_0 = 1,5 $\frac{\text{m}}{\text{s}}$ über die Kante eines Tisches mit der Höhe h = 0,9 m.

a) Berechne mithilfe einer Energiebetrachtung die Geschwindigkeit, mit der die Kugel auf den Erdboden prallt. (Der Luftwiderstand soll vernachlässigt werden.)

b) Bestimme die Höhe h über dem Fußboden, in der sich die Geschwindigkeit der Kugel nach Beginn des Falls verdoppelt hat.

Elektrischer Strom braucht Leitungen, die Quelle und Gerät in einem Stromkreis miteinander verbinden. Der elektrische Strom bewirkt im Gerät Energiewandlungen sowohl im Versuchsaufbau auf dem Experimentiertisch als auch in der großen, landesweiten „Stromversorgung". Fotovoltaikanlagen auf Hausdächern speisen die in elektrische Energie gewandelte Lichtenergie der Sonne in das Stromversorgungsnetz ein, Windräder die in elektrische Energie gewandelte Bewegungsenergie des Windes.

Ob Computer, Fernseher, LED, Handy oder Digitalkamera: Überall sind Halbleiter im Spiel. In diesem Kapitel lernst du, wie für jedes elektrische Gerät die erforderliche Nennspannung bereitgestellt werden kann, welche Geräte und Einrichtungen erforderlich sind, um elektrische Energie an jedem Ort zur Verfügung zu stellen. Du erfährst, was Halbleiter sind, wie sie sich von Metallen unterscheiden und wie auf der Basis von Halbleitern licht- und temperaturempfindliche Bauteile nützlich eingesetzt werden können.

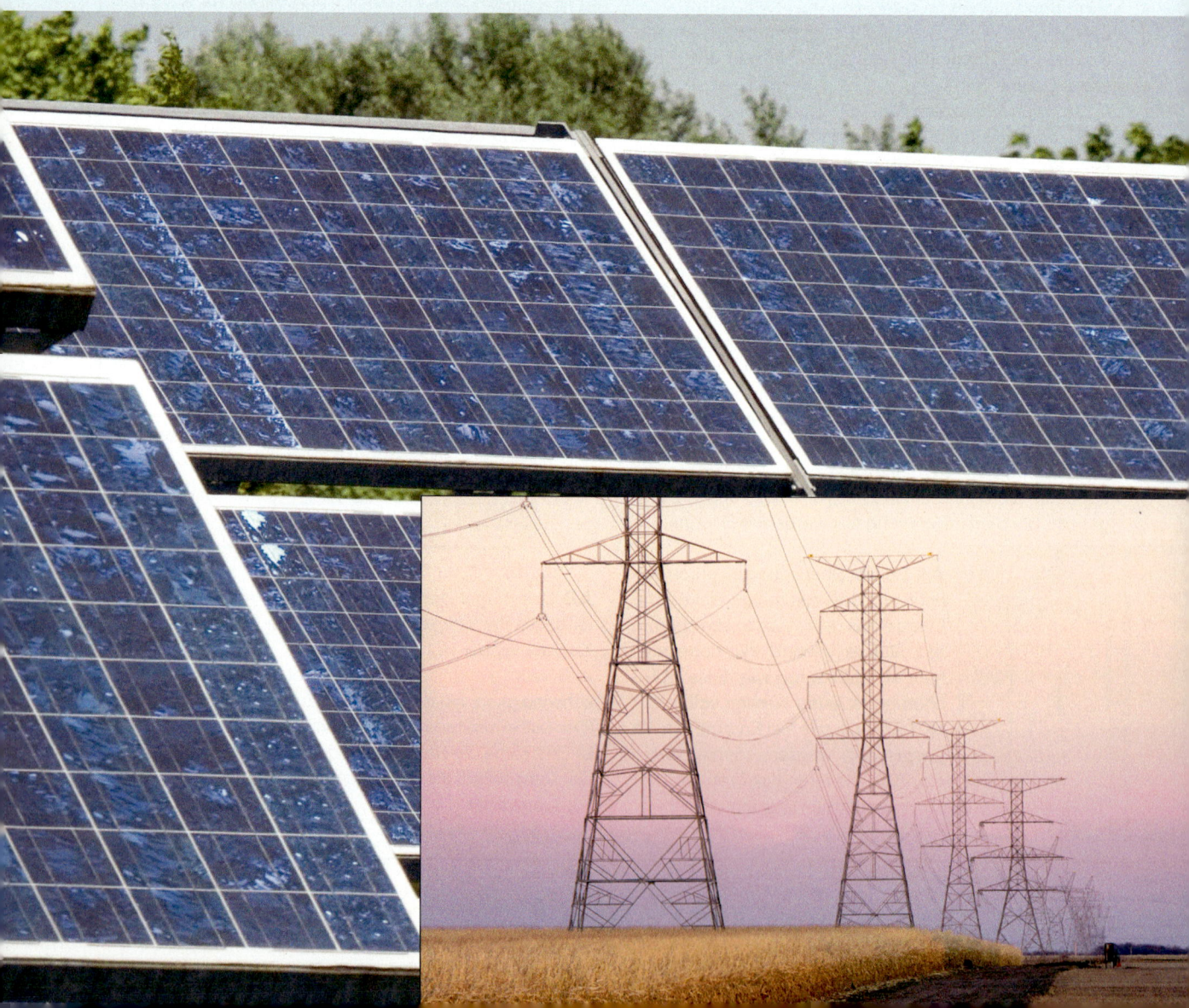

Halbleiter verrichten in vielen Geräten unauffällig ihren Dienst – eine digitale Anzeige wie bei der Waschmaschine weist darauf hin. Die Programmlaufzeit wird mittels Leuchtdioden (LED) in 7-Segment-Anordnung ausgegeben. Durch die Anordnung von 7 LED pro Ziffer lassen sich alle Ziffern darstellen. Im Innern der Waschmaschine wird die Wassertemperatur mit einem Temperaturfühler auf Halbleiterbasis gemessen. Ein Elektromotor sorgt für die Drehung der Trommel.

E-Bikes prägen immer häufiger das Straßenbild. Ein durch einen Akku gespeister Elektromotor sorgt für ein bequemes Fahren. Bei geeigneter Konstruktion kann beim Bergabfahren oder Bremsen der Akku sogar wieder geladen werden.

LEDs überall. Mit der Entwicklung der serienreifen weißen LED wurde die Lichttechnik in allen Bereichen unseres Lebens revolutioniert. Ob Lampen zur Beleuchtung zu Hause, Straßenlaternen, Fahrrad- oder Autoscheinwerfer - die Energiesparenden LEDs verdrängen nahezu alle herkömmlichen Leuchtmittel.

Transformatoren sind wichtige Zwischenstationen auf dem Weg des Stroms vom Kraftwerk zu den Nutzern. Große Leitungen kommen dort an und kleinere Leitungen gehen vom Trafo weg. Die kleinen Leitungen verschwinden dabei in der Erde.

Vorbereitung

1 Lies die Texte dieser beiden Seiten durch und betrachte die zugehörigen Bilder. Schreibe zu den einzelnen Themen Fragen auf, die du dazu hast.

2 Blättere das folgende Kapitel durch, lies die Überschriften und betrachte die Bilder. Notiere neben den Fragen aus 1 die Seitenzahlen, die deiner Meinung nach Antworten zu deinen Fragen liefern könnten.

3 Überlege und schreibe auf, was du in Experimenten untersuchen möchtest. Vielleicht hast du ja schon Ideen, wie die Versuche aussehen könnten.

4 Studiere die im Vorwissen auf Seite 58 dargestellten Zusammenhänge. Schreibe dazu die wichtigsten Begriffe zusammen mit einer kurzen Erklärung auf.

ENERGIE

Energieübertragung durch Stromkreise

In elektrischen Stromkreisen wird durch den Elektronenstrom Energie übertragen. Elektrische Geräte sind dabei **Energiewandler**. Bei allen Energiewandlungen wird nie die gesamte zugeführte Energie in die Form gewandelt, die auch gewünscht ist. Die in die Umgebung abgegebene Energie wird als **entwertete Energie** bezeichnet.

Die **Spannung U** (in V) ist ein Maß für die Größe des Antriebs, den die Quelle den Elektronen gibt. Die Spannung gibt an, wie viel Energie pro Ladung eine Quelle zur Verfügung stellt.

Die **Stromstärke I** (in A) ist ein Maß für die pro Zeitdauer t geflossene Anzahl an Elektronen bzw. Ladungen.

Reihenschaltung

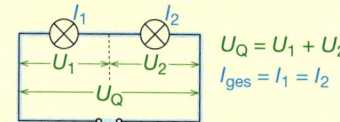

$U_Q = U_1 + U_2$
$I_{ges} = I_1 = I_2$

SYSTEM

Maschenregel: Im unverzweigten Stromkreis ist die Summe der Teilspannungen über den Geräten so groß wie die Quellenspannung.
Die Spannung der Quelle und die Geräte selbst bestimmen in einer Reihenschaltung die Größe der Teilspannungen an den Geräten.

Parallelschaltung

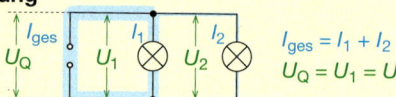

$I_{ges} = I_1 + I_2$
$U_Q = U_1 = U_2$

Knotenregel: Im verzweigten Stromkreis entspricht die Stromstärke vor und nach einem Knoten der Summe der Teilstromstärken.

Grundbegriffe

- (Elektronen-)Stromstärke
- Spannung
  Quellenspannung, Teilspannung
- Maschenregel, Knotenregel
- Widerstand, U-I-Kennlinie
- Ohm'sches Gesetz
- Energie, Energieeinheit kWh
- Energiestromstärke, Leistung
- Wirkungsgrad
- Atomkern, Atomhülle
- elektrisch neutral
- Elektronenüberschuss/-mangel

wichtige Energieformen

mechanische Energie (Höhenenergie, Bewegungsenergie), elektrische Energie, innere Energie, Lichtenergie

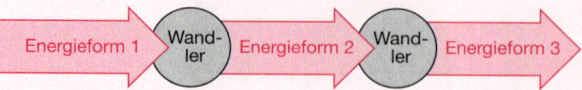

Der **Wirkungsgrad η** gibt den Anteil der nutzbaren an der eingesetzten Energie an. Es gilt:

$$\eta = \frac{E_{nutz}}{E_{zugef}} = 1 - \frac{E_{ab}}{E_{zugef}}$$

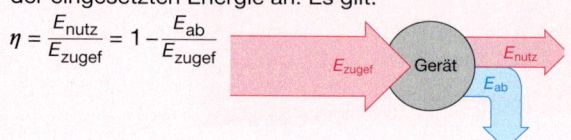

Für die in der Zeit t in einem Stromkreis übertragenen *elektrische Energie E* gilt: $E = U \cdot I \cdot t$
und für die **elektrische Energiestromstärke P**:
$P = \frac{E}{t} = U \cdot I$
Einheiten: $1\,W = 1\,V\,A = 1\,\frac{J}{s}$
$1\,J = 1\,Ws = 1\,V\,As$, $1\,kWh = 3\,600\,000\,J$
Bei elektrischen Geräten heißt P auch **Leistung**.

Der **Widerstand R** gibt an wie stark der Elektronenstrom von dem betreffenden Gerät bzw. Leiter gehemmt wird. Er wird als Quotient aus der Spannung U und der Stromstärke I berechnet:

$R = \frac{U}{I}$.   Die Einheit ist $1\,\Omega = 1\,\frac{V}{A}$.

Das Schaltzeichen
für das Bauteil Widerstand ist ⎓▭⎓

MATERIE

Wenn die Temperatur von Metalldrähten konstant bleibt, gilt das **Ohm'sche Gesetz:**
$I \sim U$ bzw. $U = R \cdot I$ (mit R = konst.).

Für jedes Bauteil bzw. Gerät gibt es eine spezifische **U-I-Kennlinie**, die den Zusammenhang zwischen U und I zeigt.

Jeder Körper ist aus Atomen bzw. Molekülen zusammengesetzt. Atome bestehen aus einem positiv geladenen Atomkern und einer Atomhülle, die aus negativ geladenen Elektronen gebildet wird.

Das Atom ist nach außen elektrisch neutral. Geladene Körper besitzen einen Elektronenüberschuss oder einene Elektronenmangel.

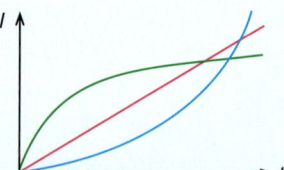

neutrales
Atom

Elektrogeräte und Energieversorgung   Projekt

Die Benutzung elektrischer Geräte in Alltag und Beruf ist für die Menschen seit Jahrzehnten selbstverständlich. Möglich wurde sie erst durch die Bereitstellung riesiger Mengen an elektrischer Energie durch Kraftwerke.

P1 Sucht in eurem Haushalt (einschließlich Keller, Garage, ...) elektrische Geräte, die einen **Elektromotor** haben. Stellt sie tabellarisch zusammen, wählt dazu drei verschiedene Leistungsstufen. (Beachtet dazu das Typenschild.)

P2 a) Viele elektrische Geräte benötigen ein externes **Netzgerät**. Begründet dies.
b) Untersucht verschiedene Netzgeräte im Hinblick auf Art und Größe der Ausgangsspannung sowie der Art des Elektrogerätes.
c) Sucht in eurer Umgebung **Trafostationen** und erläutert den Zweck dieser Stationen.
d) Informiert euch über Art und Leistung von **Kraftwerken** in eurer Umgebung.

e) Informiert euch über Material und Dicke von **Hochspannungsleitungen**. Begründet die Wahl.

P3 a) Fahrräder mit Elektromotor werden immer beliebter. Informiert euch über die Art des Antriebs, die erlaubte Höchstgeschwindigkeit und erforderliche Sicherheitsvorkehrungen für **Pedelecs** und **E-Bikes**.
b) Beurteilt den Einsatz von Fahrrädern mit Elektromotor (unter Abwägung von Vor- und Nachteilen) im Straßenverkehr.

P4 Streifen mit gleichmäßig angeordneten Leuchtdioden (LED) werden zunehmend zur indirekten Beleuchtung eingesetzt.

a) Anhand der Leiterbahnen lässt sich die Schaltung der LED erkennen. Fertigt für einen LED-Streifen die zugehörige Schaltskizze an und erklärt diese. (Neben den LED sind auch Widerstände eingelötet.)
b) Erklärt, weshalb die LED-Streifen in bestimmten Abständen gekürzt werden können.

Nutzen und Bereitstellen von Lichtenergie   Projekt

P1 Die auf Hausdächern installierten Sonnenkollektoren und Fotovoltaikanlagen lassen sich häufig kaum voneinander unterscheiden.

a) Informiert euch über die Unterschiede dieser Anlagen bezüglich ihres Einsatzzwecks. Skizziert den Aufbau eines Sonnenkollektors und beschreibt die Funktion seiner Bauteile.
b) Manche Landwirte „ernten" mithilfe riesiger Solarfelder Sonnenenergie. Recherchiert, wo es solche Felder gibt und wie groß der jährliche Energieertrag dieser Felder ist.

c) Die Anzahl der zu erwartenden jährlichen Sonnenstunden ist regional sehr unterschiedlich. Recherchiert und entwerft einen Werbeflyer für „eure" Firma, die Fotovoltaikanlagen verkauft und installiert.

P2 Über Jahrzehnte hinweg reichte die Watt-Angabe auf Glühlampen, um dem Nutzer eine klare Vorstellung zu vermitteln, welche Helligkeit von ihr ausgehen wird. LED-Leuchtmittelhersteller sind jetzt verpflichtet, zusätzlich eine Angabe in der Einheit „Lumen" zu machen.

a) Recherchiert und stellt auf einem Plakat möglichst anschaulich dar, welche physikalische Größe die Einheit Lumen hat und worin der Unterschied zu einer weiteren physikalischen Größe mit der Einheit Lux liegt.
b) Ergänzt euer Plakat um die Wirkungsweise von Belichtungsmessern und den innen liegenden Halbleiterbauteilen.

Motor und Generator als Energiewandler

Das Herzstück vieler elektrischer Geräte, z. B. einer Bohrmaschine, aber auch vieler Transportmittel wie Straßenbahn, S- und U-Bahn ist ein Elektromotor. Welche Energieformen werden durch den Motor gewandelt? Wie effektiv ist diese Wandlung?

Fahrraddynamo und Lichtmaschine eines PKW sind Generatoren; viel größere Generatoren finden sich in Windrädern und Großkraftwerken. Welche Energieformen werden durch einen Generator gewandelt? Gibt es einen Zusammenhang mit dem Elektromotor?

Elektromotor und Generator im Vergleich

Ein Elektromotor wandelt elektrische Energie in mechanische Energie. Der kleine Elektromotor in Versuch ① ist an ein Netzgerät angeschlossen. Wird die Polung vertauscht, so dreht sich der Propeller in entgegengesetzter Richtung. In Versuch ② wird ein zweiter baugleicher Motor mit dem Finger in Drehbewegung versetzt. Das Gerät wirkt nun als

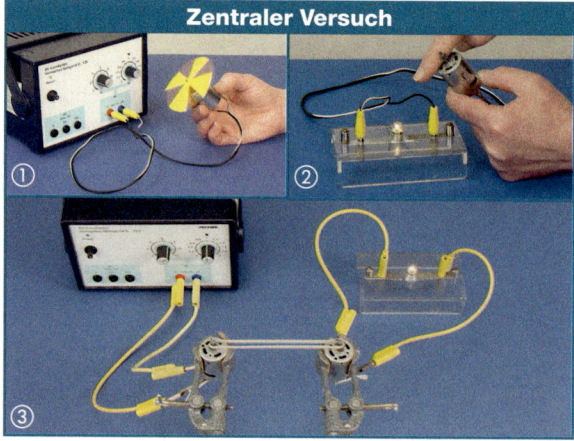

Zentraler Versuch

Stromquelle, als Generator: die angeschlossene Lampe leuchtet. Ein Generator wandelt mechanische Energie in elektrische Energie. Der Antrieb des Generators erfolgt in vielen großen Wärmekraftwerken durch eine von Wasserdampf durchströmte Turbine. Beim Auto treibt ein Keilriemen den Generator an, beim Fahrraddynamo das sich drehende Rad.

elektrische Energie → **Elektromotor** → mechanische Energie

mechanische Energie → **Generator** → elektrische Energie

In Versuch ③ treibt der Motor (links) über ein Gummiband den Generator (rechts) an, die Lampe leuchtet. Werden die beiden Geräte vertauscht, so ändert sich nichts. Motor und Generator sind miteinander vertauschbar.

Motor und Generator sind prinzipiell austauschbar: Ein Motor kann als Generator eingesetzt werden und ein Generator als Motor.

Aufgaben

1 Notiere in einer Tabelle Namen und Energiestromstärken mehrerer (Haushalts-)Geräte mit Elektromotor. Angaben zur Leistung findest du auf dem Typenschild.

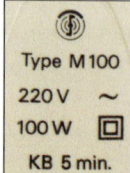

Type M 100
220 V ~
100 W ▣
KB 5 min.

2 Erläutere, welche verschiedenen Arten der Energiewandlung im Bild dargestellt werden. Was wird dabei jeweils bezweckt?

Den nötigen Strom durch Kurbeln erzeugen

Eine Kurbeltaschenlampe und ein Kurbelladegerät bieten Unabhängingkeit von der Steckdose. Noch praktischer: Smartphone oder Navigationsgerät können am Fahrrad stundenlang direkt über ein USB-Ladekabel betrieben werden, das am Nabendynamo des Fahrrads angeschlossen ist.

Typische Leistungen

von Elektromotoren

Spielzeugmotor	einige W
elektrisches Rührgerät	200 W
Bohrmaschine	600 W
Waschmaschine	300 W
Solarboot	12 kW
Straßenbahn	90 kW
ICE 3	8000 kW

von Generatoren

Fahrraddynamo	3 W
Lichtmaschine PKW	1,7 kW
kleines Notstromaggregat	5 kW
Windgenerator	1 MW
Kohlekraftwerk	600 MW

zum Vergleich

Halogenlampe	10 W–50 W
LED-Lampe	2 W–15 W
Haarföhn	1200 W
Heißwasserkocher	2000 W

Die Turbine und der Generator eines Kohlekraftwerks

In den hinteren gelben Zylindern verbirgt sich die riesige Turbine eines Kohlekraftwerks, in dem vorderen roten Zylinder der nicht weniger große Generator, der eine Wechselspannung von ca. 20 000 V erzeugt.

Das Bild rechts zeigt einen kleineren Generator eines Wasserkraftwerks als Ausstellungsstück.

Die Niagarafälle als Wasserkraftwerk

An der Grenze zwischen Kanada und den USA gelegen sind die Niagarafälle eine riesige Touristenattraktion. Tatsächlich stürzt ein Großteil des Wassers – zumindest nachts – gar nicht die Fälle hinunter, sondern wird durch Kanäle umgeleitet und treibt zwei der größten und ältesten Wasserkraftwerke der Welt mit zusammen etwa 30 Turbinen/Generatoren an.

Wirkungsgrad von Motor und Generator

Im Versuch wird die Höhenenergie von Körper ① im Generator in elektrische Energie gewandelt. Vom Motor wird die elektrische Energie wieder in Höhenenergie, diesmal von Körper ②, gewandelt. Wie effektiv ist diese Wandlung, d. h. wie groß ist das Verhältnis von Nutzenergie zu zugeführter Energie, also der Wirkungsgrad?

Zur Abschätzung des Wirkungsgrades wird die Masse von Körper ② schrittweise erhöht, sodass er gerade noch vollständig hochgezogen wird, wenn Körper ① mit der Masse $m = 20\,g$ oben losgelassen wird.
Ergebnis: Die Masse von Körper ② darf im Beispiel nicht größer als $10\,g$ sein. Die gehobene Masse ist ein Maß für die zugeführte Energie. Da dies 50 % der Masse von Körper ① sind, liegt der Schluss nahe, dass der Wirkungsgrad des Systems aus Generator und Motor ebenfalls 50 % beträgt. Bei einem Wirkungsgrad von 100 % müsste ein zu Körper ① identischer Körper auf die ursprüngliche Höhe gehoben werden.
Motor und Generator sind gleiche Geräte; sie sollten deshalb einen gleich großen Wirkungsgrad besitzen. Der Wirkungsgrad jedes einzelnen hier verwendeten Gerätes beträgt etwa 70 %, weil der Gesamtwirkungsgrad das Produkt der Einzelwirkungsgrade ist.

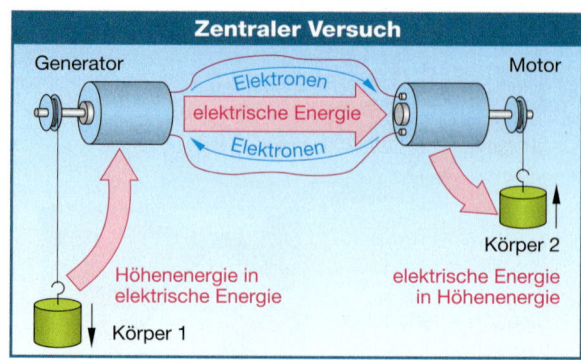

Zentraler Versuch

Generator — Elektronen — elektrische Energie — Elektronen — Motor
Höhenenergie in elektrische Energie — Körper 1
Körper 2 — elektrische Energie in Höhenenergie

Das Energiefluss-Diagramm zum Versuch hat damit die untenstehende Gestalt. Die Energieentwertung beruht unter anderem auf der nicht vollständig zu verhindernden Reibung in den Lagern von Motor und Generator. Der Wirkungsgrad eines Generators in einem Kraftwerk liegt bei über 95 %.

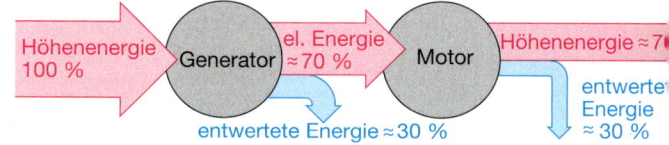

Höhenenergie 100 % — Generator — el. Energie ≈ 70 % — Motor — Höhenenergie ≈ 7
entwertete Energie ≈ 30 % — entwerte Energie ≈ 30 %

Aufgaben

1 a) Energie aus der Steckdose gibt es nur, wenn genügend Kraftwerke in Betrieb sind. Notiere die verschiedenen Kraftwerkstypen, die du schon kennst.
Informiere dich über Laufwasserkraftwerke.
b) Zeichne das zu einem Laufwasserkraftwerk gehörende Energiefluss-Diagramm.

2 Rechts ist die Lichtmaschine eines PKW abgebildet. Das ist ein Generator, der durch einen Keilriemen angetrieben wird, welcher direkt mit der Kurbelwelle des Motors verbunden ist. Während der Fahrt lädt die Lichtmaschine

die Autobatterie. Nimm zu folgenden Aussagen begründet Stellung: ① Der Benzinverbrauch eines PKW ist unabhängig davon, ob mit oder ohne Licht gefahren wird. ② Eine elektrische Klimaanlage erhöht den Benzinverbrauch.

3 Krankenhäuser müssen mit Notstromaggregaten ausgerüstet sein, um auch bei einem massiven Stromausfall die notwendigen medizinischen Geräte betreiben zu können. Die folgenden Abbildungen zeigen ein einfaches Notstromaggregat und den zugehörigen schematischen Aufbau.
a) Erkläre die Funktionsweise des Notstromaggregats in Worten.
b) Zeichne das zugehörige Energiefluss-Diagramm.

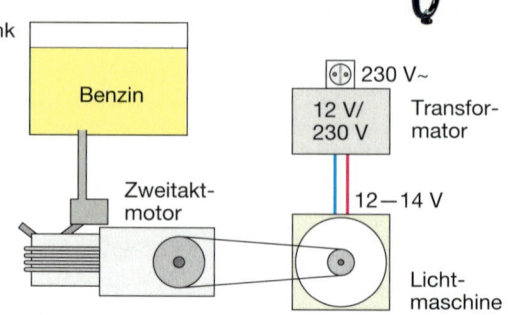

Tank — Benzin — Zweitaktmotor — 230 V~ — 12 V/ 230 V — Transformator — 12—14 V — Lichtmaschine

Motor und Generator
Versuche und Aufträge

V1 Spanne in eine Bohrmaschine einen dicken Holzbohrer und befestige sie senkrecht in einem Bohrständer über einem dicken Stück Holz. (Notfalls hältst du die Maschine in der Hand.) Schließe die Maschine über ein übliches Energiemessgerät ans Netz an und stelle die Drehzahl (nicht zu hoch) fest ein.

a) Miss die Energiestromstärke, wenn der Bohrer sich einfach nur in der Luft dreht.

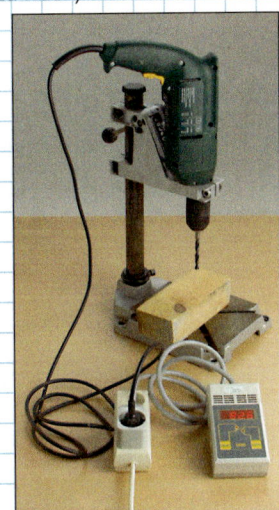

b) Drücke nun den Hebel nach unten, sodass sich der Bohrer ins Holz bohrt, und beobachte dabei die Anzeige des Messgeräts.

c) Deute deine Beobachtungen im Hinblick auf die stattfindenden Energiewandlungen und die Größe der zugehörigen Energiestromstärken.

V2 Fülle etwa 250 g Mehl in eine Rührschüssel und halte etwas Wasser in einem Messbecher und ein Rührgerät mit Knethaken bereit.

a) Miss die Energiestromstärke des Rührgerätes auf Stufe 1, wenn sich die Knethaken einfach nur in der Luft drehen. (Nutze dazu ein Messgerät wie in V1.)

b) Bereite nun einen zähen Teig, indem du immer mehr Wasser zum Mehl gibst. Beobachte dabei das Messgerät. (**Achtung:** Wieder mit Stufe 1 arbeiten, mit wenig Wasser beginnen und darauf achten, dass keine Klumpen entstehen.)

c) Deute deine Beobachtungen im Hinblick auf die stattfindenden Energiewandlungen und die Größe der zugehörigen Energiestromstärken.

V3 Nimm ein Fahrrad mit einem Dynamo. Stelle das Fahrrad auf den Kopf und kopple den Dynamo an. Versetze das Rad und damit den Dynamo in Drehung. Untersuche, wie lange sich jeweils das Rad dreht, wenn

a) beide Lampen (Scheinwerfer und Rücklicht),

b) nur das Rücklicht,

c) keine Lampe angeschlossen ist.

d) Deute deine Beobachtungen im Hinblick auf die stattfindenden Energiewandlungen und die Größe der zugehörigen Energiestromstärken.

V4 Schließe einen Fahrraddynamo mit Reibrad, den du gut an einem Stativ befestigt hast, an eine regelbare Wechselspannungsquelle bis 6 V an. Erhöhe die Spannung langsam von 0 V bis 6 V; versuche dabei, den Dynamo durch kräftiges (!) Drehen des Reibrades mit den Fingern in Schwung zu bringen.

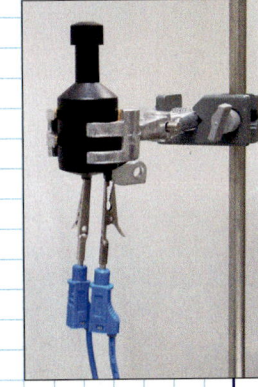

a) Beschreibe deine Beobachtungen, mache auch Aussagen zur Drehzahl.

b) Deute deine Beobachtungen.

V5 Diesen Versuch müsst ihr auf jeden Fall zu zweit durchführen.
Befestigt den Handgenerator (aus der Physiksammlung) mithilfe von Stativmaterial fest an einer Tischplatte, sodass ihr die Kurbel gut drehen könnt, und schließt über einen Schalter eine 6 V|5 A Glühlampe an.

a) Der Schalter soll zunächst geöffnet sein. Einer von euch dreht die Kurbel kräftig. Der andere schließt plötzlich und für den Drehenden unbemerkt den Schalter. Vertauscht eure Rollen. Wiederholt den Versuch mit anderen Glühlampen.

b) Notiert eure Beobachtungen und erklärt sie energetisch.

c) Schließt nun an den DynaMot eine regelbare Gleichspannungsquelle (maximal 6 V) an. Beschreibt und deutet eure Beobachtungen.

V6 Befestige einen Fahrraddynamo mit Reibrad so an einem Stativ, dass die Drehachse des Reibrades waagerecht verläuft. Rolle einen 10 cm langen und 5 cm breiten Pappstreifen sehr fest um das Reibrad und sichere ihn mit Klebeband. Wickle auf diese Rolle eine Schnur, an deren Ende eine Tafel Schokolade befestigt ist. Schließe am Dynamo eine Lampe (3,7 V|0,2 A) mit an.

a) Was geschieht, wenn du die Tafel loslässt? Beschreibe und erkläre im Hinblick auf die stattfindenden Energiewandlungen.

b) Hänge mehrere Tafeln gleichzeitig an und wiederhole. Erkläre.

Streifzug   Zwei besondere Motoren

Der Gleichstrommotor

Der drehbare Anker des Gleich-
strommotors wird über die
Schleifkontakte und den Polwender an die elektrische Quelle
angeschlossen. Es fließt ein
Strom, der den Anker zu einem
Elektromagnet macht. Durch die
Kräfte zwischen den Polen des
Feldmagneten und den
Polen des Ankermagneten
kommt es zur Drehbewegung
des Ankers. Durch die automatische Umpolung der
Stromrichtung mithilfe
des Kommutators im
richtigen Moment wird
eine dauernde Drehung
erreicht. Würde der Anker
nur zwei Spulen besitzen,
würde der Motor nicht von
allein anlaufen.

Originalgröße

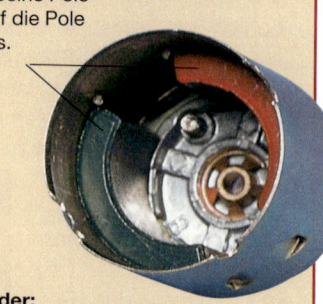

Feldmagnet: Seine Pole
üben Kräfte auf die Pole
des Ankers aus.

Schleifkontakte
(fest stehend)
zur Zuführung des
elektrischen Stromes
an den sich drehenden
Elektromagnet
(Anker)

Kommutator oder **Polwender:**
Besteht aus drei metallischen Ringstücken, die
an die Enden der Ankerwicklungen angeschlossen
sind. Er bewirkt eine automatische Änderung der
Stromrichtung im Magneten.

Anker: Drehbarer Elektromagnet mit Eisenkern.

schleifen

am Kommutator

Der Schrittmotor – ein wichtiges Bauteil moderner elektronischer Geräte

Die Leseköpfe von DVD/CD-Playern
oder die Schreib-Leseköpfe von
Computer-Festplatten müssen
sehr exakte Querbewegungen
ausführen, da der Abstand
zwischen den Datenspuren
extrem klein ist. Bewegt
werden die Köpfe mit
Schrittmotoren. Ein Schrittmotor besteht aus einem
mehrpoligen Dauermagnet
(Rotor genannt) und zwei Spulen,
die um zwei U-förmige Eisenkerne,
wie in der Abbildung gezeigt, gewickelt
sind. Die Eisenkerne werden Stator genannt.
Durch einen Umschalter ist entweder die eine
oder die andere Spule Strom durchflossen und
somit magnetisch. Dadurch stehen den Polen des Rotors immer abwechselnd Nord- und Südpol eines Stators gegenüber. Diese üben
Kräfte auf den Rotor aus, die ihn kurzeitig in Bewegung setzen. Er dreht
sich so lange, bis sich ungleichnamige Pole gegenüberstehen. Damit
kleine Schrittgrößen erreicht werden können, besitzen die Rotoren sehr
viele, z. B. 50 Pole.

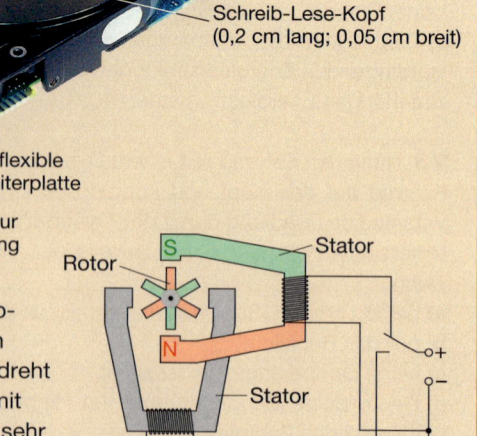

Schrittmotor für die
Positionierung
des Kopfes

magnetisierbare Platte

Plattenhalterung

Schreib-Lese-Kopf
(0,2 cm lang; 0,05 cm breit)

3,5 Zoll

flexible
Leiterplatte

Elektronik zur
Motorsteuerung

Rotor

Stator

S

N

Stator

Eigenbau-Elektromotor

Versuche und Aufträge

V1 Baue einen einfachen Elektromotor aus einem vorgefertigten Bausatz oder nach einer Anleitung aus dem Internet (Suchwort: „Elektromotor Selbstbau"). Foto ② zeigt ein Beispiel. Überlege, welche Eigenschaften des Motors du mit deinem Modell prüfen kannst. Probiere es auch aus.

V2 Mit dem robusten Modell ① kannst du weitergehende Untersuchungen durchführen.
a) Schalte eine Lampe, von der du die ungefähre Stromstärke kennst, in Reihe mit dem Motor.
b) Belaste den Motor durch Hochziehen einer Last. Beobachte, wie sich die Helligkeit der Lampe ändert und deute die Ergebnisse.
c) Miss die jeweilige Stromstärke und berechne die aufgenommene Leistung des Motors.

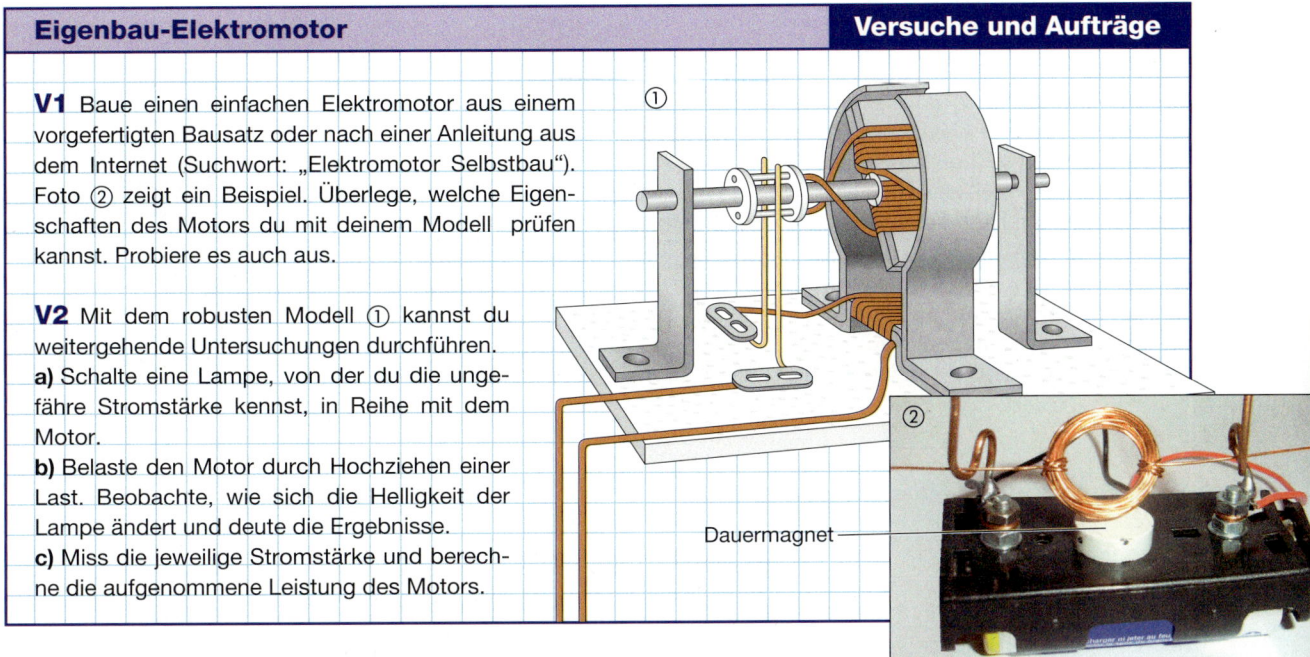

Dauermagnet

Wind-Energie-Anlage (WEA)

Streifzug

Rotorlänge 40 m

Masthöhe 80 m

Gesamtmasse der Anlage 310 t

abgegebene elektrische Leistung max. 2,5 MW ab 14 $\frac{m}{s}$ Windgeschwindigkeit

In zwei Stunden wird der Jahres-Energiebedarf eines deutschen Durchschnittshaushaltes erzeugt.

Die Spannung, die von einem Generator erzeugt wird, ist von der Drehzahl des angeschlossenen Rotors abhängig. Durch die Veränderung der Stellung der Rotorblätter wird erreicht, dass auch bei unterschiedlichen Windgeschwindigkeiten annähernd gleiche Drehzahlen und damit eine bestimmte Spannung erzeugt wird. Da die Drehzahl des Rotors auch die Frequenz des erzeugten Wechselstromes bestimmt, ist diese windgeschwindigkeitsabhängig. Wenn die von der WEA erzeugte Energie in das öffentliche Wechselstromnetz eingespeist werden soll, darf die Frequenz nur weniger als 0,1 Hz von der Norm (50 Hz) abweichen. Dies wird durch komplizierte mechanische Anpassung oder mithilfe einer Elektronik erreicht, die den vom Generator erzeugten Wechselstrom in Gleichstrom umwandelt. Dieser Gleichstrom wird dann elektronisch in Wechselstrom von genau 50 Hz umgeformt und kann ohne Probleme in das öffentliche Netz eingespeist werden.
Der Wirkungsgrad von WEA kann maximal 59% betragen. Weil aerodynamische, mechanische und elektrische Verluste auftreten, liegt er bei den gegenwärtigen WEA zwischen 30% und 45%.

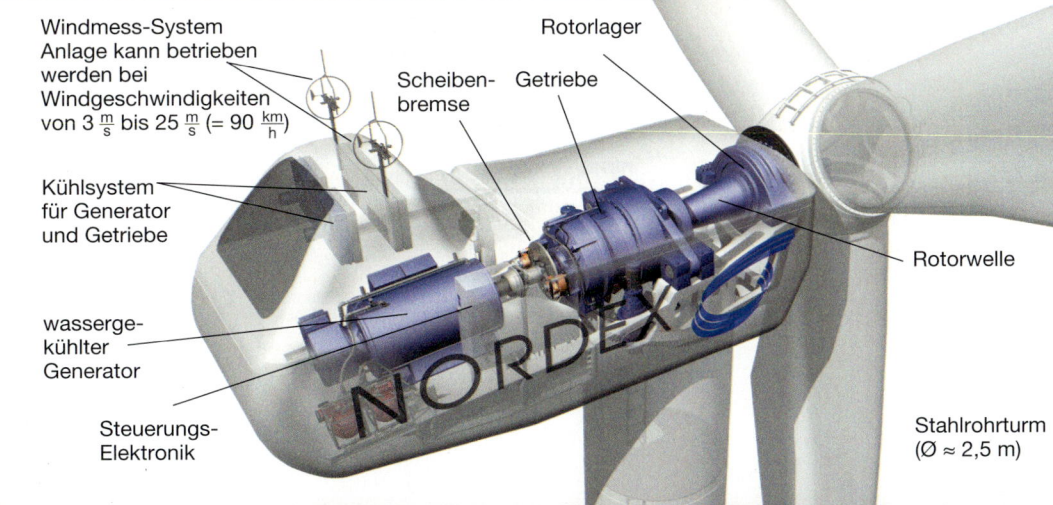

Windmess-System
Anlage kann betrieben werden bei Windgeschwindigkeiten von 3 $\frac{m}{s}$ bis 25 $\frac{m}{s}$ (= 90 $\frac{km}{h}$)

Rotorlager

Scheibenbremse

Getriebe

Kühlsystem für Generator und Getriebe

Rotorwelle

wassergekühlter Generator

Steuerungs-Elektronik

Stahlrohrturm (Ø ≈ 2,5 m)

Der Transformator

Transformatoren, kurz Trafos genannt, gibt es für unzählige elektrische Geräte. Bei Kleingeräten sind sie häufig separat, bei Großgeräten meistens eingebaut. Welche Funktion haben diese Trafos? Warum sind manche sehr schwer, andere wiederum klein und leicht? Warum sind Hochspannungsleitungen für die Energieübertragung vom Kraftwerk zum „Verbraucher" erforderlich?

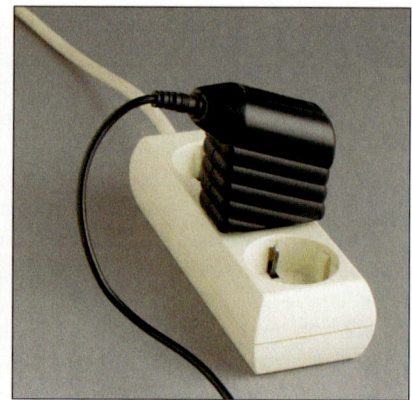

Gleichspannung – Wechselspannung

Unterschiedliche elektrische Quellen liefern meist auch unterschiedliche Spannungen. Bei einer Batterie erfolgt kein Polungswechsel und die Größe der Spannung ist zeitlich konstant. Die Batterie treibt stets gleich viele Elektronen in die gleiche Richtung an. Ein Oszilloskop – ein Gerät, das den zeitlichen Verlauf einer Spannung sichtbar macht – zeigt für eine Batterie eine horizontale Linie ①.

Die Wechselspannung des Netzgerätes bzw. des Generators bewirkt, dass sich die Elektronen dauernd hin und her bewegen, da die Polung ständig wechselt. Das Oszilloskop zeigt eine wellenförmige Kurve ② und ③. Das Bild ④ der Gleichspannung dieses Netzgerätes unterscheidet sich sowohl von der Wechselspannung als auch von der Gleichspannung der Batterie.

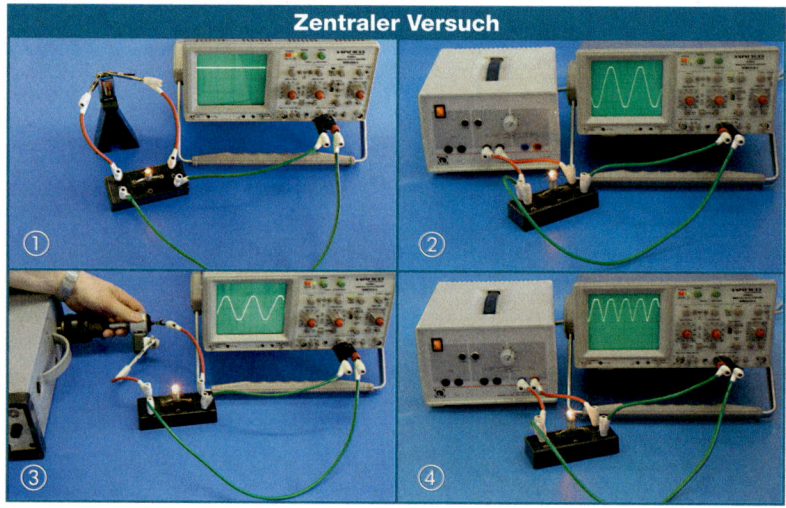

Zentraler Versuch

Auch bei dieser Gleichspannung liegt zwar kein Polungswechsel vor, das heißt, durch diese Quelle werden die Elektronen stets in die gleiche Richtung angetrieben. Dies geschieht aber mit sich ständig ändernder Stärke. Für die oben benutzte Glühlampe ist es unerheblich, ob sie mit Gleich- oder Wechselspannung betrieben wird. Für viele andere elektrische Geräte gilt dies aber nicht.

Gleichspannung bedeutet nicht zwangsläufig eine konstante Spannung, sondern lediglich, dass kein Polungswechsel vorliegt. Batterien und Akkus liefern konstante Gleichspannungen.

Bei der üblichen Netzwechselspannung (Steckdose) wechselt die Polung 100-mal in der Sekunde. (Die Frequenz beträgt 50 Hz, gesprochen Hertz.)

I.Kuh & D.Backe
Elektrogeräte
D-33033 Illenbach
Typ 14769
230 V ~ 50 - 60 Hz 1400 W
Nur für Wechselstrom • For AC only
Made in Germany

Das Typenschild eines Gerätenetzteils liefert Informationen über die erforderliche Spannung. Die Abkürzungen AC und DC kommen aus dem Englischen und bedeuten *alternating current* (Wechselstrom) bzw. *direct current* (Gleichstrom).

Wird eine konstante Gleichspannung an den abgebildeten Lautsprecher angeschlossen, so bewegt sich die Membran – je nach Polung – etwas heraus oder herein und verharrt in dieser Stellung solange, bis der Stromkreis unterbrochen wird.

Wird stattdessen Wechselspannung benutzt, so schwingt die Membran gemäß der Frequenz des Wechselstroms ständig hin und her. Bei niedrigen Frequenzen, das heißt einer geringen Anzahl von Polungswechseln pro Sekunde, lässt sich diese Vibration der Membran gut mit dem Finger fühlen.

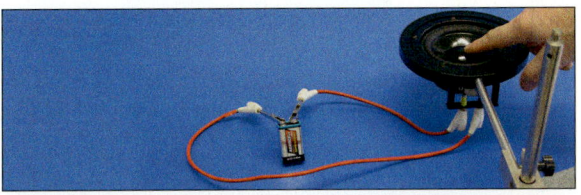

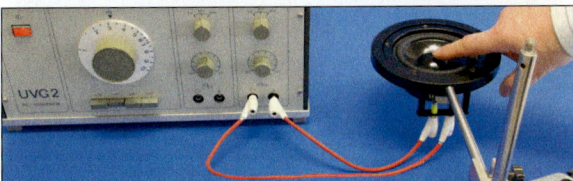

Aufgaben

1 Beschreibe und begründe jeweils, um welche Art Spannung es sich handelt.

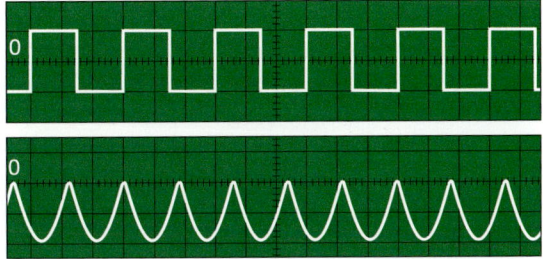

2 Gib bei den nachfolgend genannten Geräten begründet an, ob es eine Rolle spielt/spielen kann, ob sie mit Wechselspannung oder mit Gleichspannung betrieben werden: ① Glühlampe, ② Spielzeugmotor, ③ elektrischer Toaster.

3 Müllsortierung kann teilweise mithilfe starker Elektromagnete erfolgen. Erläutere, welcher Müll hier getrennt werden kann und entscheide begründet, ob es dabei wichtig ist, dass der Elektromagnet mit Gleich- oder Wechselspannung betrieben wird.

Lautsprecher und Mikrofon   Streifzug

Der dynamische Lautsprecher

In einem dynamischen Lautsprecher bewegt sich die in den Magnet eintauchende Spule im Rhythmus der Sprache oder der Musik.

Die von Wechselstrom durchflossene Tauchspule des Lautsprechers stellt einen Elektromagnet dar, der dauernd seine Polung wechselt. Die Spule wird deshalb vom Topfmagnet abwechselnd angezogen und abgestoßen. Die Tauchspule ist mit einer steifen Membran verbunden, die die Luft davor zum Schwingen bringt – wir hören Sprache, Geräusche oder Musik.

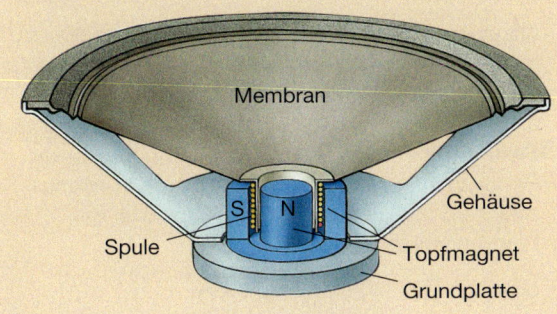

Das dynamische Mikrofon

Ein dynamisches Mikrofon funktioniert genau umgekehrt wie der dynamische Lautsprecher. Die auf die Membran auftreffenden Schallwellen bewirken, dass sich die Tauchspule dauernd hin und her bewegt. Die hierdurch erzeugten Wechselspannungen werden verstärkt und z. B. wieder an einen Lautsprecher gegeben.

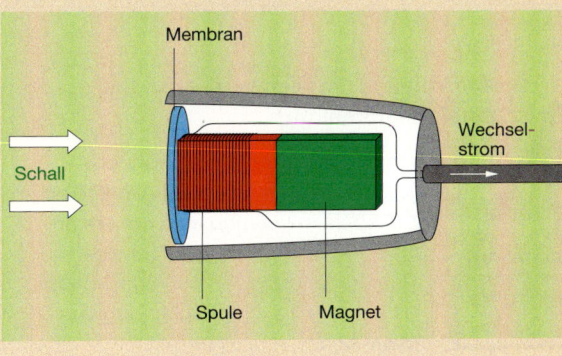

Der Transformator als Spannungswandler

Ein Experimentiertransformator besteht aus einem U-förmigen Eisenkern, zwei Spulen und einem Joch. Eine der Spulen (die Primärspule) wird an eine Wechselspannung angeschlossen. Ein an die Sekundärspule angeschlossenes Spannungsmessgerät registriert dann ebenfalls eine Wechselspannung, im gezeigten Fall eine fast 4-mal so große Spannung.

Wird hingegen eine konstante Gleichspannung benutzt, so zeigt das Spannungsmessgerät an der Sekundärspule keine Spannung. Erst wenn der Primärstromkreis periodisch mit einem Schalter unterbrochen wird, kann auf der Sekundärseite eine Spannung registriert werden und zwar wiederum eine Wechselspannung.

Welchen Einfluss haben die Windungszahlen n_1 und n_2 der Spulen des Transformators und die Primärspannung U_1 auf die sekundärseitig zu messende Spannung U_2?

Den Messwerten ist zu entnehmen:
- Wird die Primärspannung U_1 verdoppelt, verdreifacht, ..., so verdoppelt, verdreifacht, ... sich auch die Sekundärspannung U_2. Es gilt: $U_1 \sim U_2$.
- Die Sekundärspannung U_2 ist umso größer, je mehr Windungen die Sekundärspule und je weniger die Primärspule hat.

Zusammengefasst: Ein Transformator kann die Spannung transformieren, d.h. vergrößern oder verkleinern. Die Größe der Sekundärspannung hängt vom Verhältnis der Windungszahlen $\frac{n_2}{n_1}$ ab.

$$\frac{U_2}{U_1} = \frac{n_2}{n_1}$$

Für die Sekundärspannung ergibt sich damit:

$$U_2 = U_1 \cdot \frac{n_2}{n_1}$$

Diese Formel gilt für den Transformator im „Leerlauf", d.h. es sind keine Bauteile oder Geräte an die Sekundärspule angeschlossen. Der Transformator ist nicht „belastet".

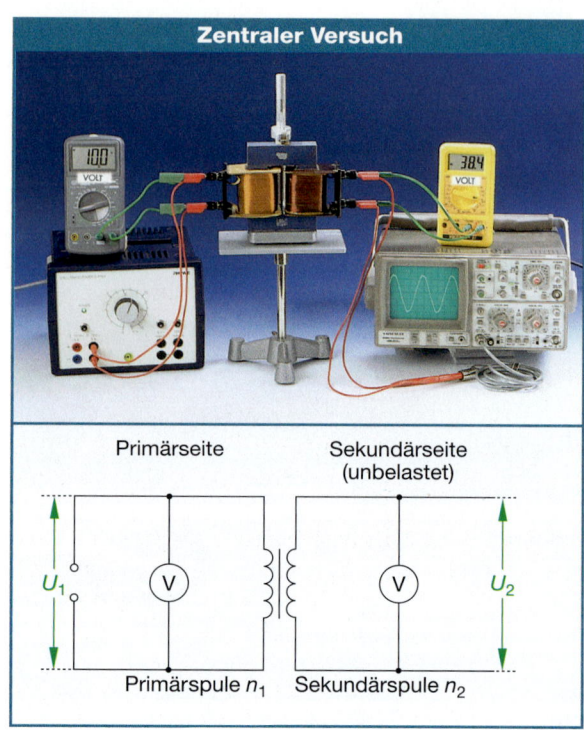

Zentraler Versuch

Primärseite | Sekundärseite (unbelastet)

U_1 (V)   (V) U_2

Primärspule n_1 Sekundärspule n_2

U_1	U_2	n_1	n_2	$\frac{n_2}{n_1}$	$\frac{U_2}{U_1}$
10 V	19 V	300	600	2,0	1,9
20 V	38 V	300	600	2,0	1,9
30 V	56 V	300	600	2,0	1,9
10 V	27 V	300	900	3,0	2,7
20 V	53 V	300	900	3,0	2,7
30 V	80 V	300	900	3,0	2,7
10 V	38 V	300	1200	4,0	3,8
20 V	74 V	300	1200	4,0	3,7
30 V	110 V	300	1200	4,0	3,7
10 V	3 V	900	300	0,33	0,3
20 V	6 V	900	300	0,33	0,3
30 V	9 V	900	300	0,33	0,3

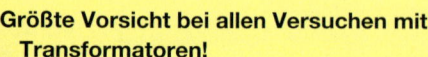

Größte Vorsicht bei allen Versuchen mit Transformatoren!

Versuche mit Transformatoren können gefährlich sein! Zum Beispiel bewirkt eine Primärspule mit 50 und eine Sekundärspule mit 600 Windungen bei einer Primärspannung von 6 V eine lebensgefährliche Sekundärspannung von etwa 72 V.

Hochspannung Lebensgefahr

Mit einem Transformator lassen sich Wechselspannungen vergrößern oder verkleinern. Konstante Gleichspannungen lassen sich mit ihm nicht verändern. Beim unbelasteten Transformator ist die Sekundärspannung U_2 (Ausgang) proportional zur Primärspannung U_1. Das Verhältnis der Windungszahlen von Sekundär- und Primärspule ist der Proportionalitätsfaktor.

$$U_2 = U_1 \cdot \frac{n_2}{n_1}; \qquad \frac{U_2}{U_1} = \frac{n_2}{n_1}$$

Rechenbeispiel

Ein Transformator hat zwei Spulen mit 400 und 1600 Windungen. Wie groß ist die Sekundärspannung, wenn an die 1600er Spule eine Wechselspannung von 230 V angelegt wird?

Geg.: $U_1 = 230$ V
$n_1 = 1600$
$n_2 = 400$
Ges.: U_2

Lösung: $U_2 = U_1 \cdot \frac{n_2}{n_1}$

$= 230 \text{ V} \cdot \frac{400}{1600}$

$= 230 \text{ V} \cdot \frac{1}{4} = 57{,}5$ V

Die durch den Trafo bereitgestellte Spannung beträgt 57,5 V.

Aufgaben

1 Bei einem Experimentier-Transformator stehen Spulen mit 300, 600 und 1500 Windungen zur Verfügung.
Erläutere, in welche Spannungen sich die 230 V des Haushaltsnetzes damit transformieren lassen. Betrachte alle möglichen Spulenkombinationen.

2 Ein Transformator hat 750 Windungen auf der Primärseite und 150 Windungen auf der Sekundärseite. Berechne die Ausgangsspannung, wenn der Transformator an die Steckdose zuhause angeschlossen wird.

3 An die Primärspule (1000 Windungen) eines Trafos wird eine Taschenlampenbatterie mit 4,5 V angeschlossen. Berechne die Spannung auf der Sekundärseite mit 500 Windungen. Begründe deine Antwort.

4 Begründe anhand eines selbstgewählten Beispiels, weshalb das Experimentieren mit Transformatoren auch bei ungefährlicher Eingangspannung lebensgefährlich sein kann.

5 Nenne mehrere Geräte in eurem Haushalt, die mit einem Schaltnetzteil betrieben werden.

6 Ein Stufentrafo für 230 V mit einer Primärwindungszahl von 460 soll Sekundärspannungen von 5 V und 20 V liefern. Beschreibe und begründe die erforderlichen Eigenschaften der Sekundärspule.

BESONDERE TRAFOS

Trafos mit variablen Sekundärspannungen

Bei **Stufentrafos** hat die Sekundärspule mehrere Abgriffe mit unterschiedlichen Windungszahlen. Dadurch können verschiedenen Spannungen abgenommen werden.

230 V · 8 V · 6 V · 4 V · 2 V

Bei einem **Stelltrafo** sind Eingangs- und Ausgangsspule auf einen ringförmigen Kern gewickelt. Über eine Kohlerolle kann eine beliebige Spannung auf der Sekundärseite abgenommen werden.

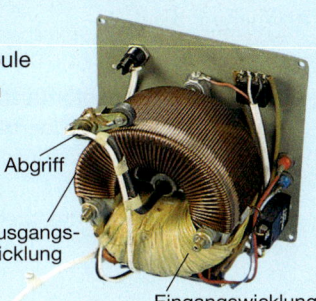

Abgriff

Ausgangswicklung

Eingangswicklung

Elektronische Trafos

Viele moderne Trafos sind genau genommen Schaltnetzteile, bei denen die zu transformierende Spannung durch eine Elektronik periodisch sehr schnell unterbrochen und erst dann an einen Transformator angelegt wird. Der eigentliche Transformator kann bei diesen Geräten sehr klein sein, wodurch das gesamte Gerät erheblich leichter wird – ein Vorteil, den jeder Handy-Besitzer zu schätzen weiß. Mithilfe von Schaltnetzteilen können auch Gleichspannungen transformiert werden – ein weiterer Vorteil dieser Geräte.
Das untere Bild zeigt ein geöffnetes Netzteil mit einem herkömmlichem Trafo mit relativ schwerem Eisenkern.

Der Transformator als Energieübertrager

Ein Gerätetransformator hat die Aufgabe, das elektrische Gerät mit der korrekten Betriebsspannung zu versorgen. Gleichzeitig überträgt der Transformator elektrische Energie von einem Stromkreis auf einen anderen Stromkreis, wobei es zwischen diesen beiden Stromkreisen keine leitende Verbindung gibt.

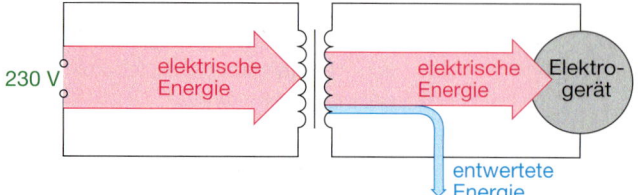

Tritt bei einem solchen – belasteten – Transformator durch diese Wandlung Energieentwertung auf? Am Beispiel eines (230 V | 12 V)-Transformators wird dies mithilfe von Glühlampen näher untersucht. Die Energiestromstärke im Primärstromkreis lässt sich mithilfe eines Energiemessgerätes bestimmen. Für die Ermittlung der Energiestromstärke im Sekundärstromkreis wird ein für niedrige Wechselspannungen geeignetes Messgerät benutzt. An die Sekundärspule werden verschiedene Glühlampen, die aber alle die Nennspannung 12 V haben, angeschlossen.

Messwerte:

Lampe/ Lampenaufschrift	Primär- stromkreis P_1	Sekundär- stromkreis P_2
keine	3,8 W	0 W
Lampe ① (12 V | 1,2 W)	5,2 W	1,3 W
Lampe ② (12 V | 5 W)	9,7 W	5,4 W
Lampe ③ (12 V | 15 W)	20,8 W	14,4 W
Lampe ③ (12 V | 20 W)	25,8 W	18,5 W

Den Messwerten ist Folgendes zu entnehmen:
- Auch wenn keine Lampe angeschlossen ist (Leerlaufbetrieb), erfolgt im Primärstromkreis eine Energiewandlung. Dies ist verständlich, denn der Stromkreis ist geschlossen. Es fließt Strom durch die Primärspule, wodurch sich u. a. die Spulenwindungen erwärmen und Energie an die umgebende Luft abgegeben wird. Diese Energie ist entwertet.
- Sowohl die Energiestromstärke im Primärstromkreis als auch die im Sekundärstromkreis wird durch die Eigenschaften der Lampe beeinflusst. Dabei ist die Energiestromstärke im Primärstromkreis stets größer als die im Sekundärstromkreis und zwar etwa um den Betrag der Energiestromstärke im Primärstromkreis bei Leerlauf.

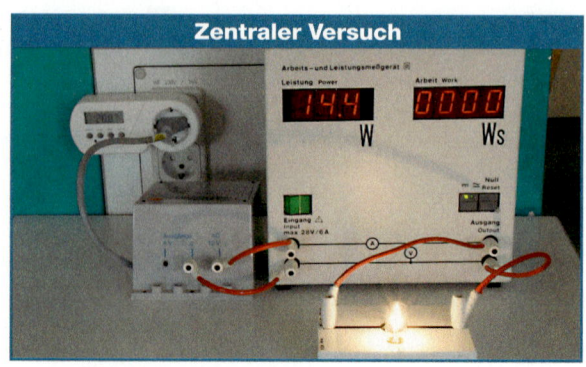

Zentraler Versuch

- Der Wirkungsgrad eines Transformators hängt von der Belastung ab.

Lampe	Wirkungsgrad $\eta = \dfrac{P_2}{P_1}$
Lampe ①	0,25 = 25 %
Lampe ②	0,56 = 56 %
Lampe ③	0,69 = 69 %
Lampe ④	0,72 = 72 %

Für die Berechnung des Wirkungsgrades wurde der Zusammenhang

$$\eta = \frac{E_{\text{nutz}}}{E_{\text{zugeführt}}} = \frac{P_2 \cdot t}{P_1 \cdot t} = \frac{P_2}{P_1}$$ verwendet.

Die Zeitspanne t für die Zufuhr der Energie ist dabei in beiden Stromkreisen gleich groß. Jeder Transformator sollte für seine spezielle Anwendung optimiert sein. Bei Transformatoren in Kraftwerken bzw. elektronischen Transformatoren werden Wirkungsgrade von mehr als 95 % erreicht.

Für Fernseher und Hifi-Anlagen mit Fernbedienung ist die Leerlaufleistung im Stand-by-Betrieb merklich (bis zu 20 W, insbesondere bei älteren Geräten). Auch bei einem scheinbar ausgeschalteten PC oder einer Niedervolt-Halogenlampe wird ständig Energie gewandelt, wenn sich der Ein-/Ausschalter im Sekundärstromkreis und nicht im Primärstromkreis des Transformators befindet. Die Nutzung schaltbarer Steckdosen stellt in solchen Fällen eine einfach zu realisierende Energiesparmaßnahme dar.

Ein guter Transformator besitzt einen hohen Wirkungsgrad, d. h. er überträgt die Energie nahezu verlustfrei. Bei optimaler Konstruktion und Belastung gilt: $P_1 \approx P_2$.
Vom Transformator wird auch im Leerlauf Energie gewandelt.

Elektrische Energie kann nur in sehr begrenztem Maße gespeichert werden. Sie muss dann vom Kraftwerk zur Verfügung gestellt werden, wenn sie gebraucht wird. Der Bedarf an elektrischer Energie wird daher vom Lebensrhythmus der Menschen bestimmt. Er schwankt im Laufe eines Tages und im Laufe eines Jahres.

Die jeweils benötigte elektrische Energie kann nur dann jederzeit zur Verfügung gestellt werden, wenn die verschiedenen Kraftwerke (Kohlekraftwerke, Wasserkraftwerke, Kernkraftwerke, Windparks usw.) zu einem großen **Verbundnetz** zusammengeschlossen sind. Dadurch können z.B. Ausfälle von Kraftwerken aufgefangen und die Zahl der Kraftwerke minimiert werden, ohne dass die Versorgung beeinträchtigt wird. Es lässt sich daher nie sagen, von welchem Kraftwerk die im betreffenden Zeitpunkt genutzte Energie stammt.

Die Energieübertragung von den Kraftwerken zum Endnutzer erfolgt über Hochspannungsleitungen. Riesige Transformatoren setzen dabei die vom Kraftwerk erzeugte Spannung zunächst herauf und in der Nähe des Nutzers wieder herunter.

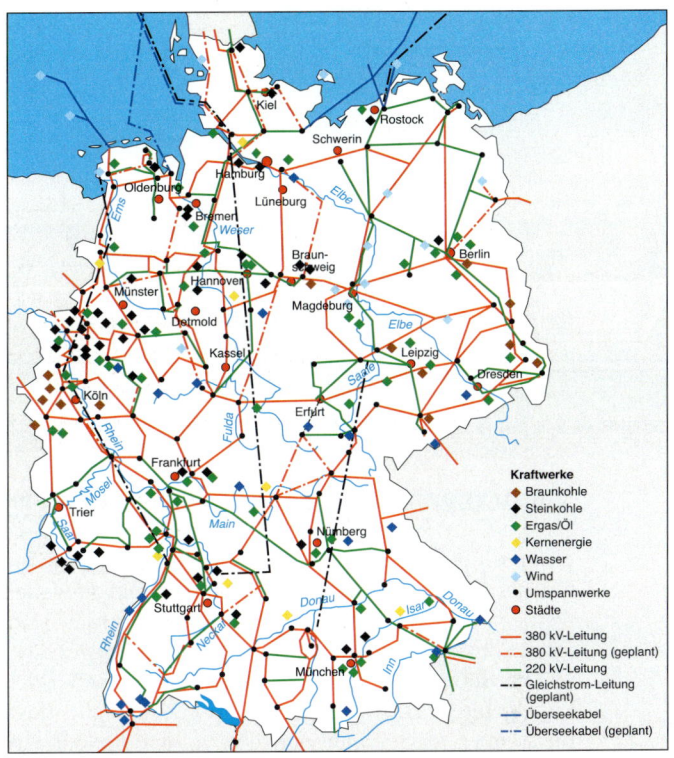

Kraftwerke
- ● Braunkohle
- ◆ Steinkohle
- ◆ Ergas/Öl
- ◆ Kernenergie
- ◆ Wasser
- ◆ Wind
- • Umspannwerke
- ● Städte

— 380 kV-Leitung
--- 380 kV-Leitung (geplant)
— 220 kV-Leitung
—·— Gleichstrom-Leitung (geplant)
— Überseekabel
—·— Überseekabel (geplant)

Aufgaben

1 **a)** Eine Niedervolt-Halogenstehlampe besitzt einen externen Trafo. Auch im ausgeschalteten Zustand wird der Trafo etwas warm. Erkläre diese Beobachtung. Gehe bei deiner Erklärung darauf ein, wo sich der Ein-/Ausschalter für diese Lampe befinden muss.
b) Zeichne die zugehörige Schaltskizze.

2 Mit einem Experimentiertrafo ($n_1 = 600$, $n_2 = 300$, $U_1 = 12\ V\sim$) und einer (6 V | 2,4 W)-Lampe im Sekundärstromkreis werden folgende Werte gemessen:

Aufbau: beide Spulen	Primärstromkreis P_1	Sekundärstromkreis P_2	Wirkungsgrad η
auf geschlossenem Eisenkern	2,0 W	1,5 W	
nur auf dem U-Kern	1,33 W	0,43 W	
ohne Eisenkern, gegenüber	17,7 W	0,04 W	

Berechne jeweils den Wirkungsgrad und deute die Ergebnisse ausführlich.

3 Für die Einspeisung der durch Solarzellen gewandelten elektrischen Energie ins allgemeine Netz werden sogenannte „Wechselrichter" benötigt. Informiere dich über diese Geräte, erkläre, was sie bewirken und warum sie erforderlich sind.

Die elektrische Zahnbürste — Streifzug

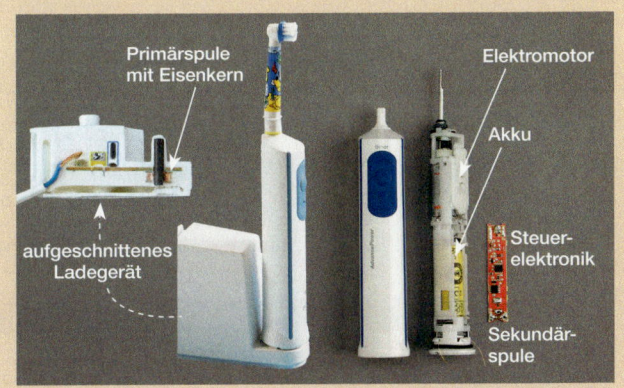

Primärspule mit Eisenkern

Elektromotor

Akku

Steuerelektronik

aufgeschnittenes Ladegerät

Sekundärspule

Zur elektrisch betriebenen Zahnbürste gehören ein Handteil mit Bürstenkopf und ein Ladeteil. Beide sind in Kunststoff gekapselt. Es besteht somit keine leitende Verbindung zwischen Handteil und Ladestation. Die geöffneten Bauteile lassen jeweils eine Spule erkennen. Ineinandergestellt bilden die Spulen einen Transformator. In Kombination mit einer elektronischen Schaltung und einem Gleichrichter wird die Netzspannung von 230 V in eine niedrige Gleichspannung transformiert, die den Gleichstrommotor der Zahnbürste antreibt.

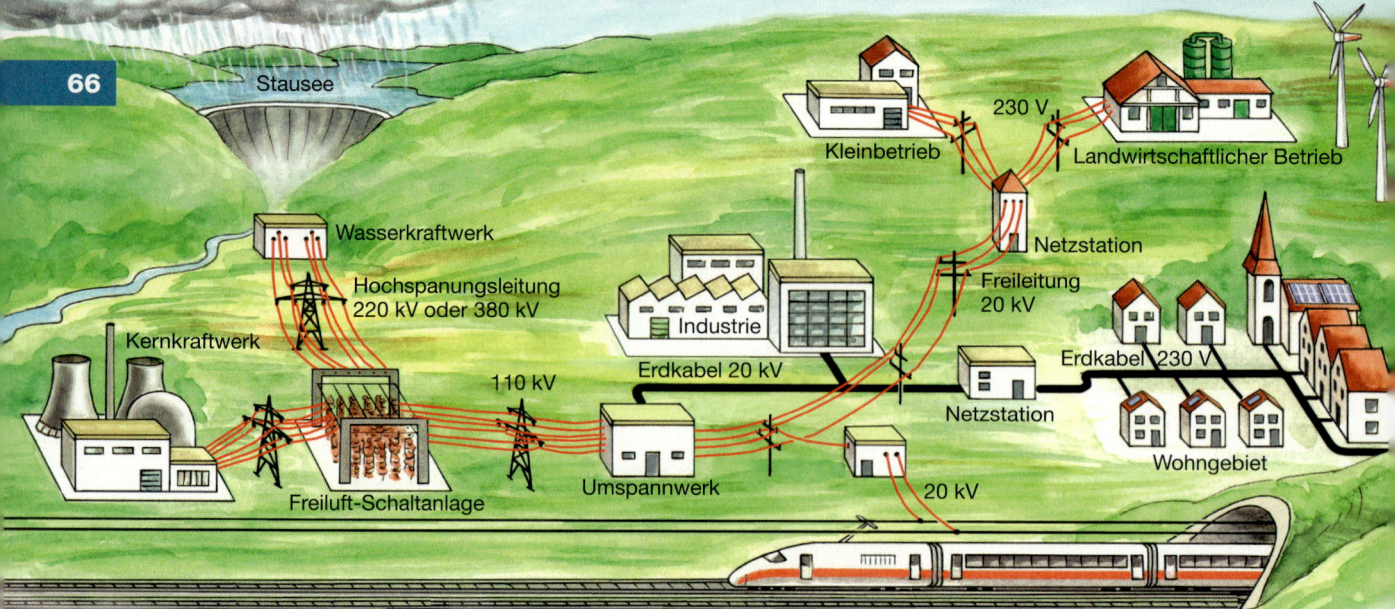

Stausee

Kleinbetrieb

230 V

Landwirtschaftlicher Betrieb

Wasserkraftwerk

Netzstation

Hochspanungsleitung
220 kV oder 380 kV

Freileitung
20 kV

Kernkraftwerk

Industrie

Erdkabel 230 V

110 kV

Erdkabel 20 kV

Netzstation

Wohngebiet

Freiluft-Schaltanlage

Umspannwerk

20 kV

Übertragung elektrischer Energie durch Hochspannung

Elektrische Energie wird in Kraftwerken gewonnen, deren Standort von ihrem Typ abhängt: Wärmekraftwerke werden in der Umgebung der Kohle-Abbaugebiete und wegen ihres großen Bedarfs an Kühlwasser in der Nähe von Flüssen gebaut, Speicherkraftwerke im Hoch- oder Mittelgebirge. Die erzeugte elektrische Energie muss meist über große Entfernungen zu den Endnutzern transportiert werden.

Der Träger der elektrischen Energie ist der Elektronenstrom. Elektrische Energie kann daher nur von einem Ort zu einem anderen transportiert werden, wenn gleichzeitig elektrischer Strom fließt. Zwangsläufig treten dabei in den Leitungen Verluste auf, da sich die Kabel ja wegen ihres Widerstandes bei Stromfluss erwärmen und damit ein Teil der elektrischen Energie als entwertete Energie in die Umgebung abfließt.

Je größer dabei die Stromstärke ist, desto mehr Energie wird entwertet: Soll z.B. eine elektrische Leistung von 920 MW übertragen werden, so wäre bei der üblichen Generatorspannung von 20 000 V eine Stromstärke

$$I = \frac{P}{U} = \frac{920 \cdot 10^6 \text{ VA}}{20 \cdot 10^3 \text{ V}} = 46\,000 \text{ A}$$

nötig. Eine so große Stromstärke führt zu einem Übertragungsverlust durch Energieabgabe an die Umgebung von mehr als 10 %! Dieser Leitungsverlust könnte reduziert werden, indem die Leitungsquerschnitte stark vergrößert würden. Dies hätte aber zur Folge, dass die Überlandleitungen mehr als 1 m dick, folglich sehr schwer und immens teuer würden.

Aber es kommt noch etwas dazu: Der Endnutzer liegt in Reihe mit den Übertragungsleitungen. Die Generatorspannung teilt sich daher entsprechend den Einzelwiderständen auf Leitungen und Nutzer auf. Weil der Widerstand der Leitungen sehr viel größer ist als der des Nutzers, bleibt für ihn fast nichts mehr von der Generatorspannung übrig! Der zentrale Versuch zeigt das sehr eindrucksvoll bei „normalen" Spannungen.

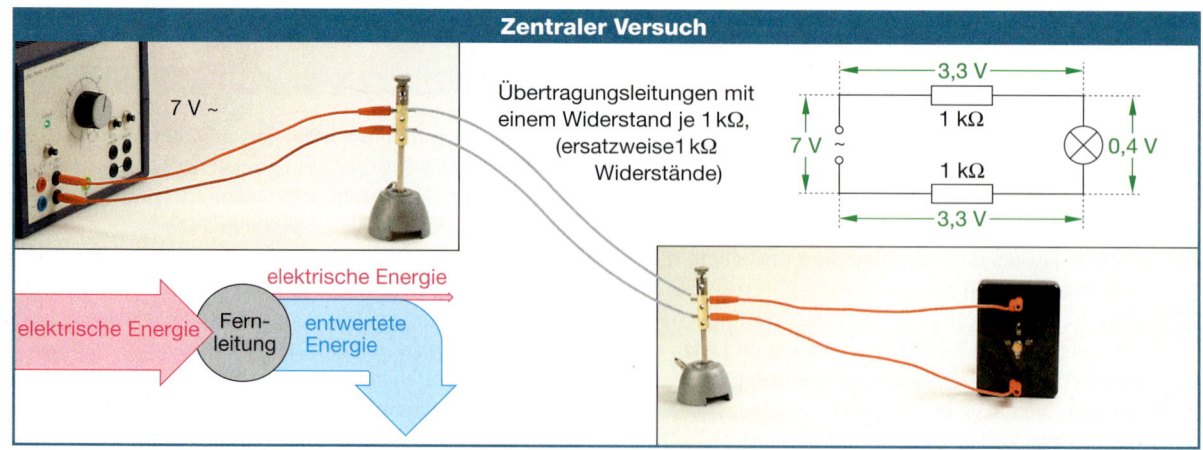

Zentraler Versuch

7 V ~

Übertragungsleitungen mit einem Widerstand je 1 kΩ, (ersatzweise 1 kΩ Widerstände)

3,3 V

1 kΩ

7 V ~

0,4 V

1 kΩ

3,3 V

elektrische Energie

elektrische Energie

Fern-leitung

entwertete Energie

Um dennoch viel Energie übertragen zu können, wird die Generatorspannung durch Transformatoren auf 380 000 V heraufgesetzt. Die gleiche Leistung kann dann bei einer Stromstärke von nur noch ca. 2400 A übertragen werden. Für diese Stromstärke genügen etwa 1 cm dicke Aluminiumkabel.

Das Foto unten zeigt den entsprechenden Versuchsaufbau. Das Lämpchen rechts leuchtet, da die Teilspannungen an den Widerständen der „Hochspannungs-Übertragungsleitungen" viel weniger ins Gewicht fallen als bei Niederspannung.

Wenn Transformatoren belastet werden, erwärmt sich ihr Kern, was zu einem Absinken der übertragenen Energie führt. Um diese Verluste zu minimieren, müssen die Trafos gekühlt werden. Dazu befinden sich die Spulen und Kerne der Großtransformatoren von Kraftwerken oder Umspannwerken in einem Ölbad. Das Öl nimmt die entstehende Energie auf; über ein Kühlsystem wird sie an die Umgebung abgeführt.

Der Trafo im Bild oben setzt zum Beispiel die 27 000 V, die ein moderner Generator abgibt, auf 22 000 V hoch und gibt dabei eine Leistung von 780 MW ab. Die Energieverluste betragen 0,1 % – immerhin noch rund 800 kW!

Die Generatoren der Kraftwerke erzeugen aus Gründen der Isolation elektrische Energie bei Spannungen von maximal 27 kV. Je nach der zu überbrückenden Entfernung und der zu übertragenden Leistung wird diese Spannung auf 110 kV, 220 kV oder 380 kV hochtransformiert. Als Faustregel gilt: 1 kV Spannung für 1 km Übertragungsstrecke.

Höhere Übertragungsspannungen – bis zu 1 MV – werden in Ländern verwendet, in denen größere Entfernungen überbrückt werden müssen wie in den USA oder Russland. Eine Grenze für die Übertragungsspannung setzt hierbei die Luft, die bei extrem hohen Spannungen nicht mehr ausreichend isoliert.

Überlandleitungen brauchen Platz, sind witterungsanfällig und kein schöner Anblick. Auf sie könnte verzichtet werden, wenn Material mit sehr kleinem spezifischen Widerstand verwendet werden könnte. Supraleiter wären die Lösung, doch der Aufwand für Kühlung und Isolation ist zzt. noch unwirtschaftlich hoch. Als weitere Möglichkeit wird die dezentrale Energieversorgung durch viele Kleinkraftwerke (z. B. Blockheizkraftwerke) diskutiert.

> Nur mithilfe von Hochspannung lässt sich elektrische Energie wirtschaftlich über große Entfernungen übertragen.

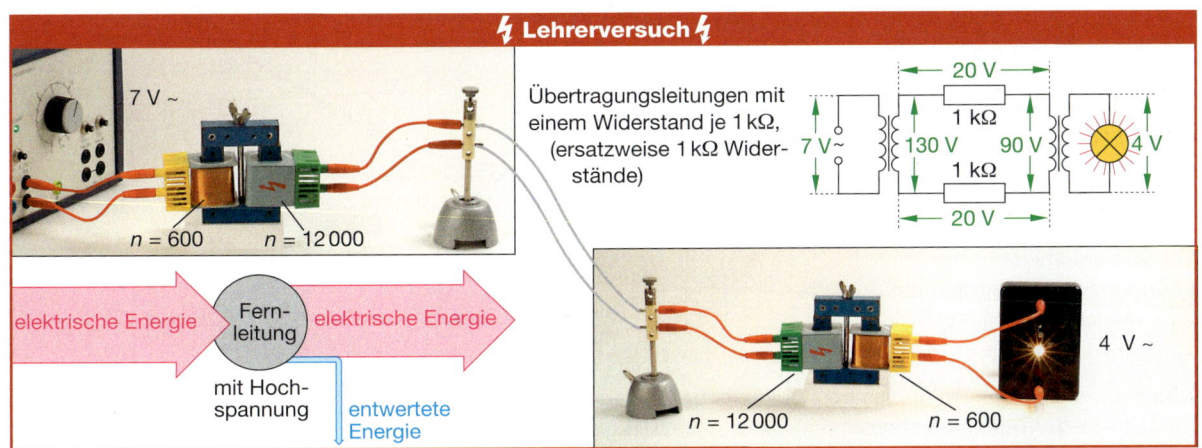

⚡ Lehrerversuch ⚡

7 V ~

$n = 600$ $n = 12\,000$

elektrische Energie

Fern-leitung

elektrische Energie

mit Hochspannung

entwertete Energie

Übertragungsleitungen mit einem Widerstand je 1 kΩ, (ersatzweise 1 kΩ Widerstände)

20 V
1 kΩ
7 V ~   130 V   90 V   4 V
1 kΩ
20 V

$n = 12\,000$ $n = 600$ 4 V ~

Grundlagen der Halbleitertechnik

Ohne Computer, Handy, Navigationssysteme, Steuerungs-anlagen für Heizung, Auto, Industrieanlagen ... ist die heutige Welt nicht mehr vorstellbar. Leuchtdioden lösen zunehmend Energiesparlampen in der Beleuchtung ab, immer mehr Solar-zellen sorgen für die Versorgung mit elektrischer Energie. Alles beruht auf Halbleitertechnologie. Wie funktionieren die grundlegenden Halbleiterbauelemente und Solarzellen?

Halbleiterbauteile

Temperaturabhängige Widerstände

Im Versuch tauchen ein gewendelter Eisendraht und ein besonderes Halbleiterbauteil, ein NTC-Widerstand, in Wasser. Zunächst befinden sich beide Bauteile in kal-tem Wasser mit vielen Eiswürfeln, dann in immer wär-merem Wasser.

Die Messwerte sind für beide Bauteile in den folgenden Tabellen dargestellt einschließlich des jeweils aus der gemessenen Stromstärke berechneten Widerstandes ($U = 2\,V$).

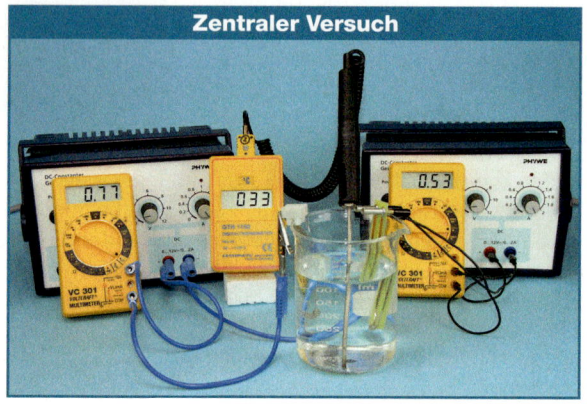

Zentraler Versuch

Eisendraht

ϑ	2 °C	18 °C	32 °C	48 °C	68 °C	82 °C
I	0,88 A	0,82 A	0,78 A	0,74 A	0,70 A	0,66 A
R	2,27 Ω	2,44 Ω	2,56 Ω	2,70 Ω	2,86 Ω	3,03 Ω

Halbleiterbauteil (NTC-Widerstand)

ϑ	2 °C	18 °C	32 °C	48 °C	68 °C	82 °C
I	0,05 mA	0,2 mA	0,5 mA	1,0 mA	2,0 mA	3,0 mA
R	40000 Ω	10000 Ω	4000 Ω	2000 Ω	1000 Ω	667 Ω

Der Eisendraht leitet mit steigender Temperatur den Strom immer schlechter (I sinkt). Der Widerstand R ($R = U/I$) des Eisendrahtes wächst also mit zunehmender Temperatur .

Ganz anders das Halbleiterbauteil, der sogenannte NTC-Widerstand: Dieser leitet mit steigender Tempera-tur immer besser (I steigt), sein Widerstand sinkt also mit zunehmender Temperatur. Dieses Widerstandverhalten wird in seinem Namen **NTC-Widerstand** zum Ausdruck gebracht: **N**egative **T**emperature **C**oefficient. Das Bau-teil heißt auch **Heißleiter**.

Analog wird der Eisendraht als **PTC-Widerstand** be-zeichnet: **P**ositive **T**emperature **C**oefficient. Der Eisen-draht ist ein **Kaltleiter**.

Ein Kupferdraht zeigt ein ähnliches Verhalten wie der Eisendraht, ein Kohlestab ein ähnliches Verhalten wie das Halbleiterbauteil.

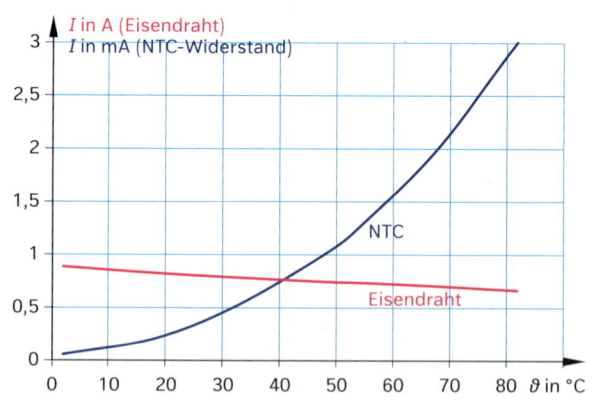

Schaltsymbole:

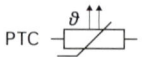

NTC

PTC

Bauteile, die mit steigender Temperatur immer besser leiten, heißen **NTC-Widerstände (Heißleiter)**, Bauteile, die mit steigender Temperatur immer schlechter leiten, **PTC-Widerstände (Kaltleiter)**. Metalle sind Kaltleiter.

Lichtabhängige Widerstände

Zentraler Versuch

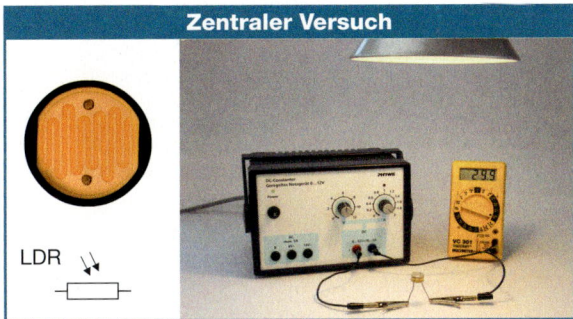

LDR

Das links fotografierte Bauteil, ein LDR, wird an eine Quelle mit 6 V angeschlossen und die Stromstärke bei unterschiedlicher Beleuchtung gemessen.

Der LDR			
wird mit der Hand gut abge- deckt	**befindet sich**		
	im abge- dimmten Raum	**in einem Raum mit Tageslicht**	**unter einer Schreib- tischlampe**
I	0,01 mA	0,5 mA	1,8 mA	30 mA
R	600 000 Ω	12 000 Ω	3333 Ω	200 Ω

Dieses Halbleiterbauteil leitet umso besser, je mehr Licht auf das Bauteil fällt. Das heißt, der Widerstand des Bauteils ist um so geringer, je mehr es beleuchtet wird. Es handelt sich also um einen lichtabhängigen Widerstand, einen **LDR** (**L**ight **D**epending **R**esistor), auch **Fotowiderstand** genannt.
Bei nahezu völliger Dunkelheit (LDR unter der Hand) ist der Widerstand des LDR etwa dreitausend mal größer als bei heller Beleuchtung. Ein solcher Licht-Sensor eignet sich für Steuerungen, bei denen die Beleuchtungsstärke von Interesse ist.

> Starker Lichteinfall setzt den Widerstand von LDRs erheblich herab.

(Leucht-)Dioden

Zentraler Versuch

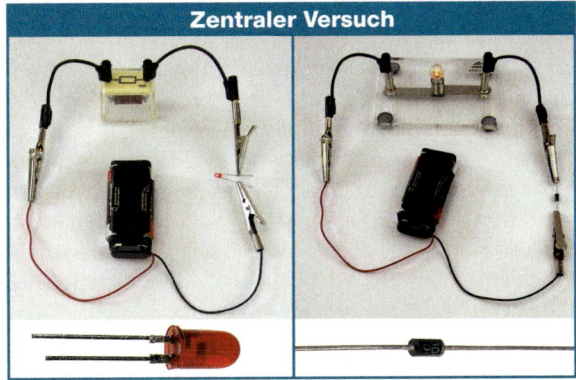

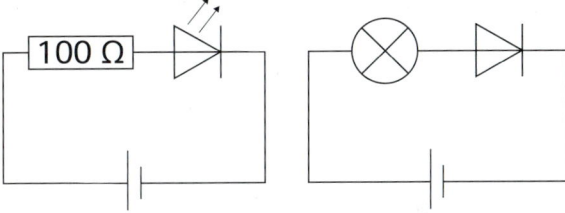

100 Ω

Die Anschlüsse der Leuchtdiode (LED, Bild links) sind – im Gegensatz zu denen eines NTC oder LDR – unterscheidbar. Dies ist bedeutsam, denn nur, wenn der Anschluss mit dem kürzeren Bein der LED am Minuspol der Quelle angeschlossen ist, leuchtet die LED. Der Widerstand begrenzt die Stromstärke und schützt die LED vor Zerstörung. Eine ähnliche Beobachtung lässt sich im rechten Versuch machen. Nur wenn die mit dem Ring gekennzeichnete Seite des Bauteils an den Minuspol angeschlossen wird, kann Strom fließen und die Glühlampe leuchten. Wird umgepolt, leitet das Bauteil nicht, die Glühlampe bleibt dunkel. Ein Bauteil mit diesem Verhalten heißt **Diode**.
Eine **LED** ist lediglich eine besondere Diode, eine Licht aussendende Diode (**L**ight **E**mitting **D**iode).

> Eine Diode ist ein Bauteil, das den Strom nur in einer Richtung durchlässt.

Aufgaben

1 Im PKW gibt es eine Anzeige für die Temperatur der Kühlflüssigkeit des Motors. Eine solche Anzeige soll mithilfe eines Stromstärkemessgerätes und einer Batterie nachgebaut werden. Nenne und begründe, welches weitere Bauteil du dafür benötigst.

2 Eine Bleistiftmine und eine Glühlampe sind in Reihe an eine 9 V-Batterie angeschlossen. Die Glühlampe leuchtet erst, wenn die Mine mit einem Teelicht er-

hitzt wird. Deute diese Beobachtung.

3 Ein Rauchmelder reagiert auch, wenn es nicht brennt, aber im Raum sehr staubig wird.
a) Gib an, welches Halbleiterbauteil sich in seinem Inneren befinden könnte. Begründe.
b) Beurteile den Einsatz von Rauchmeldern in Bad und Küche.

Kennlinien von Dioden

Durchlassrichtung

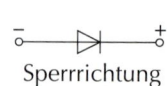

Sperrrichtung

Eine Diode, aber auch eine Leuchtdiode lässt Elektronen nur in einer Richtung durch (**Durchlassrichtung**). In der anderen Richtung sperrt sie den Elektronenstrom (**Sperrrichtung**).

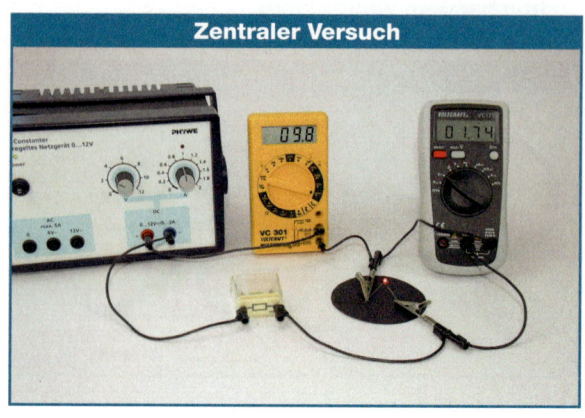

Zentraler Versuch

Um das Verhalten von Dioden genauer zu untersuchen, werden U-I-Kennlinien mithilfe der nebenstehenden Schaltung (mit der LED bzw. Diode in Durchlassrichtung) aufgenommen. Der Widerstand schützt jeweils die LED bzw. Diode vor zu großer Stromstärke.

Wird über die rote LED ein schwarzes Pappröhrchen gestülpt und die LED durch dieses betrachtet (Auge direkt über dem Pappröhrchen), lässt sich das Einsetzen des Leuchtens genau beobachten, da das Pappröhrchen Fremdlicht abschirmt. Die LED fängt gerade an zu leuchten, wenn die Diodenspannung U_D 1,6 V beträgt.

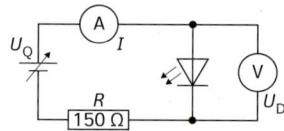

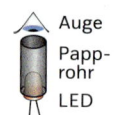

Die beiden U-I-Kennlinien weisen Ähnlichkeiten auf:
- Die Diode leitet ab einer Spannung von ca. 0,6 V, die rote LED erst ab ca. 1,6 V. Für kleinere Spannungen ist die Stromstärke trotz Durchlassrichtung jeweils nahezu null. Diese Spannungen heißen **Schwellenspannungen**.
- Nach Erreichen der jeweiligen Schwellenspannung steigt mit zunehmender Spannung U_D die Stromstärke stark an, das heißt, der Widerstand der Dioden wird mit wachsender Spannung immer geringer.
- Bei der LED stimmt die aus der U_D-I-Kennlinie ablesbare Schwellenspannung mit der im Versuch beobachteten Spannung bei Leuchtbeginn gut überein.

Andersfarbige LEDs zeigen ein gleichartiges Verhalten, aber andere Schwellenspannungen.

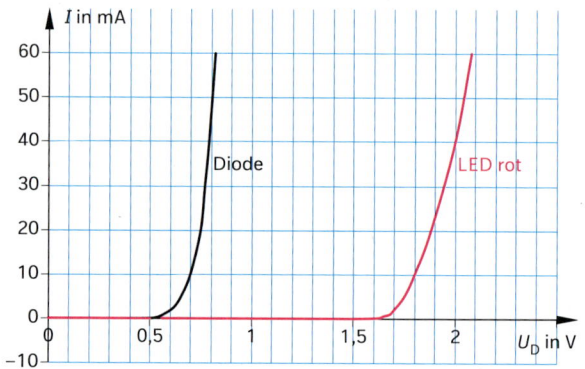

Farbe	rot	gelb	grün	blau
Schwellenspannung	1,6 V	1,7 V	1,8 V	3,1 V

Jede Diode besitzt eine Schwellenspannung, ab der sie leitet. Übliche Dioden leiten erst ab einer Schwellenspannung von ca. 0,6 V. Bei LEDs ist die Größe der Schwellenspannung farbabhängig. Bei geringer Erhöhung der Diodenspannung U_D wächst dann die Stromstärke stark an, d. h. der Widerstand der Diode sinkt erheblich.

Aufgaben

1 Durch eine Diode bzw. eine rote LED fließt ein Strom der Stärke 10 mA (40 mA). Ermittle mithilfe der U-I-Kennlinien jeweils den Widerstand der Dioden.

2 **a)** Skizziere – auf der Basis des ZV – die Kennlinien einer Diode sowie einer roten, gelben, grünen und einer blauen LED in ein gemeinsames U-I-Diagramm. Begründe dein Vorgehen.
b) Beurteile, ob die Schwellenspannung einer LED eindeutig definiert sein kann. Erläutere dabei auch den Einsatz des schwarzen Pappröhrchens im zentralen Versuch.

3 **a)** Im ZV wird U_Q variiert, aber U_D gemessen. Auch am Widerstand R ist eine Spannung U_R messbar. Erläutere, wie U_Q, U_D und U_R zusammenhängen.
b) Berechne U_R für I = 1 mA und deute das Ergebnis.

Dioden als Gleichrichter für Wechselspannung

Elektrische Energie wird in Haushalt, Büro und Werkstatt durch 230 V-Wechselspannung bereit gestellt. Viele Geräte benötigen zum Betrieb aber eine kleinere Spannung und häufig auch Gleichspannung. Gerätenetzteile enthalten deshalb neben einem Transformator meist auch noch eine Schaltung, die Wechselspannung in Gleichspannung umwandelt.

Eine LED leuchtet nur, wenn sie in Durchlassrichtung an eine Gleichspannung angeschlossen ist. In ① ist sie an eine Wechselspannung angeschlossen. Sie leuchtet scheinbar kontinuierlich. Wird sie aber im Kreis geschleudert (②), wird deutlich, dass unser Auge nur zu träge ist, um den schnellen Wechsel zwischen hell und dunkel zu verfolgen. Die Kreisbahn der LED ist eine regelmäßig unterbrochene Leuchtspur.

Bei einem Gleichstrommotor hängt die Drehrichtung davon ab, wie er gepolt ist. In ③ wird ein kleiner Gleichstrommotor an die 50 Hz-Wechselspannung eines Netzgerätes angeschlossen. Dabei zittert die Motorachse lediglich, sie dreht sich aber nicht. Wird die LED in Reihe mit dem Motor geschaltet (④), dreht sich

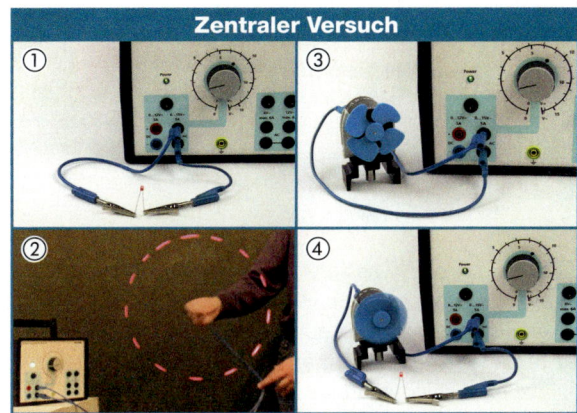

Zentraler Versuch

der Motor kontinuierlich. Der Einbau einer Diode stellt eine erste, einfache Gleichrichterschaltung dar.

Weitere Aufschlüsse liefert die Verwendung eines Oszilloskops, das Spannungsverläufe sichtbar macht.

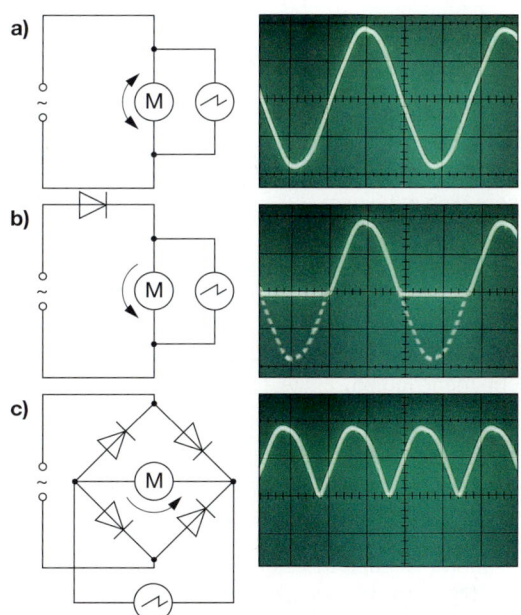

- Das obere Bild (a) zeigt den Verlauf der anliegenden Wechselspannung. Der Motor kann der sehr schnellen Umpolung nicht folgen, er dreht sich nicht.
- Bei einer in Reihe geschalteten Diode (b) sperrt die Diode jeweils während einer Halbschwingung. Die gestrichelten Abschnitte der Wechselspannung (die nachträglich ins Bild gezeichnet wurden), werden durch die Diode unterdrückt. Jetzt treibt pulsierender Gleichstrom den Motor an. Weil nur die Hälfte der Zeit Energie genutzt wird, gibt der Motor nur die halbe Leistung ab. Die Schaltung wird als *Einweg-Gleichrichtung* bezeichnet.
- Bei der Schaltung mit vier Dioden (c) leitet unabhängig von der Polung der Quelle stets ein Diodenpaar (gegenüberliegende Dioden), so dass der Motor immer in gleicher Richtung von Elektronen durchströmt wird. Hier werden beide Halbwellen der Wechselspannung genutzt (*Doppelweg-Gleichrichtung*). Der Motor läuft deshalb mit voller Leistung.

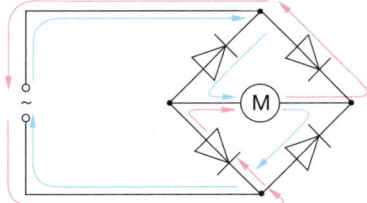

Gleichrichterschaltungen bestehen aus einer oder mehreren Dioden.

Aufgaben

1 Bei einer Wechselspannung sehr geringer Frequenz werden Motor und alle Dioden in (c) durch Leuchtdioden ersetzt. Beschreibe und begründe die zu erwartende Beobachtung.

Versuche und Aufträge   Halbleiter

V1 Die folgende Schaltung zeigt den Aufbau zur Messung der Kennlinie einer LED bzw. Glühlampe.

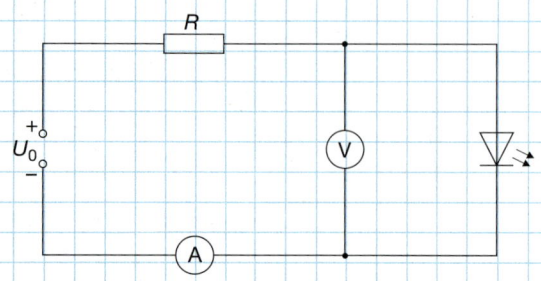

a) Beschreibe, was unter der *U-I*-Kennlinie eines Bauteils zu verstehen ist und wie du vorgehen musst, um eine solche Kennlinie aufzunehmen.
b) Baue die Schaltung auf und nimm für mindestens zwei verschiedenfarbige LED und eine 6 V/0,1 A-Glühlampe jeweils die Kennlinien auf. (Bei der Glühlampe musst du den Widerstand entfernen.)
c) Trage die Kennlinien in dasselbe Koordinatensystem ein.
d) Vergleiche die Kennlinien miteinander. Ziehe Folgerungen bezüglich des Widerstandes der Dioden bzw. der Glühlampe mit größer werdender Spannung.
e) Für den 100 Ω-Widerstand lässt sich ebenfalls eine Kennlinie angeben. Zeichne sie begründet, aber ohne Messung mit in das Diagramm ein.

V2 In der folgenden Schaltung befinden sich fünf gleiche Leuchtdioden.

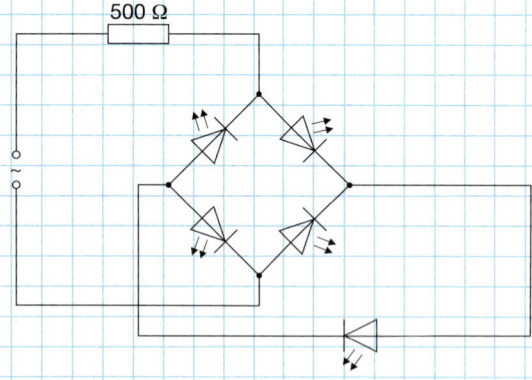

a) Erkläre den Zweck des 500 Ω-Widerstandes.
b) Baue die Schaltung mit Hilfe eines Wechselspannungsgenerators auf und stelle eine niedrige Frequenz (~ 0,1 Hz) ein. Erhöhe die Spannung soweit, bis die LEDs leuchten.
c) Beschreibe und erkläre deine Beobachtungen.

V3 Für den folgenden Versuch werden drei Leuchtdioden unterschiedlicher Farben benötigt.
a) Erläutere, was unter der Schwellenspannung einer Diode zu verstehen ist.
b) Bestimme in einem Experiment die Schwellenspannungen der drei LED unter Verwendung eines schwarzen Papprohrs, das jeweils über die LED gestülpt wird. Fertige dazu auch eine Schaltskizze und beschreibe die Versuchsdurchführung. (Achtung: Schutzwiderstand nicht vergessen!)

V4 Ein LDR, eine rote LED und ein Schutzwiderstand (220 Ω) sollen in Reihe an einen Batterieblock mit 9 V angeschlossen werden.
a) Fertige eine Schaltskizze an und baue die Schaltung auf.
b) Verdunkle zunächst den LDR für einige Sekunden mit dem Finger, beleuchte ihn anschließend mit einer starken Taschenlampe. Beschreibe deine Beobachtungen.
c) Erkläre deine Beobachtungen.

V5 a) Beschreibe die besonderen Eigenschaften eines NTC-Widerstandes. Gehe dabei auch auf die Abkürzung NTC ein.
b) Schließe einen kleinen Solarmotor direkt an eine einzelne AA-Batterie an und vergewissere dich mit einem kleinen Blatt Papier als Propeller, dass der Motor läuft.
c) Schalte nun den NTC-Widerstand in Reihe zum Solarmotor. Jetzt sollte der

Motor nicht mehr laufen. Halte dann vorsichtig ein brennendes Teelicht unter den NTC-Widerstand. (Immer einige cm Abstand halten! Nicht zu heiß werden lassen!)
Beschreibe und erkläre deine Beobachtung.

V6 Die folgende Schaltung zeigt das Prinzip eines Polprüfers. Baue sie mit verschiedenfarbigen LEDs nach, prüfe sie an einer 9 V-Batterie und erkläre ihre Wirkungsweise. (Keinesfalls an einer Steckdose benutzen!)

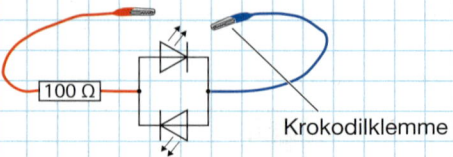

Krokodilklemme

Die Geschichte der LED

1907: Der Engländer Henry Joseph Round, der eigentlich im Bereich Nachrichtentechnik forscht, beobachtet erstmals, dass Stoffe durch Anlegen einer Spannung zu einer Lichtemission fähig sind.

1962: Der US-Amerikaner Nick Holonyak entwickelt die erste rote Leuchtdiode (Material Galliumarsenidphosphid GaAsP), die industriell gefertigt wird. Rote LEDs halten Einzug als Kontrolllampen und als Segmentanzeigen z. B. in Taschenrechnern.

1970iger Jahre: Durch Materialvariationen sind Leuchtdioden in orange, gelb und grün verfügbar.

1980iger Jahre: Auf der Basis des neuen Halbleitermaterials Galliumnitrid (GaN) werden LEDs von Grün bis zu Ultraviolett entwickelt.

1992: Die erste kommerzielle blaue LED auf GaN-Basis kommt auf den Markt.

1995: In Japan wird die erste LED vorgestellt, die durch Zugabe von Leuchtstoffen weißes Licht ermöglicht. Zwei Jahre später kommen diese weißen Leuchtdioden auf den Markt.

Im Folgenden konzentriert sich die Forschung und Entwicklung darauf, die Lichtausbeute einer weißen LED immer weiter zu erhöhen, so dass LEDs nun herkömmliche Lichtquellen zur Beleuchtung, im Autoscheinwerfer, in PC-Monitoren usw. ersetzen. Im nicht sichtbaren Infrarotbereich werden LED in Fernbedienungen verwendet.

Weißes Licht emittierende LEDs

Eine einzelne LED emittiert stets Licht einer bestimmten Farbe, abhängig vom verwendeten Material. Weißes Licht dagegen ist immer eine Mischung aus verschiedenen Farben. Für „weiße" LED gibt es unterschiedliche Herstellungsmöglichkeiten.

Weiß entsteht zum Beispiel durch Mischung der Farben rot, grün, blau (RGB-Prinzip).

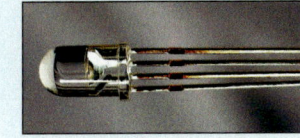

Im einfachsten Fall befinden sich eine rote, eine grüne und eine blaue LED in einem Gehäuse, die einzeln angesteuert werden können. Eine solche LED besitzt vier Beine. Durch entsprechende Ansteuerung können auch Mischfarben entstehen.

Nach dem gleichen Prinzip arbeiten Leuchtbänder mit LEDs.

Hier liegen je eine rote, grüne und blaue LED ganz dicht beieinander, wie die Vergrößerung im Bild zeigt.

Der große Durchbruch für weiße LED aber kam mit der Verwendung von Leuchtstoffen. Sehr häufig wird die folgende Möglichkeit genutzt.

Das Licht einer blauen LED durchstrahlt eine dünne gelbe Phosphorschicht. Ein Teil des blauen Lichts regt diese Schicht zum Leuchten an, wodurch diese rotes, gelbes und grünes Licht ausendet. Zusammen mit dem blauen Licht der LED ergibt dies weißes Licht, das Glühlampenlicht bzw. Tageslicht sehr nahe kommt. Die Abbildung zeigt das Spektrum einer solchen LED.

Moderner Einsatz von LED

> Auf den „Fäden" liegen viele LEDs dicht beieinander

> In Fernbedienungen kommen Infrarot-LEDs zum Einsatz.

Halbleiter im Teilchenmodell

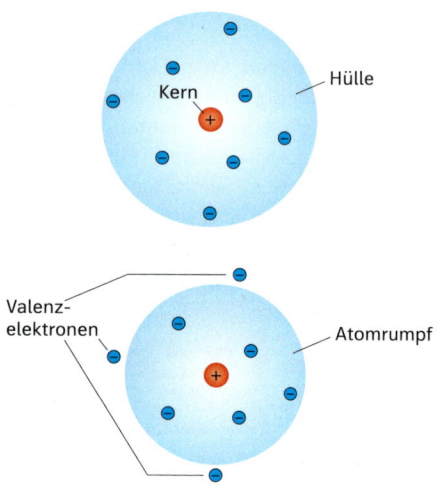

Kern
Hülle

Valenz-
elektronen
Atomrumpf

Ein neues Modell: Valenzelektronen und Atomrümpfe

Zur Erklärung der **Leitungsvorgänge** innerhalb von Metallen und Halbleitern ist das bisher verwendete Kern-Hülle-Modell für Atome nur bedingt geeignet. Entscheidend sind nämlich dabei die Elektronen in der Atomhülle, die nur schwach an den Atomkern gebunden sind. Diese Elektronen heißen **Bindungselektronen** oder **Valenzelektronen**. Die stärker an den Atomkern gebundenen Elektronen spielen keine Rolle.

So besitzt etwa Eisen zwei bzw. drei Valenzelektronen, Silicium (ein Halbleiterelement) hat vier Valenzelektronen, Aluminium hat drei, Phosphor fünf Valenzelektronen.
Diese Valenzelektronen werden im Folgenden getrennt vom übrigen Atom betrachtet. Dieser positiv geladene Rest des Atoms (der Kern behält seine positive Ladung, aber es fehlen die Valenzelektronen in der Resthülle) wird **Atomrumpf** genannt.
Das Kern-Hülle-Modell wird im Folgenden durch das **Atomrumpf-Valenzelektronen-Modell** ersetzt.

Das Metallgitter – Aufbau von Metallen

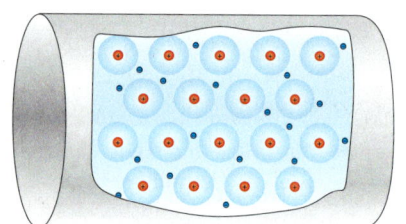

In einem Metall ordnen sich die einzelnen Metallatome in einer festen Gitterstruktur an. Die Valenzelektronen der einzelnen Atome haben dabei so viel Energie, dass sie sich vom Atom lösen und sich faktisch frei zwischen den nahezu ortsfesten Atomrümpfen bewegen können. Pro Metallatom werden dabei ein oder zwei Elektronen freigesetzt. Diese freien Elektronen bilden das **Elektronengas**, das aber kein wirkliches Gas ist. Eine solche Struktur wird **Metallgitter** genannt.

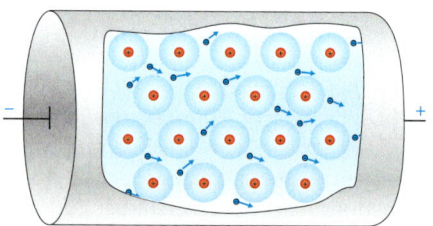

Wird nun eine Spannung an die Enden eines Metalldrahtes gelegt, so bewegen sich die frei beweglichen Elektronen in Richtung des Pluspols. Die Atomrümpfe bleiben im Gitter an ihrem Ort.

Bei dieser Bewegung der freien Elektronen kommt es immer wieder zu Zusammenstößen mit den Atomrümpfen. Dabei wird Energie an die Rümpfe abgegeben. Diese Energieabgabe, die sich als Temperaturerhöhung des Leiters bemerkbar macht, kann als elektrischer Widerstand gedeutet werden.

Material	Widerstand
Silber	0,016 Ω
Kupfer	0,017 Ω
Aluminium	0,027 Ω
Eisen	0,1 Ω
Konstantan	0,49 Ω
Drahtlänge 1 m, Querschnitt 1 mm², bei 18 °C	

Die nebenstehende Tabelle zeigt, dass Metalldrähte gleicher Länge und Dicke bei gleicher Temperatur einen unterschiedlichen elektrischen Widerstand haben können.
Dieser ist im verwendeten Modell abhängig
- von der Anzahl der zur Verfügung stehenden freien Elektronen,
- vom Platz, den diese Elektronen zwischen den Atomrümpfen haben, d. h.
- davon, wie groß der Abstand der Atomrümpfe voneinander ist.

Der Aufbau von Halbleitern

Auch in Halbleitern (meist Silicium) ordnen sich die Atome in einer Gitterstruktur an. Jedoch gibt es hierbei zunächst keine freien Elektronen, sondern benachbarte Atome sind durch Elektronenpaare miteinander verbunden.

Bei sehr niedrigen Temperaturen befinden sich alle Elektronen als Bindungselektronen bei benachbarten Atomen. Es gibt keine frei beweglichen geladenen Teilchen; der Halbleiter verhält sich wie ein Nichtleiter.

Aber schon bei Zimmertemperatur können Elektronen aus den Bindungen herausgelöst werden. Diese dann frei beweglichen Elektronen stehen für den Leitungsvorgang zur Verfügung.

Gleichzeitig fehlt an diesen Stellen aber jeweils ein Bindungselektron. Da die positive Ladung des Atomrumpfes nicht mehr vollständig neutralisiert wird, verhält sich diese Fehlstelle – **Loch** genannt – wie ein positiv geladenes Teilchen. Ein Teil der freien Elektronen wird von den Löchern wieder eingefangen (Rekombination). Es kommt laufend zur Entstehung und Vernichtung freier Elektronen und Löcher.

Liegt eine elektrische Spannung am Halbleiter, so bewegen sich die freien Elektronen in Richtung des Pluspols. Auch die gebundenen Elektronen erfahren eine Kraft in Richtung des Pluspols. Sind Löcher in der Nähe, so können benachbarte Elektronen diese auffüllen. Dafür entsteht ein Loch an einer entfernteren Stelle. Es sieht so aus, als wandere das Loch zum Minuspol. Dort wird es von einem Elektron aus der Quelle aufgefüllt.

Der Strom in einem Halbleiter setzt sich also zusammen aus einem Elektronenstrom – genannt **n-Leitung** – und einem Löcherstrom – genannt **p-Leitung**. Wie bei Metallen auch geben freie Elektronen bei Zusammenstößen Energie an die Atomrümpfe ab. Bei dieser **Eigenleitung** kommt auf ca. eine Milliarde Halbleiteratome ein freies Elektron bzw. Loch. Insgesamt gibt es also viel weniger frei bewegliche Ladungsträger als in Metallen. Bei Metallen ist das Verhältnis etwa 1:1.

PTC- und NTC-Widerstand im Teilchenbild erklärt

Durch die Zufuhr von Energie werden sowohl in Metallen (PTC-Widerstände) als auch in Halbleitern (NTC-Widerstände) zusätzliche Elektronen für den Leitungsvorgang aus den Atomen bzw. Bindungen gelöst. Gleichzeitig wird aber auch die Bewegung der nahezu ortsfesten Atomrümpfe heftiger, so dass es vermehrt zu Zusammenstößen kommt.

Beide Prozesse laufen gleichzeitig ab und wirken gegeneinander: Die erhöhte Anzahl an freien Elektronen verringert den Widerstand, die erhöhte Anzahl an Zusammenstößen mit Energieabgabe erhöht den Widerstand.

Offenbar überwiegt in den Metallen der zweite Prozess, während in den Halbleitern die Anzahl der freien Elektronen sehr stark zunimmt.

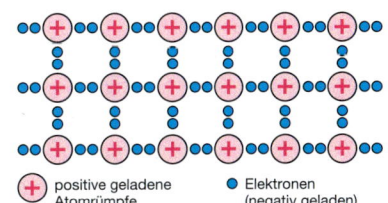

positive geladene Atomrümpfe   Elektronen (negativ geladen)

n-Leitung

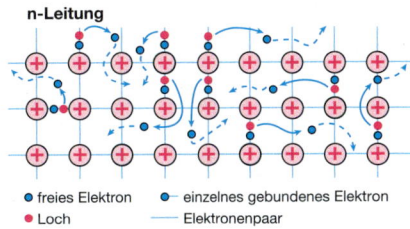

freies Elektron   einzelnes gebundenes Elektron
Loch   Elektronenpaar

p-Leitung

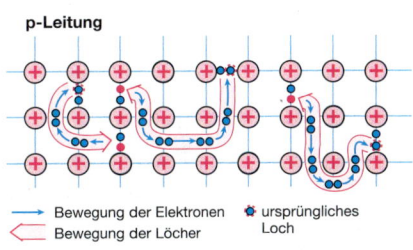

Bewegung der Elektronen   ursprüngliches Loch
Bewegung der Löcher

n-Leitung

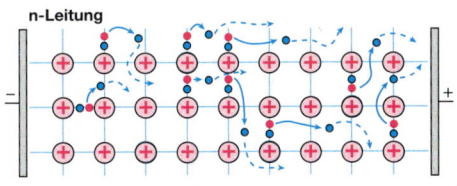

p-Leitung

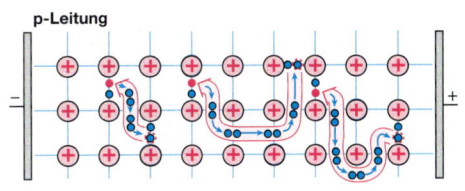

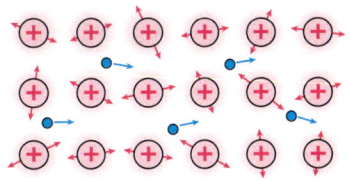

In Metallen kommt es durch die freien Elektronen, die das Elektronengas bilden, zum Stromfluss.

In Halbleitern kommt es durch gelöste Bindungselektronen und Löcher zum Stromfluss.

Bei PTC-Widerständen steigt der Widerstand bei Energiezufuhr durch die wachsende Anzahl von Zusammenstößen zwischen Leitungselektronen und Atomrümpfen.

Bei NTC-Widerständen sinkt der Widerstand bei Energiezufuhr durch die stark steigende Anzahl freier Ladungsträger.

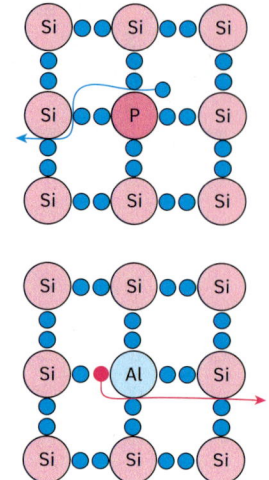

Dotieren von Halbleitern

Durch gezielte „Verunreinigungen" der Halbleiterkristalle kann deren Leitfähigkeit um ein Vielfaches verbessert werden. Dieses Verfahren wird **Dotierung** genannt.

Phosphoratome haben fünf Valenzelektronen, die nur schwach an den Atomkern gebunden sind. Wenn in einem reinen Silicium-Kristall nun Phosphoratome eingefügt werden (1 Phosphoratom pro 1 Millionen Siliziumatome), so werden nur vier Eektronen für die Bindung benötigt.

Das fünfte – überzählige – Valenzelektron jedes Phosphoratoms lässt sich durch Energiezuführung leicht vom Atom lösen und steht als frei bewegliches Elektron für Leitungszwecke zur Verfügung. Die Leitfähigkeit eines solchen Kristalls wird durch diese Elektronen bestimmt, daher heißt er **n-Halbleiter**.

Aluminiumatome besitzen drei Valenzelektronen. Werden diese Atome in einem Silicium-Kristall eingefügt, so entsteht pro eingefügtem Atom eine zusätzliche Fehlstelle – ein Loch, da ja vier Elektronen für die Bindung benötigt werden. In diesem **p-Halbleiter** erfolgt der Stromfluss fast ausschließlich durch die Löcher.

Die Diode — ein p-n-Übergang

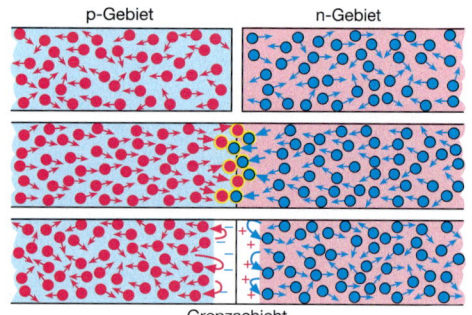

p-Gebiet   n-Gebiet

Grenzschicht

Auf dem ersten Blick scheint das Dotieren von Halbleitern wenig sinnvoll. Schließlich gibt es genügend Metalle, die deutlich besser leiten als jeder dotierter Halbleiter.

Bei einer Diode werden unterschiedlich dotierte Halbleiter zusammengefügt. Werden nämlich ein n-dotierter Halbleiter und ein p-dotierter Halbleiter in Kontakt gebracht, so wirken die Fehlstellen im p-dotierten Halbleiter anziehend auf die frei beweglichen Elektronen im n-dotierten Kristall. Diese fließen in den p-Halbleiter und füllen die Löcher auf.

Dadurch wird der p-Halbleiter negativ geladen (da dann mehr negative als positive Ladungen in diesem vorhanden sind) und der n-Halbleiter positiv (da die abgeflossenen Elektronen fehlen). Diese Ladung bewirkt, dass nicht alle frei beweglichen Elektronen aus dem n-Halbleiter abfließen, der Effekt beschränkt sich auf einen kleinen Bereich, die **Grenzschicht**. Dieser Bereich heißt auch **Raumladungszone**. In dieser Zone gibt es faktisch keine frei beweglichen Ladungsträger mehr.

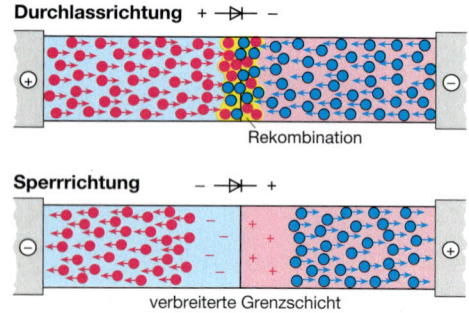

Durchlassrichtung + —▷︎— –

Rekombination

Sperrrichtung – —▷︎— +

verbreiterte Grenzschicht

Wird der positive Pol einer Stromquelle an den p-Halbleiter und der negative Pol an den n-Halbleiter angeschlossen, so wirkt auf die Elektronen im gesamten Bauteil eine Kraft in Richtung Pluspol. Ist die Kraft groß genug, das heißt, ist die Spannung groß genug (größer als die sogenannte Schwellenspannung), dann überschwemmen die Elektronen die Raumladungszone; der p-n-Übergang wird leitend. Das Bauteil ist in **Durchlassrichtung** geschaltet.

Liegt der p-Halbleiter am negativen Pol und der n-Halbleiter am positiven Pol einer Spannungsquelle, so verbreitert sich die Raumladungszone, denn die Elektronen und Löcher werden von der Grenzschicht weggezogen. Es kann kein Strom fließen; das Bauteil ist in **Sperrrichtung** geschaltet.

Halbleiter lassen sich durch gezielten Einbau anderer Atome in den Kristall unterschiedlich dotieren.
Unterschieden werden n-Halbleiter (Elektronen als bewegliche Ladungsträger) und p-Halbleiter (Löcher als bewegliche Ladungsträger). Bei der Diode entsteht eine ladungsträgerfreie Grenzschicht. Diese kann durch das Anlegen einer geeignet gepolten Spannung, die größer ist als die Schwellenspannung, überwunden werden (Minuspol am n-Leiter).

Aufgaben

1 Ein Silicium-Halbleiterkristall (4 Valenzelektronen) wird mit Aluminium (3 Valenzelektronen) dotiert, um den p-Kristall zu bilden.
a) Welches Element kann zur Dotierung zum n-Kristall verwendet werden? Begründe deine Antwort.
b) Früher wurde Germanium als Basiskristall verwendet. Begründe mithilfe des Periodensystems der Elemente, welche Elemente zur p-Dotierung und zur n-Dotierung verwendet werden konnten.

2 Die folgende Abbildung zeigt ein Energiemodell von Metallen, Halbleitern und Isolatoren:

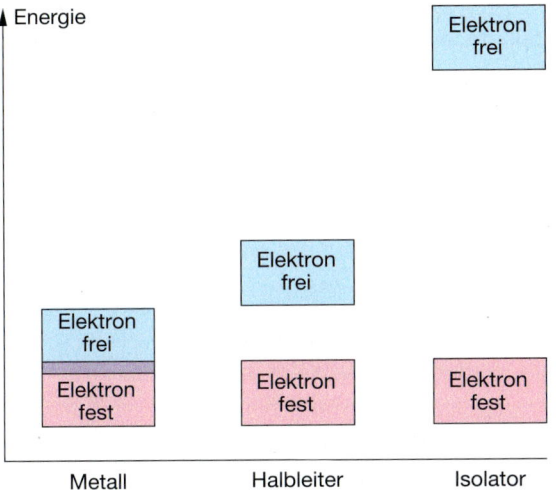

a) Begründe die unterschiedliche Leitfähigkeit anhand des Energiemodells.
b) Beschreibe die Vorgänge in einer LED anhand des Energiemodells.

3 **a)** Beschreibe und begründe, ob die Lampe bzw. die beiden Leuchtdioden (LED) in der Schaltung leuchten, wenn eine Spannungsquelle wie gezeichnet angeschlossen ist.

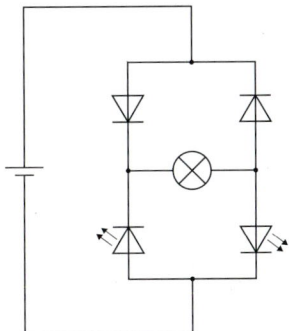

b) Begründe mithilfe eines geeigneten Modells, warum eine Diode eine Durchlass- und eine Sperrrichtung besitzt.
c) Die Schaltung aus a) wird nun mit einer Wechselspannung betrieben. Kann die Schaltung als „Gleichrichterschaltung" bezeichnet werden? Begründe.

4 **a)** Sehr häufig sind in technischen Beschreibungen Kennlinien von Bauteilen zu finden, aus denen Informationen über das Bauteil entnommen werden können. Eine der beiden folgenden Kennlinien gehört zu einem Heißleiter, die andere zu einem Kaltleiter.

Kennlinie 1 (aufgenommen bei unterschiedlichen Außentemperaturen) :

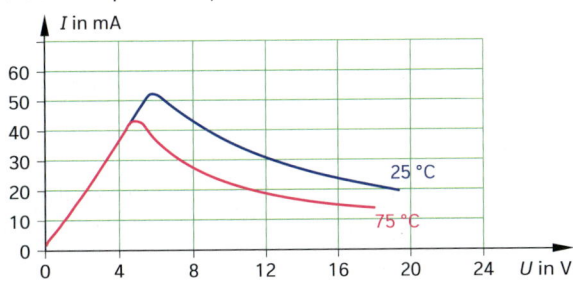

Kennlinie 2:

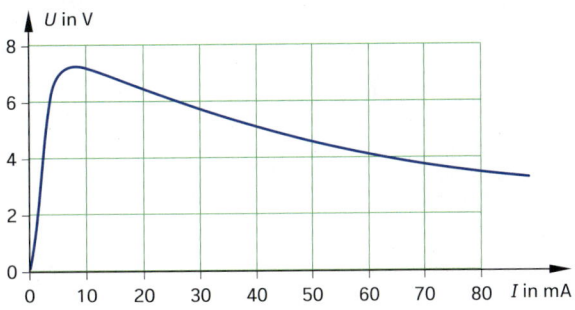

a) Gib begründet an, welche der Kennlinien zu einem Heißleiter und welche zu einem Kaltleiter gehören!
b) Bestimme mithilfe der Kennlinie 1:
– den Widerstand des Leiters bei einer angelegten Spannung von 12 Volt und einer Außentemperatur von 25° C ,
– den Widerstand des Leiters bei einer angelegten Spannung von 4 V und einer Außentemperatur von 75° C
c) Ermittle, bei welchen Spannungen der durch Kennlinie 2 charakterisierte Widerstand einen Wert von 140 Ω besitzt.

5 **a)** Beschreibe die Wirkungsweise eines Fotowiderstandes (LDR).
b) Schon reines Silicium ist lichtempfindlich. Erkläre die veränderte elektrische Leitfähigkeit, indem du darauf eingehst, welche Wirkung Licht (Lichtenergie) auf die gebundenen Elektronen im Si-Kristall hat.
c) Vergleiche die Wirkungsweise von NTC und LDR aus energetischer Sicht.

Lichtenergie ↔ elektrische Energie

Fotovoltaik-Anlagen bekommen im Zuge der Ablösung fossiler Energieträger durch regenerative Energien eine immer größere Bedeutung. Sie wandeln die Lichtenergie der Sonne direkt in elektrische Energie. Die Wandlung geschieht in einem Halbleiterbauelement, der Solarzelle. Wie funktioniert sie?

Die Leuchtdiode als Solarzelle

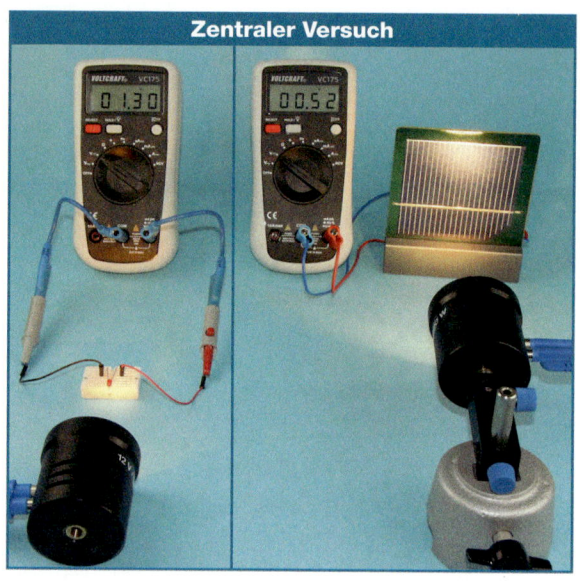

Zentraler Versuch

Wird eine LED in Durchlassrichtung betrieben, so leuchtet sie. In ihr wird elektrische Energie in Lichtenergie gewandelt. Was geschieht umgekehrt, wenn eine LED beleuchtet und an ihren Anschlüssen die Spannung gemessen wird? Tatsächlich kann in diesem Fall an den Anschlüssen der LED eine Spannung nachgewiesen werden. Offenbar ist eine Leuchtdiode auch in der Lage, Lichtenergie in elektrische Energie zu wandeln. Die LED arbeitet hier wie eine Solarzelle.

Wird die Helligkeit der Lampe im Versuch vergrößert, so steigt auch die Spannung an der LED. Die Spannung hat jedoch einen Maximalwert, der auch bei weiterer Erhöhung der Beleuchtungsstärke nicht überschritten wird.

Eine einzelne Solarzelle liefert eine maximale Spannung von etwa 0,6V. Damit möglichst viel Lichtenergie in elektrische Energie gewandelt wird, ist die beleuchtete Fläche bei Solarzellen möglichst groß.

Schaltzeichen der Solarzelle:

Solarmodule

Für den Betrieb elektrischer Geräte sind leistungsfähige elektrische Quellen mit höheren Spannungen und größeren Stromstärken nötig. Eine einzelne **Solarzelle** kann das nicht leisten. Deshalb werden einzelne Solarzellen zu **Solarmodulen** zusammengeschaltet.

Von Batterien ist bekannt:
● Je mehr Zellen in Reihe geschaltet werden, desto größer ist die Gesamtspannung.
● Je mehr Zellen parallel geschaltet werden, desto höher ist die zu entnehmende Stromstärke. Das heißt, dass sie stärker belastet werden können.
Das gilt auch für Solarzellen.
Reihenschaltung: $U_{Ges} = U_1 + U_2 + U_3 + ...$
Parallelschaltung: $I_{Ges} = I_1 + I_2 + I_3 + ...$
Meist werden die Solarzellen in Solarmodulen sowohl in Reihe als auch parallel geschaltet.

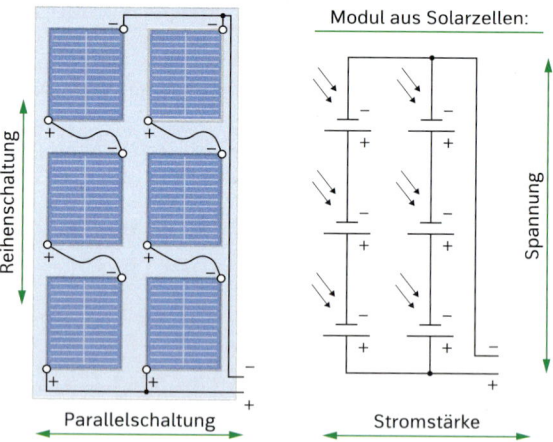

Modul aus Solarzellen:

Reihenschaltung / Parallelschaltung / Spannung / Stromstärke

In Solarzellen wird Lichtenergie in elektrische Energie gewandelt. Die Spannung hängt von der Beleuchtungsstärke ab. Sie kann jedoch einen Maximalwert von 0,6 V nicht übersteigen.
In Solarmodulen sind Solarzellen in Reihe oder/und parallel geschaltet.

Die Kennlinie der Solarzelle

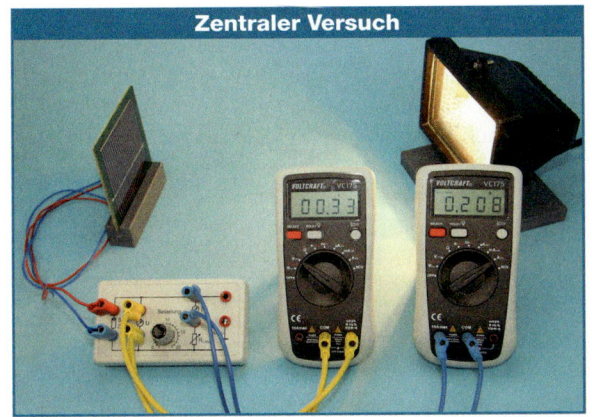

Zentraler Versuch

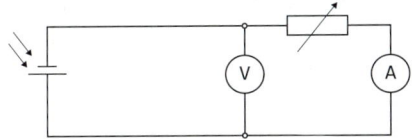

Im Gegensatz zur Kennlinienaufnahme bei Widerständen, Spulen oder Glühlampen wird bei der Solarzelle keine elektrische Quelle benötigt. Bei Beleuchtung ist sie selbst die Quelle.
Während des Versuchs wird die Solarzelle mit Licht einer Experimentierlampe bestrahlt, deren Helligkeit konstant bleibt.
Wird der regelbare Widerstand verändert, so ändert sich auch die Stromstärke im Stromkreis. Ebenso verändert sich die Spannung an der Solarzelle.
Die verschiedenen Messwertepaare $(U; I)$ werden in ein U-I-Diagramm eingetragen.

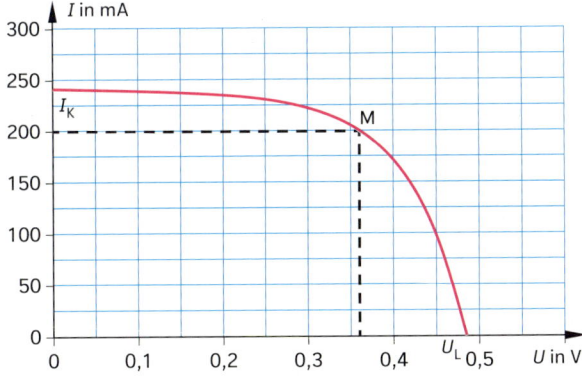

Wird nur das Strommessgerät an die Solarzelle angeschlossen, ist die gemessene Stromstärke die Kurzschlussstromstärke I_K. Sie ist die maximale Stromstärke, die der Solarzelle entnommen werden kann.

Wird dagegen die Spannung direkt und nur mit dem Spannungsmessgerät an der Solarzelle gemessen, so ergibt sich die Leerlaufspannung U_L.
Sie entspricht der Nennspannung, die für elektrische Quellen angegeben wird (z. B. für die Monozelle $U = 1,5$ V).

Der Punkt M gibt die Spannung an, bei der die Solarzelle ihre maximale Leistung P hat. In diesem Fall hat das Rechteck unter der Kennlinie seinen größten Flächeninhalt ($P = U \cdot I$). In der Technik wird der Punkt M auch „Maximal Power Point" (MPP) bezeichnet.

Bei geringerer Helligkeit der Experimentierlampe ergibt sich eine flachere Kennlinie.

> Jede Solarzelle und jedes Solarmodul hat eine eigene Kennlinie. Aus ihrer Kennlinie lassen sich die Leerlaufspannung U_K und die Kurzschlussstromstärke I_K entnehmen. Der Verlauf der Kennlinie ist auch von der Beleuchtungsstärke abhängig.

Aufgaben

1 Ähnlich wie bei Solarzelle–LED ist der Elektromotor das Gegenstück zum Generator. Gib für alle genannten Beispiele jeweils die Energiewandlungen an.

2 Eine Solaranlage soll eine Nennspannung von 230 V besitzen. Ermittle, wie viele Solarmodule man benötigt, wenn jedes eine Nennspannung von 19,2 V hat. Gib an, wie die Module geschaltet werden müssen.

3 Gib an, wie sich die Kennlinie der Solarzelle verändert, wenn die Solarzelle beschattet wird. Begründe.

4 Solaranlagen besitzen meist einen Wechselrichter. Informiere dich, wozu er benötigt wird.

5 Entnimm für die verwendete Solarzelle aus dem Diagramm für geeignete Spannungen die zugehörige Stromstärke. Berechne jeweils die Leistung $P = U \cdot I$ und trage in einem U-P-Diagramm die Leistung über der Spannung ab. Lies aus diesem Diagramm die Maximalleistung ab.
Gib an, bei welcher Spannung sie erreicht wird.

6 Stelle in einer Übersicht Vor- und Nachteile von Fotovoltaik-Anlagen gegenüber.

Energiewandlung in Fotowiderstand, Solarzelle und Leuchtdiode

Fotowiderstand, Solarzelle und Leuchtdiode sind Halbleiterbauelemente. Am einfachsten sind die Vorgänge im Fotowiderstand (LDR – **L**ight **D**ependent **R**esistor) zu erklären. Er besteht nur aus einem einzigen Halbleiterkristall. Seine Leitfähigkeit liegt bei Zimmertemperatur zwischen der von Nichtleitern und Metallen. Fällt jedoch Licht auf den LDR, werden verstärkt Elektronen aus ihren Bindungen gelöst und stehen als frei bewegliche Ladungsträger zur Verfügung. Liegt an den Enden des LDR eine Spannung an, bewegen sich diese Elektronen gerichtet zum positiven Pol der elektrischen Quelle. Ein elektrischer Strom fließt.

Je mehr Licht auf den LDR trifft, desto größer ist die Stromstärke des Stroms, der durch den LDR fließt. Demzufolge sinkt bei Beleuchtung der Widerstand des LDR.

Auch bei der Solarzelle setzt Lichtenergie zunächst gebundene Elektronen frei. Die Solarzelle besteht aber genau wie eine Diode aus zwei verschieden dotierten Teilen, einem p-leitenden und einem n-leitenden Gebiet, in denen eine pn-Grenzschicht entstanden ist. Die oben liegende n-Schicht ist nur sehr dünn, damit das Licht möglichst ungehindert in die Grenzschicht gelangen kann. Dort geschieht die Wandlung von Lichtenergie in elektrische Energie.

Durch das einfallende Licht werden Elektronen aus Bindungen gelöst. Sie sind nun frei beweglich. Die Fehlstellen sind die Löcher. Durch die unterschiedliche Raumladung an den Enden der Grenzschicht werden die Elektronen in das n-Gebiet und die Löcher in das p-Gebiet gezogen. Es entsteht ein Überschuss der Elektronen im n-Gebiet und damit dort der Minuspol. Der Überschuss an Löchern lässt am p-Gebiet den Pluspol der Solarzelle entstehen.

Wird ein elektrisches Gerät angeschlossen, fließen die überschüssigen Elektronen der n-Schicht zur p-Schicht. Die Solarzelle wirkt als elektrische Quelle.

Während die Solarzelle Lichtenergie aufnimmt (Absorption von Licht) und in elektrische Energie wandelt, ist es bei der LED umgekehrt. Durch das Anlegen einer Spannung gehen frei bewegliche Elektronen wieder in Bindungen der Halbleiteratome zurück. Genauer gesagt gehen sie mit einem Loch wieder eine Bindung ein (Rekombination). Die dabei frei werdende Energie wird von der LED als Lichtenergie abgegeben (Emission von Licht).

Aufgaben

1 Übernimm die Tabelle und fülle sie aus.

	LDR	Solarzelle	LED
Energiewandlung			
Anlegen einer Spannung nötig: ja/nein			
Lichtemission/ Lichtabsorption			
Anwendung			

2 Wird eine LED beleuchtet, zeigt sich, dass die Spannung an ihr am größten ist, wenn Licht der Farbe verwendet wird, welches die LED auch aussendet.
a) Erkläre, warum nicht bei jeder Lichtfarbe eine Spannung messbar ist.
b) Begründe, warum auch bei Beleuchtung mit weißem Licht (z. B. Sonnenlicht) eine Spannung gemessen wird.

3 Ein LDR befindet sich in einem Stromkreis, in dem die Stromstärke gemessen wird.
a) Zeichne den Schaltplan.
b) Bei einer anliegenden Spannung von 6,0 V werden in einem Experiment 10 mA, im nächsten 18 mA gemessen. Entscheide, in welchem Experiment der LDR stärker beleuchtet wurde und begründe.
c) Berechne jeweils für beide Experimente den elektrischen Widerstand des LDR.

4 Begründe, warum der Wirkungsgrad von Solarzellen mit zunehmender Temperatur sinkt.

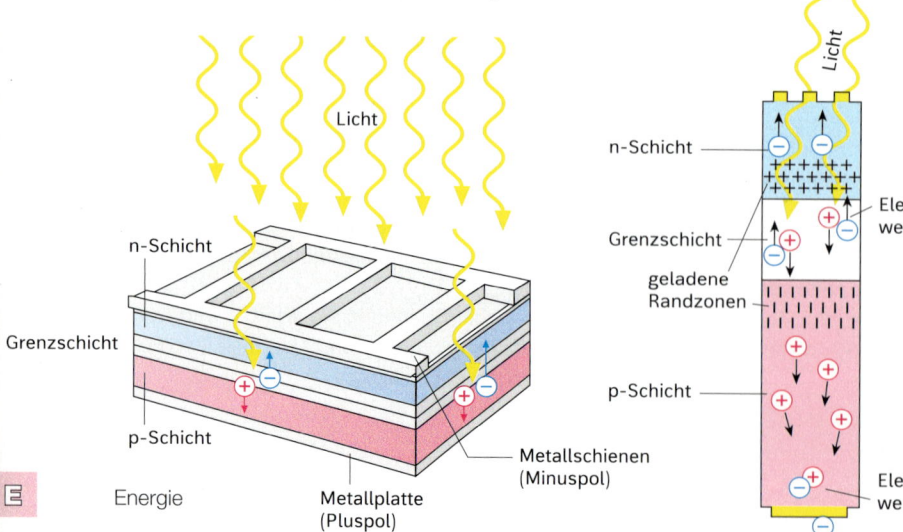

Licht

n-Schicht

Grenzschicht

p-Schicht

Energie

Metallschienen (Minuspol)

Metallplatte (Pluspol)

n-Schicht

Grenzschicht

geladene Randzonen

p-Schicht

Licht

Elektron-Loch-Paare werden getrennt

Elektron-Loch-Paare werden vereinigt

Solarzellen
Versuche und Aufträge

V1 Beleuchte eine glasklare rote LED nacheinander mit dem Licht einer blauen, grünen, gelben und roten LED. Schirme das Umgebungslicht ab.
a) Miss jeweils die Leerlaufspannung an der roten LED.
b) Stelle die Messwerte in einer Tabelle dar und begründe das Ergebnis.

> **Achtung Verletzungsgefahr!**
> Für die Versuche **V2–V7** benötigst du eine leistungsstarke Lichtquelle. Wenn du als Lichtquelle eine leistungsstarke Glühlampe verwendest, achte auf die starke Wärmeentwicklung. Es besteht Verletzungsgefahr für dich. Aber auch die Solarzelle kann Schaden nehmen. Günstiger ist die Verwendung eines kräftigen LED-Scheinwerfers.

Für V2, V3 und V6 benötigst du jeweils 2 Solarzellen.

V2 Baue die abgebildete Schaltung für die Messung der Kurzschlussstromstärke I_K auf.
a) Miss die Kurzschlussstromstärke der ersten Solarzelle.
b) Wiederhole den Versuch mit der zweiten Solarzelle.

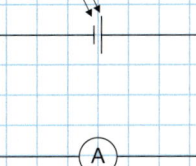

V3 Baue die abgebildete Schaltung für die Messung der Leerlaufspannung U_L auf.
a) Miss die Leerlaufspannung der ersten Solarzelle.
b) Wiederhole den Versuch mit der zweiten Solarzelle.
c) Berechne jeweils den Innenwiderstand R_i beider Solarzellen mithilfe der Gleichung: $R_i = \frac{U_L}{I_K}$

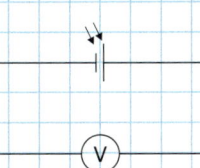

V4 Verdecke nacheinander jeweils $\frac{1}{4}$, $\frac{1}{2}$ und $\frac{3}{4}$ der Solarzelle mit einem schwarzen Blatt Papier.
a) Miss für alle Bedeckungen jeweils die Leerlaufspannung. Verwende die Schaltung aus Versuch V3. Stelle die Ergebnisse in einer Tabelle zusammen.
b) Miss für alle Bedeckungen jeweils die Kurzschlussstromstärke. Verwende die Schaltung aus Versuch V2. Stelle die Ergebnisse zusammen.

c) Formuliere für die Aufgaben a) und b) jeweils die Ergebnisse als ganzen Satz.

V5 Untersuche die Abhängigkeit von Leerlaufspannung und Kurzschlussstromstärke einer Solarzelle von der Entfernung zur Lichtquelle.
Nutze die Schaltungen aus Versuch V2 und V3 und wähle fünf geeignete Entfernungen. Stelle die Ergebnisse in einer Tabelle zusammen und stelle sie danach grafisch dar.

V6 Untersuche Leerlaufspannung und Kurzschlussstromstärke bei der Reihen- und Parallelschaltung von Solarzellen.
a) Schalte zwei Solarzellen zunächst in Reihe, führe die entsprechenden Messungen durch und vergleiche mit den Ergebnissen aus Versuch V2 und V3. Formuliere das Ergebnis.
b) Schalte beide Solarzellen danach parallel, führe die entsprechenden Messungen durch und vergleiche wiederum mit den Ergebnissen aus Versuch V2 und V3. Formuliere das Ergebnis.

V7 Untersuche Leerlaufspannung und Kurzschlussstromstärke, wenn sich verschiedenfarbige Folien zwischen Lichtquelle und Solarzelle befinden.
Stelle die Messwerte in einer Tabelle zusammen und formuliere das Ergebnis.

V8 Nimm die Kennlinie einer Solarzelle beziehungsweise eines Solarmoduls auf. Verwende folgende Schaltung:

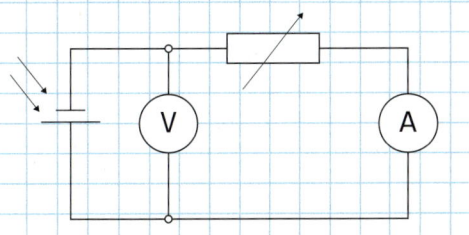

a) Stelle verschiedene Stromstärken ein, indem du den Widerstand veränderst. Nimm acht Messwertpaare für Spannung und Stromstärke auf und trage sie in ein U-I-Diagramm ein.
b) Berechne jeweils die Leistung $P = U \cdot I$ für die acht Messwertpaare und zeichne ein U-P-Diagramm.
c) Entnimm dem Diagramm aus b) die maximale Leistung der Solarzelle/des Solarmoduls und lies die zugehörige Spannung ab.

Streifzug — Transistoren

Transistoren bestehen aus einem Halbleiter-Kristall mit drei unterschiedlich dotierten Bereichen. Beim npn-Transistor ist der mittlere Bereich p-dotiert, die beiden angrenzenden Bereiche sind n-dotiert. Die Anschlüsse an die drei Bereiche heißen Emitter E, Basis B und Kollektor C.

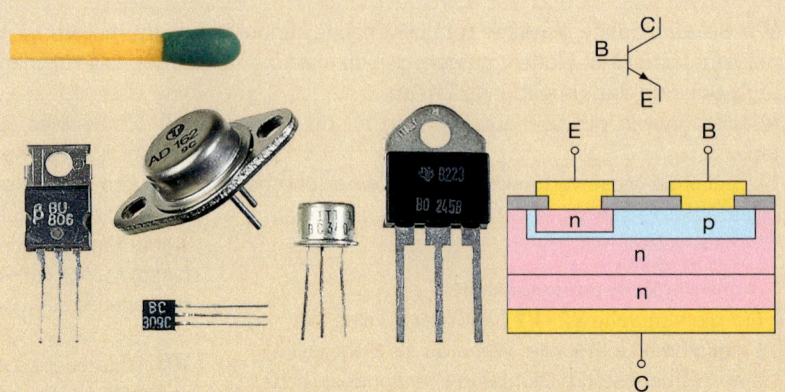

Der Transistor als Schalter

Die Transistor-Grundschaltung kann als Schalter ohne bewegliche Teile verwendet werden. Wird etwa bei einer Kollektor-Emitterspannung von $U_{CE} = 5$ V zwischen Basis und Emitter keine Spannung angelegt, so fließt kein Strom zwischen Kollektor und Emitter. Das ist nicht verwunderlich, denn die npn-Schichten verhalten sich wie zwei entgegengesetzt geschaltete Dioden: np-pn. Wird nun über den Vorwiderstand R_V eine Spannung an Basis und Emitter gelegt, beginnt durch den Vorwiderstand ein Durchlassstrom in der Basis-Emitter-Diode zu fließen. Die Spannung muss lediglich größer als die Schwellenspannung der Basis-Emitter-Diode sein. Nun aber passiert Erstaunliches: Die in die Basis-Emitter-Diode eingetretenen Ladungsträger bevölkern auch das Sperrgebiet der sperrenden Basis-Kollektor-Diode, die sich den p-dotierten Kristallteil mit der Basis-Emitter-Diode teilt. Damit wird sie leitend und durch die hohe Kollektor-Emitterspannung fließt jetzt ein hoher Kollektor-Emitterstrom.

Die Grundschaltung des Transistors

Die Abbildung zeigt den realen Schaltungsaufbau im Labor und die dazugehörige Schaltskizze eines Transistors in Grundschaltung.

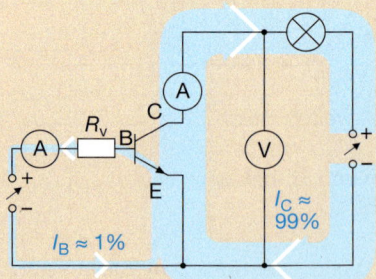

Das Grundprinzip eines Transistors ist, dass ein kleiner Basisstrom I_B einen großen Kollektorstrom I_C steuert.

Der Transistor als Verstärker

Transistoren können nicht nur als Schalter, sondern auch als Verstärker zum Verstärken schwacher Ströme eingesetzt werden. Wird gleichzeitig der Basis-Emitterstrom I_B und der Kollektor-Emitterstrom I_C gemessen, ergeben sich bei einer Kollektor-Emitterspannung von $U_{CE} = 5$ V folgende Werte:

I_B	I_C
0,04 mA	6,0 mA
0,05 mA	9,2 mA
0,12 mA	47,0 mA
1,14 mA	104,2 mA
5,0 mA	177,6 mA

Das Verhältnis beider Stromstärken wird Stromverstärkung B genannt: $B = \frac{I_C}{I_B}$. Für den hier gemessenen Transistor ergibt sich:

$$B = \frac{I_C}{I_B} = \frac{9,2 \text{ mA}}{0,05 \text{ mA}} = 184.$$

Je nach Transistor kann eine Stromverstärkung von bis zu 300 erreicht werden.

Transistoren dienen als Schalter und Verstärker (Stromsteuerung).

Halbleiterchips   Streifzug

Vom Sandhaufen zum dotierten Halbleitermaterial

Basis für die Herstellung von allen elektronischen Bauteilen ist feiner Quarz-Sand (SiO_2), der in der Natur vorkommt. Durch aufwendige chemische Verfahren werden der Sauerstoff und weitere Verunreinigungen entfernt, sodass hochreines Silicium entsteht. Dieses Reinst-Silicium wird geschmolzen und aus der Schmelze ein stabförmiger Si-Einkristall gezogen.

300mm Ingot

Dieser Stab wird mit Diamantsägen in Scheiben von etwa 0,1 mm Dicke zersägt und durch Schleifen und Polieren geglättet. Diese Siliciumscheiben werden als Wafer bezeichnet. Mithilfe verschiedener Verfahren werden Fremdatome in das Siliciumgitter eingebaut. Bei Phosphoratomen ist der Wafer n-dotiert, bei Verwendung von Aluminium p-dotiert.

Chips ersetzen einzelne Bauteile

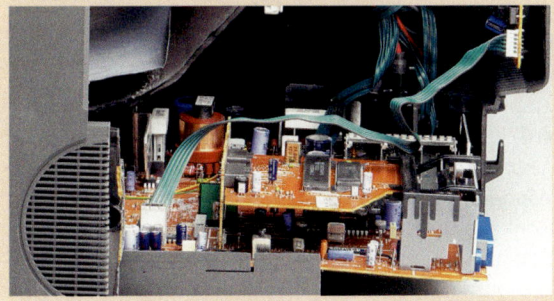

In den Anfangszeiten der Elektronik wurden die einzelnen Bauelemente (z.B. Widerstände, Dioden und Transistoren) noch mit Draht verbunden. Später wurden sie auf eine Grundplatte gelötet, auf der sich auch die Verbindungsleiter in Form von Leiterbahnen befanden. Um die immer größer werdende Anzahl von Bauelementen platzsparend unterzubringen, wurde die Technologie jedoch vollständig verändert. Bei einem integrierten Schaltkreis (IC, englisch: integrated circuit) wird die komplette Schaltung auf einem meist nur wenige Millimeter großen Teilstück eines Wafer aufgebracht und dann ausgeschnitten.

Die Herstellungstechnologie für einen Chip ist sehr kompliziert und fast vollständig automatisiert. Sie umfasst Verfahren zum Aufbau von Schichten (z.B. Bedampfen), Verfahren zur gezielten Schichtabtragung (Ätzen) und Verfahren zur Änderung der Materialeigenschaften (z.B. Dotieren). Damit diese Prozesse nur an den gewünschten Stellen des Halbleiterplättchens passieren, müssen die anderen Gebiete währenddessen mit Lack abgedeckt werden. Angesichts der Winzigkeit und der Vielfalt der Bauelemente stellt das eine große Herausforderung dar. Das fertig bearbeitete Plättchen wird als Chip bezeichnet und ist zum Schutz in einem mehrfach größeren Chipgehäuse eingekapselt. Eine je nach Art des IC verschiedene Anzahl von Kontakten führt nach außen und dient gleichzeitig zum elektrischen Anschluss und zur Befestigung (durch Löten) auf der Grundplatte (Platine).

Integrierte Schaltkreise beinhalten heutzutage Schaltungen mit vielen Milliarden elektronischer Bauelemente, so dass auch hochkomplexe Schaltungen wie Prozessoren oder Datenspeicher auf winzigen Halbleiterplättchen untergebracht sein können.

Die Herstellung sowohl der Wafer als auch der ICs muss in fast staubfreier Umgebung, sogenannten Reinsträumen, erfolgen, weil jedes Staubkorn, das auf den Chip gelangt, ihn unbrauchbar macht.

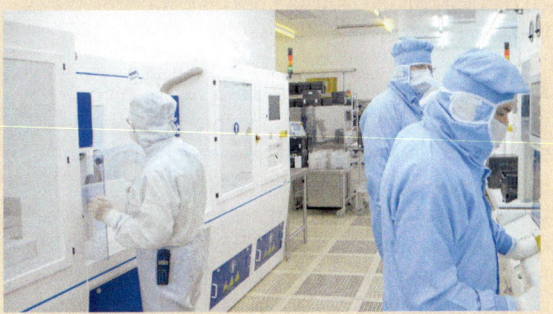

Grundwissen — Motor – Generator – Transformator

ENERGIE

Übertragung elektrischer Energie

Riesige Mengen an elektrischer Energie können in kurzer Zeit nur übertragen werden, wenn die Spannung oder die Stromstärke große genug sind ($E = U \cdot I \cdot t$). Die langen Fernleitungen haben einen sehr hohen Widerstand und entwerten bei großen Stromstärken viel Energie. Deshalb wird Hochspannung bis zu 380 kV verwendet. Sie wird auf die für Nutzer richtige Spannung (Haushalte: 230 V) heruntertransformiert.

SYSTEM

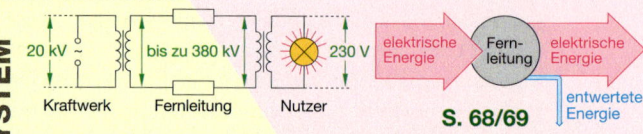

Kraftwerk — Fernleitung — Nutzer

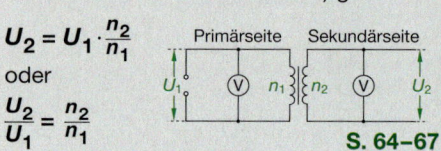

S. 68/69

Elektromotor und Generator

sind im Prinzip gleich. Sie können Energie in zwei Richtungen wandeln.

S. 56–61

Transformator

• Ein Transformator überträgt elektrische Energie von einem elektrischen Stromkreis kontaktlos auf einen anderen.

• Mit Transformatoren können Wechselspannungen verändert werden. Für „unbelastete" Transformatoren (d. h. ohne angeschlossene Geräte auf der Sekundärseite) gilt:

$$U_2 = U_1 \cdot \frac{n_2}{n_1}$$

oder

$$\frac{U_2}{U_1} = \frac{n_2}{n_1}$$

Primärseite — Sekundärseite

S. 64–67

n ist die Windungszahl der Primär- bzw. der Sekundärspule.

• Geräte-Transformatoren wandeln auch im unbelasteten Zustand Energie.

WECHSELWIRKUNG

Gleichspannung – Wechselspannung

Gleichspannung bedeutet: kein Polungswechsel. Batteriespannungen sind konstant. Bei pulsierendem Gleichstrom schwankt die Spannung rhythmisch.

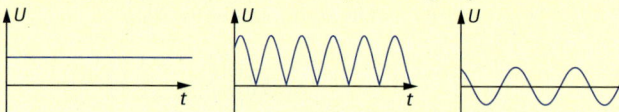

Bei Wechselspannung ändert sich laufend die Polung der Quelle und damit die Richtung des Elektronenstroms. **S. 62/63**

A1 a) Vergleiche einen Fahrraddynamo, eine Bohrmaschine, einen Rasenmäher und ein Windrad hinsichtlich ihrer Energie wandelnden Funktion.
b) Bei älteren Fahrrädern mit Reibraddynamo und Glühlampen war das Fahren mit Licht deutlich anstrengender als ohne Licht, bei heutigen Fahrrädern mit Nabendynamo und LED-Lampen ist kaum ein Unterschied spürbar. Erkläre diesen Sachverhalt und fertige passende Energieflussdiagramme an.
c) Eine Bohrmaschine nimmt im Leerlauf einen Energiestrom von 60 W auf, bei Belastung von 110 W. Außerdem wird die Maschine mit der Zeit ziemlich warm. Erkläre diese Erscheinungen und beurteile sie im Hinblick auf die Nutzung der aufgewendeten elektrischen Energie.

A2 a) Erläutere, worin sich die Wirkungen von Wechselspannung und Gleichspannung beim Anschluss an eine Glühlampe bzw. an einen Gleichstrommotor unterscheiden.
b) Generatoren in Windrädern oder Großkraftwerken erzeugen Wechselspannung. Erläutere, welchen Vorteil Wechselspannung gegenüber Gleichspannung besitzt.

A3 Elektrische Energie wird an wenigen Kraftwerkstandorten gewonnen, aber landesweit benötigt. Vom Kraftwerksgenerator wird die Energie mit 20 kV abgegeben.
a) Erkläre, warum sie über Fernleitungen mit 110 kV, 220 kV oder 380 kV übertragen wird.
b) Bestimme jeweils das notwendige Verhältnis der Windungszahlen der Trafospulen.

A4 Im Folgenden sind mögliche Werte für die Energiestromstärken einiger Kraftwerkstypen angegeben. Windgenerator: 600 kW, Laufwasserkraftwerk: 2 MW, Kohlekraftwerk: 800 MW.
Schätze begründet ab, wie viele Haushalte an einem Winterabend mithilfe jedes einzelnen Kraftwerks mit elektrischer Energie versorgt werden könnten.

A5 Mit einem Transformator wird die Wechselspannung eines Haushaltsnetzes von 230 V heruntertransformiert. Beim Anschluss eines 200-W-Geräts an diesen Transformator hat der Transformator einen Wirkungsgrad von 60 %.
a) Erläutere, was diese Angabe bedeutet.
b) Gib die elektrische Energie an, die in jeder Sekunde dem Netz entnommen wird.

Grundwissen — Halbleiter

besitzt — S. 71–75
- Durchlassrichtung
- Sperrrichtung
- Sperrschicht
- Schwellenspannung
- charakteristische U-I-Kennlinie

bewirkt
- Gleichrichtung von Wechselstrom

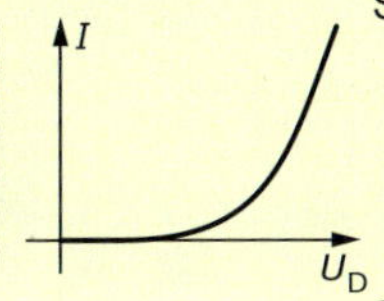

ENERGIE

LED
lichtaussendende Diode, wandelt elektrische Energie ind Lichtendergie

Solarzelle
wandelt Lichtenergie in elektrische Energie

S. 80–83 **ergibt**
- in Reihen- und Parallel-schaltung mit weiteren Solarzellen **Solarmodule** ist eine elektrische Quelle

besitzt
- Sperrschicht, die bei Beleuch-tung Elektronen freisetzt
- Leerlaufspannung (ca. 0,6 V)
- Kurzschlussstromstärke (abhängig von der Fläche)

Diode
n- und p-dotierte Schicht in Kontakt

Kombination aus n- und p-Schicht führt zur

WECHSELWIRKUNG

SYSTEM

(Diagramm: I über U_D)

LDR
licht-abhängiger Widerstand

n-Dotierung
5-wertige Fremdatome bewirken bewegliche Elektronen

p-Dotierung
3-wertige Fremdatome bewirken Löcher (Elektronenfehlstellen)

elektrische Leitfähig-keit

Erhöhung der Leitfähigkeit durch Energiezufuhr in Form von Wärme bzw. Licht (Frei-setzung von Elektronen)

Erhöhung der Leitfähigkeit durch Dotierung

sind
- Bauteile von Sensoren zur Temperatur- und Belichtungs-messung S. 70/71

NTC
temperatur-abhängiger Widerstand

Halbleiter
Grundmaterial Silicium, bei tiefen Temperaturen nichtleitend, da alle Elektronen gebunden sind

Metalle
leiten aufgrund frei beweglicher Elektro-nen, Leitfähigkeit nimmt mit zunehmen-der Temperatur ab

Nichtleiter
besitzen keine beweglichen La-dungsträger, auch nicht bei Energie-zufuhr

Materie S. 76-79

A1 Zwei gleich aussehende Bauteile B_1 und B_2 werden in nebenstehender Schal-tung untersucht. Die Tabelle zeigt die Messwerte:

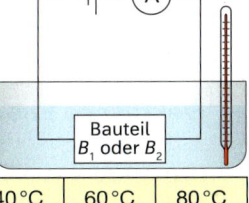

Temperatur ϑ	20 °C	40 °C	60 °C	80 °C
B_1 Stromstärke I	100 mA	95 mA	90 mA	85 mA
B_2 Stromstärke I	100 mA	110 mA	130 mA	160 mA

a) Zeichne für beide Bauteile das ϑ-I-Diagramm.
b) Erläutere, um welches Material es sich bei Bauteil B_1 und B_2 jeweils handeln muss.
c) Erkläre jeweils das Leitungsverhalten der beiden Bauteile in einem geeigneten Modell.

A2 Bei zwei Dioden wurden folgende Stromstärken in Abhängigkeit von der Diodenspannung gemessen:

Diode 1	0,5 V	0,75 V	0,8 V		
	10 mA	145 mA	280 mA		
Diode 2	0,5 V	1,0 V	1,5 V	2,0 V	2,5 V
	5 mA	15 mA	22 mA	100 mA	200 mA

a) Fertige die zugehörige Schaltskizze einschließlich der erforderlichen Messgeräte an.
b) Zeichne die U-I-Kennlinien und vergleiche anhand der Kennlinien die Dioden. Nimm dabei Bezug auf die Schwellenspannung.
c) Erläutere auch anhand von Skizzen, was unter einem n- bzw. p-dotiertem Halbleitermaterial zu verstehen ist.
d) Erkläre, warum jede Diode eine Schwellenspannung besitzt.

A3 **a)** Notiere die Schaltsymbole von NTC- und PTC-Widerstand, Leuchtdiode und Solarzelle. Erläutere je-weils die Bedeutung der Pfeile.
b) Erläutere Gemeinsamkeiten und Unterschiede be-züglich Aufbau und Wirkungsweise von Solarzellen und Leuchtdioden.
c) Begründe, warum reines Silicium den elektrischen Strom bei sehr tiefen Temperaturen kaum oder gar nicht leitet.

A4 Ergänze die Schaltung rechts durch drei Dioden zu ei-ner Gleichrichterschaltung und erkläre die Schaltung.

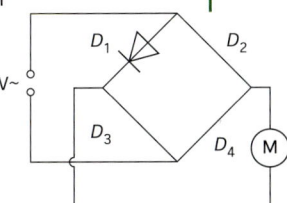

Vertiefung · Elektrotechnik

Leitung in Flüssigkeiten und Gasen

Auch Salzlösungen, Säuren und Laugen leiten den elektrischen Strom. (Alle derartigen Flüssigkeiten heißen *Elektrolyte)*. Dass in ihnen nicht freie Elektronen den elektrischen Strom bilden, sondern Ionen, zeigt das folgende Experiment.

1 Schließe zwei Kohlestäbe (Elektroden genannt), die in eine wässrige Kupferchloridlösung tauchen, an eine elektrische Quelle an (6 V-). Eine Glühlampe soll das Fließen des elektrischen Stroms anzeigen. Beschreibe, was nach einigen Minuten an den Elektroden zu beobachten ist. Betrachte die Elektroden genau, trockne sie evtl. vorsichtig ab.

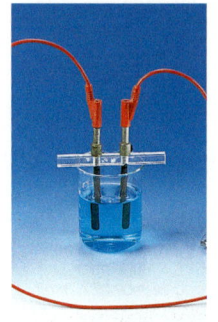

2 Erkläre die Vorgänge in 1. anhand der folgenden Abbildung. Gehe vereinfachend von Kupfer- und Chlor-Ionen aus.

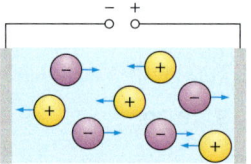

3 Recherchiere, wie die Leitung des elektrischen Stroms in Gasen erfolgt und erläutere sie anhand einer geeigneten Abbildung.

Fotodioden

1 **a)** Schließe eine IR-Fotodiode (du erkennst sie an ihrem durchsichtigen Gehäuse) über einen Schutzwiderstand an eine elektrische Quelle (6V-) an. Zeige, dass sie wie eine normale Diode eine Durchlass- und eine Sperrrichtung besitzt.
b) Beleuchte eine in Sperrrichtung betriebene IR-Fotodiode mit einer IR-LED. Deute deine Beobachtung. Vergleiche mit der Solarzelle.

2 In vielen öffentlichen Toiletten werden Wasserhahn, Seifenspender und Handtuchspender berührungslos betätigt. Dahinter verbirgt sich jeweils eine Reflexionslichtschranke mit IR-LED als Sender und IR-Fotodiode als Empfänger.
a) Baue eine entsprechende Modellschaltung bei dem ein kleiner Motor eingeschaltet wird.
b) Erkläre das Funktionsprinzip.

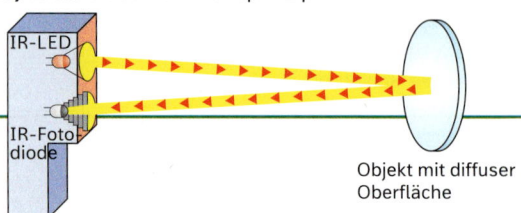

Objekt mit diffuser Oberfläche

Elektromagnetismus

Die Entdeckung der Stromwirkungen haben eine Vielzahl unterschiedlicher Erfindungen zur Folge gehabt, die den elektrischen Strom nutzbar machten.

1 Informiert euch über HANS CHRISTIAN OERSTED und seine bedeutende Entdeckung. Baut seinen historischen Versuch nach, dokumentiert Aufbau, Durchführung und Beobachtung.

2 Nach OERSTED besitzt ein gerader stromdurchflossener Leiter um sich herum ein konzentrisches Magnetfeld. Plant einen Versuch, mit dem ihr die magnetischen Feldlinien um einen geraden Leiter zeigen könnt (und führt ihn mit Hilfe eures Lehrers durch).

3 Erläutert den Zusammenhang zwischen OERSTEDs Entdeckung und der Funktionsweise
• einer elektrischen Klingel
• eines Elektromotors (Gleichstrommotor)
• eines Lautsprechers

4 Zerlegt einen alten Reibraddynamo in seine Bestandteile. Beschreibt Gemeinsamkeiten und Unterschiede zu einem Elektromotor.

Elektrische Energieversorgung

Die ausreichende Verfügbarkeit elektrischer Energie ist eine der zentralen Herausforderungen der heutigen Zeit.

1 Begründet, warum unter allen Energieformen gerade der elektrischen Energie eine so herausgehobene Bedeutung für unser heutiges tägliches Leben zukommt.

2 Listet in einer Tabelle möglichst viele **Kraftwerkstypen** bzw. Möglichkeiten auf, elektrische Energie zu erzeugen. Differenziert dabei nach der Verwendung **erneuerbarer / nicht erneuerbarer Energien**.

3 In Deutschland soll der Anteil der erneuerbaren Energien an der „Stromerzeugung" weiter stark gesteigert werden, um endgültig aus der Kernenergie auszusteigen. Kernkraftwerke sind sogenannte **Grundlastkraftwerke**. Erläutert diesen Begriff und erläutert mögliche Schwierigkeiten bei der Ersetzung der Kernkraftwerke durch Nutzung erneuerbarer Energien zur Stromgewinnung.

A1 Außerhalb Europas werden häufig andere Netzwechselspannungen als 230 V verwendet. In den USA sind 120 V üblich.

a) Ein Student hat aus den USA einen Eierkocher (400 W) und einen Toaster (1000 W), beide für die Nennspannung 120 V, mit nach Deutschland gebracht und beabsichtigt, beide Geräte in Reihenschaltung zu betreiben. Beurteile – mit Rechnung und Text – sein Vorhaben.

b) In Japan beträgt die Netzwechselspannung nur 100 V. Vergleiche Deutschland, die USA und Japan in Bezug auf Energieverluste bei der Energieübertragung.

A2 Ein bedeutendes Pumpspeicherkraftwerk liegt in Geesthacht an der Elbe.

a) Informiere dich im Internet über Aufbau und Funktion eines solchen Pumpspeicherkraftwerks. Fertige eine Prinzipskizze an. Begründe, weshalb es sinnvoll ist, Wasser vom unteren in das obere Speicherbecken zu pumpen.

b) Erläutere die Austauschbarkeit von Motor und Generator anhand dieses Kraftwerks.

c) Erläutere die Angabe der Energiestromstärke von 120 MW für das Kraftwerk Geesthacht.

d) Interpretiere das folgende Energiestromstärke-Diagramm eines Pumpspeicherkraftwerkes.

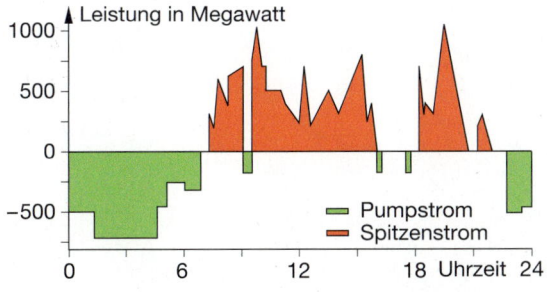

A3 Die Schaltskizze zeigt einen Lötkolben. Durch einen starken Strom wird seine Spitze sehr heiß. Beschreibe und begründe, was passiert, wenn der Schalter S geöffnet wird.

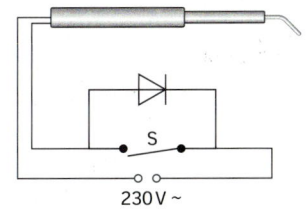

A4 Ein LDR und ein Stromstärkemessgerät liegen in Reihe an Wechselspannung.

a) Fertige eine Schaltskizze an und erläutere, in wiefern die Schaltung zur Beleuchtungsmessung geeignet ist.

b) Das Messgerät sei nur für Gleichstrom geeignet. Durch welche Veränderung in der Schaltung kann das Messgerät trotzdem benutzt werden? Zeichne und begründe.

A5 Im abgebildeten Versuch wird ein NTC-Widerstand mit einer Teelicht-Flamme erhitzt. Die Spannung U_1 steigt dabei auf 4 V.

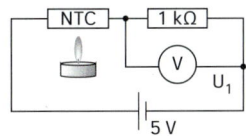

a) Ermittle anhand dieser Angabe den Widerstand des NTCs im erwärmten Zustand. Begründe. (Hinweis: Beachte die Maschenregel.)

b) Erkläre anhand einer Skizze, die den Aufbau des NTC-Widerstandes modellhaft zeigt, die Vorgänge die zu der Verringerung des NTC-Widerstandes bei Erwärmung führen.

A6 Die Abbildung zeigt eine mögliche Schaltung für eine Lichtschranke. Der Motor steht stellvertretend für ein Gerät, das mittels der Lichtschranke gesteuert werden soll. R_1 ist ein Schutzwiderstand.

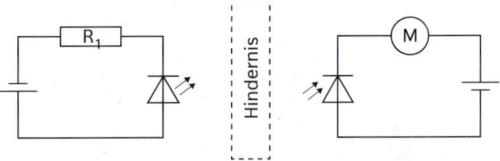

a) Nenne Einsatzmöglichkeiten von Lichtschranken in deiner Umwelt und im Unterricht.

b) Beschreibe die Schaltung. Erkläre, was zu beobachten ist, wenn sich zwischen LED und Fotodiode kein Hindernis befindet.

c) Nun wird zwischen LED und Fotodiode eine Hand geschoben. Beschreibe und erkläre die Veränderung.

A7 a) In einem Solarmodul sind 36 Solarzellen in Reihe geschaltet. Damit kann ein Akku, wie er in Autos und Wohnmobilen genutzt wird, mit einer Ladespannung von etwa 14 V geladen werden. Erläutere, welche Spannung jede Solarzelle dabei liefert.

b) Solarmodule selbst können sowohl parallel als auch in Reihe geschaltet werden. Erkläre Wirkung und Zweck dieser Schaltmöglichkeiten.

Kernphysik

In diesem Kapitel wird der Aufbau der Atomkerne beschrieben und erklärt, auf welche Arten ein solcher Atomkern zerfallen kann.

Die bei den Zerfällen freigesetzte Strahlung hinterlässt in einer Nebelkammer, wie sie die Schülerinnen im Bild beobachten, charakteristische Spuren. Die Gesetze dieser Zerfälle lernst du ebenso kennen wie die Gefahren der dabei auftretenden Strahlung und wie du dich davor wirkungsvoll schützen kannst – aber auch,

dass diese Strahlung in medizinischen Anwendungen sehr hilfreich sein kann.

Deutschland hat den Ausstieg aus der Kernenergie beschlossen. Damit du diese Entscheidung beurteilen kannst, lernst du zum Abschluss des Kapitels die Prozesse beim Betrieb eines Kernkraftwerkes sowie die damit verbundenen Sicherheitsrisiken und Lagerprobleme radioaktiver Abfälle kennen.

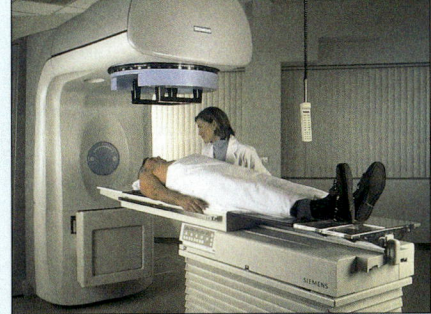

Röntgenstrahlung wird heute nicht mehr nur zu diagnostischen Zwecken, wie zum Beispiel zur Erkennung von Knochenbrüchen, eingesetzt. Mithilfe von energiereicher Röntgenstrahlung oder radioaktiver Strahlung können viele Krankheiten auch behandelt werden, etwa Krebs. Die Strahlung ist aber nicht nur hilfreich und heilsam, sondern auch gefährlich. Nutzen und Schaden müssen deshalb stets sehr sorgfältig gegeneinander abgewogen werden.

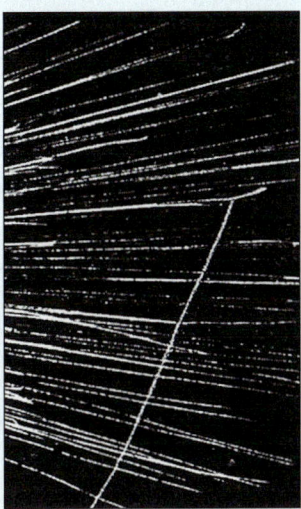

■ **Entdeckungen:** Etwa 1920 setzte ERNEST RUTHERFORD Stickstoff radioaktiver Strahlung aus. Die Strahlung bestand aus sehr schnell fliegenden Helium-Kernen. Er beobachtete und fotografierte die erste Umwandlung eines Elements (Stickstoff) in ein anderes (Sauerstoff). Bei der Umwandlung entstand noch ein drittes Teilchen, dessen Spur in der Nebelkammeraufnahme schräg nach unten verläuft.

RUTHERFORDs Versuchen folgten viele weitere. Dabei wurden zahlreiche neue Elemente und die Kernspaltung entdeckt.

■ **Kernenergie** wird in Kraftwerken seit 1956 genutzt; im Jahr 2012 waren weltweit 435 Reaktoren in 210 Kernkraftwerken in Betrieb. Von Anfang an gab es Menschen, die wegen der damit verbundenen Gefahren gegen den Bau von Kernkraftwerken demonstriert haben. Dass sie zu Recht auf die Gefahren hingewiesen haben, zeigen viele Unfälle, besonders die von Tschernobyl und Fukushima.

■ **Schutzmaßnahmen:** Der Mensch besitzt kein Sinnesorgan, mit dem er radioaktive Strahlung oder Röntgenstrahlung wahrnehmen könnte. Jeder Raum, in dem Röntgengeräte benutzt oder radioaktive Substanzen gelagert werden, muss deshalb eine entsprechende Kennzeichnung haben. Personen, die mit ihnen umgehen, müssen entsprechend geschult und geschützt sein.

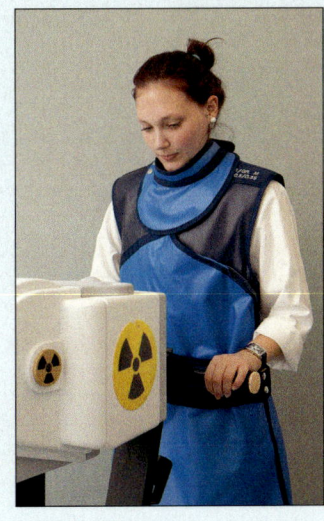

Vorbereitung

1. Lies die Texte dieser beiden Seiten durch und betrachte die zugehörigen Bilder. Schreibe zu den einzelnen Themen Fragen auf, die du dazu hast.
2. Blättere das folgende Kapitel durch, lies die Überschriften und betrachte die Bilder. Notiere neben den Fragen aus 1 die Seitenzahlen, die deiner Meinung nach Antworten zu deinen Fragen liefern könnten.
3. Überlege und schreibe auf, was du in Experimenten untersuchen möchtest. Vielleicht hast du ja schon Ideen, wie die Versuche aussehen könnten.
4. Studiere die im Vorwissen „Atome und Ladungen" auf Seite 60 dargestellten Zusammenhänge. Schreibe dazu die wichtigsten Begriffe zusammen mit einer kurzen Erklärung auf.

Vorwissen — Atome und Ladungen

Atome, Moleküle

- Jeder Körper besteht aus winzig kleinen Teilchen, den Atomen oder den aus Atomen zusammengesetzten Molekülen.

- Atome bestehen aus einem Atomkern mit positiver Ladung und einer Atomhülle, bestehend aus negativ geladenen Elektronen.

- Die positive Ladung des Kerns und die negative Ladung der Hülle sind gleich groß, das Atom ist nach außen elektrisch neutral.

- Die Anzahl der positiven Ladungen des Kerns bestimmt die Atomart und damit das chemische Element.

freies Elektron

Ionen, geladene Körper

- Nimmt ein Atom ein oder mehrere Elektronen in seine Hülle auf, dann entsteht ein negativ geladenes Ion.

- Gibt ein Atom Elektronen ab, dann überwiegt die positive Ladung des Kerns, es entsteht ein positiv geladenes Ion.

- Ein negativ geladener Körper besitzt insgesamt einen Elektronenüberschuss, bei einem positiv geladenen Körper herrscht Elektronenmangel.

MATERIE

Das Periodensystem der Elemente

Elemente sind all die Stoffe, die mit chemischen Methoden nicht mehr weiter zerlegt werden können. Die Ordnung dieser Elemente nach chemischen Gesichtspunkten führt zum Periodensystem der Elemente.
Im PSE sind die Elemente

- in den Spalten nach ihren chemischen Eigenschaften angeordnet.
- in den Zeilen (Perioden) nach aufsteigender Zahl ihrer Hüllenelektronen sortiert.

feste Elemente: schwarz
flüssige Elemente: blau
gasförmige Elemente: rot
künstliche Elemente: weiß
natürliche radioaktive
Elemente: grün

Atommasse in u — 26,98
Elementsymbol — Al
Ordnungszahl — 13
Elementname — Aluminium

(Periodensystem der Elemente — tabellarische Darstellung)

WECHSELWIRKUNG

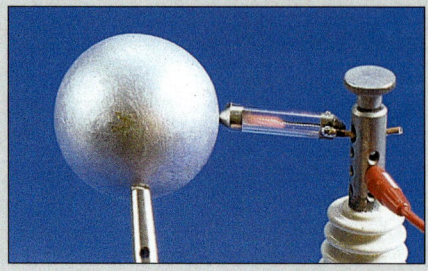

Die Kugel ist negativ geladen, da die Glimmlampe am zugewandten Ende leuchtet.

Nachweisgeräte für Ladungen

Die Aufladung eines Körpers lässt sich mithilfe einer Glimmlampe oder eines Elektroskops nachweisen.

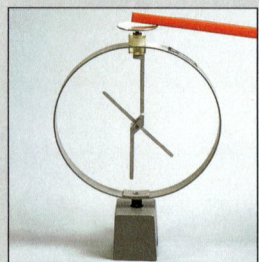

Gleichnamig geladene Körper (fester Stab und Zeiger des Elektroskops) stoßen sich ab. Die Ladungsart ist nicht bestimmbar.

Von der Entdeckung der Kernspaltung zur Kernenergie — Projekt

LISE MEITNER und OTTO HAHN haben lange Jahre zusammen gearbeitet und zusammen die Radioaktivität erforscht. 1938 musste LISE MEITNER vor der Verfolgung durch die Nationalsozialisten fliehen, sie arbeitete dann in Stockholm. Ein Jahr nach dieser Flucht führen OTTO HAHN und FRITZ STRASSMANN ein Experiment durch: Sie schießen mit langsamen Neutronen auf Uran-Atome. Was dabei passierte, haben sie allerdings nicht verstanden. OTTO HAHN berichtet LISE MEITNER in einem Brief über das Experiment und seinen Ausgang sowie über die fehlende Interpretation der Ergebnisse. LISE MEITNER findet zusammen mit ihrem Neffen OTTO ROBERT FRISCH schnell eine Erklärung.

a) Recherchiert
- welches Ziel HAHN und STRASSMANN mit dem Beschuss von Uranatomen mit Neutronen verfolgten
- den Briefwechsel zwischen HAHN und MEITNER.

b) Schreibt den Dialog für ein fiktives Telefongespräch zwischen HAHN und MEITNER, in dem HAHN die experimentellen Ergebnisse schildert und beide über die Deutung dieser Ergebnisse diskutieren. Führt das Telefongespräch vor euren Mitschülern.

c) Die Entscheidung, wer den Nobelpreis in Chemie im Jahr 1944 bekommen soll, ist schwierig. Die Kommission hat die Möglichkeit, die Auszeichnung an eine einzelne Person bzw. an maximal drei, nicht aber vier Personen zu vergeben. Sie ist sich einig, dass sie für die Entdeckung der Kernspaltung vergeben werden soll.

Verdeutlicht das Problem der Kommission, formuliert Argumente für und wider die vier potenziellen Kandidaten. Nennt Gründe für die tatsächliche Entscheidung der Kommission.

d) Die Kernspaltung ist Grundlage der Gewinnung elektrischer Energie in Kernkraftwerken. Befragt eure Mitschüler, Eltern, Bekannte, Verwandte nach ihrer Einstellung zur Kernenergie. Mögliche Aspekte sind:
- Kenntnisstand zu den Abläufen im Kernkraftwerk
- Entstehung von radioaktiven Abfällen und der Umgang mit ihnen
- Befürchtungen bzw. Ängste
- Bereitschaft, Energie zu sparen
- Alternativen zu Kernkraftwerken

Stellt eure Ergebnisse in Plakatform dar.

Radioaktivität in der Medizin — Projekt

In der Medizin werden radioaktive Substanzen und verschiedene Formen der Strahlung eingesetzt, um bei Untersuchungen zu einer gesicherten Diagnose zu kommen. Eine andere Verwendung finden sie in der Therapie, um eine bestehende Erkrankung zu heilen.

P1 a) Erkundigt euch, wo und warum Strahlungsquellen zur **Diagnose** eingesetzt werden. Stellt diese Methoden in einer Tabelle übersichtlich dar.

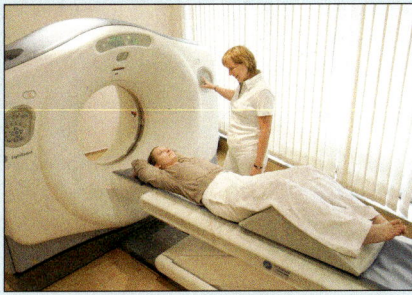

b) Stellt dieses Ergebnis der Klasse vor und schildert dabei auch, durch welche Maßnahmen die Strahlenbelastung für die Patienten und für das Personal in den letzten Jahren reduziert wurde.

P2 a) Erstellt für den Einsatz von Strahlung zur **Therapie** von Erkrankungen eine ähnliche Übersicht.

b) Notiert in dieser Tabelle außerdem, seit wann die jeweilige Therapiemethode eingesetzt wird und wie wirkungsvoll sie ist!

Aufbau der Atome

Die Atome sind so klein, dass sie auch mit einem sehr stark vergrößernden Lichtmikroskop nicht betrachtet werden können. Ein Beispiel soll dies verdeutlichen: Der Atomkern ist gegenüber dem Atom so klein wie ein Reiskorn gegenüber einem Fußballstadion.
Trotzdem konnte das Kern-Hülle-Modell zur Erklärung vieler Erscheinungen im Mikrokosmos entwickelt werden. Kann es bestätigt werden? Wie groß sind Atome eigentlich? Und woraus besteht der Atomkern?

Abschätzung des Atomdurchmessers

Eine Vorstellung von der Größe der Atome kann mit dem **Ölfleckversuch** erhalten werden.
Wird ein Tropfen mit Leichtbenzin verdünnter Ölsäure auf eine Wasserfläche aufgebracht, die mit sehr feinen und leichten Blütensporen bestreut wurde, dann verdunstet das leicht flüchtige Benzin und die geringe Menge Ölsäure breitet sich auf dem Wasser aus. Die Größe des entstandenen Kreises wird durch die vom Öl verdrängten Blütensporen sichtbar gemacht. Daraus kann der Durchmesser des Ölflecks bestimmt werden. Werden zwei oder drei Tropfen Ölgemisch auf das

Wasser gegeben, so hat der Ölfleck genau die doppelte bzw. dreifache Größe.

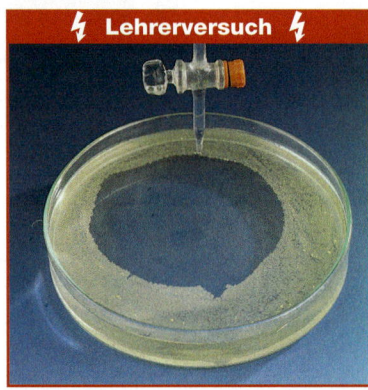

⚡ Lehrerversuch ⚡

Daraus lässt sich schließen, dass die Ölschicht immer die gleiche Dicke hat, sich die Moleküle also alle nebeneinander anordnen, und somit der Moleküldurchmesser gleich der Höhe der Schicht ist.
Die Auswertung dieses relativ einfachen makroskopischen Versuchs – siehe Rechenbeispiel – ergibt eine erstaunlich gute Vorstellung von den Größenordnungen der Moleküle und sogar der Atome:

> Atome können als Kugeln mit Radien in der Größenordnung 10^{-10} m aufgefasst werden.

Rechenbeispiel

Ein Tropfen Ölsäuremischung (Mischungsverhältnis mit Leichtbenzin 1:2000) verursacht einen Fleck mit der Fläche $A = 125$ cm^2. 49 Tropfen der Mischung haben ein Volumen von 1,0 cm^3.

1. Berechnung des Ölvolumens $V_{\text{Öl}}$ in einem Tropfen:

$$V_{\text{Öl}} = \frac{1,0 \text{ cm}^3}{49 \cdot 2000} = 1,0 \cdot 10^{-5} \text{ cm}^3.$$

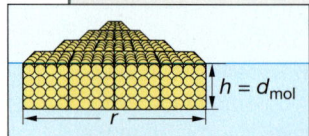

2. Abschätzung des Moleküldurchmessers d_{Mol}:
Die Dicke h des zylindrischen Ölflecks entspricht dem Moleküldurchmesser d_{Mol}:

$$d_{\text{Mol}} = h = \frac{V_{\text{Öl}}}{A} = \frac{1,0 \cdot 10^{-5} \text{ cm}^3}{125 \text{ cm}^2} = 8,02 \cdot 10^{-8} \text{ cm}$$

3. Abschätzung des Atomdurchmessers:
Ölsäure $C_{17}H_{33}COOH$ besteht aus 18 Kohlenstoffatomen, 34 Wasserstoffatomen und 2 Sauerstoffatomen, insgesamt also 54 Atome. Zur Vereinfachung werden

die Atome und Moleküle als Würfel gedacht. Ein Molekülwürfel, der die Kantenlänge von 3 Atomen hat, enthält $3^3 = 27$ Atome, ein Molekülwürfel mit der Kantenlänge 4 Atome enthält $4^3 = 64$ Atome. Das Ölsäuremolekül besitzt also eine Kantenlänge von ungefähr 4 Atomdurchmessern.
Damit ergibt sich für den Atomdurchmesser in etwa ein Viertel des Moleküldurchmessers:

$$d_{\text{Atom}} \approx d_{\text{Mol}} : 4 = 2 \cdot 10^{-8} \text{ cm} = 2 \cdot 10^{-10} \text{ m}.$$

Da das Ölsäuremolekül aus verschiedenen Atomen besteht und zudem einige vereinfachende Annahmen gemacht wurden, kann der erhaltene Atomdurchmesser nur die ungefähre Größe von Atomen angeben. Genauere Untersuchungen bestätigen jedoch, dass der Durchmesser von Atomen zwischen $1 \cdot 10^{-10}$ m und $5 \cdot 10^{-10}$ m liegt.

Das Rutherford'sche Atommodell

Anfang des 20. Jahrhunderts wurden Atome als positive Kugeln angesehen, in die die negativen Elektronen gleichmäßig verteilt eingebettet waren, etwa wie Rosinen im Kuchenteig (Thomson'sches Atommodell).

1909 beschoss ERNEST RUTHERFORD (1871–1937) eine sehr dünne Goldfolie mit α-Teilchen – das sind die Kerne von Heliumatomen.

Er untersuchte, unter welchen Winkeln die α-Teilchen aus der Einfallsrichtung abgelenkt werden. Den Raum um die Folie „tastete" er mit einem Leuchtschirm ab. Die α-Teilchen erzeugen beim Auftreffen auf den Leuchtschirm kleine Lichtblitze, die mit einem Mikroskop beobachtet wurden. So bestimmten RUTHERFORD und seine Mitarbeiter die Anzahl der unter einem bestimmten Winkel abgelenkten α-Teilchen pro Zeitintervall.

RUTHERFORD erwartete, dass die α-Teilchen durch die

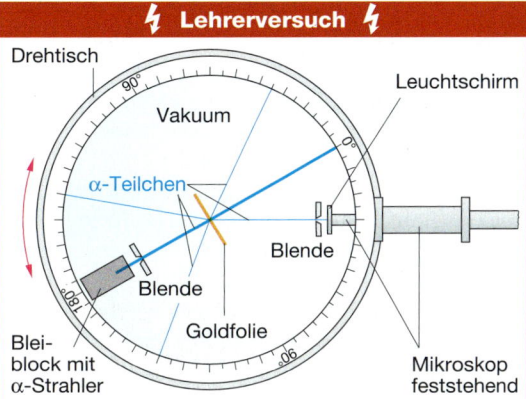

Atome der Goldfolie nahezu unabgelenkt hindurchfliegen, da die leichten Elektronen im „positiven Teig" des Atoms kaum Einfluss auf die Flugbahn der schweren α-Teilchen haben sollten und die gleichmäßig verteilte positive Ladung ebenfalls keine Richtungsänderung hervorrufen könnte.

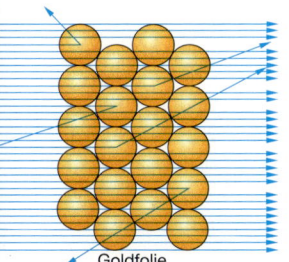

Goldfolie

Das Experiment ergab aber ein ganz anderes Ergebnis. Die meisten α-Teilchen flogen zwar geradlinig durch die Folie, allerdings wurden unter allen Winkeln gestreute α-Teilchen beobachtet, einige α-Teilchen wurden sogar direkt zurück gestreut.

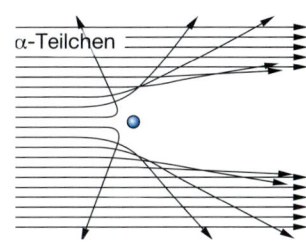

Aus RUTHERFORDs Streuversuchen ergaben sich – durch aufwendige Rechnungen – folgende Schlussfolgerungen für den Aufbau der Atome: Die gesamte positive Ladung und nahezu die gesamte Masse eines Atoms ist in einem winzigen Atomkern konzentriert. Der Radius des Atomkerns beträgt nur etwa 1/10000 des Atomradius. Der Atomkern ist von Elektronen umgeben, die die Atomhülle bilden. Diese Erkenntnisse führten zum **Kern-Hülle-Modell:**

> Positive Ladung und fast die gesamte Masse eines Atoms sind im Atomkern konzentriert.
> Der Durchmesser eines Atomkerns beträgt etwa 10^{-14} m.
> Die negative Ladung des Atoms wird durch die Elektronen der Hülle gebildet.

Aufgaben

1 **a)** Beschreibe, welche Vorstellung vom Aufbau eines Atoms vor RUTHERFORDs Streuversuch existierte (Rosinenkuchenmodell).

b) Erläutere, welche Versuchsergebnisse Rutherfords zum Rosinenkuchenmodell passen und welche nicht.

c) Beschreibe, unter welcher Voraussetzung ein Alpha-Teilchen beim Zentralen Versuch direkt zurück gestreut wird, also seine Flugbahn um 180° ändert. (Beachte die obere rechte Abbildung.)

d) Die Elektronen in der Atomhülle haben praktisch keinen Einfluss auf die Flugbahn der Alpha-Teilchen. Begründe dieses Versuchsergebnis.

e) Rutherford benutzte eine Goldfolie u. a. deswegen, weil Goldfolien in sehr dünnen Stärken hergestellt werden konnten. Begründe die Notwendigkeit dafür.

2 **a)** Beim Ölfleckversuch wird mit Leichtbenzin verdünnte Ölsäure benutzt. Erläutere den Zweck des Leichbenzins. Welche Beobachtung wäre ohne Verdünnung zu erwarten?

b) Erläutere, warum es im Versuch wichtig ist, dass die Ölsäuremoleküle alle nur nebeneinander, aber nicht übereinander liegen.

c) Eine Ölsäurelösung in Leichtbenzin enthält 2,0 g Ölsäure (Dichte $\varrho = 8{,}9 \cdot 10^2 \frac{kg}{m^3}$) in 1,0 l Lösung. Der mit einer Pipette auf eine Wasseroberfläche gebrachte Tropfen (Volumen $\frac{1}{90}$ cm^3) erzeugt dort einen Ölfleck der Fläche 140 cm^2. Ermittle aus diesen Versuchsdaten die Größenordnung der Moleküle.

Aufbau der Atomkerne

Nach dem Atommodell von RUTHERFORD besteht das Atom aus dem positiven Kern, der nahezu die gesamte Masse enthält, und der Hülle mit den Elektronen.

Die Kerne bestehen aus einzelnen Kernbausteinen, den **Nukleonen.** Alle Nukleonen haben etwa die gleiche Masse. Es gibt positiv geladene Nukleonen, die **Protonen,** und ungeladene Nukleonen, die **Neutronen.** Wasserstoffatome sind die kleinsten, am einfachsten gebauten Atome. Der Atomkern besteht bei den meisten Wasserstoffatomen nur aus einem Proton. Es gibt aber auch noch das seltener vorkommende Deuterium, ein Wasserstoffatom mit einem Kern aus einem Proton und einem Neutron, oder das Tritium, das aus einem Proton und zwei Neutronen besteht. Diese Wasserstoffvarianten, die sich nur in der Anzahl der Neutronen im Kern unterscheiden, sind die **Isotope** des Wasserstoffs.

Solche Isotope gibt es bei allen Elementen. Sie haben die gleiche Anzahl von Protonen und dadurch den gleichen Aufbau der Atomhülle. Sie besitzen daher alle die gleichen chemischen Eigenschaften.

Die verschiedenen Isotope kommen im natürlichen Element unterschiedlich häufig vor, wobei eine Isotopenart meist deutlich überwiegt. Bei Stickstoff zum Beispiel hat eines von zwei Isotopen die Häufigkeit 99,6%. Die Atommasse ist der gewichtete Mittelwert der unterschiedlichen Isotopenmassen. So erklärt es sich, dass die Atommassen im Periodensystem keine ganzen Zahlen sind: Bei Chlor zum Beispiel 35,45 u, wobei u die **atomare Masseneinheit** ist. Sie ist definiert als ein Zwölftel der Masse eines Atoms des Kohlenstoffisotops $^{12}_{6}$C, dessen Kern aus 6 Protonen und 6 Neutronen besteht: $1\,u = 1{,}66 \cdot 10^{-27}$ kg.

> Alle in der Natur vorkommenden Atome eines Elements haben die gleiche Anzahl von Protonen, unterscheiden sich aber in der Neutronenzahl. Das sind die Isotope eines Elements.

Schreibweisen

Mithilfe der Kernladungszahl Z und der Massenzahl A können Isotope eines Elements eindeutig beschrieben werden:

- Die **Kernladungszahl Z** gibt die Anzahl der Protonen im Kern an (in der Chemie heißt sie auch Ordnungszahl). Neutrale Atome besitzen genau so viele Elektronen in der Hülle wie Protonen im Kern.
- Die **Massenzahl A** ist die Summe aus der Protonen- und der Neutronenzahl.

Die Massenzahl A wird oben, die Kernladungszahl Z unten an das Elementsymbol geschrieben.

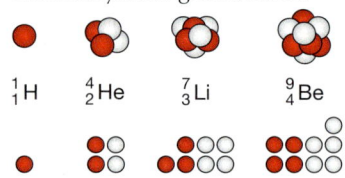

$^{1}_{1}$H $^{4}_{2}$He $^{7}_{3}$Li $^{9}_{4}$Be $^{12}_{6}$C

Da die Information über die Kernladungszahl schon in der Elementbezeichnung steckt, wird diese häufig weggelassen. Aus $^{12}_{6}$C wird kurz ^{12}C oder C12.

Feste Körper und doch nicht stabil

In der Chemie gibt es als Ordnungsschema das *Periodensystem* der Elemente. In der Kernphysik ist die Entsprechung die **Nuklidkarte.** Sie ist aufgebaut wie ein Koordinatensystem, bei dem entlang der Rechts-Achse die Neutronenzahl N und auf der Hoch-Achse die Kernladungszahl Z aufgetragen sind. He4 hat also die Koordinaten: dritte Spalte ($N = 2$) und dritte Zeile ($Z = 2$), denn der He-Kern besteht aus 2 Protonen und 2 Neutronen. Alle Kerne in einer Zeile gehören zum gleichen Element, da sie die gleiche Protonenzahl haben, sind aber wegen der unterschiedlichen Anzahl von Neutronen unterschiedlich schwer. Sie heißen *Isotope*.
Werden alle Kerne in die Karte eingetragen, so fällt auf, dass sie sich nicht entlang der Linie $Z = N$ gruppieren, sondern mit schwerer werdenden Kernen deutlich darunter. Bei schwereren Kernen überwiegt also die Anzahl der Neutronen. Der vergrößerte Ausschnitt zeigt, dass die Nuklidkarte eine Fülle von Informationen enthält.

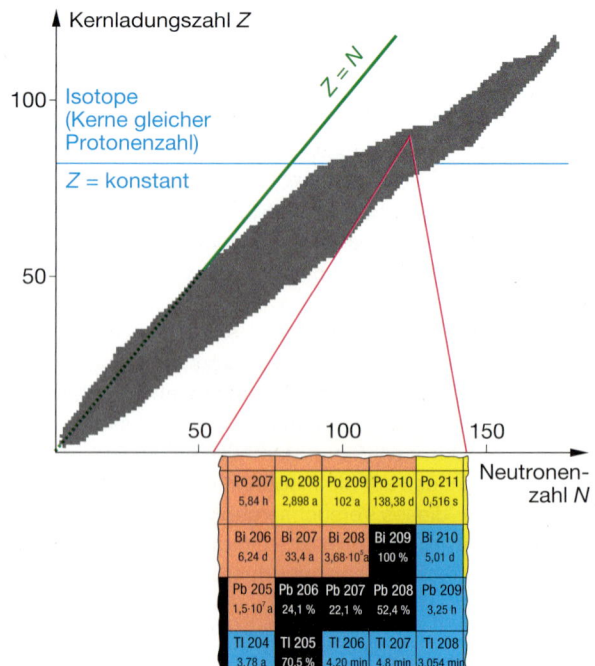

Kernkraft

Kerne bestehen aus positiv geladenen Protonen und ungeladenen Neutronen. Doch eigentlich dürften sie wegen der abstoßenden Kraft zwischen den Protonen nicht zusammenhalten. Es muss also eine Kraft existieren, die folgende Bedingungen erfüllt:
- sehr geringe Reichweite, gerade bis zum nächsten Nukleon;
- deutlich stärker als die abstoßende elektrische Kraft;
- wirkt auch zwischen Neutronen untereinander und zwischen Protonen und Neutronen.

Eine Vorstellung, wie diese **Kernkraft** die sonst dominierende elektrische Kraft übertrifft, liefert der folgende Versuch:

 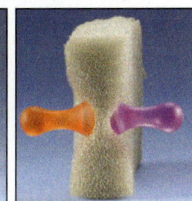

Zwei Magnete werden durch ein Stück Schaumstoff so auf Abstand gehalten, dass sie, wenn sie ein wenig in den Schaumstoff „eintauchen", von diesem entgegen der magnetischen Anziehung wieder auseinandergedrückt werden. Werden sie jedoch weiter in den Schaumstoff hineingedrückt, so ziehen sich die Magnete so stark an, dass der Schaumstoff dazwischen völlig plattgedrückt wird. Bei kurzem Abstand übertrifft also die anziehende magnetische Kraft die abstoßende Kraft des Schaumstoffs – genau wie im Atomkern die Kernkraft die Protonen zusammenhält trotz der abstoßenden elektrischen Kraft zwischen ihnen.

> Neutronen und Protonen werden untereinanedr durch eine Kraft von sehr kurzer Reichweite zusammengehalten – der Kernkraft.

Aufgaben

1 a) Erläutere die Schreibweise $^9_4$ Be und $^{12}_6$ C.
b) Stelle in einer Tabelle die Namen der Elemente und die Anzahl der Neutronen und Protonen für folgende Kerne zusammen: H4, He4, O17, Co60, Ni60, Pb206, U235 und U238.

2 Die Kerne B10 und B12 sind Isotope des Elements Bor. Erkläre ihren Aufbau.

3 Die Masse eines Nukleons (Proton oder Neutron) beträgt ungefähr $1{,}66 \cdot 10^{-24}$ kg. Berechne die Masse des He4-Kerns.

4 Begründe, warum der Aufbau eines Atomkerns aus Protonen und Neutronen nur möglich ist, wenn es die Kernkraft gibt.

5 Wird eine Tür zugezogen, ohne die Klinke herunterzudrücken, muss eine Kraft gegen die Feder des Türschnappers aufgebracht werden. Erst im letzten Moment rastet der Türschnapper ein. Erkläre anhand dieses Beispiels die Reichweite der Kernkraft.

Quarks und der Aufbau der Materie · Streifzug

Zu Beginn des 20. Jahrhunderts glaubten die Physiker, dass es nur einige wenige Teilchen gibt, die nicht aus anderen Teilchen zusammengesetzt sind; sie wurden **Elementarteilchen** genannt. Im Laufe der Zeit hat sich aber gezeigt, dass auch sie aus immer kleineren Teilchen zusammengesetzt sind.

Zuerst wurde der Aufbau der Atome aus Kern und Hülle entdeckt, dann der des Kerns aus Protonen und Neutronen und schließlich der Aufbau der Protonen und Neutronen aus **Quarks.**
Demnach besteht ein Proton aus drei Quarks – zwei up-Quarks und einem down-Quark; das Neutron dagegen ist aus einem up-Quark und zwei down-Quarks zusammengesetzt:
Proton: **uud**   Neutron: **udd**

Da Atome nur aus Protonen und Neutronen sowie den Elektronen in der Atomhülle aufgebaut sind, besteht die gesamte Materie auf der Erde nur aus den beiden Quarks u und d.

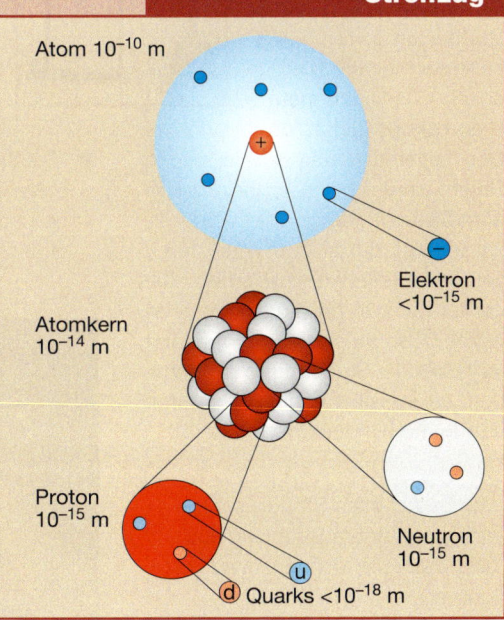

Atom 10^{-10} m

Elektron $<10^{-15}$ m

Atomkern 10^{-14} m

Proton 10^{-15} m

Neutron 10^{-15} m

Quarks $<10^{-18}$ m

Radioaktivität

Am 24. Februar 1896 entdeckte HENRI BECQUEREL (1852–1908) die Radioaktivität, 1903 bekam er dafür – zusammen mit MARIE und PIERRE CURIE – den Nobelpreis. Auf einem lichtdicht verpackten Fotopapier hatte er zufällig einige Tage ein Stück Uranerz liegenlassen. Nach der Entwicklung des Films zeigte sich eine Schwärzung, die den Steinumrissen entsprach. Wie war dies ohne Lichteinwirkung möglich? Warum wurde das Papier nur an den Stellen „belichtet", an denen sich das Erz befand? Besteht ein Zusammenhang mit Röntgenstrahlung bzw. mit UV-Licht?

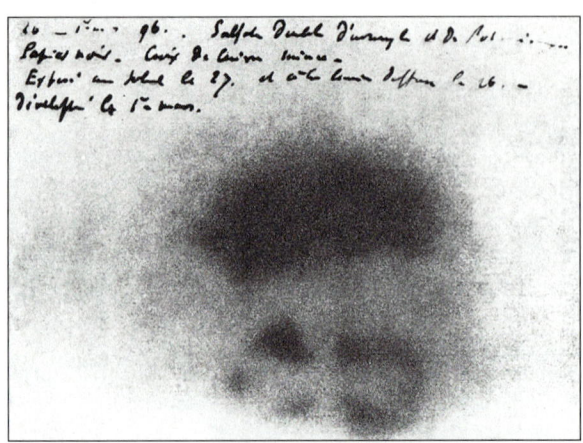

Nachweis von Radioaktivität

Experimente mit Uran führte um 1910 in Paris auch die in Polen geborene Physikerin MARIE CURIE durch. Sie konnte die Ergebnisse nur so erklären, dass von dem Uran eine unsichtbare Strahlung ausging, die Fotopapier schwärzte und noch weitere Wirkungen hatte. Die Stoffe, die diese Strahlung aussenden, nannte sie „radioaktiv" (Strahlung aussendend).

⚡ Lehrerversuch ⚡

Strahlerstift

Im Versuch wird ein Strahlerstift in die Nähe eines negativ bzw. positiv geladenen Elektroskops gebracht. Der Zeigerausschlag geht in beiden Fällen zurück – das Elektroskop wird also entladen. Diese Entladung kann nur durch geladene Teilchen geschehen, die vorher nicht in der Luft vorhanden waren. Also muss die vom Präparat ausgehende Strahlung die Atome der Luft **ionisiert** haben. Hierdurch wurde die Luft elektrisch leitend.

Von bestimmten Stoffen geht eine unsichtbare Strahlung aus, die Fotopapier schwärzt und Luft ionisiert.

Die Nebelkammer

In einer solchen Kammer befindet sich Luft, die mit Wasser- und Alkoholdampf gesättigt ist. Mit der Kammer ist ein Gummiball verbunden, der zusammengedrückt werden kann. Wird dieser Gummiball plötzlich losgelassen, so dehnt sich die Luft in der Kammer schlagartig aus. Dadurch sinkt die Temperatur unter die Kondensationstemperatur des Alkohol-Luft-Gemisches ab.

Die Strahlung aus dem Strahlerstift, der in der Kammer angebracht ist, erzeugt Ionen, die als Kondensationskeime wirken. Durch sie bilden sich kleinste Wassertröpfchen, die von der Seite kommendes Licht streuen. Auf diese Weise kann der Weg der Strahlung sichtbar gemacht werden.

Im Foto sind Nebelstreifen von 2 bzw. 4 cm Länge zu erkennen, die Spuren der **ionisierenden Strahlung**. Ein Stückchen Papier als Hindernis beendet die Spuren sofort. Was folgt daraus?

● Die durch die Nebelspuren registrierte Strahlung hat eine sehr begrenzte Reichweite in Luft und kann schon durch ein Blatt Papier völlig abgeschirmt werden.
● Die unterschiedlichen Bahnlängen weisen darauf hin, dass es Strahlung unterschiedlicher Energie geben muss.
● Das Bild der Nebelspuren entsteht sofort mit dem Loslassen des Gummiballs. Dies deutet darauf hin, dass vom Strahlerstift so viel Strahlung ausgesendet wird, dass immer welche vorhanden ist. Außerdem muss sie eine sehr hohe Geschwindigkeit haben.

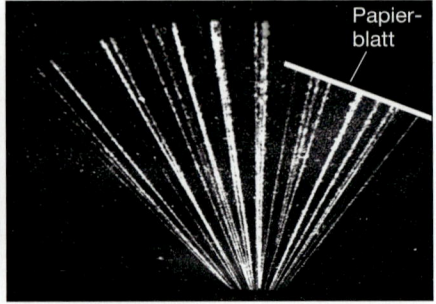

Papierblatt

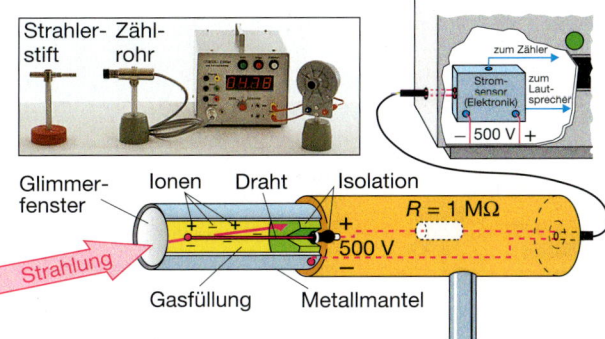

Strahler-Zähl-
stift rohr

Glimmer-
fenster   Ionen   Draht   Isolation

zum Zähler

Strom-
sensor
(Elektronik)   zum Laut-
sprecher

− 500 V +

$R = 1\ \text{M}\Omega$

Strahlung

Gasfüllung   Metallmantel

500 V

Das Geiger-Müller-Zählrohr

Ein Zählrohr besteht aus einem Metallzylinder, in dessen Inneren ein Draht isoliert eingespannt ist. Auf der einen Seite ist das Metallrohr von einem dünnen Glimmerfenster und auf der anderen Seite durch eine Isolierschicht luftdicht verschlossen. Gefüllt ist das Rohr mit einem Edelgas unter geringem Druck. Zwischen Draht und Metall liegt eine Spannung von einigen 100 V.

Gelangt Strahlung durch das Glimmerfenster in das Rohr, ionisiert sie Atome der Gasfüllung. Die entstehenden Elektronen werden zum positiven Draht hin beschleunigt, die positiven Ionen zur negativen Metallwand hin. Durch die hohe Spannung werden sie so schnell, dass sie durch Stöße weitere Gasatome ionisieren können und diese wiederum andere – es kommt zur **Stoßionisation.**

Die Zahl der Elektronen wächst dadurch lawinenartig an, es fließt ein messbarer Strom I über den Widerstand R und verursacht dadurch einen Spannungsabfall $U_R = R \cdot I$. Durch ihn wird die Spannung zwischen Draht und Wand reduziert und zwar so stark, dass im Zählrohr keine Stoßionisation mehr möglich ist und das Gas wieder zum Isolator wird. Die Zeit, in der keine weiteren Ereignisse gemessen werden können, heißt *Totzeit.* Sie liegt bei den meisten Zählrohren unter einer Millisekunde. Nach der Totzeit kann das Zählrohr erneut auf ionisierende Strahlung reagieren.
Die kurzen Stromstöße, die durch den Widerstand fließen, werden verstärkt; sie können dann in einem Lautsprecher ein Knacken verursachen oder von einer entsprechenden Elektronik gezählt werden.

Zählrate und Nulleffekt

Die Anzahl der Stromstöße, die in einer bestimmten Zeit mit einem Zählrohr gemessen wird, ist die **Zählrate.** Sie ist ein Maß für die Intensität der Strahlung.

Die Zählrate
Die Einheit ist $1\ \frac{\text{Imp}}{\text{s}}$.
Das Formelzeichen ist Z.

Die Überprüfung verschiedener radioaktiver Stoffe mit dem Zählrohr führt zu sehr unterschiedlichen Ergebnissen. Beim Strahlerstift werden in vergleichbaren Zeiten die meisten Impulse gemessen; er verursacht also die höchste Zählrate. Wird eine Messung wiederholt, so kann das Ergebnis deutlich abweichen (Fliese!)

Strahler	Strahlerstift	Uranerz	Leuchtziffern	Fliese	Fliese
Zeit	30 s	45 s	100 s	60 s	60 s
Impulse	31 800	78	62	371	355
Z	$1060\ \frac{\text{Imp}}{\text{s}}$	$1{,}7\ \frac{\text{Imp}}{\text{s}}$	$0{,}6\ \frac{\text{Imp}}{\text{s}}$	$6{,}2\ \frac{\text{Imp}}{\text{s}}$	$5{,}9\ \frac{\text{Imp}}{\text{s}}$

Radioaktivität ist ein Vorgang, der unregelmäßig und zufällig auftritt und dadurch zu unterschiedlichen Zählraten führen kann. Dieser Effekt wird bei sehr kurzen Messzeiten besonders deutlich.

Zeit	60 s	600 s	600 s	6000 s	6000 s
Impulse	18	212	195	2067	2014
Z	$0{,}3\ \frac{\text{Imp}}{\text{s}}$	$0{,}35\ \frac{\text{Imp}}{\text{s}}$	$0{,}33\ \frac{\text{Imp}}{\text{s}}$	$0{,}34\ \frac{\text{Imp}}{\text{s}}$	$0{,}34\ \frac{\text{Imp}}{\text{s}}$

Auch wenn sich kein radioaktives Material in der Nähe des Zählrohres befindet, registriert das Zählrohr Impulse. In diesem Fall wird die natürliche Radioaktivität aus der Umwelt gemessen. Dieser **Nulleffekt** ist ständig vorhanden und tritt sehr unregelmäßig auf. Erst bei Messungen über einen längeren Zeitraum gleichen sich diese zufälligen Schwankungen aus. Die auf den Nulleffekt zurückzuführende Zählrate wird **Nullrate** genannt und ist bei allen Messungen zu berücksichtigen.

> Die Zählrate Z ist die pro Zeiteinheit mit einem Zählrohr gemessene Impulszahl. Sie ist ein Maß für die am Ort des Zählrohres vorliegende Intensität radioaktiver Strahlung.

Aufgaben

1 Früher gab es Uhren, von denen wurde behauptet, ihre Leuchtziffern wären radioaktiv. Beschreibe zwei Möglichkeiten, wie diese Behauptung überprüft werden kann.

2 **a)** Erläutere, wie ein Zählimpuls bei einem Zählrohr zustande kommt.
b) Was erwartest du, wenn du eine Messung mehrfach durchführst? Begründe.

3 Dieses Fotopapier hat einige Tage lichtdicht verpackt auf der Fliese gelegen. Erkläre das Zustandekommen der Schwärzung des Fotopapieres.

Durchdringungsvermögen radioaktiver Strahlung

Versuche zum Durchdringungsvermögen radioaktiver Strahlung zeigen, dass es verschiedene Strahlungsarten gibt. Dazu werden Platten aus dickem Papier, Aluminium und Blei zwischen den Ra226-Strahlerstift und das Zählrohr gehalten und jeweils die Zahl der Impulse 10 s lang gemessen. Der Abstand zwischen Zählrohr und Strahlerstift beträgt dabei höchstens 2–3 cm und darf sich bei allen Messungen nicht ändern.

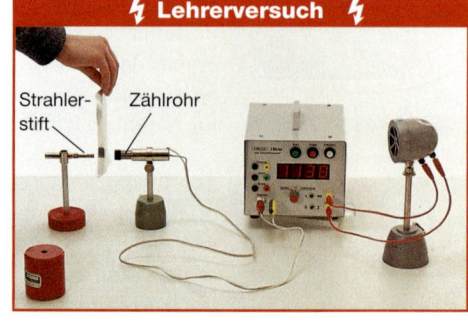

Die Ergebnisse sind in den Diagrammen dargestellt. Ohne jedes Plättchen registriert das Zählrohr ca. 19 000 Impulse in 10 s. Zu beachten ist die unterschiedliche Skalierung beider Diagramme.

- Die Strahlung von Ra226 wird bereits durch eine einzige Lage Papier deutlich absorbiert. Die durch ein Blatt Papier hindurchgehende Strahlung wird aber durch weitere Papierlagen viel weniger abgeschwächt.
- Aluminiumplatten schwächen die Strahlung wesentlich stärker ab, aber ab 4 mm Dicke bedeutet eine Vergrößerung der Aluminiumschichtdicke praktisch keine weitere Schwächung der Strahlung.
- Bereits durch 1 mm dickes Blei wird eine vergleichbare Absorption der Strahlung bewirkt. Eine dickere Bleischicht lässt die Zählrate weiter sinken. Es werden aber sehr dicke Bleischichten benötigt, um die Strahlung nahezu völlig zu absorbieren, denn eine Zählrate von ca. 400 Impulsen in 10 s liegt noch erheblich über dem Nulleffekt.

Aus den Versuchsergebnissen lässt sich schließen, dass das Radiumpräparat drei verschiedene Strahlungsarten emittiert. Eine erste Strahlungsart – **α-Strahlung** – wird bereits durch ein Blatt Papier absorbiert. **β-Strahlung** wird durch eine wenige mm dicke Aluminiumschicht absorbiert. Darüber hinaus gibt es eine dritte Strahlungsart – **γ-Strahlung** – die erst durch dicke Bleischichten deutlich geschwächt wird.

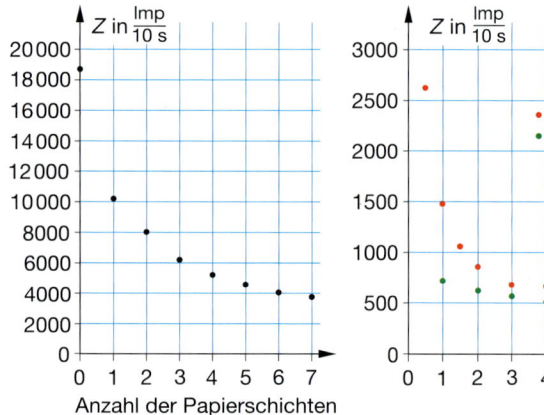

Anzahl der Papierschichten

Dicke in mm

> Radioaktive Stoffe senden α-, β- oder γ-Strahlung aus. Das Durchdringungsvermögen von α-Strahlung ist im Gegensatz zu β- und γ-Strahlung sehr gering.

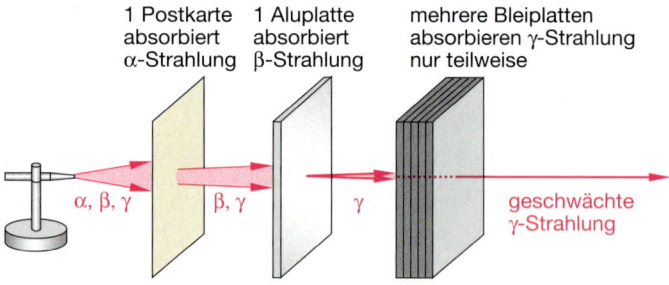

1 Postkarte absorbiert α-Strahlung

1 Aluplatte absorbiert β-Strahlung

mehrere Bleiplatten absorbieren γ-Strahlung nur teilweise

α, β, γ   β, γ   γ   geschwächte γ-Strahlung

	α-Strahlung	β-Strahlung	γ-Strahlung
besteht aus	He-Kernen	schnellen Elektronen	Energiepaketen
Reichweite in Luft	einige cm	einige dm	„unendlich"
Abschirmung	Papier	Aluplatte	dicker Bleimantel

Aufgaben

1 Ein radioaktives Präparat wird mit einer 4 mm dicken Aluplatte abgeschirmt und die Zählrate gemessen. Anschließend werden Bleiplatten von 4 mm Dicke dazugenommen und die Zählraten jeweils erneut gemessen.
a) Erläutere den Versuchsablauf und begründe insbesondere die Verwendung der Aluplatte.
b) Zeichne das Diagramm. Erläutere: Die „Halbwertsdicke" von Blei beträgt 12 mm.

D	0 mm	4 mm	8 mm	12 mm	16 mm
Z	$\frac{446\ \text{Imp}}{5\ \text{min}}$	$\frac{313\ \text{Imp}}{5\ \text{min}}$	$\frac{276\ \text{Imp}}{5\ \text{min}}$	$\frac{226\ \text{Imp}}{5\ \text{min}}$	$\frac{167\ \text{Imp}}{5\ \text{min}}$

2 Erläutere, warum im Versuch der Abstand zwischen Strahlerstift und Zählrohr gleich bleiben muss.

Reichweite radioaktiver Strahlung

In der Nebelkammer sind Nebelstreifen von etwa 2 bzw. 4 cm Länge zu erkennen, die durch ein Blatt Papier sofort unterbrochen werden. Die die Nebelspuren erzeugende Strahlung muss nach den vorherigen Erkenntnissen α-Strahlung sein. α-Strahlung hat in Luft also nur eine Reichweite von wenigen Zentimetern.

Ein Krypton85-Strahlerstift sendet nur β-Strahlung aus, ein geeignet abgedeckter Radium-Strahlerstift nur γ-Strahlung. Die Strahlung verlässt den Strahlerstift in einem kegelförmigen Bereich. Ein Zählrohr misst deshalb mit größer werdendem Abstand eine immer kleinere Zählrate. Trotzdem gibt es Unterschiede: β-Strahlung besitzt nur eine Reichweite von wenigen Dezimetern, die γ-Strahlung nimmt weniger schnell ab und ist auch in 1 m Abstand noch gut nachweisbar.

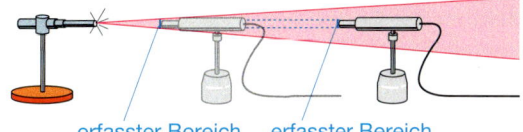

erfasster Bereich   erfasster Bereich

Abstand	Z_β [1]	Z_γ [1]
0 cm	$9892\ \frac{\text{Imp}}{\text{min}}$	$8538\ \frac{\text{Imp}}{\text{min}}$
5 cm	$218\ \frac{\text{Imp}}{\text{min}}$	$1322\ \frac{\text{Imp}}{\text{min}}$
10 cm	$82\ \frac{\text{Imp}}{\text{min}}$	$439\ \frac{\text{Imp}}{\text{min}}$
20 cm	$11\ \frac{\text{Imp}}{\text{min}}$	$137\ \frac{\text{Imp}}{\text{min}}$
50 cm	$—$ [2]	$22\ \frac{\text{Imp}}{\text{min}}$
100 cm	$—$ [2]	$5\ \frac{\text{Imp}}{\text{min}}$

1) Nullrate schon abgezogen; 2) kein Unterschied zur Nullrate

Die Reichweite von α- und β-Strahlung beträgt in Luft nur wenige Zentimeter bzw. Dezimeter. Die Reichweite von γ-Strahlung ist in Luft praktisch unbegrenzt.

Aufgaben

1 Vor einem radioaktiven Strahler-Stift befindet sich eine 4 mm dicke Aluminiumplatte. Der Abstand des Zählrohres zum Strahler wird verändert.

Abstand	3 cm	6 cm	9 cm	12 cm
Zählrate	$600\ \frac{\text{Imp}}{\text{s}}$	$150\ \frac{\text{Imp}}{\text{s}}$	$65\ \frac{\text{Imp}}{\text{s}}$	$38\ \frac{\text{Imp}}{\text{s}}$

a) Deute die Messergebnisse: Welcher mathematische Zusammenhang besteht zwischen Zählrate und Abstand? Für welche Strahlungsart gilt er? Begründe.

b) Bestimme die Zählrate, die in einem Abstand von 0,5 m bzw. 1 m zu erwarten ist.

2 Im Foto befindet sich ein Ra226-Strahlerstift vor einem feinen Metallgitter. Parallel zum Gitter ist ein dünner Metalldraht gespannt. Zwischen Gitter und Draht liegt eine Spannung von ca. 7 kV. Zwischen Metallgitter und Draht sind in unregelmäßigen Abständen Funken zu beobachten, sofern nicht ein Stück Papier zwischen Gitter und Stift gebracht wird.

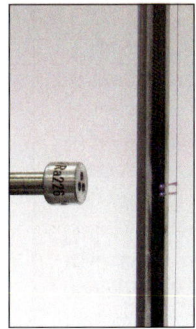

a) Funken sind ein Indiz für Stromfluss durch die Luft. Erkläre, inwiefern hier die radioaktive Strahlung des Ra226-Stiftes zu einem Stromfluss führt.

b) Begründe, welche Strahlungsart die Funken verursacht, und warum die Funken unregelmäßig auftreten.

Radioaktivität — Versuche und Aufträge

V1 Du benötigst ein Zählrohr mit eingebautem Timer oder ein Zählrohr und zusätzlich eine Stoppuhr. Sorge dafür, dass keine radioaktive Substanz in der Nähe ist.

a) Miss fünf Mal jeweils eine Minute lang die Impulszahl.

b) Miss die Impulszahl für fünf Minuten bzw. für zehn Minuten.

c) Vergleiche die Messwerte in a). Was erwartest du, wenn du noch fünf Mal je eine Minute lang misst?

d) Ermittle anhand der Messungen in b) die jeweilige Zählrate (in Imp/min). Vergleiche mit a).

V2 Besorge dir eine kleine Menge Kaliumchlorid bzw. Kunstdünger (Blaukorn) und, falls möglich, einen in einem Plastikgehäuse gekapselten radioaktiven Glühstrumpf. Außerdem benötigst du ein Zählrohr.

a) Miss – bei stets gleichem Abstand zwischen Präparat und Zählrohr – die Impulszahl für jeweils fünf Minuten. Vergleiche die Zählraten.

b) Informiere dich, woraus Blaukorn besteht und wofür Glühstrümpfe üblicherweise benutzt werden. (Hinweis: Seit einigen Jahren sind nur noch nicht-radioaktive Glühstrümpfe erlaubt.)

V3 Untersuche mit einem tragbaren, stromnetzunabhängigem Zählrohr deine Umgebung, insbesondere Steine, auf Radioaktivität.

Geladene Teilchen im Magnetfeld

Glühelektrischer Effekt

In einem luftleer gepumpten Glaskolben befindet sich wie in einer Glühlampe ein Glühdraht. Diesem Draht gegenüber ist eine Metallplatte befestigt, die einen leitenden Anschluss nach außen hat. Mit diesem ist das Plättchen eines Elektroskops verbunden.

Das Elektroskop wird positiv geladen und dann der Glühdraht mit einer elektrischen Quelle verbunden. Mit Aufleuchten des Drahtes geht die Anzeige des Elektroskops zurück. Wird dagegen das Elektroskop negativ geladen, bleibt die Anzeige bei leuchtendem Draht erhalten. Die Energie der Elektronen im Glühdraht ist so groß, dass einige Elektronen das Metall verlassen können und ins Vakuum austreten – die Elektronen werden emittiert. Die emittierten Elektronen werden durch die positiv geladene Platte angezogen und entladen so Platte und Elektroskop. Bei negativer Aufladung des Elektroskops – und damit negativer Aufladung der Platte – werden die Elektronen von dieser abgestoßen. Folglich bleibt auch die Aufladung des Elektroskops erhalten.

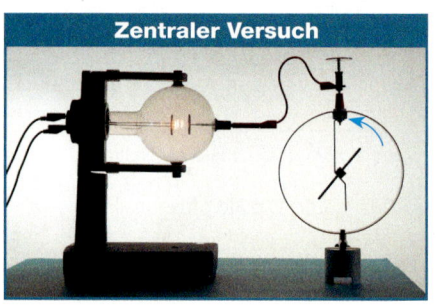
Zentraler Versuch

> Aus glühenden Metalldrähten treten Elektronen aus.

Ablenkung von Elektronen

Elektronen, die auf diese Weise von einem Glühdraht emittiert werden, lassen sich durch eine Spannung beschleunigen und durch eine geeignete Vorrichtung zu einem feinen Elektronenstrahl bündeln, der dann auf eine Leuchtschicht trifft und einen kleinen Leuchtfleck hervorruft.

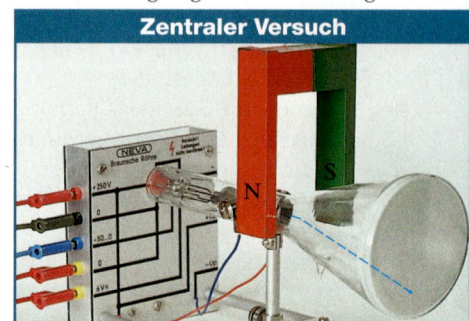
Zentraler Versuch

Wird der Elektronenstrahl gleichzeitig horizontal und vertikal abgelenkt, wird eine Leuchtspur sichtbar. Dies ist das Grundprinzip eines Oszilloskops und des – mittlerweile veralteten – Röhrenbildschirms eines PC-Monitors oder Fernsehgeräts.

Die Ablenkung des Elektronenstrahls kann dabei durch ein Magnetfeld erfolgen. In dieser besonderen Demonstrationsröhre befindet sich ein Gas geringen Druckes, das durch die Elektronen zum Leuchten angeregt wird. Auf diese Weise lässt sich die Spur der Elektronen genau beobachten. Die Richtung der Ablenkung ergibt sich durch die nebenstehende **Linke-Hand-Regel.**

Elektronen-
bewegung
Magnetf
Kraft

Streifzug

Elektronenkanone

Eine Elektronenkanone ist der Grundbaustein jeder Fernsehbildröhre (nicht eines Flachbildschirms), eines Oszilloskops sowie einer Röntgenröhre.

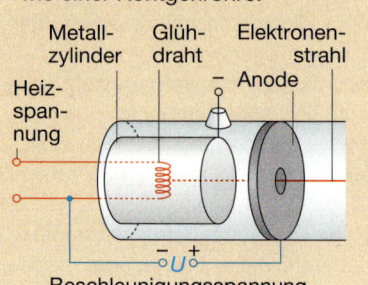
Metall-   Glüh-   Elektronen-
zylinder   draht   strahl
            − Anode
Heiz-
span-
nung
     − U +
Beschleunigungsspannung

In einer luftleeren Glasröhre emittiert der heiße Glühdraht Elektronen, die durch die angelegte Beschleunigungsspannung in Richtung der Lochanode beschleunigt werden. Dabei durchfliegen sie einen negativ geladenen Metallzylinder und werden durch Abstoßung in der Zylinderachse konzentriert. Dadurch entsteht ein fein gebündelter Elektronenstrahl, der durch die Lochanode austritt und bei Auftreffen auf eine Leuchtschicht Farbpunkte erzeugen kann.

Weitergehende Experimente zeigen, dass auch positive Teilchen – etwa Protonen – im Magnetfeld abgelenkt werden. Die Ablenkungsrichtung ergibt sich ebenfalls mit der Linke-Hand-Regel, aber der Daumen muss dann entgegen der Flugrichtung zeigen.

> Bewegt sich ein Elektron in einem Magnetfeld senkrecht zu den magnetischen Feldlinien, so wirkt eine Kraft auf das Elektron. Die Kraftrichtung wird mit der Linke-Hand-Regel bestimmt. Das Elektron wird dadurch aus seiner Richtung abgelenkt.

Ablenkbarkeit radioaktiver Strahlung

Wird zwischen Strahlerstift und Zählrohr eine dicke Bleiplatte gehalten, so werden keine Impulse mehr registriert. Die von dem Strahlerstift ausgesandte Strahlung wird von Blei fast vollständig abgeschirmt. Hat die Blende ein Loch, so wirkt sie wie eine Blende in der Optik. Wird das Zählrohr hinter dem Loch hin und her geschoben, ist zu erkennen, dass die Strahlung das Loch als relativ schmales, eng begrenztes Bündel geradlinig verlässt.

⚡ **Lehrerversuch** ⚡

Bei der Durchführung des Versuchs müssen sich die Zählrohre möglichst nahe am Magneten befinden. Eine deutliche Zählrate bei Zählrohr ③ ist nur bei einem sehr starken Magneten und bei Durchführung des Versuchs im Vakuum möglich.

Läuft das Strahlungsbündel eines Ra226-Strahlerstifts durch das Feld eines möglichst starken Hufeisenmagneten in der fotografierten Weise, so zeigen sich die folgenden Ergebnisse:
- Die Zählraten des Zählrohres in Position ① sind mit Hufeisenmagnet deutlich kleiner als ohne.
- Das Zählrohr in ② registriert ebenfalls Strahlung, abseits der geradlinigen Ausbreitungsrichtung!
- Befindet sich die Anordnung im Vakuum und ist der Magnet extrem stark (als Elektromagnet), registriert auch das Zählrohr in ③ Strahlung.

Auch dies lässt den Schluss zu, dass aus dem Ra226-Strahlerstift drei Arten von Strahlung austreten.
- Die Strahlung, die bei Vorhandensein des Magnets in Stellung ① registriert wird, wird durch das Magnetfeld nicht beeinflusst. Es handelt sich entweder um ungeladene Teilchen oder um eine materielose Strahlung wie Licht. Genaue Untersuchungen haben Letzteres bestätigt. Diese Strahlung ist die **γ-Strahlung.**
- Die vom Zählrohr in Stellung ② registrierte Strahlung wird wie negativ geladene Teilchen abgelenkt. Die Bestimmung ihrer Masse und Ladung ergab, dass die Strahlung aus Elektronen besteht. Es handelt sich um **β-Strahlung.**
- Die vom Zählrohr in Stellung ③ registrierte Strahlung wird wie positiv geladene Teilchen abgelenkt. Ihre Masse und Ladung entspricht der von Heliumkernen. Da die Strahlung **α-Strahlung** heißt, werden die He-Kerne oft auch α-Teilchen genannt.

α-Strahlung besteht aus Helium-Kernen, β-Strahlung aus sehr schnellen Elektronen, γ-Strahlung ist sehr energiereiche, materielose Strahlung. α- und β-Teilchen lassen sich im Magnetfeld ablenken, γ-Strahlung ist nicht ablenkbar.

Regeln zum Strahlenschutz

Die Entdecker und Entdeckerinnen der Radioaktivität wussten nicht um die Gefährlichkeit der radioaktiven Strahlung, mit der sie tagtäglich experimentierten und manche haben das mit ihrem Leben bezahlt.

Das Arbeiten mit radioaktiven Stoffen erfordert sorgfältigen Strahlenschutz, zumal der Mensch für radioaktive Strahlung keine Sinnesorgane besitzt und er sie nur mit entsprechenden technischen Geräten nachweisen kann. Für das Arbeiten mit radioaktiven Stoffen gelten folgende Regeln:

A-Regeln zum Strahlenschutz
- genügend **A**bstand halten
- für hinreichende **A**bschirmung sorgen
- die **A**ufenthaltsdauer so gering wie möglich halten
- auf **A**bstinenz achten: nicht essen und trinken

Räume und Behälter, in denen radioaktive Stoffe lagern, müssen mit dem Strahlenwarnzeichen versehen sein.

Aufgaben

1 Erläutere, wie radioaktive Präparate aufbewahrt werden müssen, um weitestgehenden Schutz vor ihrer Strahlung zu erzielen. Vergleiche dabei auch α-, β- und γ-Strahlung und nenne konkrete Maßnahmen (Material, Dicke des Aufbewahrungsbehälters usw.).

2 Begründe jede einzelne **A**-Regel zum Strahlenschutz ausführlich.

3 Von einem radioaktiven Präparat ist nicht bekannt, welche Strahlungsarten es aussendet. Erläutere, welche Möglichkeiten es gibt, die Strahlungsarten zu identifizieren.

Aus α wird Helium

Wie lässt sich nachprüfen, ob von einem α-Strahler tatsächlich Helium-Kerne ausgesandt werden? Dies ist insofern schwierig, als die Menge des entstehenden Heliums sehr gering ist. ERNEST RUTHERFORD (1871–1937) und seinen Mitarbeitern gelang 1908 der Nachweis:

In einem nahezu luftleer gepumpten Glaskolben befand sich ein Radiumpräparat, welches α-Strahlung aussandte. Wegen ihrer geringen Durchdringungsfähigkeit konnten die He-Kerne den Glaskolben nicht verlassen, sondern sammelten sich in ihm. Zusammen mit Elektronen aus der Restluft entstanden neutrale Heliumatome. Die Spuren des Edelgases konnten von RUTHERFORD und seinen Mitarbeitern nachgewiesen werden. Damit war experimentell gezeigt, dass α-Strahlung aus He-Kernen besteht.

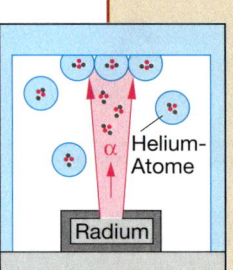

Wie viele Heliumatome entstehen in einem Zählrohr in einem Jahr?

Würde ein Zählrohr ein Jahr lang 40 Wochen täglich 5 Stunden genutzt, so wären das 1000 $\frac{h}{a}$ Bei einer Zählrate von 1000 $\frac{Imp}{s}$ entstehen bestenfalls 1000 He-Atome je Sekunde. In einem Jahr ergibt das: $1000 \cdot 1000 \cdot 3600 \approx 3,6 \cdot 10^9$ Atome.

Zum Vergleich: $1\,cm^3$ reines Helium enthält ca. 10^{20} Atome.

Strahlungsarten

α-Strahlung

α-Teilchen sind Heliumkerne, die aus 2 Protonen und 2 Neutronen bestehen. Durch das Aussenden eines He-Kerns ist die Massenzahl A des Restkerns um 4 und die Kernladungszahl Z um 2 geringer als die des Ausgangskerns. Damit gehört der Restkern zu einem anderen chemischen Element. Der **Zerfall** lässt sich in Form einer Reaktionsgleichung darstellen.

Da keine Nukleonen verloren gehen können, muss bei einer solchen Gleichung die Bilanz immer stimmen: Die Summe aller Massen- bzw. Kernladungszahlen auf der linken Seite der Reaktionsgleichung muss gleich der Summe aller Massen- bzw. Kernladungszahlen auf der rechten Seite sein.

Beispiel: Durch das Aussenden von α-Strahlung wird aus dem Element Americium das Element Neptunium:

$$^{241}_{95}Am \rightarrow {}^{237}_{93}Np + {}^{4}_{2}He$$

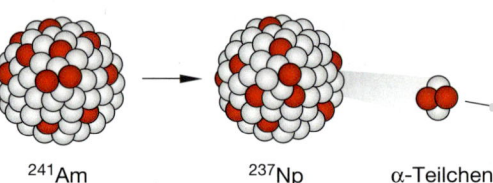

^{241}Am $\qquad$ ^{237}Np $\qquad$ α-Teilchen

β-Strahlung

β-Teilchen sind Elektronen, die mit großer Geschwindigkeit aus dem Kern geschleudert werden. Wie ist dies möglich, wo doch ein Atomkern nur aus Protonen und Neutronen besteht?

Ein Neutron kann sich unter bestimmten Umständen in ein Proton und ein Elektron umwandeln. Das Elektron kann im Kern nicht bleiben, sondern wird aus ihm herausgeschleudert. Zurück bleibt ein Kern mit gleicher Massenzahl, aber einer um 1 größeren Kernladungszahl, da sich die Anzahl der Protonen um 1 erhöht hat.

Beispiel Strontium: Es muss ein Element entstehen, das ein Proton mehr, aber ein Neutron weniger besitzt, also mit $Z = 39$; es ist Yttrium.

$$^{90}_{38}Sr \rightarrow {}^{90}_{39}Y + {}^{0}_{-1}e$$

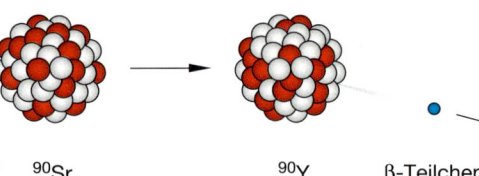

^{90}Sr $\qquad$ ^{90}Y $\qquad$ β-Teilchen

Damit die Reaktionsgleichung weiterhin gilt, wird dem Elektron die Massenzahl 0 und die Kernladungszahl –1 zugeordnet (negative Ladung).

γ-Strahlung

Einen „γ-Zerfall" gibt es nicht. Bei einem α- oder β-Zerfall kann es allerdings vorkommen, dass nach Aussendung des α- oder β-Teilchens der Restkern (auch Tochterkern genannt) zunächst in einem „angeregten Zustand" verbleibt. Das bedeutet, dass der Kern mehr Energie besitzt als im Normalzustand, dem sogenannten „Grundzustand". Diese überschüssige Energie gibt der Kern nach sehr kurzer Zeit in einem einzigen „Energiepaket" – der γ-Strahlung – ab. γ-Strahlung ist damit eine reine Energiestrahlung wie Licht und keine Materiestrahlung wie α- und β-Strahlung. Die Art des Kernes, d. h. die Anzahl der Protonen und die Anzahl Neutronen, bleibt exakt gleich und damit auch das chemische Element. Die abgegebenen Energiepakete heißen **Photonen.**

Umgebungsstrahlung — Streifzug

An einen isoliert aufgespannten Draht wird eine Stunde lang eine Spannung von einigen kV gelegt. Danach wird der Staub mit einem sauberen Papiertuch vom Draht abgestreift. Die Messung der Zählrate des Tuchs zeigt einen gegenüber der Nullrate leicht erhöhten Wert. Der Staub in der Luft ist teilweise radioaktiv. Das liegt daran, dass Baumaterialien wie Ziegel, Beton oder Gestein radioaktive Stoffe enthalten, die das radioaktive Edelgas Radon freisetzen.

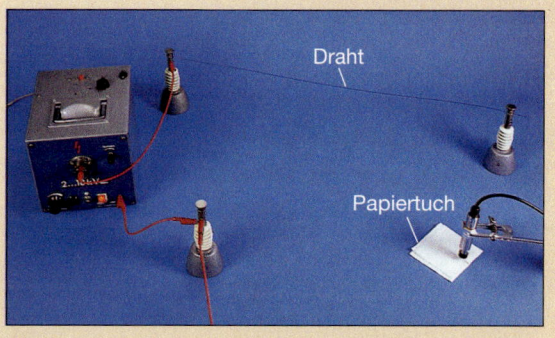

Systematische Untersuchungen haben gezeigt, dass es drei Quellen für die Strahlung in unserer Umgebung gibt:

Viele in der Natur vorkommende Stoffe sind von Natur aus radioaktiv. Die daraus resultierende Strahlung wird unter dem Namen **terrestrische Strahlung** zusammengefasst.

wenig | schwach | mittel | hoch

- Messungen in großer Höhe haben eine erhöhte Radioaktivität ergeben. Dies lässt den Schluss zu, dass Strahlung auch aus dem Weltraum kommt. Sie heißt **kosmische Strahlung.**
- Ein weiterer Anteil, die **künstliche Strahlung,** entstammt technischen Anlagen oder medizinischen Geräten.

Alle diese Anteile zusammen ergeben die **Umgebungsstrahlung.** Sie gab es – mit Ausnahme der künstlichen Strahlungsquellen – schon immer. Sie scheint keine schädlichen Auswirkungen auf Menschen, Tiere und Pflanzen zu haben. Gefährlich wird es, wenn die vom Menschen verursachte künstliche Radioaktivität zu hoch wird.

Die Belastung durch die kosmische Strahlung nimmt mit der Höhe zu. Langstreckenflüge finden heute in 10–12 km Höhe statt. Messungen haben ergeben, dass das Flugpersonal bei 500 Flugstunden einer doppelt so hohen Belastung ausgesetzt ist wie die mittlere natürliche Belastung in Meereshöhe. Im Laufe des Berufslebens eines Piloten summiert sich diese Belastung; sie führt zu einem erhöhten Risiko, an Krebs zu erkranken. Ein einzelner Langstreckenflug ist unerheblich.

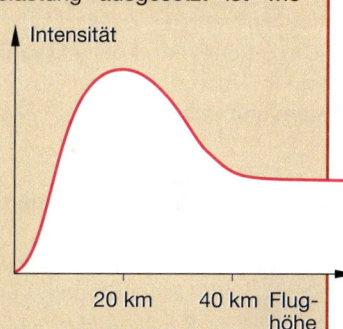

Aufgaben

1 Das Thoriumisotop $^{227}_{90}$Th ist ein α-Strahler.
a) Gib die Reaktionsgleichung für die Abgabe eines α-Teilchens an.
b) Nenne die Kerne, die bei diesem Zerfall entstehen.

2 Stelle die Gleichung für den Zerfall von $^{14}_{6}$C auf. Kohlenstoff wandelt sich durch β-Zerfall in Stickstoff um.

3 Ra226 zerfällt unter Aussendung von Strahlung in Rn222.
Stelle die Zerfallsgleichung auf.

4 Beschreibe, wie die Ablenkbarkeit von β-Strahlung im Magnetfeld experimentell überprüft werden kann. Begründe weshalb dabei eine dicke Bleiplatte benutzt werden muss.

5 Für einen α-Strahler wird eine Zählrate von 89 $\frac{\text{Imp}}{\text{s}}$ gemessen.

a) Berechne die Maximalzahl der Heliumatome, die dadurch in einer Stunde entstehen können.
b) Gib die Zahl der Atome in 1 cm³ Helium an und berechne die Zeit, die der α-Strahler braucht, um genügend Kerne für 1 cm³ Helium zur Verfügung zu stellen.

Teilchenfreie Strahlung

Röntgenstrahlung

Röntgenstrahlung wurde 1895 von WILHELM CONRAD RÖNTGEN (1845–1923) entdeckt, also etwa ein Jahrzehnt vor der Radioaktivität. Eine Röntgenröhre besteht aus einem luftleer gepumpten Glaskolben mit einer geheizten Katode und einer Anode. Die aus der Katode austretenden Elektronen werden mit einer sehr hohen Spannung (mindestens 10 kV) beschleunigt und treffen daher mit sehr hoher Geschwindigkeit auf die Anode, welche aus massivem Metall (Kupfer, Molybdän oder Wolfram) besteht. Die Bewegungsenergie der Elektronen wird beim Aufprall auf die Anode zum Teil in Röntgenstrahlung gewandelt. Der Rest führt zu einer starken Erwärmung der Anode, die daher gekühlt werden muss.

Röntgenstrahlung kann vom Menschen nicht wahrgenommen werden; sie schwärzt aber Fotopapier/Filme, lässt einen geeignet beschichteten Schirm grün leuchten bzw. kann mit einem Zählrohr nachgewiesen werden. Werden Platten gleicher Dicke aus verschiedenem Material in das Röntgenbündel gestellt, so zeigt sich, dass Hartpapier die Röntgenstrahlung kaum schwächt, während Metalle nur schwer durchdrungen werden. Insbesondere lässt Blei fast keine Röntgenstrahlung mehr durch. Erstaunlich ist die starke Schwächung der Röntgenstrahlung durch Glas, welches beinahe so viel Strahlung absorbiert wie eine gleich dicke Aluminiumschicht.

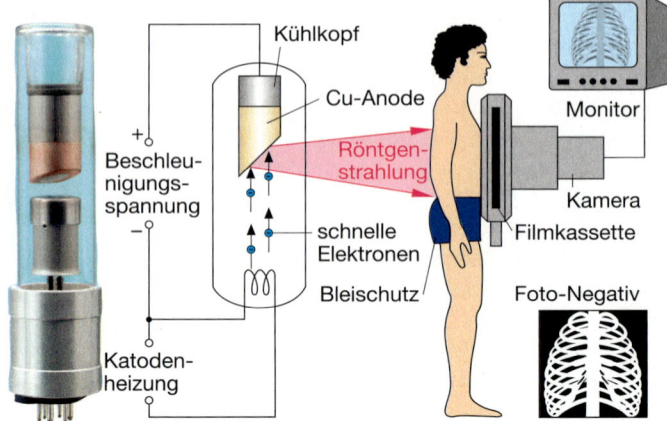

Röntgenstrahlung ist Strahlung, die von stark beschleunigten Elektronen beim Auftreffen auf eine Anode erzeugt wird. Mit Abschalten der Beschleunigungsspannung ist auch die Röntgenstrahlung verschwunden.
Röntgenstrahlung ist wie γ-Strahlung eine teilchenfreie Strahlung und besitzt ionisierende Wirkung.

Aufgaben

1 Bei einer Röntgenuntersuchung muss sich das medizinische Personal während der Aufnahme deutlich vom Röntgengerät entfernen. Begründe.

Anwendungen der Röntgenstrahlung in Medizin und Technik

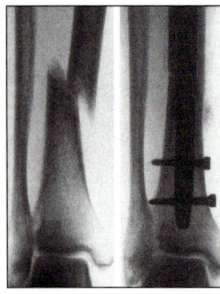

Röntgenstrahlung wird in der *Medizin* zur *Diagnose* und *Therapie* eingesetzt. Die Röntgenuntersuchung bietet den Vorteil, einen erkrankten oder verletzten Körperteil „betrachten" zu können ohne zu operieren. Die künstlich erzeugte Röntgenstrahlung wird von den verschiedenen Stoffen des Körpers (Knochen, Gewebe, Organe) unterschiedlich stark absorbiert. Ein Film oder eine Kamera mit Monitor liefert dadurch unterschiedliche Schwärzungen des Bildes. Die Fotos links zeigen einen Schienbeinbruch und seine Behebung durch einen Stahlnagel und Schrauben.
Auch gesundes oder krankes Gewebe von Organen wie Lunge oder Niere lässt die Röntgenstrahlung unterschiedlich gut durch. Mithilfe von Kontrastmitteln, welche der Patient vor dieser Röntgenaufnahme einnehmen muss, werden diese natürlichen Unterschiede

noch vergrößert. Deshalb ist es möglich, Röntgenaufnahmen auch von inneren Organen zu machen. Röntgenstrahlung kann auch therapeutische Wirkung besitzen, z. B. zur Schmerzlinderung bei der Behandlung entzündlicher Gelenke.
Auch in der *Technik* kann die Röntgenstrahlung eingesetzt werden etwa zur Überprüfung der Schweißnähte einer Pipeline. Diese dürfen keine versteckten Fehler enthalten z. B. Luftblasen oder feine Risse. Dieses Verfahren wird *zerstörungsfreie Werkstoffprüfung* genannt.

Röntgenstrahlung eignet sich außerdem zur Untersuchung des atomaren Aufbaus von Materie. Das nebenstehende Foto zeigt Reflexionen an Atomschichten von NaCl (Kochsalz), die Rückschlüsse auf die Kristallstruktur zulassen.

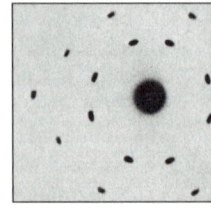

UV-Strahlung

UV-Strahlung ist die Abkürzung für „ultraviolette Strahlung". Sie kann vom menschlichen Auge nicht wahrgenommen werden. Die wichtigste natürliche UV-Strahlenquelle ist die Sonne. Der UV-Anteil des Sonnenlichts am Erdboden variiert in hohem Maße und ist vor allem vom Sonnenstand (geographische Breite, Tages- und Jahreszeit), vom Gesamtozongehalt der absorbierenden Luftschicht und der Bewölkung abhängig.

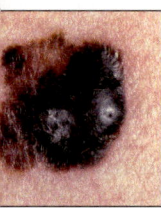

Jeder kennt die Bräunung der Haut infolge einer UV-Bestrahlung. Bei übermäßiger Bestrahlung können aber Sonnenbrände, Entzündungen am Auge sowie allergische Reaktionen in unterschiedlichem Schweregrad auftreten. Die langfristigen Schäden der UV-Bestrahlung können Hautkrebserkrankungen, insbesondere schwarzer Hautkrebs (malignes Melanom), sowie die Trübung der Augenlinse sein. Eine positive Wirkung geringer UV-Strahlung besteht darin, dass in der Haut die Bildung des für den Körper wichtigen Vitamin-D3 ausgelöst wird.

Aufgrund der überwiegend negativen Auswirkungen von UV-Strahlung ist ein vorsichtiger Umgang mit der natürlichen und der künstlichen UV-Strahlung (vor allem in Solarien) dringend erforderlich. Entsprechende Verhaltensregeln sollten bei jeder Tätigkeit im Freien und besonders auch im Urlaub berücksichtigt werden. Das Bundesamt für Strahlenschutz gibt deshalb täglich und regionalspezifisch den **UV-Index** bekannt.

UV-Index	Belastung	Sonnenschutz
0–1	niedrig	nicht erforderlich
2–4	mittel	empfehlenswert
5–7	hoch	erforderlich
über 8	sehr hoch	unbedingt erforderlich

In jeder Leuchtstoffröhre entsteht UV-Strahlung. Durch eine besondere innenliegende Beschichtung der Röhre wird jedoch die UV-Strahlung in sichtbares Licht gewandelt, das nach außen abgegeben wird.

Vier Strahlungsarten im Vergleich

Sichtbares Licht, UV-Strahlung, Röntgen- und γ-Strahlung haben sehr ähnliche Eigenschaften:
- sie sind keine Teilchenstrahlung wie α- und β-Strahlung,
- sie sind Energie in sehr kleinen Energiepaketen, die **Photonen** genannt werden.

In der Grafik wird die Energie der Photonen der verschiedenen Strahlungsarten (einschließlich der Photonen des Infrarotbereichs) in der für Photonen üblichen Energieeinheit $1\ eV = 10^{-19}\ J$ dargestellt.

Die Grafik zeigt, dass die Energie der UV-, Röntgen- und γ-Photonen erheblich größer ist als die der Photonen des sichtbaren Lichts. Bei allen Wechselwirkungen von Strahlung mit Materie, also auch mit dem menschlichen Körper, spielt die Energie dieser Einzelportionen die entscheidende Rolle. Denn ab einer gewissen Photonenenergie ist die Strahlung in der Lage, Atome und Moleküle des Körpers zu ionisieren. Hierin liegt die Gefahr dieser energiereichen Strahlung.

> Sichtbares Licht, UV-, Röntgen- und γ-Strahlung sind Energie in Energiepaketen, die Photonen genannt werden.
> Die Energie einzelner Photonen von UV-, Röntgen- und γ-Strahlung ist erheblich größer als die von sichtbarem Licht. Diese hohe Energie ist für die Schädigung von Zellen verantwortlich.

Aufgaben

1 Erkläre energetisch, weshalb Röntgen- und γ-Strahlung, nicht aber sichtbares Licht ionisierende Wirkung hat.

2 Informiere dich über Infrarot-Strahlung und ihre Wirkung auf den Menschen.

3 Beim Röntgen wird zwischen einer Röntgenaufnahme und dem Durchleuchten unterschieden. Recherchiere und erläutere den Unterschied.

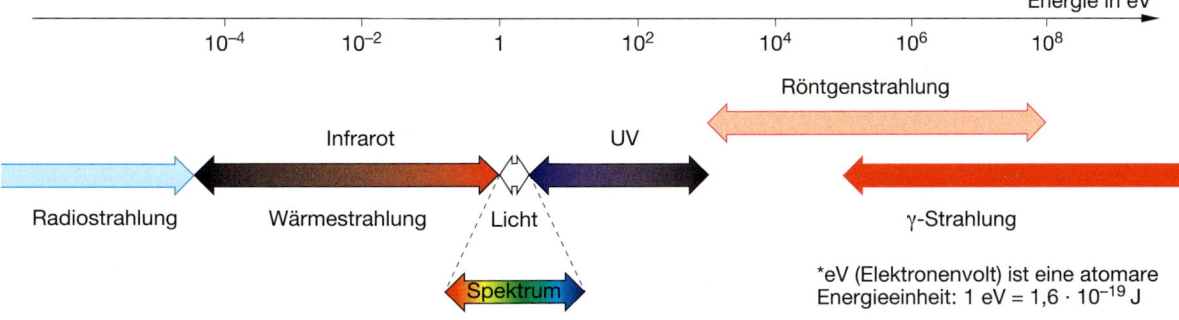

Zerfallskurve und Halbwertszeit

Manche Atomkerne zerfallen ohne äußere Einwirkung unter Aussendung von Kernstrahlung. Dabei ist der Zerfall eines einzelnen Atomkernes ein vollkommen zufälliges Ereignis. Es ist nicht möglich vorherzusagen, welcher Kern als nächstes zerfällt und wann er das tun wird. Existieren trotzdem Gesetzmäßigkeiten beim radioaktiven Zerfall vieler Atomkerne?

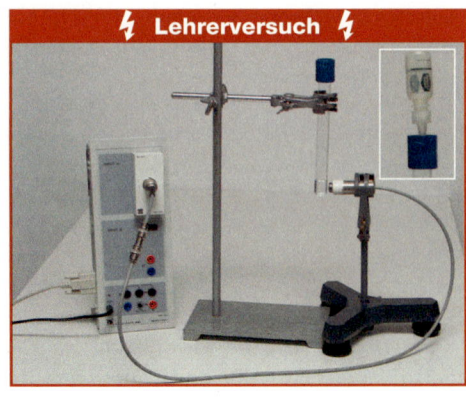

Lehrerversuch

Im Versuch wird der radioaktive Zerfall der Kerne einer Flüssigkeit über einen längeren Zeitraum untersucht. Der dunkle Zylinder auf dem Reagenzglas enthält radioaktives Cäsium (Cs137), das durch Aussendung von β-Strahlung in Barium (Ba137) zerfällt. Die Bariumkerne sind nach dem Zerfall noch angeregt und geben ihre überschüssige Energie in Form von γ-Strahlung ab.

Im Versuch werden diese Bariumkerne durch eine geeignete Flüssigkeit aus dem Gefäß herausgelöst (kleines Bild im Zentralen Versuch). Die im Reagenzglas aufgefangene radioaktive Flüssigkeit wird mithilfe eines Geiger-Müller-Zählrohres untersucht.

Die Messwerte in der Tabelle zeigen, dass die Zählrate Z mit der Zeit abnimmt. Das liegt daran, dass die Anzahl der radioaktiven Kerne im Reagenzglas mit der Zeit immer kleiner wird. Aus dem zugehörigen t-Z-Diagramm lässt sich ablesen, dass die Zählrate – trotz der teilweise erheblichen Schwankungen – in bestimmten Zeitspannen immer auf etwa die Hälfte ihres vorherigen Wertes zurückgeht. Insofern liegt die Vermutung nahe, dass es sich beim radioaktiven Zerfall um eine exponentielle Abnahme der radioaktiven Kerne handelt. Die eingezeichnete exponentielle Regressionskurve (rot) bestätigt dies. Die Abnahme von $120 \frac{\text{Imp}}{10\,\text{s}}$ auf $60 \frac{\text{Imp}}{10\,\text{s}}$ dauert genauso lange wie die von $60 \frac{\text{Imp}}{10\,\text{s}}$ auf $30 \frac{\text{Imp}}{10\,\text{s}}$. Im Versuch beträgt die Zeit etwa 2,7 min.

Die Zeit, in der sich die Zählrate und damit die Anzahl der radioaktiven Kerne halbiert, wird als **Halbwertszeit** bezeichnet. Sie hat das Formelzeichen $t_{1/2}$. Die Halbwertszeit für radioaktive Isotope ist verschieden. Sie reicht von Mikrosekunden bis zu Milliarden von Jahren.

Isotop	$t_{1/2}$	Isotop	$t_{1/2}$
Uran238	4,4 Mrd a	Polonium210	138 d
Radium226	1600 a	Iod131	8,0 d
Cäsium137	30 a	Radon220	55,6 s

Die Halbwertszeit eines radioaktiven Isotops gibt an, nach welcher Zeitspanne nur noch die Hälfte seiner Kerne vorhanden ist. Die Halbwertszeiten für radioaktive Isotope sind verschieden.

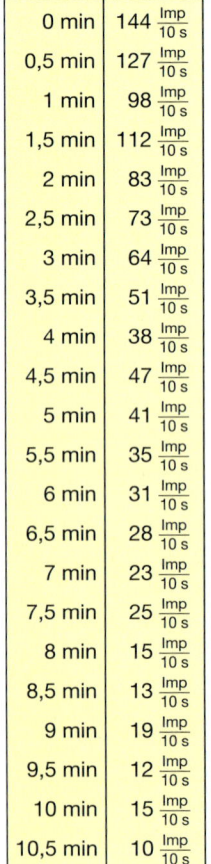

Zeit	Impuls
0 min	$144 \frac{\text{Imp}}{10\,\text{s}}$
0,5 min	$127 \frac{\text{Imp}}{10\,\text{s}}$
1 min	$98 \frac{\text{Imp}}{10\,\text{s}}$
1,5 min	$112 \frac{\text{Imp}}{10\,\text{s}}$
2 min	$83 \frac{\text{Imp}}{10\,\text{s}}$
2,5 min	$73 \frac{\text{Imp}}{10\,\text{s}}$
3 min	$64 \frac{\text{Imp}}{10\,\text{s}}$
3,5 min	$51 \frac{\text{Imp}}{10\,\text{s}}$
4 min	$38 \frac{\text{Imp}}{10\,\text{s}}$
4,5 min	$47 \frac{\text{Imp}}{10\,\text{s}}$
5 min	$41 \frac{\text{Imp}}{10\,\text{s}}$
5,5 min	$35 \frac{\text{Imp}}{10\,\text{s}}$
6 min	$31 \frac{\text{Imp}}{10\,\text{s}}$
6,5 min	$28 \frac{\text{Imp}}{10\,\text{s}}$
7 min	$23 \frac{\text{Imp}}{10\,\text{s}}$
7,5 min	$25 \frac{\text{Imp}}{10\,\text{s}}$
8 min	$15 \frac{\text{Imp}}{10\,\text{s}}$
8,5 min	$13 \frac{\text{Imp}}{10\,\text{s}}$
9 min	$19 \frac{\text{Imp}}{10\,\text{s}}$
9,5 min	$12 \frac{\text{Imp}}{10\,\text{s}}$
10 min	$15 \frac{\text{Imp}}{10\,\text{s}}$
10,5 min	$10 \frac{\text{Imp}}{10\,\text{s}}$

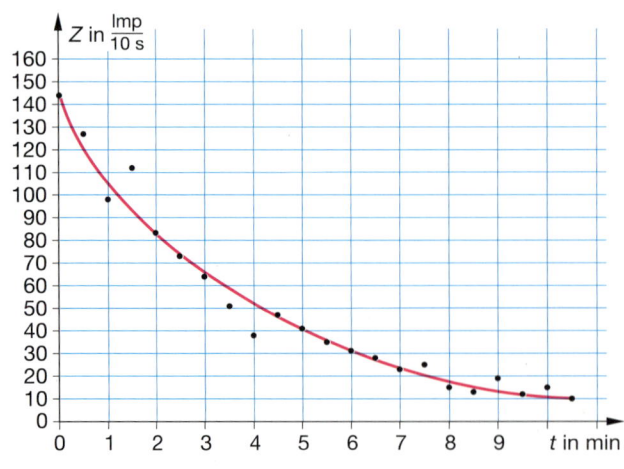

Aufgaben

1 a) Cäsium137 ist ein β-Strahler. Erläutere, wie das in einem Versuch gezeigt werden könnte.
b) Begründe, weshalb es wenig sinnvoll ist, zur Bestimmung der Halbwertszeit von Cs137 einen Tag lang zu Beginn jeder Stunde für fünf Minuten die Impulszahlen zu bestimmen.
c) Bestimme, wie viele von 1 Million Cs137-Kernen nach 150 Jahren noch (etwa) vorhanden sind.

Auswerten einer Zerfallsmessung — Werkzeug

Charakteristisch für den radioaktiven Zerfall ist das stochastische Auftreten der Kernzerfälle. Das bedeutet, dass der nächste Zerfall grundsätzlich nicht vorhersagbar ist und die Messungen deshalb meist erhebliche Schwankungen aufweisen. Zur Auswertung einer Messreihe ist es deshalb stets erforderlich, eine Ausgleichskurve zu zeichnen bzw. die zugehörige Regressionsgleichung zu ermitteln.

Bestimmung der Halbwertszeit

per Hand:
- Ausgleichskurve möglichst gut per Hand zeichnen
- gut ablesbaren Anfangswert der Ausgleichskurve suchen (z. B. 120)
- Zeitspanne bestimmen, nach der die Zählrate auf die Hälfte (60) abgesunken ist
- Zeitspanne bestimmen, nach der die Zählrate erneut auf die Hälfte (30) gesunken ist.
- Vorgang möglichst noch einmal wiederholen.
- Die Halbwertszeit ergibt sich als Mittelwert der so ermittelten Zeitspannen.

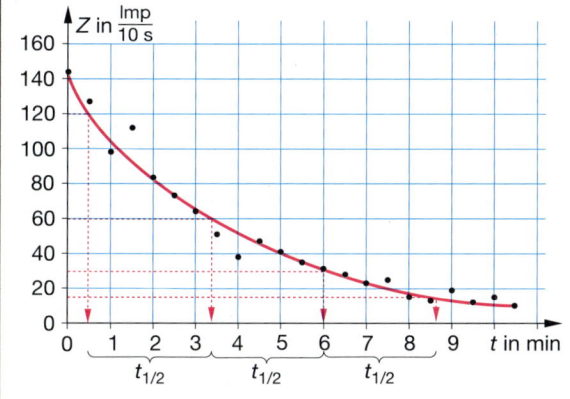

per digitalem Hilfsmittel:
- Messwerte in zwei Listen eintragen
- exponentielle Regressionsgleichung ermitteln, ggf. zugehörigen Graph zeichnen lassen:
  $$y = 134{,}67 \cdot 0{,}782^x$$

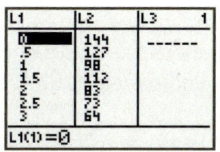

Für das weitere Vorgehen gibt es meist verschiedene Möglichkeiten:

- Wertetabelle zur Regressionsgleichung aufrufen, Halbwertszeit aus der Tabelle ablesen

oder

- Halbe Ausgangszählrate als zweite Funktiongleichung eingeben und Schnittstelle mit Regressionsfunktion ermitteln

oder

- Solve-Befehl benutzen:
solve(134,67*0,782^x=134,67/2, x)

Rechenbeispiel

In einer Probe befinden sich 500 000 radioaktive Iod131 Kerne. Nach der Halbwertszeit $t = t_{1/2} = 8{,}0\,d$ sind noch die Hälfte, also 250 000 Kerne, radioaktiv. Nach weiteren 8,0 d, also nach $t = 16\,d$, sind noch ein Viertel, 125 000 Kerne vorhanden und so weiter.
Werden diese Werte in ein t-N-Diagramm eingetragen, so ergibt sich die gezeigte Zerfallskurve für Iod131.

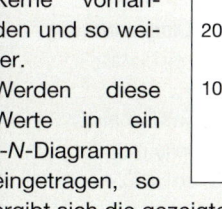
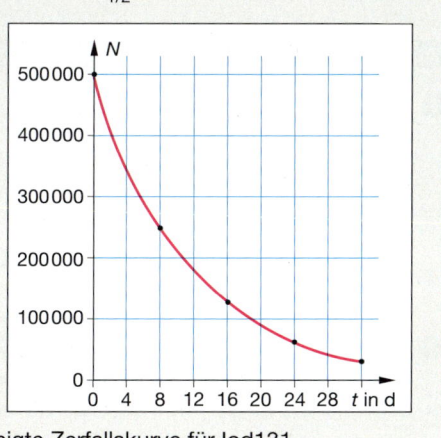

Aufgaben

1 Für Schulen gibt es einen radioaktiven Strahlerstift mit Po210. Bestimme, nach welcher Zeit die Strahlung dieses Stifts auf $\frac{1}{16}$ bzw. $\frac{1}{100}$ des ursprünglichen Wertes zurückgegangen ist. Deute deine Ergebnisse.

2 Bestimme aus den Diagrammen die zugehörigen Halbwertszeiten. Beschreibe jeweils dein Vorgehen.

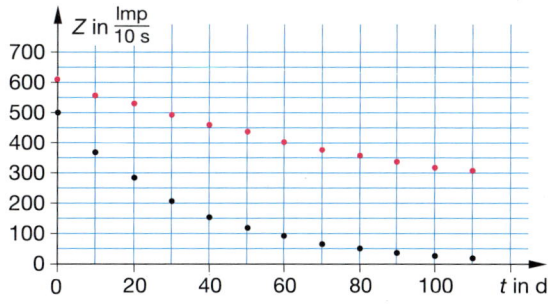

Zerfallsreihen

Beim Zerfall eines radioaktiven Nuklids unter Aussendung von Strahlung sind die neu entstehenden Nuklide häufig ebenfalls radioaktiv und zerfallen weiter. Dieser Vorgang kann sich mehrfach wiederholen; so entsteht eine ganze Zerfallsreihe, die sich sehr gut mithilfe einer **Nuklidkarte** verfolgen lässt.

Die einzelnen Felder einer solchen Nuklidkarte enthalten außer dem Symbol für das Element noch weitere Informationen: die Massenzahl, die Häufigkeit des Vorkommens im natürlichen Element, die Zerfallsart und die Halbwertszeit für diesen Zerfall.

Die Farbe der Kästchen gibt an, welche Art von Strahlung das jeweilige Nuklid aussendet.

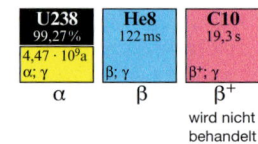

Beispiele für Zerfälle:

1. Zerfall von H3: Das blaue Kästchen weist auf β-Zerfall hin: Aus dem instabilen Tritium (H3) wird das stabile Nuklid He3 – in der Karte muss nur ein Feld nach links und ein Feld nach oben gegangen werden.

2. Zerfall von Th232: Weil das Feld gelb gefärbt ist, liegt α-Zerfall vor. Deswegen hat der Tochterkern 2 Protonen und 2 Neutronen weniger als Th232. In der Karte bedeutet das: zwei Felder nach links und zwei Felder nach unten. Das Zerfallsprodukt ist Ra228 das durch β-Zerfall in den Kern Ac228 übergeht. Diese Zerfallsreihe endet am stabilen Kern Pb208 (Blei).

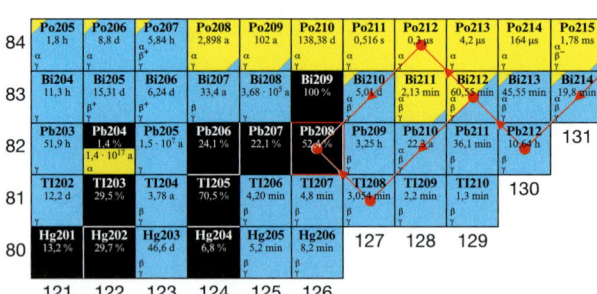

Einige Isotope zeigen eine Besonderheit, z. B. Bi212: Bei diesem Nuklid kann sowohl α- als auch β-Zerfall auftreten. Deswegen ist das Kästchen blau und gelb gefärbt. Ein bestimmter Kern kann aber nur auf eine Art zerfallen.

α-Zerfall: zwei Felder nach unten
          zwei Felder nach links
β-Zerfall: ein Feld nach oben
          ein Feld nach links

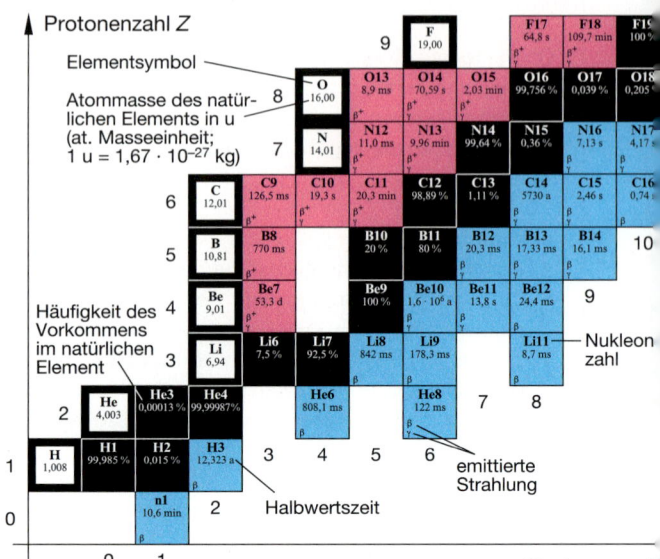

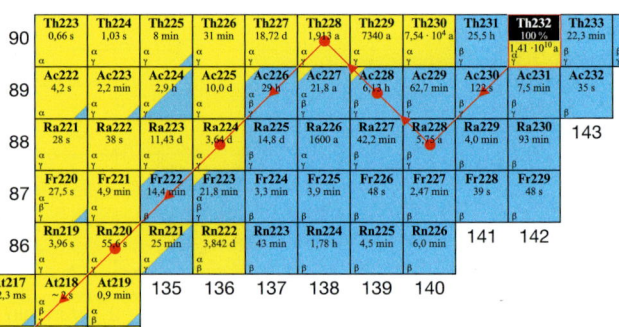

Zur Zeit sind etwas mehr als 100 verschiedene Elemente bekannt. Da es zu jedem Element zahlreiche Isotope gibt, besteht eine Nuklidkarte aus über 2000 Feldern.

Aufgaben

1 Die Tabelle zeigt die zeitliche Abnahme der Kernanzahl *N* eines Radiumisotops:

t	0 min	1 min	2 min	3 min	4 min	5 min
N	740 000	622 000	523 000	440 000	370 000	311 000

a) Stelle den Zusammenhang in einem Diagramm dar.
b) Ermittle die Halbwertszeit und entscheide, um welches Radiumisotop es sich handelt.

2 U238 und U235 sind jeweils Ausgangsisotope einer Zerfallsreihe. Schreibe diese Reihen jeweils mithilfe der Nuklidkarte (am Ende des Buches) auf z. B. so:

$$^{238}_{92}U \xrightarrow{\alpha} {}^{234}_{90}Th \xrightarrow{\beta} \dots$$

Radioaktivität   Versuche und Aufträge

V1 a) Gieße alkoholfreies Bier so in ein hohes, schmales, zylinderförmiges Glas, dass eine möglichst große Schaumkrone entsteht. Markiere alle 10 s Ober- und Unterkante des Schaums. Trage die Werte in eine Tabelle ein. Zeichne mit den Werten ein Zeit- Schaumhöhe-Diagramm.

Papierstreifen

b) Bestimme aus diesem Diagramm die Halbwertszeit.

V2 a) Lege 50 gleiche Münzen (1-Ct-Stücke) in einen Würfelbecher. Schüttle den Becher und schütte die Münzen auf einem Tisch aus. Nimm alle Münzen, die „Zahl" zeigen, heraus und zähle die verbliebenen. Wiederhole den Vorgang, bis auch die letzte Münze Zahl zeigt. Zeichne ein Diagramm (*x*-Achse: Wurfnummer, *y*-Achse: Anzahl der verbliebene Münzen).
b) Wiederhole den Versuch aus a) nun mit 50 Reißzwecken. Zähle dabei die Zustände „⊥" (Kopf).
c) Wiederhole den Versuch mit 50 Würfeln. Entferne Würfel, die „Eins" zeigen.
d) Erkläre, welcher Zusammenhang zwischen diesen Würfelversuchen und dem Zerfall radioaktiver Kerne besteht. Bei welchem Würfelversuch liegt die größte Halbwertszeit vor? Begründe.

V3 Die Anpassung der Temperatur eines Körpers an seine Umgebungstemperatur geschieht nach den gleichen Regeln wie der radioaktive Zerfall: In immer gleichen Zeitabständen halbiert sich die Differenz zwischen der Körpertemperatur und der Umgebungstemperatur.
a) Miss zunächst die Temperatur im Zimmer. Stelle dann eine Tasse mit heißem Wasser im Zimmer auf den Tisch. Miss die Temperatur des Wassers im Minutenabstand. Notiere in einer Tabelle die Zeit seit Versuchsbeginn und die Differenz Wasser-Zimmertemperatur. Notiere am Versuchsende auch, welche Wassermenge in der Tasse war.
b) Stelle den Zusammenhang in einem Diagramm dar und ermittle mit dem Taschenrechner die Gleichung der Ausgleichsfunktion und die Halbwertszeit.
c) Ermittle unter Benutzung deiner Ergebnisse in b) die Zeit, die du warten musst, bis die Temperaturdifferenz nur noch 1 °C beträgt.
d) Untersuche, wie die Halbwertszeit vom Material des Bechers abhängt. Wiederhole den bei a) durchge-

führten Versuch mit anderen Tassen und Bechern. Du musst dabei darauf achten, dass in jeden Becher immer gleichviel Wasser eingefüllt wird.
e) Fasse deine Versuchsergebnisse in einer Empfehlung zusammen: Welches Trinkgefäß sollte gewählt werden, wenn ein Heißgetränk möglichst schnell Abkühlen soll oder wenn es möglichst lange heiß bleiben soll?

A4 a) Stelle einen tabellarischen Lebenslauf von MARIE CURIE und HENRI BECQUEREL zusammen. Recherchiere dazu im Internet und in Büchereien.
b) Erläutere ihre Entdeckungen und die wesentlichen Unterschiede hinsichtlich ihrer Vorgehensweise.
c) Nenne die radioaktiven Stoffe bzw. Einheiten, die nach CURIE und BECQUEREL benannt wurden.

A5 Die Abbildung zeigt den Aufbau einer Ionisationskammer. In diese Kammer kann durch einen Schlauch das radioaktive Edelgas Radon220, das eine Halbwertszeit von etwa 55 s besitzt, geleitet werden.

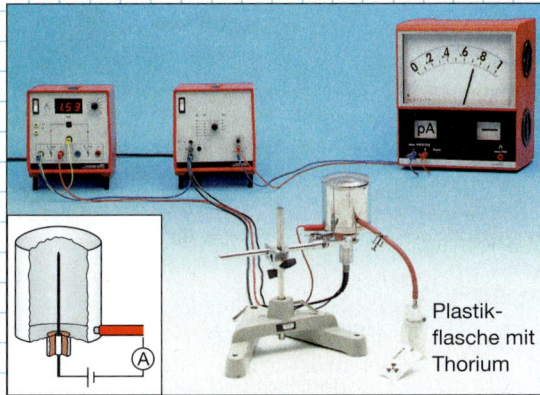
Plastikflasche mit Thorium

a) Erkläre, weshalb grundsätzlich ein elektrischer Strom zu messen ist. Erläutere den Unterschied zum Geiger-Müller-Zählrohr.
b) Skizziere und erkläre den zu erwartenden Stromstärkeverlauf, nachdem eine bestimmte Menge Radon in die Kammer eingeleitet wurde.
c) Beschreibe und begründe die Veränderungen im Graphen, wenn die doppelte Menge Radon in die Kammer geleitet wird.
d) Recherchiere, wo Radon220 auf natürliche Weise auftritt.
e) Notiere mithilfe der Nuklidkarte die Zerfallsreihe von Radon220 einschließlich der Halbwertszeiten. Deute das Ergebnis.

C14 hilft bei der Altersbestimmung

Durch den Einfluss der Höhenstrahlung auf die Atmosphäre entsteht ständig das radioaktive Isotop C14, welches mit einer Halbwertszeit von 5730 Jahren wieder zerfällt. Dieser Vorgang ist seit vielen Jahrtausenden gleichbleibend; dadurch hat sich ein Gleichgewicht eingestellt: Bei Luft kommt ein radioaktives C14-Atom auf 10^{12} C12-Atome. Bei einer Probe, die 1 g Kohlenstoff enthält, werden durchschnittlich 14 $\frac{\text{Imp}}{\text{min}}$ gemessen.

Wie C12 verbindet sich auch C14 mit Sauerstoff zu CO_2, welches von den Pflanzen aufgenommen wird. Über die Nahrungskette gelangt C14 auch in den menschlichen Organismus. Für alle lebenden organischen Substanzen gilt: 1 g Kohlenstoff enthält auch hier so viel C14, dass 14 $\frac{\text{Imp}}{\text{min}}$ gemessen werden. Nach dem Absterben der organischen Substanz findet kein Luftaustausch mit der Umgebung mehr statt; deshalb nimmt der C14-Gehalt der toten Substanz nach

den Gesetzen des radioaktiven Zerfalls ab (siehe Diagramm).

Das bedeutet: 5730 Jahre nach dem Absterben wird nur noch eine Zählrate von 7 $\frac{\text{Imp}}{\text{min}}$ gemessen. Wird bei einem Knochen z.B. die Zählrate 3,5 $\frac{\text{Imp}}{\text{min}}$ für 1 g Kohlenstoff festgestellt, so ergibt sich aus dem Diagramm: Das Lebewesen, zu dem der Knochen gehört hat, ist vor etwa 11 500 Jahren gestorben.

Mit dieser Methode kann also mit guter Genauigkeit das Alter von archäologischen Fundstücken bestimmt werden. Voraussetzung ist allerdings, dass das Fundstück organisches Material enthält. Für „Ötzi", eine im Ötztal gefundene Gletscherleiche, ist nach dieser Methode festgestellt worden, dass er vor 6500 Jahren gelebt haben muss.

Zeitliche Zwischenwerte wie bei Ötzi lassen sich dabei mithilfe der zugehörigen Funktionsgleichung ermitteln.
Die C14-Methode ist allerdings nur geeignet für Datierungen, die maximal 60 000 Jahre zurückreichen, weil die Zählrate nach einem noch längeren Zeitraum kaum noch messbar ist. Es muss auch vorausgesetzt werden, dass das Kohlenstoffgleichgewicht zu dieser Zeit so war wie heute.

Die Uran-Blei-Methode

Die natürlichen Isotope U238 und U235 zerfallen über viele Zwischenstationen in die stabilen Isotope Pb206, Pb207 und Pb208. In vielen Versteinerungen sind auch diese Isotope vorhanden. Durch aufwendige Messungen ist es möglich, das Verhältnis der Anteile der verschiedenen Bleiisotope im Vergleich zum Uranisotop zu bestimmen. Aus diesem Mischungsverhältnis kann über die Zerfallsreihen das Alter von Gesteinsproben berechnet werden.
Die ältesten mit dieser Methode bestimmten Gesteine hatten ein Alter von etwa vier Milliarden Jahren – das Alter der Erde.

1 In einer Höhle wurden Bärenknochen gefunden, deren C14-Gehalt im Vergleich zu lebendem Gewebe noch 12,5 % betrug. Ermittle anhand der nebenstehenden Zerfallskurve, wann der Bär gelebt hat.

2 Für eine Materialprobe (1 g) eines Bibeltextes wurde eine Zählrate von 11,1 $\frac{\text{Imp}}{\text{min}}$ bestimmt. Ermittle das Alter des Textes möglichst genau.

3 Messungen an Uranerzen aus großer Tiefe haben ergeben, dass etwa 1/3 der U238-Kerne zerfallen sind. Berechne daraus das Mindestalter.

Diagramm: N in $\frac{\text{Imp}}{\text{min}}$ (y-Achse: 2, 4, 6, 8, 10, 12, 14); t in a (x-Achse: 2000, 10 000, 20 000)

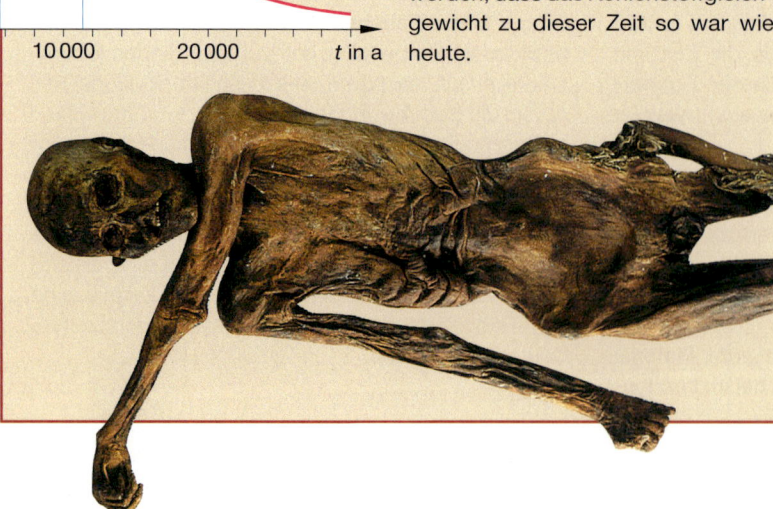

TECHNISCHE ANWENDUNG VON STRAHLUNG

Materialprüfung

Bei der Dickenmessung und zerstörungsfreien Werkstoffprüfung wird die Abnahme der Intensität einer γ- oder Röntgenstrahlung mit der Dicke der durchdrungenen Materialschicht genutzt.

Der zu untersuchende Gegenstand befindet sich zwischen der Strahlungsquelle und einem Nachweisgerät, z. B. einem Film oder einem Zählrohr. Je nach Dicke der Schicht bzw. des eingebrachten Gegenstandes wird die Strahlung geschwächt. Unterschiede in der Zusammensetzung des Materials, Risse oder Hohlräume zeigen sich durch verschiedene Schwärzungsgrade auf dem Film oder unterschiedliche Zählraten. Auf diese Art erfolgt die Untersuchung von hochbelasteten und sicherheits-relevanten Bauteilen. Drahtseile für Seilbahnen oder Aufzüge und gegossene Felgen z. B. von PKW oder die Radreifen bei der Eisenbahn werden so mit Röntgenstrahlung zerstörungsfrei untersucht.

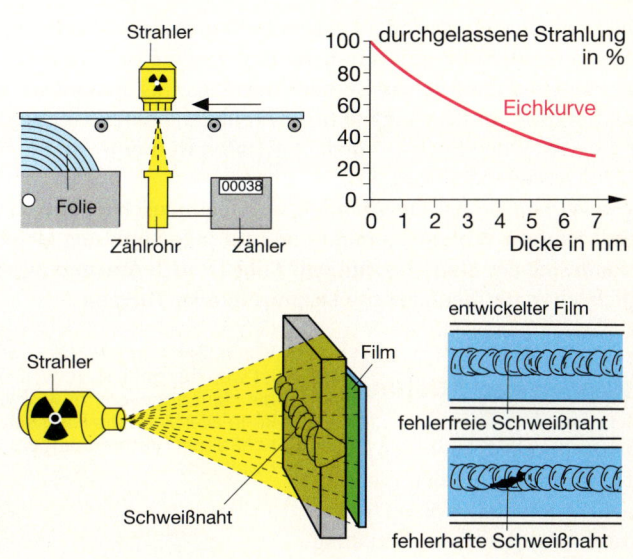

Brandmelder

Es gibt Brandmelder, in denen ein radioaktives Präparat eingebaut ist, welches die Luft, die von außen in die Messkammer eindringt, permanent ionisiert. Dadurch kann ein elektrischer Strom durch die Messkammer fließen. Wenn Rauchpartikel in die Kammer gelangen, lagern sich die ionisierten Luftmoleküle an den Rauchpartikeln an. Die so entstandenen großen und schweren „Rauch"-Ionen sind nahezu ungeladen, die Stromstärke sinkt. Die Abnahme der Stromstärke kann elektronisch registriert werden und Alarm auslösen. Wird allerdings nach einem Brand ein solcher Ionisationsrauchmelder bei den Aufräumarbeiten nicht gefunden, muss der Brandschutt als Sondermüll entsorgt werden.

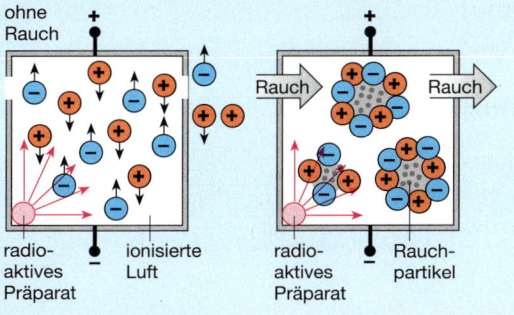

Materialbeeinflussung

In der Industrie werden Kunststoffe veredelt, indem sie für eine bestimmte Zeit β-Strahlung ausgesetzt werden. Dadurch vernetzen sich die Molekülketten im Kunststoff. Dieser wird dadurch z. B. beständiger gegen Hitze und Chemikalien.

Konservierung von Lebensmitteln

In einigen Ländern (auch in der EU) werden ganze Paletten mit Lebensmitteln ionisierender Strahlung ausgesetzt, um sie dadurch zu konservieren (haltbarer zu machen). Das Bestrahlen von Lebensmitteln ist nicht unumstritten und in Deutschland ist zurzeit nur die Bestrahlung getrockneter Gewürze und Kräuter erlaubt.

Sterilisation

Zur Sterilisation (Entkeimung) werden medizinische Instrumente, hitzeempfindliche Arzneimittel, Schläuche, Verbandsstoffe und Ähnliches ionisierender Strahlung ausgesetzt. Durch die Bestrahlung mit hohen Energiedosen werden Bakterien, Sporen oder Viren getötet. Auch der Klärschlamm aus Kläranlagen wird ionisierender Strahlung ausgesetzt, um ihn anschließend als keimfreien Dünger verwenden zu können.

Strahlenwirkungen und Strahlenschutz

Strahlenschutzsymbole sind an vielen Stellen zu finden, z. B. an Röntgengeräten, Aufbewahrungsbehältern von radioaktiven Substanzen und natürlich an Kernkraftwerken. Das Symbol weist darauf hin, dass im Umgang mit den gekennzeichneten Geräten oder Gegenständen höchste Vorsicht geboten ist, denn von ihnen geht ionisierende Strahlung aus.
Welche Wirkungen hat die Strahlung auf den menschlichen Körper? Sind die Wirkungen immer und für jede Strahlung gleich? Wie kann sich der Mensch schützen? Gibt es auch Anwendungsmöglichkeiten für medizinische Diagnostik oder Therapie?

Wirkungen von Strahlung

Wenn α-, β- oder γ-Strahlung sowie Röntgenstrahlung auf den menschlichen Körper trifft, kommt es zu Wechselwirkungen der Strahlung mit Materie. Die physikalischen Effekte sind Ionisation und Anregung von Atomen und Molekülen. Diese Effekte können in einzelnen Organen Veränderungen auslösen, was den gesamten Organismus erheblich stören kann:

- Intensive Strahlung kann zu Hautveränderungen wie bei einem starken Sonnenbrand führen;
- Moleküle bzw. Atome können als Folge der aufgenommenen Energie zerbrechen;
- Moleküle bzw. Atome zeigen Reaktionen, die sich vom Verhalten nichtionisierter Moleküle oder Atome drastisch unterscheiden. Entstehende Giftstoffe können die natürlichen Abläufe in den Zellen stören oder sogar ihre Funktion dauerhaft lahm legen.

Dies gilt sowohl für Strahlung, die von außen, als auch für Strahlung, die durch **Inkorporation** (Aufnahme radioaktiver Substanzen in den Körper) von innen auf den Organismus wirkt. Einige radioaktive Stoffe verteilen sich gleichmäßig im Körper (z. B. Caesium), andere werden bevorzugt in bestimmten Organen

Von außen kommende α- und β-Strahlung ist weniger gefährlich, weil sie durch die Haut abgeschirmt wird – sie kann allerdings die Haut selbst schädigen (Verbrennungen, Hautkrebs).

β α α, β, γ: Inkorporation
Schilddrüse
α
β
Lunge
γ γ
Leber
Knochen Keimzellen

γ-Strahlung ist am gefährlichsten, weil sie tief in das Gewebe eindringt und dort aus den Molekülen energiereiche Elektronen freisetzt. Diese wirken dann wie β-Strahlung und bestrahlen die Körperzellen aus unmittelbarer Nähe.

Physikalische Wirkungen
- Ionisation
- Erwärmung des Gewebes

Mögliche biologische Wirkungen
- Entstehung von Giftstoffen
- Auslösen von Strahlenkrankheit
- Entstehen von Tumoren und Leukämie
- Genetische Schäden

abgelagert, z. B. Iod in der Schilddrüse oder Strontium im Knochenmark.

Die durch die Absorption zugeführte Energie führt zwar auch zu einer minimalen Temperaturerhöhung, aber die Schädigung der Zellen ist auf die ionisierende Wirkung der Strahlung zurückzuführen.
Dabei spielt es keine Rolle, ob die Strahlungsquelle sich außerhalb oder innerhalb des Körpers befindet.
Folgende Faktoren sind allerdings von Bedeutung:

- α-, β- oder γ-Strahlung sowie Röntgenstrahlung haben unterschiedliche biologische Wirkungen.

- Die Bestrahlungsstärke, die zeitliche Dauer der Bestrahlung und die Größe des bestrahlten Körpervolumens beeinflussen die mögliche Wirkung ebenfalls.
- Die einzelnen Organe sind unterschiedlich empfindlich.
- Auch Milieufaktoren (z. B. die Art der Ernährung) oder der Gesundheitszustand spielen eine Rolle.

Wenn Strahlung auf Körperzellen trifft, führt die absorbierte Energie zur Erwärmung des Gewebes und zu Ionisationen. Diese können chemische und biologische Prozesse auslösen, die zu Gesundheitsschäden führen können.

Schäden durch ionisierende Strahlung

Die biologischen Wirkungen ionisierender Strahlung lassen sich in drei Kategorien einteilen:

- **Somatische** (körperliche) **Frühschäden** sind an den bestrahlten Personen selbst erkennbar. Die Menschen leiden nach starker Bestrahlung an **vorübergehender** oder **schwerer Strahlenkrankheit**.
- Wenn durch die Bestrahlung Krebs, z. B. Leukämie, ausgelöst wird, sind dies **somatische Spätschäden.**
- Die ionisierende Strahlung kann auch eine Schädigung von Zellen bewirken, die Erbinformationen enthalten. Die gespeicherten Erbinformationen werden verändert, was dann in der Folge zu **genetischen Schäden (Mutationen)** führt.

Während somatische Schäden an den bestrahlten Menschen selbst auftreten, wirken sich genetische Schäden an den Keimzellen erst bei den direkten Nachkommen oder in den Folgegenerationen aus.

Wird der Körper von Strahlung getroffen, stehen zwei sehr wirksame **Abwehrmechanismen** bereit: das *Reparatursystem* und das *Immunsystem*. Sie schaffen es, dass eine vorübergehende Strahlenkrankheit im Normalfall rasch überwunden wird, wenn der Körper des Menschen gesund und widerstandsfähig ist.

Schädigungen durch Strahlung können dagegen nur teilweise oder gar nicht abgewendet werden, wenn die körpereigenen Abwehrsysteme überlastet sind, weil das Immunsystem z. B. gleichzeitig gegen eine Virusinfektion ankämpfen muss. Sehr starke Strahlung kann die Abwehrmechanismen selbst so schwächen, dass sie ganz versagen.

Aber nicht jede Bestrahlung verursacht zwangsläufig Schäden. Das Risiko, an Krebs zu erkranken, wird auch von Erbanlagen, der Lebensweise, dem Alter und Umweltfaktoren stark beeinflusst. Dieser Einfluss ist bei den verschiedenen Krebsarten sehr unterschiedlich.

> Die Absorption von ionisierender Strahlung kann bei Körperzellen zu somatischen und bei Keimzellen zu genetischen Schäden führen.
> Immun- und Reparatursystem können nicht zu schwere Schäden beheben.

Abwehrmechanismen

- **Das Reparatursystem** behebt Molekül- und Zellschäden. Dadurch werden somatische Schäden verhindert oder begrenzt. Mutationen können allerdings bestehen bleiben oder sogar durch fehlerhafte Reparaturen an DNS-Molekülen neu entstehen.
- **Das Immunsystem** entfernt veränderte, also mutierte Zellen aus dem Gewebe und sorgt für neue Zellen durch Beschleunigung der Zellteilung. Deshalb ist eine Mutation nicht immer gleichbedeutend mit einem somatischen oder genetischen Schaden.

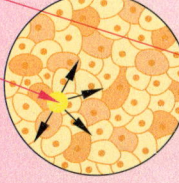

Körperzelle

Keine Absorption: Biologisch unwirksam

Absorption von Strahlung
- Erwärmen der Zelle
- Ionisation

Biochemische Effekte
- Zerbrechen von Molekülen
- Bildung von Giften
- Mutationen durch Veränderung der DNS

Keimzelle

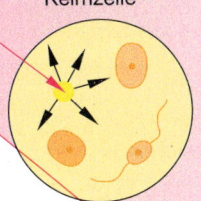

Wenn die Abwehrmechanismen versagen

Somatische Schäden

Vorübergehende Strahlenkrankheit
- Die Schutz- und Abwehrfunktionen des Körpers sind geschwächt.
- Die Anzahl der Zellverluste ist höher als die Zellneubildungen. Die Zahl der weißen Blutkörperchen nimmt rapide ab.
- Zwei bis drei Wochen nach der Bestrahlung kommt es zu Appetitlosigkeit, Entzündungen im Bereich der Luft- und Speisewege, Haarausfall, kleinen Hautflecken und allgemeinem Unwohlsein. Die Abwehrkräfte erlahmen und Verletzungen heilen nur noch schwer.

Schwere Strahlenkrankheit
- Immer mehr Zellen verlieren die Fähigkeit, sich zu teilen, oder sterben sogar ab.
- Dramatische Blutveränderungen als Folge der Zellbeeinträchtigungen führen nach 10 bis 14 Tagen zu schweren Entzündungen und inneren Blutungen.
- Bei Männern kann vorübergehende oder lebenslange Unfruchtbarkeit eintreten.

Genetische Schäden

Spätschäden
- Körperzellen können z. B. zu unkontrolliertem Wachstum und damit zu Krebsbildungen angeregt werden.
- Wenn Samen oder Eizellen von Mutationen betroffen sind, wirkt sich das auf die Entwicklung des ungeborenen Kindes aus. Zum Beispiel können Missbildungen oder Down-Syndrom bei Neugeborenen auftreten.
- Gestörte Erbinformationen können an die Nachkommen weitergegeben werden, was dann zu Erbkrankheiten führt.

Keine Absorption: Biologisch unwirksam

Messung der Strahlenbelastung

Radioaktive Strahlung lässt sich mit den Sinnesorganen nicht erfassen. Sie kann nur mithilfe spezieller Messeinrichtungen nachgewiesen werden. Die erfasste Zählrate der Probe eines radioaktiven Stoffes allein erlaubt aber noch keine Aussage darüber, welche Wirkungen die Absorption der Strahlung auf den Menschen hat.

● Zur Angabe der Strahlenwirkung dient die **Energiedosis D**. Sie gibt an, wie viel Energie pro Kilogramm eines bestrahlten Stoffes absorbiert wird:

$$D = \frac{\text{absorbierte Energie}}{\text{Masse des bestrahlten Körpers}} = \frac{E}{m}$$

Die Energiedosis ist von der Masse des bestrahlten Gewebes abhängig. Daher macht es einen Unterschied, ob die absorbierte Energie vom ganzen Körper oder z. B. nur von einer Hand aufgenommen wird.

● Die Wirkung der ionisierenden Strahlung auf lebende Organismen ist von der Art der hauptsächlich absorbierten Strahlung abhängig. Jede Strahlungsart wirkt unterschiedlich auf das Körpergewebe und führt zu verschieden starken biologischen Folgen. Die biologische Wirkung der gleichen Energiedosis ist bei α-Strahlung viel größer als bei β- oder γ-Strahlung. Daher reicht die Angabe der Energiedosis für

eine Abschätzung der Wirkung nicht aus. Die Energiedosis muss mit einem **Qualitätsfaktor** (auch *Bewertungsfaktor* genannt) **Q** multipliziert werden; das ergibt die **Äquivalentdosis H:**

H = Q · D

Die Qualitätsfaktoren sind Erfahrungswerte aus Experimenten:

Q = 1 für β-, γ-, Röntgenstrahlung,
Q = 10 für Neutronenstrahlung,
Q = 20 für α-Strahlung.

Um Äquivalentdosen von Energiedosen unterscheiden zu können, wird als spezielle Einheit das Sievert (Sv) verwendet:

$1 \text{ Sv} = 1 \frac{J}{kg}$.

Bestrahlung von Körperzellen mit
α-Strahlung, 0,1 Gy   β-Strahlung, 0,1 Gy

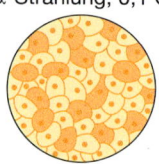 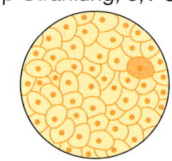

● Mit der Angabe der Äquivalentdosis kann die biologische Wirkung der Strahlung auf das lebende Gewebe aber immer noch nicht vollständig erfasst werden. Zusätzliche Bedeutung hat die Zeit: Es ist ein erheblicher Unterschied, ob die gleiche Strahlendosis in einem längeren oder kürzeren Zeitraum einwirkt.

Energiedosis
Die Einheit ist 1 Gy (Gray) = $1 \frac{J}{kg}$. Das Formelzeichen ist *D*.
Äquivalentdosis
Die Einheit ist $1 \text{ Sv} = 1 \frac{J}{kg}$. Das Formelzeichen ist *H*.

● Mit einem einfachen Geiger-Müller-Zählrohr lässt sich zwar eine schwache Strahlung von einer starken unterscheiden, die Energie- bzw. Äquivalentdosis lässt sich mit ihm jedoch nicht messen. Hierzu wurden verschiedene Dosimeter-Typen entwickelt.

Filmdosimeter enthalten in einem flachen Gehäuse ein Stück Film, das an manchen Stellen durch verschiedene Metallfilter abgeschirmt ist. Durch radioaktive Strahlung und Röntgenstrahlung wird der Film geschwärzt. Nach der Entwicklung kann durch Schwärzungsvergleich mit definiert bestrahlten Filmen die aufgenommene Dosis bestimmt werden.

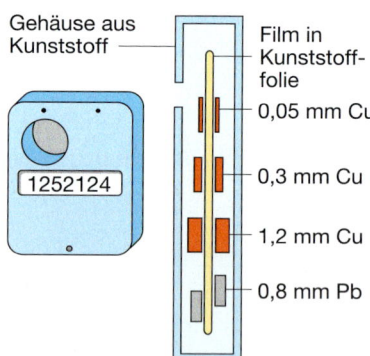

Gehäuse aus Kunststoff

Film in Kunststofffolie
0,05 mm Cu
0,3 mm Cu
1,2 mm Cu
0,8 mm Pb

Die Äquivalentdosis berücksichtigt die biologische Wirksamkeit der Strahlungsarten auf organisches Gewebe. α-Strahlung wirkt 20-mal stärker, Neutronenstrahlung 10-mal stärker als β-, γ- und Röntgenstrahlung.

Dosis	Symptome der Strahlenkrankheit (in der Mehrzahl der Fälle)
0–0,3 Sv	Äußerlich keine Symptome erkennbar
ab 0,3 Sv	Gelegentlich Übelkeit und Erbrechen; erste Veränderungen im Blutbild
ab 1 Sv	**Vorübergehende Strahlenkrankheit:** nach 2 Stunden Erbrechen; Kopfschmerzen; nach 2 Wochen Haarausfall; nach Jahren Trübungen der Augenlinse
ab 3 Sv	**Schwere Strahlenkrankheit:** nach 30 Minuten Erbrechen; ständige Kopfschmerzen; später Fieber, Entzündungen im Mund/Rachen; blutiger Durchfall; die Hälfte der Erkrankten stirbt
ab 8 Sv	**Tödliche Strahlenkrankheit:** nach Minuten Erbrechen und Fieber; innere und äußere Blutungen; Bewusstseinstrübung; schneller Kräfteverfall; ohne Therapie ist das Überleben nicht möglich

Strahlenschutz

Das Leben auf der Erde hat sich von Beginn an unter der Einwirkung von radioaktiver Strahlung entwickelt. Sie kommt aus dem All (kosmische Strahlung), dem Erdboden (terrestrische Strahlung) und der Atmosphäre. Radioaktive Strahlung ist also Bestandteil der Umwelt. Sogar der menschliche Körper ist ein Strahler: Durch die Nahrung und die Atmung gelangen radioaktive Stoffe in den Körper, werden dort gespeichert und strahlen weiter.

Neben der natürlichen **Strahlenbelastung** sind die Menschen zusätzlich zivilisationsbedingten Strahlungsquellen ausgesetzt. An erster Stelle steht dabei die Röntgendiagnostik in der Medizin. Aber auch durch kerntechnische Anlagen (Kernkraftwerke) oder durch Kernwaffenversuche werden die Menschen zusätzlich belastet.

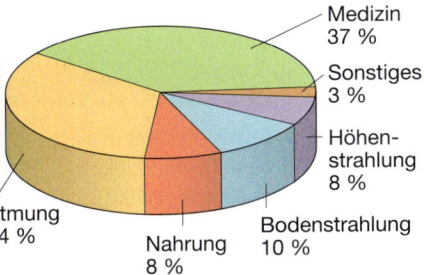

Medizin 37 %
Sonstiges 3 %
Höhenstrahlung 8 %
Bodenstrahlung 10 %
Nahrung 8 %
Atmung 34 %

Die Jahresdosis aufgrund der natürlichen Strahlenbelastung beträgt in Deutschland je Einwohner durchschnittlich 2,4 mSv. Der Wert schwankt jedoch regional und liegt in Deutschland zwischen 1 mSv und 5 mSv pro Jahr. Die medizinisch bedingte Strahlenbelastung beträgt durchschnittlich 1,8 mSv, sodass jeder Bewohner durchschnittlich einer Belastung von 4,2 mSv im Jahr ausgesetzt ist.
Die Grenzwerte für die Bevölkerung und beruflich strahlenexponierte Personen sind in der **Strahlenschutzverordnung (StrlSchV)** festgelegt.

Die Grenzwerte für die Normalbevölkerung orientieren sich dabei an der normalen Schwankungsbreite der natürlichen Strahlenbelastung.
Die StrlSchV schreibt u. a. vor, dass
● die Strahlendosis so gering wie möglich zu halten ist;
● Grenzwerte zu kontrollieren und einzuhalten sind.

Beruflich strahlenexponierte Personen müssen deshalb stets ein Dosimeter tragen. Überschreitet eine Person z. B. in einem Kernkraftwerk den für sie geltenden Grenzwert für die Jahresdosis, darf sie nicht länger an einem Arbeitsplatz tätig sein, an dem sie Strahlung ausgesetzt ist.

Strahlenschutz

ist für jeden Menschen wichtig. Die Grundregeln sind einfach:

● **Abstand halten:** Je größer die Entfernung von der Strahlungsquelle, desto schwächer ist die Strahlung. Bei doppelter Entfernung sinkt die Strahlungsintensität auf weniger als ein Viertel ab.

● **Nur kurzer Aufenthalt** in der Nähe einer Strahlungsquelle: Die vom Körpergewebe absorbierte Energiedosis ist proportional zur Bestrahlungszeit. Eine Halbierung der Bestrahlungszeit bedeutet daher auch eine Halbierung der Strahlendosis.

● **Abschirmung**

● **Abstinenz:** Während des Umgangs mit radioaktiven Stoffen keine Nahrung zu sich nehmen: Durch Nahrungsaufnahme können radioaktive Stoffe in den Körper gelangen und sich dort in einzelnen Organen ablagern. Dadurch sind die Körperbereiche in der Nähe der betroffenen Organe einer verstärkten Bestrahlung ausgesetzt.

Grenzwerte für die Bestrahlung

Körperbereich	Erwachsene maximal	Jugendliche maximal	Bevölkerung im Schnitt
ganzer Körper	20 mSv	1 mSv	1 mSv
Keimdrüsen; Gebärmutter; Knochenmark	50 mSv	5 mSv	0,3 mSv
Knochenoberfläche; Haut	300 mSv	30 mSv	1,8 mSv
Hände/Arme; Füße/Beine samt zugehöriger Haut	500 mSv	50 mSv	0,9 mSv
Alle Organe, die oben nicht genannt wurden	150 mSv	15 mSv	0,9 mSv
	beruflich strahlenexponierte Personen		Normalbevölkerung

Aufgaben

1 Erkläre die Funktionsweise des Filmdosimeters. Begründe, dass damit auch die Strahlungsarten unterschieden werden können.

2 a) Erläutere, wovon die schädigende Wirkung radioaktiver Strahlung abhängt und welche verschiedenen Schäden sie hervorrufen kann.
b) Die Notwendigkeit der Einführung des Bewertungsfaktors zeigt die Grenzen physikalischer Sichtweisen. Erläutere diese Aussage.

3 Begründe die Grundregeln des Strahlenschutzes mithilfe der Eigenschaften und Wirkungen radioaktiver Strahlung.

4 Bei der natürlichen Strahlenbelastung spielt das radioaktive Edelgas Radon220 eine zentrale Rolle. Informiere dich, erkläre.

5 Informiere dich im Internet über Aufbau und Funktionsweise eines Taschendosimeters.

6 α-Strahlung wird schon durch eine dünne Pappe absorbiert. Trotzdem ist der Bewertungsfaktor für α-Strahlung $Q = 20$. Erkläre diesen scheinbaren Widerspruch. Beachte dabei z. B. die unterschiedliche Größe von α- und β-Teilchen.

Strahlentherapie und Strahlendiagnostik

Nach der Entdeckung der Radioaktivität im Jahr 1896 durch BECQUEREL bzw. der Röntgenstrahlung 1895 durch RÖNTGEN dauerte es nicht lange, bis die ionisierende Strahlung im medizinischen Bereich sowohl zur Diagnose als auch zur Therapie eingesetzt wurde. Am bekanntesten ist die Röntgendiagnostik wie z.B. bei der Computertomografie. Hier wird die gute Durchdringungsfähigkeit der Röntgenstrahlung genutzt.

Strahlentherapie

Ionisierende Strahlung hat nicht nur schädigende Wirkungen auf den menschlichen Organismus, sondern kann auch gezielt zur Heilung bestimmter Krankheiten eingesetzt werden, z.B. von Krebs. Dazu wird das erkrankte Körperteil ionisierender Strahlung ausgesetzt. Als Strahlungsquellen werden heute Geräte bzw. Stoffe benutzt, die energiereiche teilchenfreie Strahlung emittieren: Röntgenröhren, radioaktive Substanzen (Co 60, Cs137) und Linearbeschleuniger. Die Bestrahlungen bewirken über eine Hemmung der Zellteilung einen Wachstumsstillstand oder sogar ein Absterben von Gewebeanteilen, wobei wachsendes Gewebe, wie zum Beispiel Tumore, empfindlicher reagiert als gesunde, ausgewachsene Körperteile.

Die Strahlungsquelle wird auf einer kreisförmigen Bahn um den Patienten herum geführt. Hierdurch wird erreicht, dass das gesunde Gewebe nur mit einer geringen Energiedosis belastet wird und gleichzeitig eine gleichbleibend hohe Strahlendosis auf den Tumor trifft. Vielfach wird zusätzlich mit individuell angefertigten Schutzmasken gearbeitet, z.B. bei Bestrahlungen im Bereich des Kopfes. Eine genaue Positionierung auf dem Bestrahlungstisch ist für den Erfolg der oft mehrere Wochen dauernden Therapie mitentscheidend.

Eine Strahlentherapie ist wie eine Chemotherapie mit starken Nebenwirkungen verbunden. Dazu zählen Interesselosigkeit und Appetitmangel, Übelkeit und Erbrechen.

Auch Hautstörungen wie Rötungen, Abschuppungen und Juckreiz sind beobachtet worden. Eine Strahlentherapie führt insgesamt zu einer Schwächung der Abwehrkräfte.

Möglich ist es auch, das Tumorgewebe von innen zu bestrahlen. Hierzu werden winzige Mengen einer radioaktiven Substanz direkt in den Tumor gebracht und nach der entsprechenden Behandlungszeit wieder entfernt.

Strahlendiagnostik

Es gibt eine große Anzahl von Anwendungsgebieten, bei denen die nuklearmedizinische Diagnostik den anderen Untersuchungsmethoden überlegen ist:

Bestimmte Erkrankungen können gegenüber anderen Untersuchungsverfahren früher erkannt werden und somit frühzeitig behandelt werden. Die Beobachtung der Verteilung radioaktiver Substanzen oder ihre bevorzugte Anlagerung in Gewebe- oder Körperteilen bietet die Möglichkeit, funktionale Zusammenhänge oder Informationen über Verteilungs-, Durchblutungs- und Stoffwechselvorgänge genauer zu erfassen als mit anderen Verfahren.

Ein Hauptanwendungsgebiet ist die Funktions- und Lokalisationsuntersuchung von Drüsen, z.B. die Bestimmung von Lage, Größe und Funktion der Schilddrüse, der Nebennieren u.a.

Dazu wird ungefährlichen Flüssigkeiten radioaktives Technetium oder Iod beigemischt. Diese Flüssigkeit wird dann in das Blut des Patienten gespritzt. Weil Iod oder Technetium bevorzugt in den kranken Bereichen der Schilddrüse abgelagert werden, senden diese Teile mehr Strahlung aus als die gesunden. Die Strahlung wird von einem Detektor aufgefangen und von einem Computer zu einem Strahlungsbild (Szintigramm) der Schilddrüse umgewandelt.

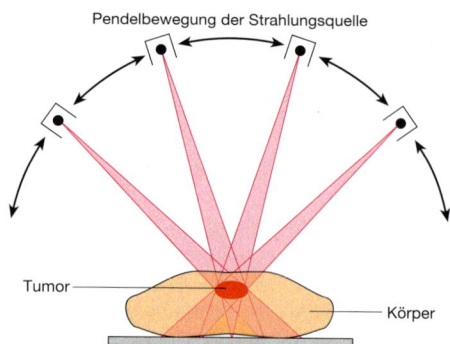

Pendelbewegung der Strahlungsquelle

Tumor — Körper

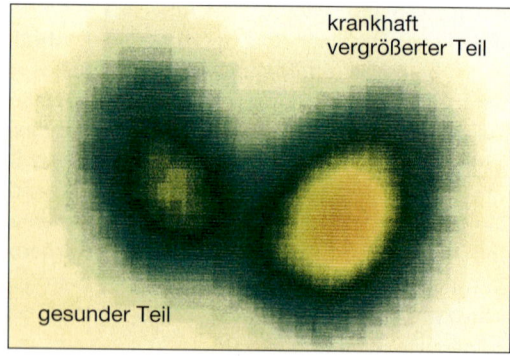

krankhaft vergrößerter Teil

gesunder Teil

Aufgaben

1 Begründe, warum der Tumor von mehreren Seiten bestrahlt wird, und beschreibe die Wirkung der Strahlung.

2 Erläutere, wie ein Schilddrüsen-Szintigramm gemacht wird.

Typische Strahlenbelastungen

Art der Belastung	Äquivalentdosis
Zahnröntgenaufnahme	10 µSv
Brustkorbröntgen	100 µSv
Mammographie	500 µSv
Schilddrüsenszintigraphie	800 µSv
Computertomografie Brustkorb	10 mSv
Flug Frankfurt-New York	30 µSv

Um das Risiko der Strahlenbelastung abzuschätzen, muss diese mit der natürlichen Äquivalentdosis verglichen werden, die bei etwa 2 mSv pro Jahr liegt und unvermeidbar ist.

Radioaktive Baustoffe

Alle Gesteine und Böden enthalten Spuren radioaktiver Nuklide. Da diese Stoffe auch zum Bau von Häusern verwendet werden, ergibt sich eine natürliche Strahlenbelastung in Wohnhäusern. Die Zählraten der einzelnen Materialien variieren je nach Fundort über einen großen Bereich. So sind z. B. die Wohnungen im Erzgebirge wesentlich höher belastet als die an der Nordsee. Für Vergleichszwecke ist jeweils die Anzahl eines Kilogramms des entsprechenden Materials angegeben.

Baustoffspezifische Aktivität in $\frac{\text{Zerfälle}}{\text{s}\cdot\text{kg}}$

	^{40}K	^{226}Ra	^{232}Th
Naturstein			
Granit	1300	100	80
Schiefer	900	50	60
Marmor	40	20	20
Sandstein	20	30	30
Mauersteine			
Ziegel	700	60	70
Schamotte	400	60	90
Betonsteine	500	130	100
Kalksandstein	200	20	20
Zuschläge			
Sand, Kies	250	15	20
Hochofenschlacke	500	120	130
Flugasche	700	200	130
Bindemittel			
Portlandzement	220	30	20
Hüttenzement	150	60	90
Kalk	180	30	20
Naturgips	70	20	10
Chemiegips	110	560	20
Bitumen	110	20	20

Raucherrisiko

In der Stadt Schneeberg (Sachsen) wurden über mehrere Jahrhunderte bis 1990 Erze unter Tage abgebaut. Seit ca. 500 Jahren fiel auf, dass viele Bergleute an einer Lungenkrankheit, der „Schneeberger Krankheit" starben, die Anfang des letzten Jahrhunderts als Lungen- und Bronchialkrebs identifiziert werden konnte. Die Ursache für das erhöhte Lungenkrebsrisiko der Bergleute liegt in der erhöhten Strahlenbelastung. Diese kommt einerseites durch das Einatmen radioaktiver Uranstäube und andererseits durch die Inhalation des radioaktiven Edelgases Radon zustande, das beim Zerfall des Urans entsteht. Deutlich zu erkennen ist, dass der Milieufaktor „Rauchen" das Risiko für Lungenkrebs um ein Vielfaches erhöht. Die ionisierende Strahlung und die Aufnahme vieler krebserzeugender Stoffe mit dem Zigarettenrauch verstärken sich und vergrößern so die Zellschäden.

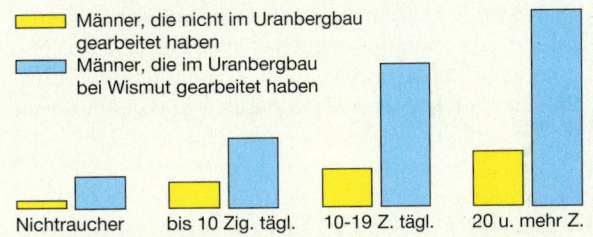

- Männer, die nicht im Uranbergbau gearbeitet haben
- Männer, die im Uranbergbau bei Wismut gearbeitet haben

Nichtraucher · bis 10 Zig. tägl. · 10-19 Z. tägl. · 20 u. mehr Z.

Relatives Lungenkrebsrisiko für Männer, aufgeschlüsselt nach Rauchgewohnheiten und Uranbergbau-Exposition (Wismut-Tätigkeit): Die Zahlenwerte geben an, um welchen Faktor das Risiko, an Lungenkrebs zu erkranken, erhöht ist, bezogen auf das Lungenkrebsrisiko von Männern aus der gleichen Region, die Nichtraucher sind und die nicht im Uranbergbau gearbeitet haben.

Radonbelastung

Das radioaktive Edelgas Radon, das aus Zerfallsprodukten im Boden entsteht, kann über Risse in der Erdrinde und der Bodenplatte in Häuser gelangen. Es führt dort zu einer zusätzlichen Belastung. Diese kann durch Lüften wesentlich verringert werden.

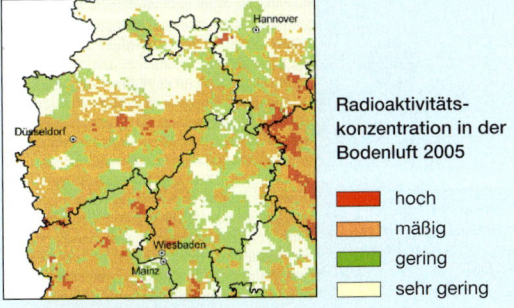

Radioaktivitätskonzentration in der Bodenluft 2005

- 🟥 hoch
- 🟧 mäßig
- 🟩 gering
- ⬜ sehr gering

Kernenergie

Kernkraftwerke sind Wärmekraftwerke, die sich nur in der Art der Wärme-erzeugung von Kohle-, Öl- und Gaskraftwerken unterscheiden. Während in Kohle-, Öl- und Gaskraftwerken fossile Brennstoffe verbrannt werden, wird in Kernkraftwerken die Energie genutzt, die in Atomkernen steckt. Welche Vorteile bietet das? Welche Prozesse laufen in einem Kernkraft-werk ab? Welche Sicherheitsvorkehrungen schützen vor den Gefahren radioaktiver Strahlung und wie werden die Reaktionsprodukte entsorgt?

Kernspaltung

In Kernkraftwerken wird die Energie genutzt, die bei der Spaltung von schweren Atomkernen frei wird. Aus-gangsstoff ist das stabile Uranisotop $^{235}_{92}$U. Dringt ein langsames Neutron, ein *thermisches Neutron*, in diesen Urankern ein, so ist der entstandene $^{236}_{92}$U-Kern instabil und zerfällt in zwei Kerne, die **Spaltprodukte.** Neben der freiwerdenden Energie entstehen bei dieser Kern-spaltung zwei oder drei schnelle Neutronen. Das Isotop U236 kann beispielsweise unter Aussendung von drei schnellen Neutronen in einen Barium- und einen Kryp-tonkern zerfallen:

$$^{236}_{92}U \rightarrow {}^{139}_{56}Ba + {}^{94}_{36}Kr + 3 \, {}^{1}_{0}n$$

Die Spaltprozesse können aber nur ausgelöst werden, wenn das Neutron beim Zusammenstoß mit dem U235-Kern die passende Geschwindigkeit hat. Schnelle Neu-tronen prallen einfach ab; mittelschnelle Neutronen werden zwar eingefangen, lösen aber keine Spaltung aus. Auch andere schwere Kerne wie Plutonium können durch Neutronen gespalten werden. Beim Isotop U238 kann zwar ein schnelles Neutron eingebaut werden, es kommt aber nur sehr selten zu einer Kernspaltung.

Kettenreaktion

Wenn bei der Spaltung mehrere Neutronen freigesetzt werden, die eine für weitere Spaltungen geeignete Ge-schwindigkeit haben oder auf diese Geschwindigkeit abgebremst werden, dann können diese von anderen spaltbaren Kernen absorbiert werden, erneut Spaltun-gen auslösen und weitere Neutronen freisetzen. So ent-steht eine **Kettenreaktion.**

Für die technische Nutzung der Kernenergie in Kern-kraftwerken wird eine **kontrollierte Kettenreaktion** be-nötigt. Hierbei muss die Gesamtzahl der Spaltungen, die in einer bestimmten Zeitspanne ablaufen, konstant bleiben. Dies geschieht entweder dadurch, dass nicht alle Neutronen auf die für die Spaltung nötige Geschwindigkeit abgebremst werden, oder durch das Einfangen von Neutronen durch andere Materialien; sie stehen dann nicht mehr für weitere Spaltungen zur Ver-fügung.

In Kernwaffen dagegen löst jede Spaltung durch die frei-werdenden Neutronen entsprechend viele Spaltungen aus. Die Anzahl der Spaltungen wächst exponentiell, es kommt zu einer **unkontrollierten Kettenreaktion.**

Manche Kerne, insbesondere U235-Kerne, können Neutronen einfangen und sich dann unter Energiefreisetzung in Spaltprodukte und freie Neutronen spalten.

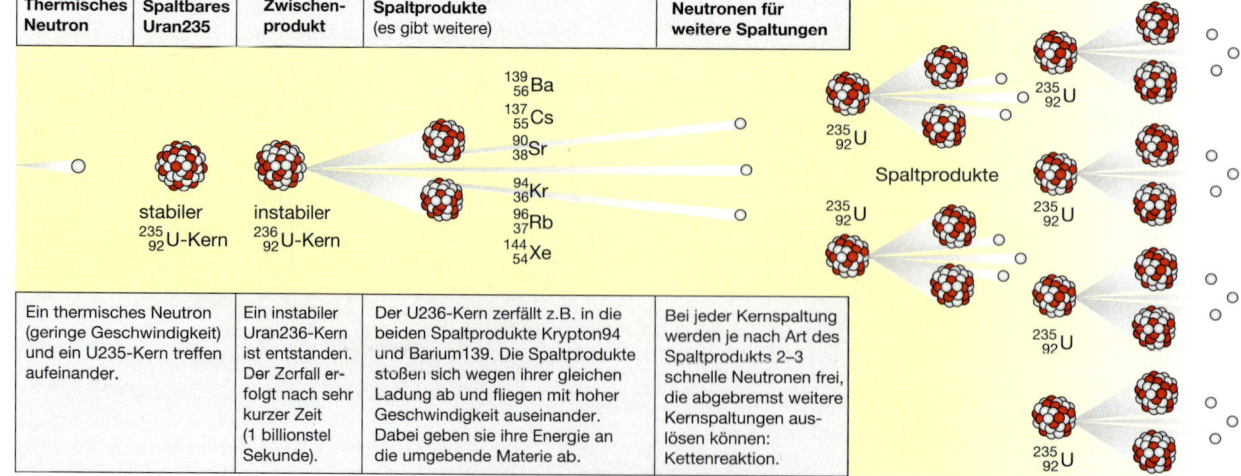

Thermisches Neutron	Spaltbares Uran235	Zwischen-produkt	Spaltprodukte (es gibt weitere)	Neutronen für weitere Spaltungen	
	stabiler $^{235}_{92}$U-Kern	instabiler $^{236}_{92}$U-Kern	$^{139}_{56}$Ba $^{137}_{55}$Cs $^{90}_{38}$Sr $^{94}_{36}$Kr $^{96}_{37}$Rb $^{144}_{54}$Xe	$^{235}_{92}$U $^{235}_{92}$U $^{235}_{92}$U Spaltprodukte	$^{235}_{92}$U $^{235}_{92}$U $^{235}_{92}$U $^{235}_{92}$U
Ein thermisches Neutron (geringe Geschwindigkeit) und ein U235-Kern treffen aufeinander.	Ein instabiler Uran236-Kern ist entstanden. Der Zerfall er-folgt nach sehr kurzer Zeit (1 billionstel Sekunde).	Der U236-Kern zerfällt z.B. in die beiden Spaltprodukte Krypton94 und Barium139. Die Spaltprodukte stoßen sich wegen ihrer gleichen Ladung ab und fliegen mit hoher Geschwindigkeit auseinander. Dabei geben sie ihre Energie an die umgebende Materie ab.	Bei jeder Kernspaltung werden je nach Art des Spaltprodukts 2–3 schnelle Neutronen frei, die abgebremst weitere Kernspaltungen aus-lösen können: Kettenreaktion.	

Kernfusion

Nicht nur bei der Spaltung schwerer Kerne wird Energie freigesetzt. Auch wenn zwei leichte Kerne zu einem größeren Kern verschmelzen, kann Energie abgegeben werden. Dieser Prozess der **Kernfusion** findet in unserer Sonne und jedem anderen Stern statt.

Das Alter der Sonne wird auf ca. 4,5 Milliarden Jahre geschätzt; sie wird zukünftig noch einmal denselben Zeitraum diese große Energiemenge abstrahlen, von der weniger als der zwei milliardste Teil auf die Erde trifft. Die Annahme, dass die Sonne diese Energie mittels chemischer Reaktionen freisetzen würde, wie z. B. mit der Verbrennung von Kohlenstoff, führt auf eine Lebensdauer von ca. 150 Jahren. Also müsste sie längst schon ihren Brennstoffvorrat aufgebraucht haben und erloschen sein. Auch die Kernspaltung liefert keine Erklärung, da die Sonne vor allem aus Wasserstoff und Helium besteht, also aus Elementen mit sehr kleinen Massezahlen. Elemente mit hohen Massenzahlen wie Uran oder Plutonium sind in der Sonne nicht zu finden.

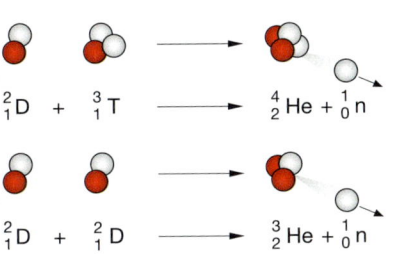

$$^2_1D + ^3_1T \longrightarrow ^4_2He + ^1_0n$$

$$^2_1D + ^2_1D \longrightarrow ^3_2He + ^1_0n$$

Werden Atomkerne *leichter* Elemente nahe zusammengebracht, so können sie miteinander verschmelzen. In der Sonne verschmelzen beispielsweise Wasserstoffisotope (Deuterium und Tritium) zu Helium. Dabei wird ein sehr großer Energiebetrag frei: Bei der Bildung von 1 kg Helium wird etwa die Energie frei, die bei der Verbrennung von 15 Millionen kg Steinkohle entsteht.

> Wenn sich zwei leichte Atomkerne sehr nahe kommen, können sie unter Energiefreisetzung fusionieren. Neben dem Fusionsprodukt entsteht mindestens ein Neutron.

Aufgaben

1 Erläutere die Begriffe „Kernspaltung" und „kontrollierte Kettenreaktion".

2 Bei der Kernspaltung von Uran235 kann Jod131 entstehen. Bestimme das zweite Spaltprodukt.

3 In der Sonne können drei He-Kerne zu einem einzigen Kern fusionieren. Erläutere, welches Element dabei entsteht.

4 Erkläre, warum es schwierig ist, zwei Kerne zu verschmelzen.

Kernbindungsenergie

Welche Kerne sind leicht und setzen durch die Fusion zu einem schwereren Kern Energie frei und welche sind so schwer, dass sie bei der Spaltung in zwei leichtere Kerne Energie abgeben?

Einen Hinweis liefert die *Kernkraft,* die Protonen und Neutronen im Kern zusammenhält, obwohl sich die Protonen aufgrund der elektrischen Kraft gegenseitig abstoßen. Die Kernkraft ist „stärker" als die elektrische Kraft, besitzt aber im Gegensatz zu dieser nur eine begrenzte Reichweite von ca. 10^{-15} m. Daher wirkt sie nur zwischen benachbarten Nukleonen, während die elektrische Kraft zwischen allen Protonen wirkt. Das Wechselspiel beider Kräfte führt dazu, dass der Zusammenhalt eines Kerns sowohl von seiner Größe als auch von seiner Zusammensetzung abhängt. Zur Charakterisierung der Stärke dieses Zusammenhaltes dient die **Kernbindungsenergie.** Sie gibt an, welche Energie frei wird, wenn der Kern durch Zusammenfügen seiner einzelnen Nukleonen entsteht. Häufig wird die Kernbindungsenergie durch die Anzahl der Nukleonen dividiert, was die *Kernbindungsenergie pro Nukleon* ergibt.

Mittlerweile ist es gelungen, die Kernbindungsenergie pro Nukleon für viele Kerne im Experiment präzise zu bestimmen. Das Diagramm unten zeigt, dass sie ein Maximum für Kerne mittlerer Größe besitzt. Daher wird sowohl bei der Spaltung schwerer Kerne als auch bei der Fusion leichter Kerne Energie freigesetzt. Auch radioaktive Zerfälle laufen immer so ab, dass die Endprodukte näher am Maximum liegen.

> Bis Eisen wird Energie freigesetzt, wenn zwei leichte Kerne verschmelzen (Kernfusion).
> Bei schwereren Kernen wird die Energie durch Spaltung freigesetzt (Kernspaltung).

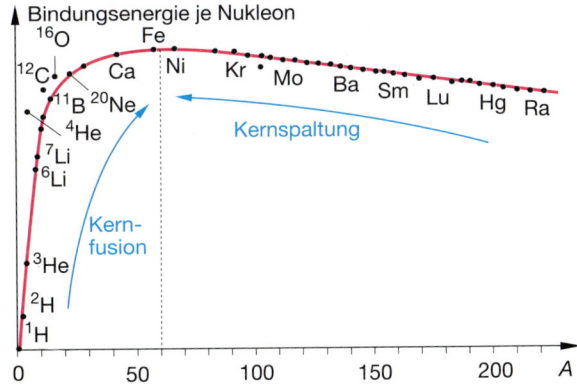

Vorgänge im Reaktorkern – Kontrolle der Reaktion

Das Herzstück eines Kernkraftwerkes ist der Reaktorkern, der den „Kernbrennstoff" (ca. 100 t Uran) enthält und in dem die kontrollierte Kettenreaktion abläuft. Der Reaktorkern besteht aus ca. 300 Brennelementen, wobei jedes Brennelement aus vielen Brennstäben gebildet wird, die Uran in Form von kleinen Pellets enthalten.

Damit eine kontrollierte Kettenreaktion ablaufen kann, muss genau eines der zwei bis drei bei einer Spaltung freigesetzten Neutronen eine erneute Spaltung auslösen. Da die frei gesetzten Neutronen für neue Spaltungen zu schnell sind, müssen sie zunächst durch einen Moderator abgebremst werden. Hierzu wird meist Wasser benutzt, das die Brennstäbe umgibt und die Energie der Neutronen aufnehmen kann. Dem Wasser wird Bor in Form von Borsäure zugegeben. Bor fängt bevorzugt Neutronen ein, ohne dass irgendwelche Reaktionen ablaufen. Als weitere Neutronenfänger dienen Regelstäbe aus Cadmium oder Bor, die zwischen den Brennstäben mehr oder weniger tief eingeschoben werden und dadurch die Neutronenzahl regulieren können. Im Normalbetrieb des Reaktors sind die Regelstäbe allerdings fast völlig aus den Brennelementen herausgezogen.

Natürliches Uran enthält zu ca. 0,7 % das spaltbare Isotop U235, die restlichen 99,3 % bestehen aus dem praktisch nicht spaltbaren U238. Damit es überhaupt zu einer Kettenreaktion kommt, muss genügend spaltbares Material dicht beieinander sein. In Brennstäben ist deshalb angereichertes Uran enthalten, d.h. der Anteil von U235 wird von 0,7 % auf 3 % erhöht.

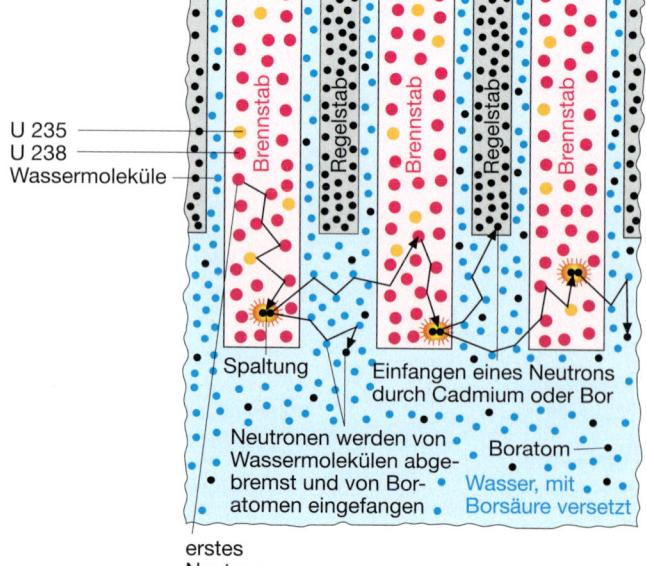

U 235
U 238
Wassermoleküle

Brennstab
Regelstab
Brennstab
Regelstab
Brennstab

Spaltung

Einfangen eines Neutrons durch Cadmium oder Bor

Neutronen werden von Wassermolekülen abgebremst und von Boratomen eingefangen

Boratom

Wasser, mit Borsäure versetzt

erstes Neutron

Abfallbeseitigung – Lagerung – Endlager

Während der Einsatzzeit (3–4 Jahre) der Brennelemente sinkt durch die Vielzahl der Kernspaltungen der Anteil des spaltbaren U235. Gleichzeitig entstehen hochradioaktive Spaltprodukte sowie spaltbares Plutonium Pu239. Wenn die Brennelemente nur noch etwa $\frac{1}{3}$ der ursprünglichen U235-Menge enthalten, müssen sie ausgetauscht werden. Die ausgedienten Brennelemente werden zunächst innerhalb des Reaktorgebäudes in ein wassergefülltes Abklingbecken befördert, wo sie mindestens ein Jahr lang bleiben, bis Strahlungsintensität und Wärmeentwicklung hinreichend abgeklungen sind.
Nach dem Abklingen werden die Brennstäbe entweder der Wiederaufarbeitung oder der Lagerung zugeführt. In Deutschland wird im Zuge des „Atomausstiegs" seit 2005 auf eine Wiederaufarbeitung verzichtet. Die Brennelemente müssen in geeigneten Behältern in Trockenlagern direkt am Kernkraftwerksstandort zwischengelagert werden. Beim Trockenlager wird der sichere Einschluss des radioaktiven Inhalts vom hermetisch dichten Behälter gewährleistet, die Kühlung erfolgt allein durch die umgebende Luft.

Ziel ist eine sichere Endlagerung aller radioaktiven Abfälle. International besteht Einigkeit darüber, hochradioaktive Abfälle wie Brennstäbe durch das Einbringen in tiefe geologische Schichten (ca. 300–1000 m Tiefe) endzulagern. Bisher gibt es allerdings weltweit kein einziges solches Endlager. Es werden verschiedene Arten geprüft (u. a. Endlagerung in Granit in Schweden und Finnland, in Ton in der Schweiz.) In Deutschland wurde bisher hauptsächlich die Endlagerung in Salzstöcken diskutiert.

Das Zusammenspiel von Moderator (Wasser) und Regelstäben ermöglicht im Reaktorkern eine kontrollierte Kettenreaktion.

Brennstab

Energiewandlung im Reaktor

Kernkraftwerke gehören zur Gruppe der Wärmekraftwerke, die in vielen Details gleich gebaut sind: Das Wasser zwischen den Brennstäben nimmt die Bewegungsenergie der bei den Kernspaltungen freigesetzten Neutronen und der Spaltprodukte auf und erhitzt sich dadurch. Mithilfe eines Wärmetauschers wird im Sekundärkreislauf Wasser verdampft; dieser Wasserdampf treibt eine Turbine und diese einen Generator an – Kernenergie ist in elektrische Energie gewandelt.

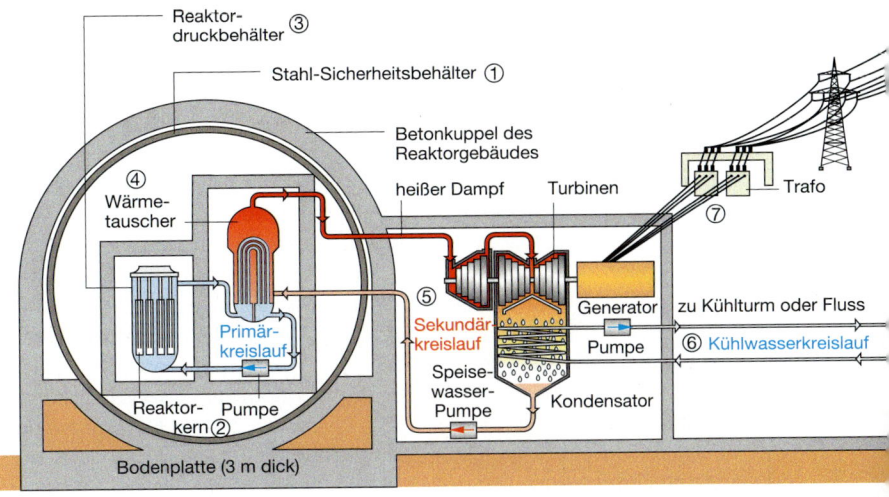

① Innerhalb der kuppelförmigen Stahlbetonhülle des Reaktorgebäudes, das auf einer erdbebensicheren Bodenplatte steht, befindet sich ein kugelförmiger **Stahl-Sicherheitsbehälter**, der den nuklearen Teil des Kernkraftwerks umschließt. Er ist so ausgelegt, dass er den bei einem Störfall aus dem Reaktorkühlkreislauf austretenden Dampf aufnehmen kann. Der Behälter ist bei einem 1300-MW-Kraftwerk eine stählerne Kugel mit mehr als 50 m Durchmesser. Zwischen Sicherheitsbehälter und Betonkuppel herrscht Unterdruck. Dadurch soll ein Entweichen radioaktiver Stoffe in die Umwelt verhindert werden.

② Der **Reaktorkern** besteht aus ca. 300 Brennelementen. Sie füllen einen Raum, der etwa so groß ist wie ein Würfel mit 4 Kantenlänge. Die Brennelemente enthalten insgesamt etwa 100 t Uran. In ihnen läuft die Kernspaltung ab.

③ Der gesamte Reaktordruckbehälter ist mit gereinigtem Wasser gefüllt. Es wird von unten durch den Reaktorkern gepumpt und umspült die bis zu 800 °C heißen Brennelemente. Sie geben Energie an das Wasser ab, wodurch sie gekühlt werden. Das Wasser selbst wird etwa 350 °C heiß. Es steht unter hohem Druck, damit es bei dieser hohen Temperatur nicht siedet. Deshalb heißen solche Reaktoren **Druckwasserreaktoren**. Der Reaktordruckbehälter hat die Funktion des Heizkessels bei einem konventionellen Wärmekraftwerk. Er ist zudem eine Barriere, die verhindern soll, das radioaktive Strahlung nach außen dringt. Der aus Spezialstahl gefertigte Behälter ist bis zu 12 m hoch und hat einen Durchmesser von bis zu 5 m.

④ Das Wasser des **Primärkreislaufs** enthält radioaktive Stoffe. Damit diese nicht austreten, wird die von ihm im Reaktorkern aufgenommene Energie in einem **Wärmetauscher** an das Wasser eines Sekundärkreislaufs übertragen.

⑤ Das Wasser des **Sekundärkreislaufs** verdampft. Der Dampf wird zur Turbine geleitet und treibt diese an. Über eine gemeinsame Welle wird die Drehbewegung der Turbine auf den Generator übertragen. Nach dem Austritt aus der Turbine strömt der Dampf in den Kondensator. Dort wird er verflüssigt und in den Wärmetauscher zurückgepumpt.

⑥ Die beim Verflüssigen freiwerdende Energie wird über einen dritten Wasserkreislauf, den Kühlkreislauf, einem Fluss oder einem Kühlturm zugeführt und geht so als entwertete Energie in die Umwelt.

⑦ Wie bei jedem anderen Kraftwerk wird die vom Generator erzeugte Spannung hochtransformiert, um die Energieentwertung längs der Übertragungsleitungen zu verringern.

Energieflussdiagramm eines Kernkraftwerks

Der Wirkungsgrad eines Kernkraftwerks beträgt ca. 40 %.

Im Reaktor eines Kernkraftwerks läuft eine kontrollierte Kettenreaktion ab. Die Energieabgabe des Reaktors wird durch Absorption von Neutronen gesteuert. Ein Kernkraftwerk ist ein Wärmekraftwerk. Der Reaktordruckbehälter hat die Funktion des Heizkessels eines Wärmekraftwerks.

Kernspaltung und Kernkraftwerke

Versuche und Aufträge

V1 Du benötigst zwei 1 Cent-Münzen sowie je eine 2 Cent-, 50 Cent-, 1 €- und 2 €-Münze sowie eine möglichst glatte Tischoberfläche. Die 1 Cent-Münzen sollen einzelne Neutronen bzw. Protonen darstellen, die anderen Münzen stehen für Atome unterschiedlicher Größen.

a) Stoße eine 1 Cent-Münze kräftig an und lass sie gegen eine der anderen Münzen prallen. Wiederhole den Versuch mit den anderen Münzen. Führe alle Versuche mehrmals durch. Notiere deine Beobachtungen.

b) Deute die Beobachtungen im Hinblick auf die Abläufe im Kernreaktor.

A2 Informiere dich über das Reaktorunglück in Fukushima 2011. Erläutere anhand dieser Katastrophe die immense Bedeutung sicherer Kühlkreisläufe für den Betrieb eines Kernkraftwerkes.

A3 **a)** Informiere dich über gültige Beschlüsse und den aktuellen Diskussionsstand in Bezug auf (Rest-)Laufzeiten von Kernkraftwerken bzw. den Ausstieg aus der Kernenergie in Deutschland.

b) Erläutere mithilfe der Pinnwand den Einsatz von Kernkraftwerken in anderen europäischen Ländern. Gib möglichst Begründungen.

KERNSPALTUNG UND KERNKRAFTWERKE

Kernkraftwerke in Europa

Castor-Transport

Cask for **s**torage and **t**ransport **o**f **r**adioactive material

Aufgaben

1 **a)** Beschreibe am Beispiel U235, was bei einer unkontrollierten Kettenreaktion geschieht. Stelle die Vorgänge auch in einer Skizze dar.

b) Erläutere, wie im Kernreaktor eine kontrollierte Kettenreaktion realisiert wird.

2 **a)** Beschreibe die unterschiedlichen Eigenschaften der Isotope U235 und U238 in Hinsicht auf Neutronen.

b) Begründe mithilfe der Nuklidkarte, dass sich in den Brennstäben U238-Kerne durch Aufnahme eines Neutrons in Pu-Kerne umwandeln können.

3 Der Reaktordruckbehälter hat eine Funktion wie ein Heizkessel bei einem konventionellen Wärmekraftwerk (Seite 152). Erläutere diese Aussage. Gehe dabei auf die verschiedenen Funktionen des Wassers im Primärkreislauf ein.

4 **a)** Vergleiche die Zusammensetzung „frischer" und „abgebrannter" Brennstäbe.

b) Begründe mithilfe von a), dass „frische" Brennstäbe weit weniger radioaktiv sind als „abgebrannte".

5 Erläutere möglichst genau, wo und wie ein Großteil der im Uran steckenden Kernenergie im Kernkraftwerk entwertet wird (blaue Pfeile im Energieflussdiagramm auf S. 121).

Die Wegbereiter der Kernphysik

Marie Curie

MARIE CURIE (geb. SKLODOWS-KA) wurde 1867 als Tochter eines Physiklehrers in Warschau geboren. Sie ging 1891 zum Studium nach Paris und bestand zwei Jahre später die Abschlussprüfung für Physik. 1895 heiratete sie PIERRE CURIE. Auf der Suche nach einem Thema für eine Doktorarbeit stieß MARIE CURIE auf die 1896 von HENRI BECQUEREL entdeckte Uranstrahlung und begann zusammen mit ihrem Mann, diese Strahlung intensiv zu untersuchen. MARIE CURIE benutzte als erste den Begriff „radioaktiv". Aus der Feststellung, dass die Strahlung des Erzes Pechblende viel intensiver war als die des Urans, folgerte sie, dass im Erz unbekannte Elemente vorhanden sein müssen, deren Strahlung die des Urans übersteigt. Innerhalb von vier Jahren verarbeiteten die Curies eine Tonne Pechblende und wiesen damit zwei neue radioaktive Elemente nach: Radium und Polonium. 1903 erhielten sie gemeinsam mit Becquerel den Nobelpreis für Physik für die Entdeckung der Radioaktivität.

Nach dem Unfalltod von PIERRE CURIE wurde Marie CURIE 1906 Pierres Lehrstuhl für Physik übertragen. 1911 erhielt sie – ein noch nie da gewesener Fall – einen zweiten Nobelpreis, dieses Mal in Chemie, für ihre Arbeiten zu Radium und Radiumverbindungen. Schon ab 1898 machten MARIE CURIE immer wieder starke Erschöpfungszustände zu schaffen, am 4. Juli 1934 starb sie infolge der jahrelangen Strahlungsbelastung an Anämie. Ab 1933 gelang es IRÈNE CURIE, der ältesten Tochter MARIE CURIES, und deren Mann, FRÉDÉRIC JOLIOT-CURIE, radioaktive Elemente künstlich herzustellen (gemeinsamer Nobelpreis für Chemie 1935). IRÈNE CURIE starb 1956, ebenfalls infolge jahrelanger Strahlenbelastung, an Leukämie.

Otto Hahn und Lise Meitner

OTTO HAHN, geb. 1879 in Frankfurt/Main, hatte in der Schule, angeregt durch „chemische Spielereien", sein Interesse für die Chemie entdeckt. Nach seinem Doktorexamen ging er 1904 nach England und begann, sich mit Radioaktivität zu beschäftigen. 1905 gelang ihm die Entdeckung des „Radiothors": des Thoriumisotops Th228. Hierdurch ermutigt, wechselte er noch im selben Jahr nach Montreal zu RUTHERFORD, um seine Kenntnisse der Radioaktivität zu vervollkommnen. Zurück in Berlin, traf er 1907 mit LISE MEITNER (geb. 1878 in Wien) zusammen. Lise Meitner war erst die zweite Frau, die in Wien promovierte (1905). 1907 hatte auch sie sich bereits einige Zeit mit Problemen der Radioaktivität beschäftigt.

Die Zusammenarbeit zwischen der Physikerin Meitner und dem Chemiker Hahn führte zu bedeutsamen Entdeckungen: 1934 begannen die beiden, gemeinsam mit FRITZ STRASSMANN, Uran mit Neutronen zu bestrahlen. Als Ergebnis erwarteten sie schwerere Elemente, Transurane genannt. Stattdessen wiesen HAHN und STRASSMANN 1939 Barium und Krypton nach. Meitner lieferte die erste wissenschaftliche Erklärung für diese Reaktion und gab ihr den Namen Kernspaltung. Sie wies rechnerisch nach, dass dabei große Mengen Energie frei werden.

LISE MEITNER war Jüdin und wurde durch das Hitlerregime politisch verfolgt. Deshalb musste sie bereits 1938 nach Schweden emigrieren.

Aufgaben

1 Informiere dich über die Möglichkeiten für Frauen, Ende des 19. Jahrhunderts in Europa studieren zu können. Vergleiche in diesem Zusammenhang MARIE CURIE und LISE MEITNER und beurteile die Bedeutung der Vergabe eines Nobelpreises an CURIE.

2 **a)** Erläutere die gesundheitlichen Risiken für Forscher und Gesellschaft am Beispiel von Marie und IRÈNE CURIE einerseits sowie am Beispiel des Werkstoffs „Asbest" andererseits.

3 Mit der Entdeckung der Kernspaltung legten OTTO HAHN und LISE MEITNER die Grundlage für die militärische und zivile Nutzung der Kernenergie in Form von Atombomben und Kernkraftwerken. Tragen die beiden die Verantwortung für den Abwurf der Atombomben in Japan im Jahr 1945? Recherchiere zu diesem Thema und lege deine Meinung begründet dar.

Historische Entwicklung der Atom- und Kernphysik

Schon in der Antike kamen die griechischen Naturphilosophen LEUKIPP und DEMOKRIT zu der Überzeugung, dass es kleinste, unteilbare Teilchen geben müsse, aus denen sich alle Stoffe zusammensetzen, die Atome. Aus dem griechischen Wort „atomos" für unteilbar wurde der heute übliche Begriff „Atom" abgeleitet.

Es dauerte mehr als 2000 Jahre, bis Forscher in der Lage waren, diese Thesen auch im Experiment zu untersuchen. Im 19. Jahrhundert stellte JOHN DALTON fest, dass sich chemische Elemente immer in ganz bestimmten einfachen Zahlenverhältnissen verbinden. Dies begründete er damit, dass es Stoffe gibt, die aus nur einer Atomsorte bestehen, die chemischen Elemente. Die Entdeckung des Periodensystems durch DMITRIJ IVANOVIČ MENDELEJEW und JULIUS LOTHAR MEYER deutete daraufhin, dass Atome aus gleichartigen Bauteilen zusammengesetzt sein mussten.

Noch bevor JOSEPH JOHN THOMSON die elektrischen Eigenschaften des Atoms herausfand, das Elektron entdeckte und sein Atommodell aufstellte, entdeckte im Jahr 1896 HENRI BECQUEREL die Radioaktivität. Bereits wenige Jahre später (1902) gelang MARIE CURIE die Isolierung des Elementes Radium.

Weitere zehn Jahre später machte ERNEST RUTHERFORD seine berühmten Versuche zur Entdeckung des Atomkerns. Auf ihn geht das auch heute noch gültige Kern-Hülle-Modell für die Atome zurück. Von da an nahm die weitere Erforschung der Atome und ihrer Kerne einen rasanten Verlauf.

RUTHERFORDS Streuversuche: RUTHERFORD schießt α-Teilchen auf eine Goldfolie. Die Teilchen durchdringen die Folie nahezu ungestört; die Folie selbst wird nicht zerstört.

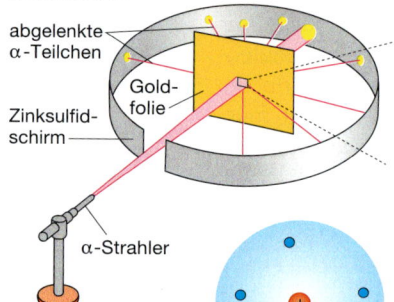

abgelenkte α-Teilchen

Gold-folie

Zinksulfid-schirm

α-Strahler

OTTO HAHNS Arbeitstisch

L. MEITNER (1878–1968)
F. STRASSMANN (1902–1980)
O. HAHN (1879–1968)
Erste Kernspaltung

J. CHADWICK
1891–1974)
Nachweis des
Neutrons

1938

1932

1923

Kern-Hülle-Modell:
Atome bestehen aus negativ geladener Hülle und positiv geladenem Kern; fast die gesamte Masse des Atoms ist im Kern konzentriert.

E. RUTHERFORD
(1871–1937)
Entdeckung des
Atomkerns
Kern-Hülle-Modell

1911

M. CURIE
(1867–1934)
Isolierung des
Radiums

H. BECQUEREL
(1852–1908)
Entdeckung der
Radioaktivität

1903

NIELS BOHR (1885–1962)
Bohr'sches Atommodell:
Schalenstruktur der Atomhülle

1902

LEUKIPP (um 450 v. Chr.)
DEMOKRIT (460–370 v. Chr.)
Erstes Atommodell:
Alle Körper bestehen aus winzigen, nicht weiter teilbaren Bausteinen

Periodensystem
D. MENDELEJEW (1834–1907)
J. L. MEYER (1830–1895)

1896

Sir J. THOMSON
(1856–1940)
Entdeckung des
Elektrons

1869

1803

J. DALTON (1766-1844)
Elemente bestehen aus leichten Atomen und verbinden sich mit anderen Elementen immer in einfachen Zahlenverhältnissen
(2 H + 1 O → H₂O)

Thomson Atommodell:
Positiver „Kuchen" mit negativen „Rosinen" als Elektronen

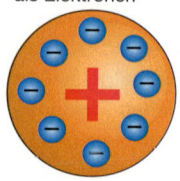

Um 450
vor Chr.

Ⓢ

Die friedliche Nutzung der Kernenergie

Mit der Entwicklung von Kernkraftwerken schien das Energieproblem für alle Zeiten gelöst.

- Das Restrisiko von Kernkraftwerken ist technisch minimiert worden und statistisch sehr gering. Die Beinahe-Katastrophe 1979 in Harrisburg (USA) und die schreckliche Super-GAUs 1986 in Tschernobyl und 2011 in Fukushima haben aber gezeigt, dass auch diese unwahrscheinliche Situation eintreten kann und dann eine Katastrophe auslöst, die alle anderen durch Menschen verursachten Unfälle an Gefährlichkeit um ein Vielfaches übersteigt.

- Für die endgültige Lagerung der strahlenden Abfälle ist noch keine allgemein akzeptierte Lösung gefunden. Die Belastung der Umwelt auf Jahrtausende mit den Abfällen heutiger Energiegewinnung wird von vielen als unverantwortbar angesehen. Ist die Energiegewinnung aus Kernspaltung, die physikalisch so sinnvoll und elegant erscheint, eine technologische Sackgasse?

1991 — Kernfusionsversuchsreaktor (Jet in England)

1974 — Entdeckung der Quarks

Zu neuen Ufern

Mithilfe riesiger Elementarteilchenbeschleuniger (z. B. CERN und LHC in der Schweiz oder DESY in Hamburg) wird heute nicht nur der Blick in das Innere des Atomkerns ermöglicht, sondern auch der Aufbau der Kernbausteine untersucht. Seit 1974 sind sich die Physiker sicher, dass Proton, Neutron und Elektron nicht die kleinsten Bausteine der Materie sind, sondern selbst aus noch kleineren Teilchen, den Quarks, zusammengesetzt sind. Diese tiefen Einblicke in das Innere der Materie haben viele wichtige Erkenntnisse in der Chemie, Geologie, Biologie und Medizin gebracht.

Die Elementarteilchenforschung ermöglicht aber auch den Blick zurück:

- Wie ist unser Universum entstanden?
- Wie sieht der Bauplan des Weltalls aus?

1952 — Erster Kernreaktor liefert Strom in den USA

E. FERMI (1901–1954) erste kontrollierte Kettenreaktion
1942

Manhattan-Projekt: 1. Atombombe gezündet in Alamogordo (USA)
1945

Atombombenabwurf auf Hiroshima und Nagasaki
1945

1956 — 1. KKW in Europa (Calder Hal, England)

1968 — 1. KKW in Deutschland: Obrigheim (Druckwasserreaktor)

1979 — Harrisburg – fast ein „Supergau"

1986 — Der Supergau von Tschernobyl am 26.04.

rund 440 KKW am Netz

1. H-Bombe (Kernfusion) gezündet
1952

Mainauer Erklärung führender Naturwissenschaftler zur Gefahr durch Kernwaffen
1955

Ausbreitung radioaktiver Stoffe

26.4. 1986

Tschernobyl

27.4.1986 nachmittags

27.4.1986 vormittags

2009
2011 — GAU in Fukushima

Der „Wettlauf" zur Atombombe

In Deutschland forschten WEIZSÄCKER, HEISENBERG u. a., in den USA FERMI, TELLER, OPPENHEIMER u. a. (Manhattan Projekt). Das entsetzliche Ergebnis: Am 6. 8. 1945 fiel die erste Atombombe auf Hiroshima; wenige Tage später wurde auch Nagasaki durch eine Atombombe vernichtet. Dabei fanden hunderttausend Menschen sofort den Tod; viel mehr noch starben bis heute an den Spätfolgen. Zehntausende von Zivilisten und Soldaten kostete der Umgang bei Tests von Kernwaffen in den 50er Jahren des 20. Jahrhunderts die Gesundheit oder das Leben.

Anfang der Fünfziger Jahre wurde dann die Wasserstoffbombe mit einer noch viel größeren zerstörerischen Wirkung entwickelt. Das Zeitalter der atomaren Bedrohung in der zweiten Hälfte des 20. Jahrhunderts brachte das Wettrüsten, den „Kalten Krieg" und unvorstellbare Waffenarsenale. Die „offiziellen" Atommächte (USA, Russland, Frankreich, Großbritannien und China) bauen diese Waffen heute mit immensem Aufwand wieder ab. Dagegen rüsten Staaten wie Indien, Pakistan und andere atomar auf. Sie haben den Atomwaffensperrvertrag nicht unterschrieben, der die friedliche Nutzung der Kernenergie in Kraftwerken erlaubt, aber die Herstellung und den Besitz atomare Waffen verbietet.

1968 — Atomwaffen-Sperrvertrag

1990 — Ende des „Kalten Krieges" und des atomaren Wettrüstens

Kernkraftwerke

- In Brennstäben werden U235-Kerne gespalten. **Kontrollierte Kettenreaktion** durch Neutronen absorbierende Regelstäbe.
- Die bei den Kernspaltungen freigesetzte Energie erhitzt das Wasser unter hohem Druck im Primärkreislauf.
- Im Wärmetauscher wird die Energie an das Wasser des Sekundärkreislaufs übertragen.
- Das Wasser im Sekundärkreislauf verdampft. Der Wasserdampf treibt eine Turbine und diese einen Generator an.

Radioaktiver Zerfall

Manche Kerne zerfallen **zufällig (stochastisch)** unter Aussendung von α- oder β-Strahlung. Durch γ-Strahlung gibt ein angeregter Folgekern seine überschüssige Energie ab.

SYSTEM

Halbwertszeit $t_{1/2}$: Zeit, in der jeweils die Hälfte einer radioaktiven Substanz zerfällt; sie ist charakteristisch für jede Kernart

Der radioaktive Zerfall vieler Kerne verläuft (im Mittel) **exponentiell**.

Der Atomkern **(Nuklid)** besteht aus Protonen und Neutronen **(Nukleonen)**. Zwischen den Nukleonen wirkt die starke, sehr kurzreichweitige **Kernkraft**.

- **Kernladungszahl Z:** Anzahl der Protonen
- **Massenzahl A:** Anzahl aller Nukleonen
- **Schreibweisen:** $^A_Z N$, z.B. $^{226}_{88}Ra$ oder Ra-226

Isotope eines chemischen Elements sind Atome mit gleichem Z, aber verschiedenem N.

Strahlungsarten

- **α-Strahlung:** energiereiche Heliumkerne, die aus Atomkernen emittiert werden, absorbierbar durch Papier, wenige cm Reichweite in Luft
- **β-Strahlung:** energiereiche Elektronen aus Atomkernen (Umwandlung von Neutronen in Protonen), absorbierbar durch 4 mm dicke Aluminiumschichten, einige dm Reichweite in Luft
- **γ-Strahlung:** keine Teilchen, sondern Energieportionen wie Licht, aber viel energiereicher, nur durch dicke Bleischichten abschirmbar, (unendlich) große Reichweite in Luft
- **Röntgenstrahlung:** entsteht durch Abbremsung sehr schneller Elektronen, Eigenschaften wie γ-Strahlung
- **UV-Strahlung:** wie Licht, aber energiereicher und nicht sichtbar

ENERGIE

Kernspaltung

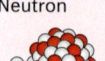
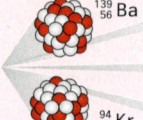

thermisches Neutron

schnelle Neutronen

stabiler $^{235}_{92}$U-Kern   instabiler $^{236}_{92}$U-Kern $^{139}_{56}$Ba $^{94}_{36}$Kr

Schwere Kerne wie U235 setzen Energie frei, wenn sie durch Neutronen in kleinere Bruchstücke gespalten werden. Dabei freigesetzte Neutronen können weitere Spaltungen bewirken **(Kettenreaktion)**.

Atombau

Atomhülle 10^{-10} m   Atomkern 10^{-14} m

MATERIE

Sicherheitsrisiken

Spaltprodukte sind hochradioaktiv (Sicherheitsrisiko für Kernkraftwerke, Problem der **Endlagerung** der radioaktiven Abfälle.

Strahlenwirkungen und Strahlenschutz

natürliche Strahlenbelastung: durch terrestrische und kosmische Strahlung

zivilisatorisch bedingte Strahlenbelastung: Einsatz radioaktiver Strahlung und Röntgenstrahlung in Medizin (Diagnostik und Therapie) und Technik, Kernkraftwerke, **somatische Schäden** (bei der bestrahlten Person selbst), **genetische Strahlenschäden** (wirken sich bei den direkten Nachkommen aus)

Die **Energiedosis D** und der **Bewertungsfaktor Q**, der die unterschiedliche Wirksamkeit der verschiedenen Strahlungsarten berücksichtigt, bestimmen die Höhe der Strahlenbelastung, die **Äquivalentdosis** $H = Q \cdot D$, Einheit: 1 Sv = 1 J/kg messbar mit **Dosimetern**

Strahlenschutzregeln

- **Abstand** halten
- **Aufenthaltsdauer** gering halten
- **Abschirmung** anbringen
- **Abstinenz**: nicht ess und trinken

Nachweis von Strahlung

α-, β-, γ- und Röntgenstrahlung bewirkt die **Ionisatio** von Atomen und Molekülen.
Im **Geiger-Müller-Zählrohr** führt die **Stoßionisation** der Moleküle eines Gases durch Strahlung zu Spannungsstößen, die gezählt werden.
Zählrate Z: Anzahl der Impulse pro Zeiteinheit
Nullrate: Zählrate ohne Vorhandensein radioaktiver Substanzen.

Beispiel α-Zerfall:
$$^{226}_{88}Ra \xrightarrow{\alpha} {}^{222}_{86}Rn$$

Beispiel β-Zerfall:
$$^{212}_{82}Pb \xrightarrow{\beta} {}^{212}_{83}Bi$$

Zerfallsreihen

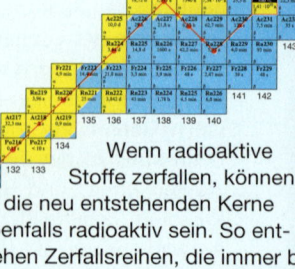

Wenn radioaktive Stoffe zerfallen, können die neu entstehenden Kerne ebenfalls radioaktiv sein. So entstehen Zerfallsreihen, die immer b einem stabilen Isotop enden.

A1 a) Fertige mit den Grundbegriffen unten Kartei-karten an. Notiere den Begriff auf der Vorderseite und erläutere ihn auf der Rückseite, eventuell mit sonstigen Besonderheiten. Anstelle der Karteikarten kannst du auch eine elektronische Datenbank anlegen.
b) Erstelle eine Mindmap für das ganze Kapitel. Die Grundbegriffe unten helfen dir dabei.

A2 Bei einer Zählrohr-Messung werden für ein radio-aktives Präparat in 20 Sekunden 560 Impulse regi-striert, ohne Präparat 120 Impulse in 5 Minuten.
a) Berechne die Zählraten und deute das Ergebnis.
b) Erläutere, welche Ergebnisse zu erwarten sein könn-ten, wenn die Messungen wiederholt werden. Begründe.

A3 a) Ergänze im Heft die Schaltskizze für ein Zählrohr (ohne Lautsprecher und Digitalzähler.)
b) Beschreibe den Vorgang, den ein eintreffendes α-Teilchen im Zählrohr in Gang setzt.
c) Mit einem Zählrohr wurde folgende Messreihe auf-genommen. (Z: Zählrate)

t	0 s	20 s	40 s	60 s	80 s	100 s	120 s
Z	$620\,\frac{\text{Imp}}{10\,\text{s}}$	$470\,\frac{\text{Imp}}{10\,\text{s}}$	$354\,\frac{\text{Imp}}{10\,\text{s}}$	$259\,\frac{\text{Imp}}{10\,\text{s}}$	$191\,\frac{\text{Imp}}{10\,\text{s}}$	$151\,\frac{\text{Imp}}{10\,\text{s}}$	$124\,\frac{\text{Imp}}{10\,\text{s}}$

Fertige einen Graphen an und ermittle nachvollziehbar die Halbwertszeit.
d) Mit welcher Zählrate ist in c) nach einer Gesamt-messzeit von 5 Minuten zu rechnen. Dokumentiere dein Vorgehen.

Grundbegriffe

A4 a) Radium226 ist ein α-Strahler. Begründe, wes-halb ein Ra226-Strahlerstift α-, β- und γ-Strahlung ab-gibt.
b) Entscheide begründet, ob durch eine Abschirmung erreicht werden kann, dass nur noch β-Strahlung mit einem Zählrohr gemessen werden kann.

A5 a) Beschreibe am Beispiel des Kohlenstoffisotops C14 die zu β-Strahlung gehörige Kernumwandlung. Bestimme auch die Kernart, in die sich C14 wandelt.
b) Erläutere zwei wesentliche Unterschiede bzgl. der Eigenschaften von α- und γ-Strahlung.
c) Ergänze die folgende Zerfallsreihe:

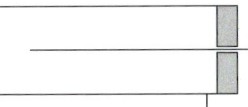

$$X \xrightarrow{\ \alpha\ } Y \xrightarrow{\ \alpha\ } Ra225 \xrightarrow{\ ?\ } Z \xrightarrow{\ \alpha\ } Fr221$$

d) Erläutere wesentliche Gemeinsamkeiten und Unter-schiede von γ- und Röntgenstrahlung – auch hinsicht-lich ihrer Entstehung.

A6 Das Radionuklid Ir195 hat eine Halbwertszeit von 2,5 h.
a) Zeichne das zugehörige Zerfallsdiagramm, wenn zu Beginn des Experiments 1 g Ir195 vorhanden war.
b) Gib an, nach welcher Zeit nur noch 0,2 g da sind.
c) Ermittle, wie viele Halbwertszeiten mindestens ver-gehen müssen, damit weniger als 3 mg übrig sind.

A7 a) Erläutere, welche möglichen Wirkungen ionisie-rende Strahlung auf den Organismus hat. Beschreibe die dabei auftretenden Symptome.
b) Beurteile, ob jede Bestrahlung zu Schäden führt.

A8 a) Die Strahlenbelastung eines Menschen ist un-terschiedlich und kann unter oder über den Durch-schnittswerten für die Gesamtbevölkerung liegen. Erkläre solche Unterschiede.
b) Beschreibe an einem Beispiel, was mit dem Begriff „Strahlendosis" gemeint ist. Gehe in diesem Zusam-menhang auch auf den Begriff „Bewertungsfaktor" ein.
c) Nenne und begründe die vier A-Regeln zum Strah-lenschutz.

A9 a) Erläutere, wodurch eine Kernspaltung von U235 ausgelöst wird.
b) Erläutere den Unterschied zwischen einer unkontrol-lierten und einer kontrollierten Kettenreaktion. Nenne Maßnahmen, die eine kontrollierte Kettenreaktion er-möglichen.
c) In den Brennstäben eines Kernkraftwerkes befindet sich „angereichertes" Uran. Erkläre.

Reaktorsicherheit – Reaktortypen

Die zivile Nutzung der Kernenergie begann 1954 mit der Inbetriebnahme des ersten Kernkraftwerkes im russischen Obninsk. Zunächst kamen meist Siedewasserreaktoren zum Einsatz.

1 Recherchiere und fertige eine vereinfachte Skizze eines Siedewasserreaktors an.

2 Beschreibe den zentralen Unterschied zwischen einem Siedewasser- und einem Druckwasserreaktor.

3 Die Abbildung zeigt schematisch die Sicherheitsbarrieren eines Druckwasserreaktors.

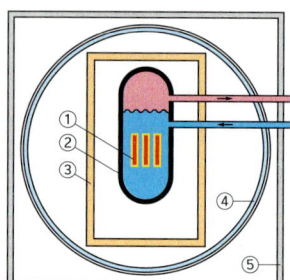

a) Benenne mithilfe der Abbildung auf S. 121 die Sicherheitsbarrieren 1 bis 5 und erläutere ihre Funktion.

b) Erkläre, wie verhindert wird, das gasförmige radioaktive Spaltprodukte austreten können.

c) Erkläre, was unter einer Kernschmelze zu verstehen ist und welche Sicherheitsvorkehrungen sie verhindern sollen. Erkläre in diesem Zusammenhang auch die Bezeichnung „GAU".

d) Recherchiere, wie es in Tschernobyl bzw. Fukushima zu einer Kernschmelze kommen konnte.

Zwischen- und Endlager in Deutschland

Weltweit gibt es heute (April 2016) kein wirkliches Endlager für hochradioaktive Abfälle wie Brennstäbe.

1 In Deutschland wurde lange der **Salzstock in Gorleben** als mögliches Endlager diskutiert. Recherchiert und stellt dar, welche Ansprüche ein Endlager erfüllen muss.

2 Das ehemalige **Salzbergwerk Asse** bei Wolfenbüttel war der Prototyp für ein geplantes Endlager in Gorleben. Erläutert, welcher radioaktive Müll dort gelagert wird und welche Probleme es dabei gibt.

3 Erstellt eine informative Übersicht über weitere vorhandene, geplante oder geschlossene Zwischenlager in Deutschland.

4 Stellt dar, welche Sicherheitsanforderungen ein Castorbehälter erfüllen muss und wie diese geprüft werden.

5 Erläutert, was unter einem **Trockenlager** für Brennelemente zu verstehen ist. Nehmt Stellung zu dieser Form der Lagerung.

Strahlung in der Medizin

WILHELM CONRAD RÖNTGEN entdeckte die nach ihm benannte Röntgenstrahlung zufällig (außerhalb des deutschsprachigen Raums wird sie im Allgemeinen X-Strahlung genannt).

1 Erstellt einen Lebenslauf WILHELM CONRAD RÖNTGENs und beschreibt die Umstände der Entdeckung der nach ihm benannten Strahlung.

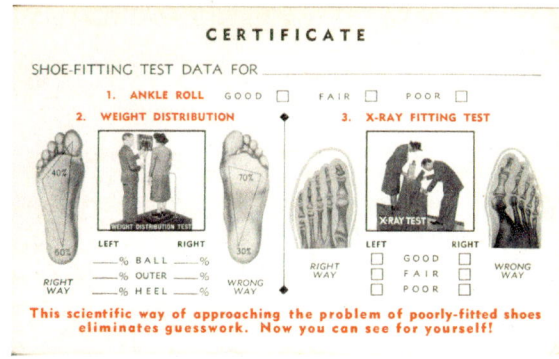

2 Bald nach der Entdeckung der Röntgenstrahlung besaßen viele Schuhgeschäfte einen Röntgenapparat, mit dem sich feststellen ließ, ob ein Schuh – insbesondere bei kleinen Kindern – die richtige Größe hat. Beurteilt diese Erfindung.

3 Erstellt eine Mindmap, in der ihr normale Röntgengeräte, **Computertomografen** und **Kernspintomografen** (auch Magnetresonanztomografen genannt) hinsichtlich Aufbau, Funktionsweise, Gemeinsamkeiten und Unterschieden darstellt.

4 Erklärt an geeigneten Beispielen den Unterschied zwischen einer **Strahlentherapie** und einer **Chemotherapie**.

Ausstieg aus der Kernenergie

Im Jahr 2000 hat die Bundesregierung den „Ausstieg aus der Kernenergie" beschlossen.

1 Erläutert, was genau mit „Ausstieg aus der Kernenergie" gemeint ist.

2 Recherchiert sorgfältig Argumente für und gegen die Kernenergie und stellt eure Ergebnisse dar.

3 Stellt eure Meinung zum „Ausstieg aus der Kernenergie" differenziert und begründet dar.

A1 a) Jedes Geiger-Müller-Zählrohr (GMZ) hat eine sogenannte Totzeit, in der es für eintretende Strahlung unempfindlich ist, diese also nicht registriert. Erkläre unter Beachtung der Funktionsweise eines GMZs, um welche Zeitspanne es sich dabei handelt.
b) Im GMZ wird stets ein Stoßionisationsprozess in Gang gesetzt. Erläutere, was darunter zu verstehen ist und erkläre damit, weshalb ein GMZ Alphateilchen unterschiedlicher Energie nicht unterscheiden kann.

A2 In einem Physikraum wird in derselben Unterrichtsstunde mit dem linken Zählrohr ein Nulleffekt von 295 Imp in 8 Minuten, mit dem rechten ein Nulleffekt von 149 Imp in 10 Minuten gemessen. Vergleiche und erkläre den Unterschied.

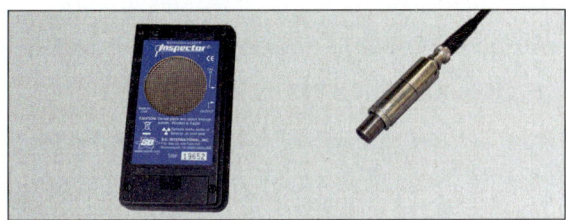

A3 Ein Anwohner eines Kernkraftwerkes hat Angst, dass nach einem angeblich harmlosen Störfall die Luft radioaktiv verseucht ist. Zur Gewinnung einer sogenannten Aerosolprobe saugt er mithilfe eines Staubsaugers über mehrere Stunden Luft durch einen Kaffeefilter.

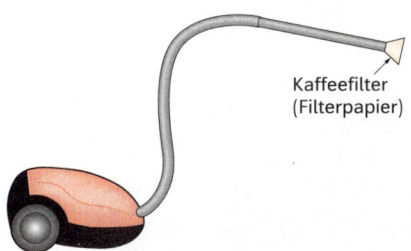

Kaffeefilter
(Filterpapier)

Anschließend untersucht er das Filterpapier mithilfe eines Geiger-Müller-Zählrohres und misst alle 15 Minuten die in einer Minute aufgetretenen Impulse:

t in min	0	15	30	45	60	75	90	105	120
Impulsrate Z in Imp/min	440	354	282	232	179	149	122	62	50

Zeichne den t-Z-Graphen mit Ausgleichskurve.
Erkläre anhand des Graphen den Begriff Halbwertszeit.
Beurteile, ob die Befürchtung des Anwohners berechtigt ist.

A4 Unter der Aktivität A einer radioaktiven Probe wird die Anzahl der Zerfälle pro Sekunde in der Probe verstanden.
a) Erkläre anhand der Skizze, weshalb die durch das Zählrohr gemessene Zählrate nicht der Aktivität des Strahlerstiftes entsprechen kann.

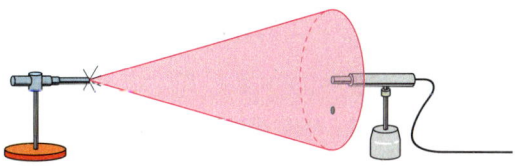

b) Erläutere, wie sich ausgehend von der gemessenen Zählrate die Aktivität A abschätzen lässt. (Beachte die markierten Flächen.)
c) Recherchiere, in welcher Einheit die Aktivität angegeben wird.

A5 Informiere dich über das Verfahren der Skelettszintigrafie und erstelle darüber eine Präsentation.

A6 a) Erläutere, wie ein Kernreaktor mithilfe der Regelstäbe schnell abgeschaltet werden kann.
b) Moderne Kernkraftwerke mit Druckwasserreaktoren besitzen drei Wasserkreisläufe. Benenne diese Wasserkreisläufe und erkläre ihre Funktion.
c) Begründe, weshalb nach dem Abschalten eines Reaktors auf keinen Fall die Pumpe des Primärkreislaufes abgeschaltet werden darf.
d) Im Falle eines „GAUs" pumpt ein Notkühlsystem borhaltiges Wasser in den Reaktordruckbehälter. Erkläre.

A7 a) In den Brennelementen eines Kernreaktors sammeln sich im Laufe der Zeit immer mehr Spaltprodukte. Erstelle eine Tabelle mit möglichen Spaltprodukten und ihren Halbwertszeiten.
b) Erkläre, weshalb die Brennelemente nach einer gewissen Zeit ausgetauscht werden müssen.
c) Erläutere, warum ausgewechselte Brennelemente zunächst in einem Wasserbecken im Kernkraftwerk gelagert werden.
d) Informiere dich über Verfahren der Wiederaufarbeitung von Brennstäben und nenne Gründe, weshalb die Wiederaufarbeitung in Deutschland nicht mehr zulässig ist.
e) Erkläre den Unterschied zwischen einem Zwischenlager und einem Endlager.

Energieübertragung in Kreisprozessen

Verbrennungsmotoren wandeln die chemische Energie von Brennstoffen in Wärmeenergie und dann in nutzbare mechanische Energie. Zum Verständnis dieser Wandlungsprozesse sind Kenntnisse über das Verhalten von Gasen bei Änderungen von Temperatur, Druck und Volumen erforderlich, weil die Energiewandlungen sich mittels eingeschlossener Gase in den dafür konstruierten Maschinen vollziehen. Charakteristisch für diese Maschinen ist, dass nach jedem Ablauf eines Wandlungsprozesses wieder der Ausgangszustand hergestellt werden muss. Dieses Zurück-zum-Ausgangspunkt geschieht auch in Wärmekraftwerken und im Kühlschrank, in dem aber nichts verbrannt, sondern nur Energie von innen nach außen transportiert wird.

Auf den nachfolgenden Seiten wirst du lernen, wie verschiedene Verbrennungsmotoren und ein Wärmekraftwerk funktionieren und welches die physikalischen Voraussetzungen dafür sind. Das physikalische Prinzip, das diese Maschinen mit dem Kühlschrank gemeinsam haben, wirst du kennenlernen.

Die Technik der Wandlung von chemischer Energie in Wärmeenergie und schließlich in zu nutzende mechanische Energie hat unsere Kultur seit Beginn der industriellen Revolution sehr stark geprägt. Gibt es auch negative Einflüsse, die von dieser inzwischen sehr ausgefeilten Technik zur Gewinnung mechanischer Energie ausgehen?

Schiffsdiesel: bis zu 14 Zylinder mit je bis zu 2,5 m^3 Hubraum
Pkw-Motor: bis zu 6 Zylinder mit je bis zu 0,001 m^3 (1 l) Hubraum

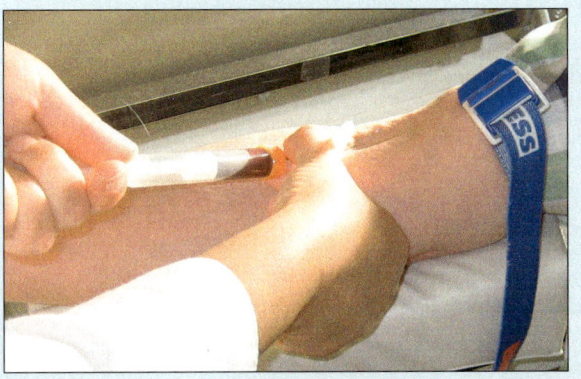

Fahrradreifen: Mit viel Kraft wird Luft in das begrenzte Volumen des Reifens hineingepumpt. Dabei werden Pumpe und Ventil merklich warm.

Blutentnahme: Beim Blutabnehmen lässt sich gut beobachten, wie Kolben, Spritzenzylinder und der Blutdruck in der Vene zusammenwirken. Um mehrere Zylinder für unterschiedliche Untersuchungen des Blutes zu füllen, müssen sie an der eingestochenen Nadel gewechselt werden. Während des Wechselns entströmt kein Blut, sondern nur dann, wenn der Kolben herausgezogen wird.

Kühlschrank: Speisen wärmen, kochen, rösten oder grillen können Menschen, seit sie gelernt haben, das Feuer zu beherrschen. Aber Essbares dauerhaft kühlen, gar unter die Gefriertemperatur des Wassers, können sie erst seit der Erfindung des Kühlschranks. Seine Arbeitsweise beruht darauf, dass die innere Energie vom Innenraum des Kühlschrankes fortwährend nach außen transportiert und an die Umgebungsluft abgegeben wird. Auch dieser Mechanismus beruht auf einem Kreisprozesses, der durch einen Elektromotor in Gang gehalten wird.

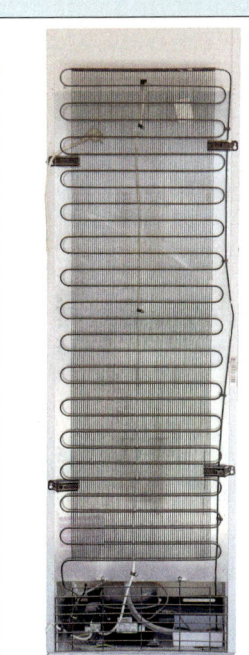

Automotor: Zylinder, Kolben, Ventile oder Einspritzung, Zündkerze oder Selbstzündung, Pleuelstange, Kurbelwelle, Kühlung … das sind wichtige Begriffe, mit denen die Funktion eines Automotors beschrieben wird. Wie diese Teile zusammenspielen und auf welche Weise die chemische Energie des Benzins oder Diesels über eine sehr schnelle Verbrennung (Explosion) in mechanische Energie gewandelt wird, beschreibt die Prozessabfolge der Ereignisse im Motor. An deren Ende muss immer wieder die Ausgangsposition für einen neuen Ablauf stehen. Es muss also ein Kreisprozess stattfinden.

Vorbereitung

1 Lies die Texte dieser beiden Seiten durch und betrachte die zugehörigen Bilder. Schreibe zu den einzelnen Themen Fragen auf, die du dazu hast.

2 Blättere das folgende Kapitel durch, lies die Überschriften und betrachte die Bilder. Notiere neben den Fragen aus **1** die Seitenzahlen, die deiner Meinung nach Antworten zu deinen Fragen liefern könnten.

3 Überlege und schreibe auf, was du in Experimenten untersuchen möchtest. Vielleicht hast du ja schon Ideen, wie die Versuche aussehen könnten.

4 Studiere die im Vorwissen auf Seite 132 dargestellten Zusammenhänge. Schreibe dazu die wichtigsten Begriffe zusammen mit einer kurzen Erklärung auf.

Vorwissen | Energieübertragung bei Kreisprozessen

Energie und Energiewandlung
Energie ist erforderlich, damit Vorgänge ablaufen

ENERGIE
Energie braucht immer einen *Träger* - Ausnahme Lichtenergie.

Einheit der Energie:
1 J (Joule)   1 kWh = 3,6 Mio J

Energieform 1 → Wand-ler → Energieform 2 → Wand-ler → Energieform 3 → Wand-ler → Energieform 4

Bei allen Energiewandlungen tritt immer auch Energie auf, die nicht mehr nutzbar ist: Es findet **Energieentwertung** statt.

$E_{zugef.}$ → Gerät Motor → E_{nutz} / E_{ab}

Wärmeenergie strömt von selbst nur von heiß nach kalt.

Erhaltung der Energie:
Energie kann nicht erzeugt und nicht vernichtet werden.

Wichtige Energieformen
• mechanische Energie
 – Bewegungsenergie
 – Höhenenergie
 – Spannenergie
• innere Energie
• elektrische Energie
• chemische Energie

Wichtige Energie-wandler
• Elektromotor
• Generator

SYSTEM

Körper haben eine **Temperatur**

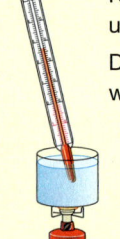

Körper bestehen aus **Stoffen** und haben eine Masse.

Die *Temperatur* gibt an, wie heiß ein Körper ist.

Einheit der Temperatur:
1 °C, 1 K
0 K = −273 °C
0 °C = +273 K

Körper haben ein **Volumen**
Das Volumen eines Körpers ist die Größe des Raums, den ein Körper ein-nimmt.

Einheit des Volumens:
$1 \, dm^3 = 1000 \, cm^3$
$ = 1 \, \ell$

Körper bestehen aus **Teilchen,** die in ständiger Bewegung sind.

Zustandsformen und Teilchenbild

Luft/Gase: Die Teilchen sind nicht miteinander verbunden, sondern frei beweglich

Flüssigkeit: Die Teilchen hängen nur lo-cker aneinander und können ihre Plätze tauschen; sie liegen so dicht beieinander wie im Festkörper.

Festkörper: Die Teilchen liegen dicht an dicht und halten sich gegenseitig auf ihren Plätzen fest; sie kön-nen nur ein wenig hin und her zittern.

MATERIE

WECHSELWIRKUNG

Kräfte
• ändern den Bewegungs-zustand von Körpern
• verformen Körper
 – elastisch (nimmt nach Einwirken der Kraft wieder alte Form an)
 – unelastisch (Verformung bleibt)

Einheit der Kraft:
1 N

Berechnung der Gewichtskraft:
$F_G = m \cdot g$

Druck – eine Größe bestimmen und messen | Projekt

Druck ist ein Zustand, der in vielen Sachverhalten beteiligt ist: Im Fahrradreifen herrscht Druck, beim Tauchen drückt das Wasser auf die Ohren, hoher oder tiefer Luftdruck bestimmen das Wetter mit, in der Küche hilft ein Druckkochtopf, die Speisen schneller zu garen.

P1 Listet alle Formulierungen auf, die euch zum Wort „**Druck**" einfallen. Gliedert die Liste in solche Sachbereiche, die physikalischem Nachfragen zugänglich sind, und solche, die von der Physik nicht erfasst werden können.

P2 a) Erkundigt euch, wie mit Hilfe einer „Wassersäule" der Luftdruck gemessen werden kann.
b) Baut ein solches Barometer nach. Messt über einen Zeitraum von vier Wochen die Höhe der Wassersäule und stellt den Verlauf grafisch dar.
c) Besorgt euch parallel zu den Messungen aktuelle Wetterkarten, die den Druckverlauf zeigen, und vergleicht sie mit den Werten eurer Messungen.

P3 Eine PET-Flasche und eine Spritze (vorher den Zylinder innen leicht ölen) sind randvoll mit Wasser gefüllt und miteinander verbunden.
a) Messt die Kraft, die ihr auf die Flasche ausüben müsst, um den Kolben der Spritze zu bewegen.
b) Findet und beseitigt mögliche Fehlerquellen.
c) Wiederholt den Versuch mit einer dünneren Spritze.
d) Vergleicht die Kräfte, die ihr auf die beiden Kolbenflächen ausgeübt habt. Vergleicht das Ergebnis mit dem von P2.
e) Ihr habt ein Messverfahren für den Druck im Wasser gefunden. Findet eine Einheit und begründet eure Wahl.

Motoren, insbesondere Verbrennungsmotoren | Projekt

Motoren sind aus der von Technik bestimmten Welt nicht mehr wegzudenken. Aus physikalischer Sicht haben sie immer die gleiche Aufgabe: Energie so zu wandeln, dass sie als mechanische Energie zur Verfügung steht.

P1 a) Stellt eine möglichst lange Liste der unterschiedlichsten Motoren zusammen. Gliedert die Liste dann nach verschiedenen Gesichtspunkten und schafft möglichst auch Untergliederungen. Setzt die unterschiedlichen Sortierungen dann so in grafische Darstellungen um, dass der Sinn der unterschiedlichen Sortierungen augenfällig wird.
b) Arbeitet in eurer Zusammenstellung besonders den energiewandelnden Aspekt von Motoren heraus und zeichnet entsprechende Energieflussdiagramme unterschiedlicher Motorenarten.

P2 a) Fertigt viele (zweifache) Kopien von Schnittzeichnungen von **Verbrennungsmotoren** an und klebt sie auf zwei verschiedene Plakate. Eines soll sie nach den Brennstoffen geordnet darstellen, das zweite nach dem Ort, an dem die Verbrennung stattfindet.
b) Vergrößert und beschriftet die Kopie eines **Benzin**- und eines **Dieselmotors** so, dass ihr anderen daran die Funktionsweise beider Motoren erklären könnt.

c) Stellt eine bebilderte Zeitleiste her, die die Jahre der Erfindung der jeweiligen Art der Verbrennungsmotoren darstellt und die Erfinder mit aufführt. Gebt auch eine kurze Personenbeschreibung der Erfinder.
d) Findet aus dem Fahrzeugschein eines Autos heraus, welche Angaben dort zum Motor gemacht werden, und erläutert diese Angaben.

P3 An einem Benzinrasenmäher ist der Motor gut zugänglich.
a) Fertigt kleine Pappschilder über alle Motorteile an, die von außen sichtbar sind, klebt die Schilder an die Teile und fotografiert den Motor dann.
b) Schraubt die **Zündkerze** ab und messt die Länge des Weges des **Kolbens** im **Zylinder**. Berechnet daraus und aus den Angaben zum Hubraum des Motors die Bohrweite des Zylinders.
c) Klärt die Funktionsweise des Benzin- oder **Ottomotors** und stellt aus Pappstreifen ein großes Funktionsmodell her.

Stempeldruck

Druck muss in Wasser- und Gasleitungen herrschen, damit Wasser und Gas in der Wohnung ankommen. Druck brauchen der Autoreifen und der Luftballon. Und ohne den richtigen Druck in den Schläuchen könnte die Feuerwehr nicht löschen.

Was aber ist „Druck"? Was geschieht im Innern der Körper, in denen Druck herrscht? Welche Wirkungen ruft der Druck hervor und wie kann er technisch genutzt werden?

Druck in Gasen und Flüssigkeiten

Zentraler Versuch

Zuerst muss die Gartenspritze kräftig aufgepumpt werden, damit sie nachher auch möglichst weit spritzt. Beim Aufpumpen wird immer mehr Luft in den Zylinder hinein befördert. Zu der schon vorhandenen kommt immer neue Luft hinzu, sodass die Luft, die sich schon im Zylinder befindet, immer weiter zusammengepresst wird.

Dieser Zustand der „Gepresstheit" heißt **Druck.** Im Zylinder herrscht nach dem Pumpen ein größerer Druck als vorher. Der Zustand „Druck" herrscht in jedem Gas und in jeder Flüssigkeit – mal stärker, mal schwächer.

Beim Tauchen ist der Druck im Wasser, in dem der Taucher sich bewegt, deutlich spürbar. Das Trommelfell registriert ihn, weil das Wasser dagegen drückt. Wäre ein Loch im Trommelfell, dann spritzte das Wasser wie aus der Kolbenspritze in das Ohr hinein. (Deshalb dürfen Menschen mit defektem Trommelfell nicht tauchen.)

Druck herrscht also nicht nur an den Außenwänden einer eingeschlossenen Gas- oder Flüssigkeitsmenge, sondern auch in ihrem Inneren.

Das Spritzen aus dem Spritzkolben zeigt eine weitere Eigenschaft des Druckes: Flüssigkeiten und Gase üben durch den Druck Kräfte auf ihre Begrenzungsflächen aus, die immer senkrecht zur jeweiligen Fläche stehen. Auch im Inneren sind sie spürbar, denn z. B. registriert das Trommelfell den Druck durch die Kraft, die auf die feine Membran im Ohr ausgeübt wird. Je größer der Druck ist, desto größer ist auch die Kraft, die auf eine Wand ausgeübt wird. In *Manometern* wird diese Kraft auf eine Membran zur Messung des Druckes in Flüssigkeiten und Gasen genutzt.

In der Gartenspritze sollte ein möglichst großer Druck herrschen, damit das Wasser auch ordentlich spritzt. Der Finger vor der Düse spürt, mit welcher Kraft das Wasser von der Luft herausgedrückt wird.

Wasser oder jede andere Flüssigkeit lässt sich auch pressen. Wenn der Kolben in die Kugelspritze hineingeschoben wird, spritzt das Wasser nach allen Seiten heraus. Der Zustand der „Gepresstheit" wird erhöht. Es herrscht Druck im Wasser, der *Kolben-* oder **Stempeldruck** heißt, weil er durch einen Kolben bzw. Stempel erzeugt wird.

Der Stempeldruck, der durch das Pressen erzeugt wird, ist im gesamten Wasservolumen offenbar gleich. Aus den Düsen der Glaskugel spritzt es ja überall gleich stark in senkrechter Richtung zur Begrenzungsfläche heraus.

> Druck in einem Gas oder einer Flüssigkeit ist der Zustand der „Gepresstheit" des betreffenden Stoffes.
> - Der Stempeldruck herrscht innerhalb des gesamten Gas- oder Flüssigkeitsvolumens.
> - Wenn Stempeldruck herrscht, übt die Flüssigkeit oder das Gas eine senkrecht gerichtete, überall gleiche Kraft auf die Begrenzungsflächen aus.

Druck im Teilchenbild

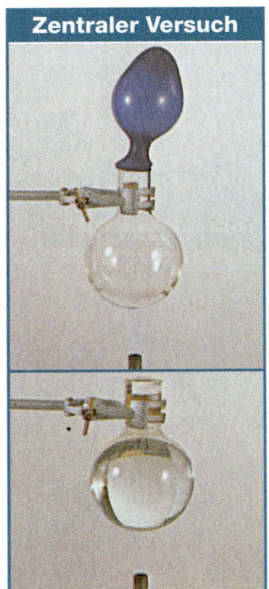

In Gasen und Flüssigkeiten sind die Teilchen gegeneinander verschiebbar. Sie füllen den Raum bis an die Gefäßwände vollständig aus. Beim Erwärmen wird die Geschwindigkeit der einzelnen Teilchen größer. Sie benötigen für die heftigeren Bewegungen, die sie bei höherer Temperatur ausführen, mehr Raum. Der Ballon dehnt sich aus und ein voll mit Wasser gefülltes Glasgefäß würde überlaufen.

Steht den Teilchen dieser Raum nicht zur Verfügung, so prallen sie öfter und heftiger gegen die Gefäßwände. Dies wird als erhöhter Druck des Gases oder der Flüssigkeit registriert.

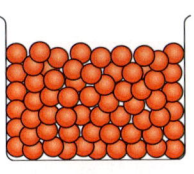

Die Modellflüssigkeit aus Kugeln zeigt: Wird in eine von einem Gefäß eingeschlossene Kugelmenge ein Stab hineingeschoben, so müssen die Kugeln ausweichen. Beide zusammen brauchen also mehr Raum als ohne den Stab.

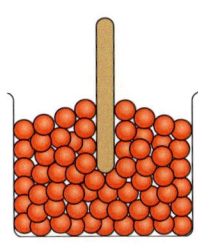

Wenn nun in dem Spritzkolben durch das Hineinschieben des Stempels der für die Teilchen verfügbare Raum verkleinert wird, so werden die Teilchen gegeneinander gepresst und drücken gemeinsam die Gefäßwände gleichmäßig nach außen, um den für sie notwendigen Platz zu bekommen. Damit entsteht ein Druck in der Flüssigkeit und sie übt Kräfte auf die Gefäßwände aus.

Der Druck in Flüssigkeiten oder Gasen wird nicht nur durch äußeres Pressen erhöht. Beim Erhitzen geraten die Teilchen in stärkere Bewegung. Dadurch brauchen sie mehr Platz und prallen heftiger gegen die Außenwände. Der Druck in der Flüssigkeit oder dem Gas wird erhöht.

> Druck in Gasen oder Flüssigkeiten entsteht durch Zusammenpressen der Teilchen oder durch Erhöhung ihrer Bewegung bei Erwärmung. Die Kräfte auf die Begrenzungsflächen werden dabei größer.

Aufgaben

1 Erläutere die Funktionsweisen
 a) einer Spritze, die bei Impfungen verwendet wird;
 b) einer Wasserspritzpistole.
2 Beschreibe den Fahrkomfort eines mit Wasser gefüllten Fahrradreifens gegenüber dem luftgefüllten.
3 Erläutere im Teilchenbild, warum bei einem Wasserrohrbruch nur noch wenig Wasser aus dem Wasserhahn läuft.

Versuche und Aufträge

Druck in Flüssigkeiten und Gasen

V1 a) Blase zwei Luftballons verschieden stark auf und verbinde sie über ein Rohr miteinander. Halte dabei die Ballons stets zu. Gib jetzt die Verbindung über das Rohr frei. Beobachte und erläutere den nun folgenden Vorgang.
b) Ziehe Schlussfolgerungen über den Druck in den Ballons und vergleiche sie mit Beobachtungen beim Aufpusten.

V2 Nutze einen Wasserhahn im Freien, der einen Ansatz zum Aufstecken eines Schlauches besitzt.
a) Dichte den Ansatz mit einer Gummihaut (z. B. alter Fahrradschlauch) ab. Baue dann alles so auf, wie in der Skizze dargestellt.
b) Drehe nun den Hahn auf und entferne so lange Sand aus dem Eimer, bis Wasser aus dem Hahn austritt.

Durch Anheben des Eimers kannst du über dessen Gewichtskraft abschätzen, welche Kraft das Wasser durch seinen Druck besitzt.

V3 Durchlöchere einen nicht aufgeblasenen Luftballon mit einer heißen Nadel und fülle ihn mit Wasser.

V4 Den abgebildeten Rasensprenger kannst du mit einem kurzen Stück Schlauch nachbauen. Begründe, weshalb das Wasser aus allen Löchern gleichmäßig spritzt.

Druck, Kraft und Fläche

Die auf den vorhergegangenen Seiten genannten Eigenschaften des Stempeldruckes,

- sich allseitig auszubreiten und
- an allen Stellen der Flüssigkeit bzw. des Gases gleich groß zu sein,

lassen sich für Messungen nutzen.

Um den Druck zu ermitteln, ist es nur notwendig, ihn an einer einzigen Stelle zu messen. Auch eine Verbindung vom Messgerät, dem **Manometer,** zur Flüssigkeit über ein flüssigkeits- oder gasgefülltes Rohr ist ausreichend.

Im Versuch wird mit einer bestimmten Kraft auf den linken Kolben ① gedrückt. Dadurch entsteht ein Druck in der Flüssigkeit. Durch die nun auf alle Gefäßwände wirkenden Kräfte werden die anderen Kolben nach oben geschoben. Um deren Aufwärtsbewegung zu verhindern, werden so lange Wägestücke aufgelegt, bis alle Kolben wieder in Ruhe sind. Dann herrscht Gleichgewicht zwischen den Gewichtskräften, mit denen die einzelnen Kolben samt den aufgelegten Wägestücken auf die Flüssigkeit einwirken, und den Kräften, die durch den Druck in der Flüssigkeit auf die Kolben wirken.

Der Druck ist in der gesamten Flüssigkeit gleich groß. Obwohl die Gewichtskräfte der Kolben und der Wägestücke ganz unterschiedliche Kräfte auf die Flüssigkeit erzeugen, stellt sich in allen Fällen Kräftegleichgewicht ein.

Die Messwerte in der Tabelle erklären auch die Ursache dafür: Jeder der Kolben besitzt eine andere Grundfläche. Der Quotient aus der von außen einwirkenden Kraft und der Fläche, auf die die Kraft wirkt, ist in allen Fällen gleich. Deshalb wird er als Maß für den Druck p verwendet: $p = \frac{F}{A}$. Für die **Einheit des Druckes** wurde festgelegt: $1\,\text{Pa} = 1\,\frac{N}{m^2}$.

Der Kolben ① im Experiment erzeugt den Druck. Auch hier hat der Quotient aus wirkender Kraft (Gewichtskraft des Kolbens und Kraft der Hand) und der Fläche, auf die die Kraft einwirkt, den gleichen Zahlenwert. Die Beziehung $p = \frac{F}{A}$ gilt somit für jeden der drei Kolben. (Für Gase gelten die gleichen Überlegungen.)

> Der Druck lässt sich berechnen als Quotient aus der senkrecht auf eine Fläche wirkenden Kraft F und dem Flächeninhalt A der Fläche:
> $$p = \frac{F}{A}.$$

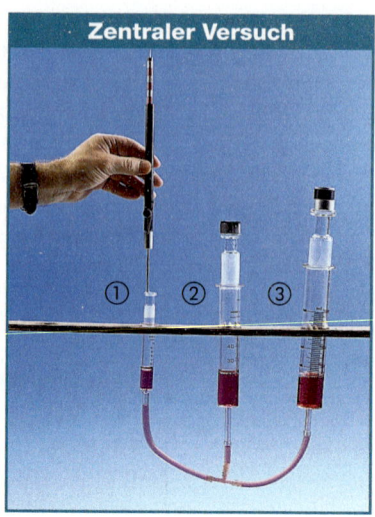

Zentraler Versuch

① ② ③

Kolben	Kraft	Fläche	$\frac{F}{A}$
①	0,75 N	1,8 cm²	0,43 $\frac{N}{cm^2}$
②	2,06 N	4,9 cm²	0,42 $\frac{N}{cm^2}$
③	3,34 N	7,5 cm²	0,45 $\frac{N}{cm^2}$

Druck

Das Formelzeichen ist p.
Die Einheit ist 1 Pa (Pascal): $1\,\text{Pa} = 1\,\frac{N}{m^2}$.

Weitere Einheiten:
Hektopascal: 1 hPa =   100 Pa
Kilopascal: 1 kPa = 1000 Pa
Bar: 1 bar =   100 kPa = $10\,\frac{N}{cm^2}$

Drücke können direkt mit Manometern gemessen werden. Auf ihnen ist der Druck in der gängigen Einheit **Bar (bar)** angegeben:
$1\,\text{bar} = 10\,\frac{N}{cm^2}$.

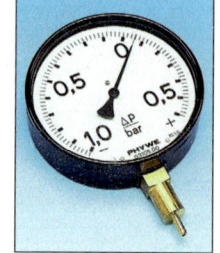

Aufgaben

1 Der Kolben einer Spritze hat eine Fläche von 3 cm². Auf ihn wirkt eine Kraft von 15 N. Berechne den Druck, mit dem das Serum gespritzt wird.

2 In einer Wasserleitung herrscht ein Druck von 6,5 bar. Bestimme die erforderliche Kraft, um einen geöffneten Wasserhahn mit der Hand zuzuhalten, wenn seine Öffnung 4 cm² Flächeninhalt hat.

3 In einem Quader mit den Kantenlängen 3 cm, 4 cm und 5 cm wird eine Flüssigkeit mit dem Druck 5 bar eingeschlossen. Berechne die Kräfte auf die Begrenzungsflächen.

4 Die Pumpe eines Springbrunnens erzeugt für eine hohe Fontäne im Wasser einen Druck von 20 bar. Berechne, wie groß die Öffnung höchstens sein darf, durch die das Wasser austritt, damit du sie durch die Wirkung deiner Gewichtskraft allein durch Draufstellen abdichten könntest.

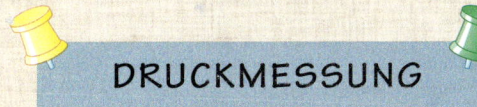

Manometer

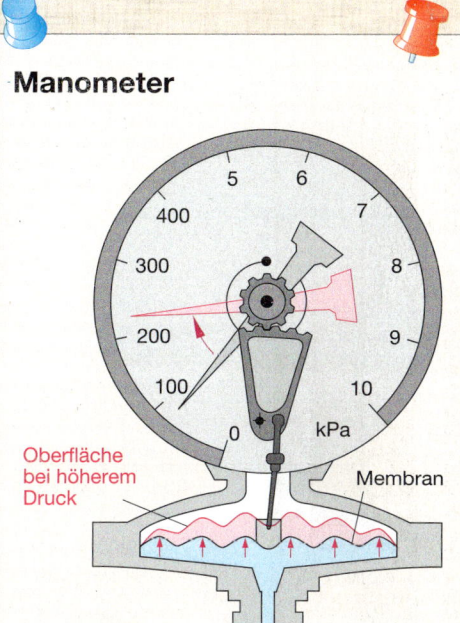

5 6 7 8 9 10

400
300
200
100
0   kPa

Oberfläche bei höherem Druck

Membran

zur Messflüssigkeit

Zum Messen des Druckes werden häufig Dosenmanometer verwendet. Die stabile Druckdose des Manometers hat an der Oberseite eine verformbare Membran.

Wird der Druck in der Flüssigkeit erhöht, so erhöht sich der Druck in der Dose ebenfalls. Die Flüssigkeit im Manometer drückt dann auf die Membran, die dadurch verformt wird. Die Stärke der Verformung ist abhängig von der Größe der wirkenden Kraft und damit direkt vom Druck in der Flüssigkeit.

Die Membran bewegt über ein Gestänge ein Zahnradsegment. Dieses Zahnradsegment dreht über das kleine Zahnrad den Zeiger. Die Teile sind so aufeinander abgestimmt, dass eine kleine Bewegung der Membran eine große Bewegung des Zeigers ergibt.

Blutdruck

Im Ruhezustand schlägt das Herz eines Erwachsenen zwischen 60 und 80 mal pro Minute. Mit jedem Herzschlag pumpt es Blut durch den Körper. Während der *Systole,* dem Zusammenziehen des Herzmuskels, wird vom Muskel auf die gesamte Gefäßwand der linken Herzkammer eine Kraft ausgeübt. Dadurch steigt der Druck des Blutes im Herzen und in allen Arterien an – wir spüren den Pulsschlag: Das Blut wird durch die engen Kapillargefäße gepresst. Danach nimmt der Druck in den Arterien wieder ab. Wenn sich der Herzmuskel entspannt, wird das Herz wieder mit Blut gefüllt. Während dieser Phase, der *Diastole,* ist der Druck im Blut geringer.

Beim Blutdruckmessen werden die Druckwerte während der Systole und der Diastole ermittelt. Dafür wird der Oberarm oder das Handgelenk mit einer Manschette versehen. Wird die Manschette mit Luft aufgeblasen, so entsteht in ihr ein Druck. Die Wand der Manschette drückt den Arm zusammen. Wenn die Druckkraft groß genug ist, wird der Blutfluss unterbrochen. Dann wird die Luft langsam abgelassen. Bald ist der Puls wieder zu hören. Zu diesem Zeitpunkt ist der Druck in der Manschette etwa gleich dem Blutdruck. Auf dem an der Manschette angeschlossenen Manometer kann der Blutdruck der Systole abgelesen werden. Ist der Puls dann nicht mehr zu hören, fließt das Blut wieder ungehindert unter der Manschette hindurch. Jetzt kann der Druck während der Diastole abgelesen werden.

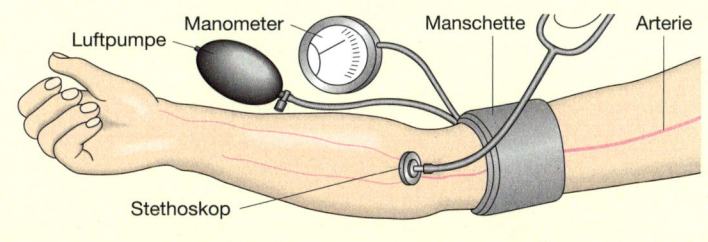

Luftpumpe   Manometer   Manschette   Arterie

Stethoskop

Typische Drücke

Fahrradreifen		bis zu 4 bar	=	4000 hPa
Autoreifen		ca. 2,5 bar	=	2500 hPa
3 m Wassertiefe		0,3 bar	=	300 hPa
Luftdruck	normal auf Meereshöhe (NN)			1000 hPa
	im Orkantief			950–970 hPa
	Hochdruck			ab 1013 hPa
Blutdruck	Systole 120 mm Quecksilbersäule			160 hPa
	Diastole 80 mm Quecksilbersäule			107 hPa

Gasgesetze – Kelvinskala

Druck und Volumen

In einem Gas können sich die Teilchen völlig frei bewegen. Sie stoßen dabei auch gegen die Gefäßwände und üben dadurch Kräfte auf diese aus. In Gasen herrscht somit stets ein Druck, auch ohne drückende Kolben. (Dies gilt natürlich auch für Flüssigkeiten.)

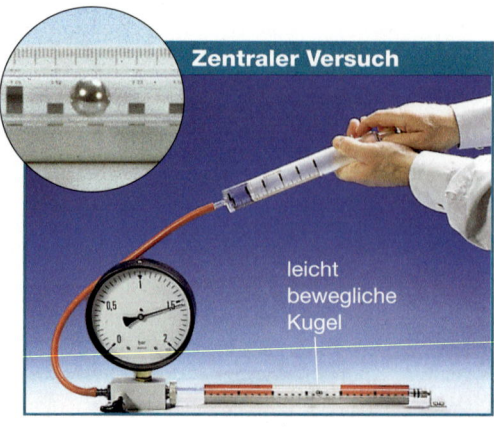

Zentraler Versuch

leicht bewegliche Kugel

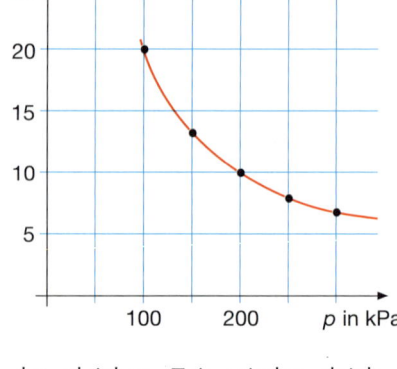

Wird Luft in einer Papiertüte eingeschlossen, ohne das Tütenvolumen zu verändern, so bleibt die Tüte so locker/luftig wie vorher. In der Tüte herrscht nach wie vor der gleiche Druck wie außerhalb in der Luft. Deshalb stoßen von innen und von außen im Mittel gleich viele Teilchen gleich heftig gegen die Tütenwand. Zwischen Innen- und Außenraum herrscht Kräftegleichgewicht.

Anders als Flüssigkeiten lassen sich Gase zusammenpressen (komprimieren), d. h. die gleiche Anzahl von Teilchen lässt sich auch in einem kleineren Raum unterbringen. Werden nun mehr Teilchen in die Tüte hinein gepustet, so wird die Tüte prall und fest. Im Inneren sind dann pro Volumenanteil mehr Teilchen als außerhalb.

Deshalb stoßen jetzt mehr Teilchen je Flächenstück gegen die Wände, sie üben eine größere Kraft auf die Innenseite der Tüte aus, während sich an dem Zustand außen nichts verändert hat. Der Druck in der Tüte ist also größer als der Außendruck. Für den Betrachter zeigt sich dies am Ausbeulen der Tüte.

Wie ändert sich der Druck in einer bestimmten Luftmenge, wenn die Luft komprimiert wird?

Die Kugel in der Glasröhre trennt die beiden eingeschlossenen Gasmengen. Wenn sich die Kugel nicht bewegt, so ist die Summe aller auf sie einwirkenden Kräfte Null. Dann herrscht in beiden Gasmengen der gleiche Druck, der vom Manometer angezeigt wird. Das Volumen der rechten Gasmenge kann mithilfe der Skala genau gemessen werden.

Wird nun der Kolben in den Zylinder hinein geschoben, so steigt der Druck auf der linken Seite. Denn jetzt sind mehr Teilchen je Volumenelement vorhanden – es stoßen also mehr Teilchen gegen die Begrenzungen, also auch gegen die Kugel. Dadurch wird die Kugel verschoben, bis der Druck in beiden Gasvolumen wieder ausgeglichen ist, sodass von beiden Seiten in

der gleichen Zeit wieder gleich viele Teilchen gegen die Kugel prallen.

Aus den Messwerten ist nicht nur erkennbar, dass mit steigendem Druck in der Gasmenge das Volumen abnimmt, sondern auch, dass das Produkt aus dem Druck in der abgeschlossenen Gasmenge und dem zugehörigen Volumen für alle Wertepaare gleich ist. Beide Größen sind antiproportional zueinander. Im Diagramm ist dieser Zusammenhang an dem charakteristisch fallenden Kurvenverlauf erkennbar.

Dieser Zusammenhang heißt nach seinen Entdeckern ROBERT BOYLE (1627–1691) und EDMÉ MARIOTTE (1620–1684) **Boyle-Mariotte'sches Gesetz.** Es gilt, solange sich die Temperatur des Gases nicht verändert.

> Bei konstanter Temperatur ist für eine abgeschlossene Gasmenge das Produkt aus Druck und Volumen stets konstant:
>
> $p_1 \cdot V_1 = p_2 \cdot V_2 = \text{konstant}$

Druck p	100 kPa	150 kPa	200 kPa	250 kPa	300 kPa
Volumen V	20 cm³	13,3 cm³	10 cm³	8 cm³	6,7 cm³
$p \cdot V$	$2 \cdot 10^3$ kPa·cm³	$2 \cdot 10^3$ kPa·cm³	$2 \cdot 10^3$ kPa·cm³	$2 \cdot 10^3$ kPa·cm³	$2 \cdot 10^3$ kPa·cm³

Temperatur und Volumen

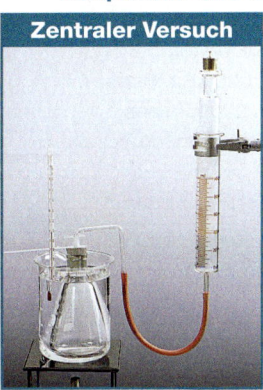

Durch das aufgelegte Wägestück wird ein gleichbleibender Druck in der eingeschlossenen Luftmenge erzeugt. Wird die Temperatur der Luft erhöht, so vergrößert sich auch ihr Volumen. An der Skala des Kolbenprobers ist die Änderung des Gasvolumens ablesbar. In der Tabelle unten stehen die Messwerte.

Temperatur und Druck

Die Luft im Erlenmeyerkolben wird erwärmt. Ihr Volumen bleibt konstant, weil alle Wände der Gefäße fest sind und nicht nachgeben. Am Manometer kann der sich bei unterschiedlichen Temperaturen einstellende Druck abgelesen werden.
Es zeigt sich, dass der Druck mit zunehmender Gastemperatur steigt. Die Tabelle unten zeigt die zugehörigen Messwerte.

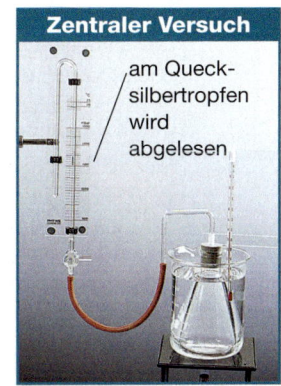

am Quecksilbertropfen wird abgelesen

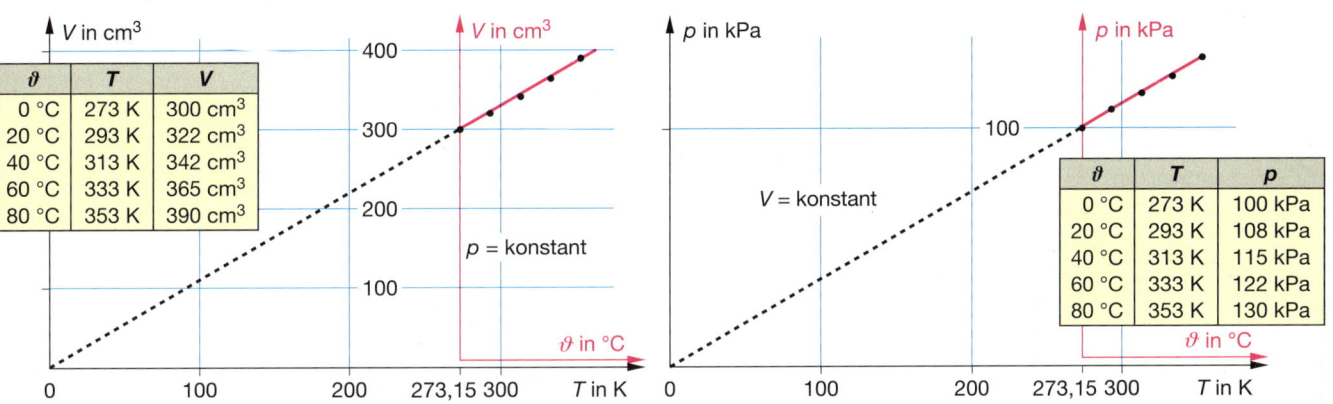

ϑ	T	V
0 °C	273 K	300 cm³
20 °C	293 K	322 cm³
40 °C	313 K	342 cm³
60 °C	333 K	365 cm³
80 °C	353 K	390 cm³

p = konstant

V = konstant

ϑ	T	p
0 °C	273 K	100 kPa
20 °C	293 K	108 kPa
40 °C	313 K	115 kPa
60 °C	333 K	122 kPa
80 °C	353 K	130 kPa

Die in °C gemessenen Werte ergeben in beiden Celsius-Diagrammen (rot) keine Ursprungshalbgeraden. Werden diese Geraden jedoch verlängert, schneiden sie in beiden Diagrammen bei gleicher Temperatur die *T*-Achse. Es kann in diesen Punkten je eine neue Volumen- bzw. Druckachse (schwarz) gezeichnet werden. So werden die Graphen darin zu Ursprungshalbgeraden. Da es weder ein negatives Volumen noch einen negativen Druck geben kann, ist die so gefundene Temperatur von −273,15 °C auch die niedrigste Temperatur, die überhaupt denkbar ist. LORD KELVIN hat sie zum Nullpunkt der nach ihm benannten Temperaturskala gemacht. Es gilt also: **0 K = −273,15 °C,** vereinfacht −273 °C. In Kelvin gemessene Temperaturen werden oft auch als „absolute" Temperaturen bezeichnet.

Der *T-V*-Graph ergibt mit den Kelvinwerten eine Ursprungshalbgerade. Also sind absolute Temperatur und Volumen bei konstantem Druck proportional:

$$V \sim T \text{ oder } \frac{V_1}{T_1} = \frac{V_2}{T_2} \text{ oder } \frac{V_1}{V_1} = \frac{T_1}{T_2}$$

Diese Erkenntnisse wurden um 1800 von dem französischen Gelehrten LUIS-JOSEPH GAY-LUSSAC (1778–1850) gewonnen. Ihm zu Ehren wird der Zusammenhang **Gay-Lussac'sches Gesetz** genannt.

Der *T-p*-Graph ergibt eine Ursprungshalbgerade, also sind absolute Temperatur und Druck eines Gases bei konstantem Volumen proportional:

$$p \sim T \text{ oder } \frac{p_1}{T_1} = \frac{p_2}{T_2} \text{ oder } \frac{p_1}{p_2} = \frac{T_1}{T_2}$$

Dieser Zusammenhang wurde 1702 von dem französischen Forscher GUILLAUME AMONTONS (1663–1705) entdeckt. Ihm zu Ehren heißt er **Amontons'sches Gesetz.**

Das Volumen einer abgeschlossenen Gasmenge ist bei konstantem Druck ihrer absoluten Temperatur proportional:
$$\frac{V_1}{T_1} = \frac{V_2}{T_2}, \text{ wenn } p = \text{konstant}$$

Der Druck einer abgeschlossenen Gasmenge ist bei konstantem Volumen proportional zu ihrer absoluten Temperatur:
$$\frac{p_1}{T_1} = \frac{p_2}{T_2}, \text{ wenn } V = \text{konstant}$$

Rechenbeispiel

Die Druckluftflasche eines Tauchers hat ein Volumen von 5,0 Litern. Der Druck in der Flasche beträgt 20 000 kPa. Berechne die Menge Atemluft, die der Taucher in 20 m Wassertiefe aus der Flasche entnehmen kann, wenn dort zum Atmen ein Druck von 300 kPa notwendig ist.

Geg.: $V_1 = 5,0\ l$; $p_2 = 300$ kPa
$\quad\quad p_1 = 20\,000$ kPa
Ges.: V_2

Lösung: Aus $p_1 \cdot V_1 = p_2 \cdot V_2$
folgt $V_2 = \frac{p_1 \cdot V_1}{p_2}$
$V_2 = \frac{20\,000\ \text{kPa} \cdot 5,0\ l}{300\ \text{kPa}} = 333\ l$

Der Taucher kann 328 Liter Luft entnehmen, denn 5 Liter verbleiben in der Flasche. (Das reicht für einen Tauchgang von ca. 15 min.)

Aufgaben

1 Für Schweißarbeiten werden Druckgasflaschen mit Sauerstoff benötigt. Ihr Innenvolumen beträgt 25 Liter, der Innendruck 15 000 kPa. Beim Schweißen tritt der Sauerstoff unter einem Druck von 200 kPa aus.
a) Bestimme die Menge Sauerstoff, die zum Schweißen aus der Flasche entnommen werden kann.
b) Wie viel Liter Sauerstoff mit einem Druck von 1000 hPa wurden vorher in die Flasche gepumpt?

2 Bei 15 °C beträgt der Druck in einem Autoreifen 250 kPa. Durch intensive Sonneneinstrahlung werden die Reifen auf 60 °C erwärmt. Berechne, wie sich der Druck im Reifen verändert. – Beurteile.

3 Eine Sauerstoffflasche hat einen Fülldruck von 20 000 kPa (bei 20 °C). Sie wird bei Anlieferung in die pralle Sonne gestellt und erwärmt sich auf 65 °C. Die Stahlflasche ist für Drücke bis 30 000 kPa zugelassen. Prüfe, ob dieser Wert überschritten wird.

4 Auf Spraydosen steht: „Vorsicht! Behälter steht unter Druck!"
a) Spraydosen sind nie vollständig gefüllt.
b) Begründe, weshalb es sinnvoll ist, nach Beenden des Sprühens zum Reinigen der Düse den Kopf nach unten zu halten und kurz zu drücken.
c) Was kann geschehen, wenn die Düse zu oft gereinigt wird bzw. wenn beim Reinigen das Ventil zu lange gedrückt wird?

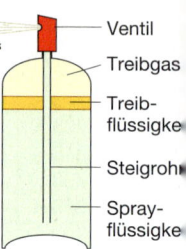

Ventil
Treibgas
Treib-
flüssigke
Steigroh
Spray-
flüssigke

Gasgesetze

Versuche und Aufträge

V1 a) Blase einen kleinen Luftballon kräftig auf und lege ihn etwa 15 Minuten lang in das Gemüsefach eines Kühlschrankes. Danach stecke ihn in das Gefrierfach.
b) Erwärme den gleichen Luftballon vor einem elektrischen Heizstrahler, einem Fön oder im Dampf siedenden Wassers.
c) Erkläre die Veränderungen am Luftballon.

V2 Ein weich gekochtes Ei ohne Schale soll heil in eine Flasche eingebracht werden. Der Flaschenhals aber ist zu eng. Überlege unter Berücksichtigung der Gasgesetze, wie das Ei in die Flasche hinein gebracht werden könnte.

V3 Das Einkochen von Marmelade kannst du nachmachen. Fülle ein Marmeladenglas zu etwa $\frac{3}{4}$ mit heißem Wasser und schraube sofort den Deckel darauf.
a) Beobachte und erläutere mithilfe der Gasgesetze. (Der äußere Luftdruck beträgt etwa 1 bar.)
b) Berechne den Druck im abgekühlten Glas.

V4 a) Mit einer Luftpumpe mit Manometer wird ein Fahrradreifen auf 5 bar aufgepumpt. Zähle die Anzahl der Hübe.
b) Berechne das Volumen der Luft bei 1 bar außerhalb des Reifens und bei 5 bar im Reifen.
c) Erläutere mit dem Boyle-Mariotte'schen-Gesetz.

V5 Durchbohre den Deckel eines Marmeladenglases so, dass ein Strohhalm hindurch passt. Verklebe die Ränder des Loches mit Heißkleber.
a) Lege in das Glas einen Schokoladen-Schaumkopf und sauge kräftig die Luft aus dem Glas. (Besser geht das Absaugen natürlich mit einer Wasserstrahlpumpe.)
b) Wiederhole den Versuch mit einem kleinen, leicht aufgeblasenen Luftballon statt des Schaumkopfes.

Hydraulische Anlagen

Oberhalb des Baggerarmes befindet sich ein glänzender Metallkolben, der aus einem Zylinder herausgedrückt wird. An den Zylinder führen dicke Gummischläuche, die mit einem Pumpzylinder am Bagger verbunden sind. Dort wird unter hohem Druck Öl in den Schlauch und dann in den Zylinder gepumpt. Dieses Öl drückt den Stempel heraus, wodurch die Baggerschaufel sich bewegt. Die Querschnittsflächen des Pumpzylinders am Motor und des Hebezylinders sind so bemessen, dass mit wenig Kraft an der Pumpe eine große Kraft am Hebezylinder erreicht wird. Solch eine Anordnung zur Kraftverstärkung heißt Hydraulik.

Bremsanlage PKW

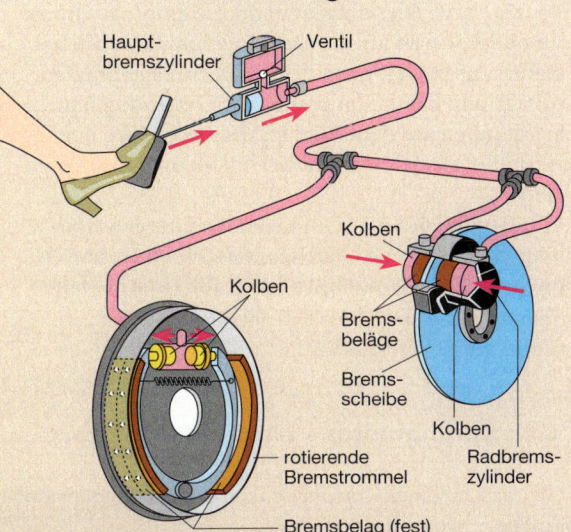

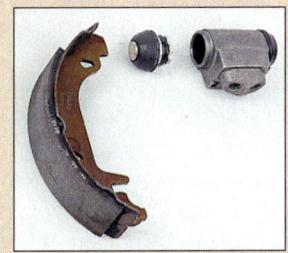

Bei der Bremsanlage eines PKW wird durch den Tritt auf das Bremspedal über den Pumpkolben ein Druck in der Bremsflüssigkeit erzeugt. Die Bremsflüssigkeit wirkt mit einer dem Verhältnis der beteiligten Kolbenflächen entsprechenden Kraft auf die Kolben der Bremszylinder und damit auf die Bremsklötze, die mit großer Kraft gegen Bremsscheiben oder -trommeln gepresst werden. Durch die Reibung zwischen ihnen und den Bremsbelägen wird die Bewegung des Fahrzeugs verzögert.

Rettungsgerät Feuerwehr

Bei Verkehrsunfällen sind zum Bergen von Unfallopfern aus deformierten Fahrzeugen oft sehr große Kräfte erforderlich. Das hydraulische Rettungsgerät der Feuerwehr zerschneidet die Karosserie mühelos.

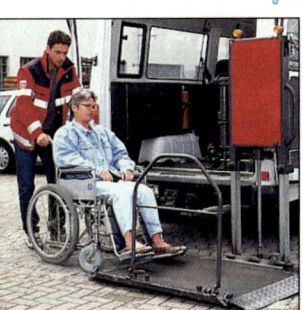

Mit Hydraulik werden die Ladeflächen von Autotransportern gehoben oder gesenkt oder die Visiere bzw. Auffahrrampen an Fähren bewegt.

Auch die Plattform zum Auffahren für Rollstuhlfahrer wird über eine Hydraulik bewegt.

Wärme-Kraft-Maschinen

Benzin- bzw. Dieselmotoren oder Dampfmaschinen sind oder waren für die Menschen unentbehrliche Helfer zur Bewältigung des von Technik geprägten Alltags und haben ihn überhaupt erst ermöglicht. Sie beruhen auf dem Prinzip, dass sich Gase bei Erwärmung ausdehnen und bei Abkühlung zusammenziehen.

Wie werden die dabei ablaufenden Energiewandlungen in den verschiedenen Maschinen technisch realisiert? Wie wirkungsvoll sind die verschiedenen Maschinen und wie werden sie ihrem Zweck entsprechend eingesetzt?

Der Stirlingmotor – ein Heißluftmotor

Ein durch einen beweglichen Kolben abgeschlossenes Luftvolumen dehnt sich im heißen Wasserbad aus. Dabei hebt es den Kolben. Im kalten Wasserbad zieht sich die Luft wieder zusammen, der Kolben bewegt sich nach unten.

Ein steter Wechsel zwischen heißer und kalter Umgebung führt zu einer ständigen Auf- und Abbewegung des Kolbens.

Die Grafik unten zeigt, wie dieser Wechsel automatisiert und damit ein Motor konstruiert werden kann:

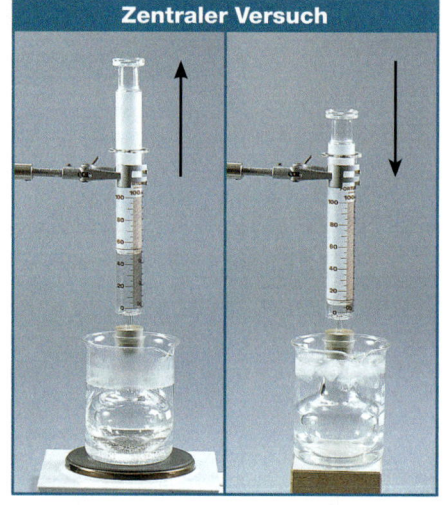

Zentraler Versuch

Ein abgeschlossener Zylinder wird im oberen Teil von außen oder durch eine innenliegende Heizspirale erwärmt und im unteren Teil wieder durch strömendes Wasser gekühlt.

In dem Zylinder wird Luft durch einen Verdrängerkolben (V-Kolben) zwischen dem heißen oberen Teil und dem kalten unteren Teil hin- und hergeschoben. Sie wird dabei in stetigem Wechsel erwärmt und wieder abgekühlt. Der Arbeitskolben (A-Kolben) wird durch das wechselnde Ausdehnen und Zusammenziehen der Luft bei Erwärmung und Abkühlung auf und ab bewegt.

Diese Auf- und Ab-Bewegung wird über eine Pleuelstange auf das Schwungrad übertragen. Auf der Achse des Schwungrades steht dadurch eine Drehbewegung zur Verfügung, die genutzt werden kann.

Das Schwungrad steuert über eine gegenüber der Pleuelstange um 90° versetzte Steuerstange den Verdrängerkolben.

> In einem Heißluftmotor wird eine eingeschlossene Luftmenge periodisch erhitzt (Ausdehnung der Luft) und wieder gekühlt (Zusammenziehen der Luft).
> Der dadurch auf- und ab bewegte Arbeitskolben überträgt seine Bewegung über eine Pleuelstange auf ein Schwungrad, von dem die Drehbewegung an der Achse genutzt werden kann.

Allen Bewegungen des Stirlingmotors liegt die Zufuhr von Wärmeenergie, ihre teilweise Wandlung in mechanische - und die Abfuhr entwerteter Energie zugrunde.

Heißluftmotor

Funktionsmodell eines Heißluftmotors

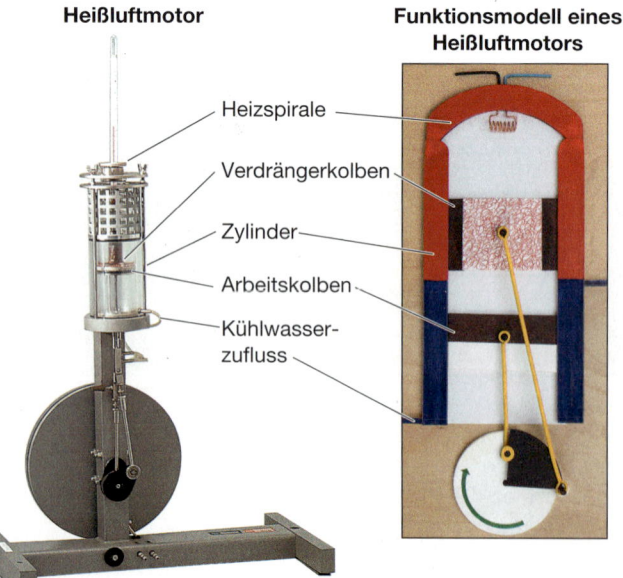

- Heizspirale
- Verdrängerkolben
- Zylinder
- Arbeitskolben
- Kühlwasserzufluss

Funktionsweise eines Stirlingmotors

Der Arbeitskolben steht. Die kalte Luft wird durch die Heizspirale erhitzt. Der Verdrängerkolben bewegt sich nach unten.

Der Arbeitskolben bewegt sich nach unten. Das Schwungrad nimmt die Bewegung des Arbeitskolbens auf. Der Verdrängerkolben kommt zum Stehen.

Der Arbeitskolben bewegt sich weiterhin nach unten. Der Verdrängerkolben steht.

Beginne hier und folge im Uhrzeigersinn

Der Arbeitskolben kommt zum Stehen. Der Verdrängerkolben bewegt sich nach oben und drückt die heiße Luft in den kühlen Teil des Zylinders.

Der Arbeitskolben kommt zum Stehen. Der Verdrängerkolben bewegt sich nach unten und drückt die kalte Luft in den heißen Teil des Zylinders.

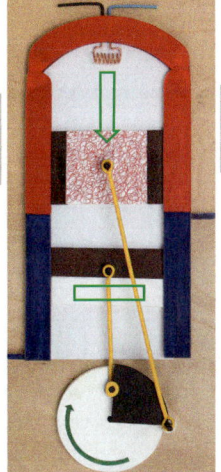

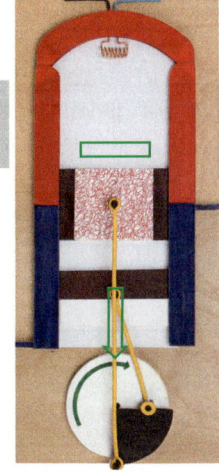

Im Stirlingmotor wird durch das Zusammenspiel der beiden Kolben, der beiden Pleuelstangen und des Schwungrades die thermische Energie der Luft in mechanische Energie des Schwungrades gewandelt.

Der Arbeitskolben bewegt sich weiterhin nach oben. Der Verdrängerkolben steht.

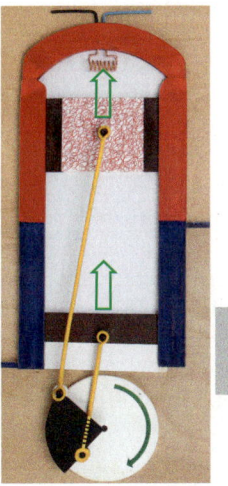

Der A-Kolben wird vom Schwungrad nach oben bewegt. Der V-Kolben kommt zum Stehen.

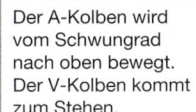

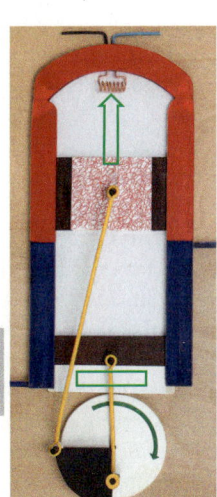

Der A-Kolben steht. Die Luft im unteren Teil des Zylinders kühlt sich ab. Der Verdrängerkolben bewegt sich nach oben.

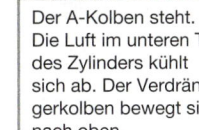

Schnelle Bewegung:

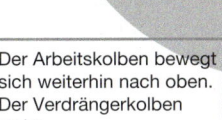

Langsamer /schneller werdende Bewegung:

Richtungsänderung des Kolbens:

Das *V-p*-Diagramm eines Stirlingmotors

Die Funktionsweise eines Stirlingmotors wurde in Form eines **Kreisprozesses** dargestellt: Während dieses Kreisprozesses werden Energien gewandelt und ausgetauscht. Dies wird in folgendem *V-p*-Diagramm verdeutlicht .

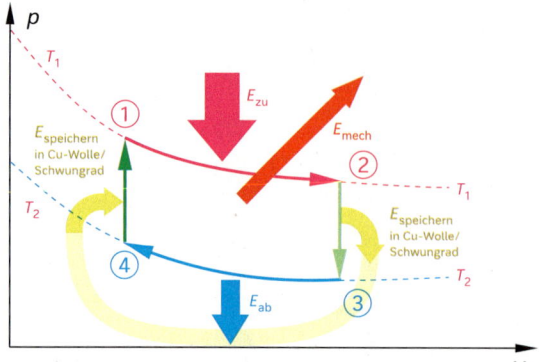

① nach ②: Die in dem Raum über dem Verdrängerkolben befindliche Luft wird auf die Temperatur T_1 erhitzt. Diese Energiezufuhr (E_{zu}) über die Heizspirale bewirkt eine Ausdehnung der Luft. Dadurch bewegt sich der Arbeitskolben nach unten. Es findet also eine Zustandsänderung bei konstanter Temperatur (Boyle-Mariotte) statt: Das Volumen erhöht sich, der Druck nimmt ab. Der Arbeitskolben gibt Energie nach außen an das Schwungrad ab, von der ein Teil als Nutzenergie (E_{nutz}) zur Verfügung steht.
② nach ③: Der Arbeitskolben verharrt am tiefsten Punkt. Der Verdrängerkolben bewegt sich bei gleichem Volumen nach oben. Die heiße Luft strömt nach unten. Dabei wird die Energie $E_{2\text{-}3}$ an die Kupferwolle abgegeben. Die Luft kühlt ab, der Druck sinkt, das Volumen bleibt gleich (Amontons).
③ nach ④: Über die Kühlung wird Energie an die Umgebung abgeführt (E_{ab}). Die Luft besitzt nun die niedrigere Temperatur T_2. – Der Verdrängerkolben verharrt an seinem höchsten Punkt. Der Arbeitskolben nimmt Energie vom Schwungrad auf und bewegt sich nach oben. Der Druck der Luft steigt, das Volumen verringert sich bei konstanter Temperatur (Boyle-Mariotte).
④ nach ①: Die kalte Luft strömt durch die Kupferwolle und nimmt die dort gespeicherte Energie $E_{4\text{-}1}$ wieder auf. Der Druck und die Temperatur steigen an, das Volumen bleibt gleich (Amontons). Der Arbeitskolben verharrt an seinem höchsten Punkt.

Dehnt sich ein Gas aus, so ist das Produkt aus dem Druck p und der Volumenänderung ΔV die mechanische Energie, die bei der Ausdehnung freigesetzt wird.

$$p \cdot \Delta V = \frac{F}{A} \cdot \Delta V = F \cdot \Delta x = E_{mech}.$$

Der Flächeninhalt eines Rechtecks mit den Begrenzungsstrecken p und ΔV kann also als eine Energiemenge interpretiert werden.

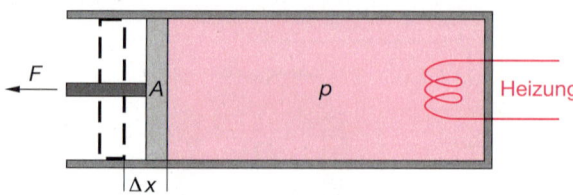

Diese Methode der Bestimmung des Flächeninhaltes aus seinen Begrenzungsstrecken kann auch bei krummlinig begrenzten Flächen angewandt werden. Deshalb ist die Fläche 1-2-3-4 in der Grafik ein Maß für die während eines Durchlaufs des Arbeitskolbens in einem Stirlingmotor gewandelte Energie.

> Das *V-p*-Diagramm gibt die Energiewandlungen eines Stirlingmotors wieder. Die eingeschlossene Fläche repräsentiert die insgesamt nach außen abgegebene mechanische Energie des Motors.

Der Wirkungsgrad

Die Energiebilanz eines Stirlingmotors stellt sich als Energie-Diagramm in folgender Weise dar :

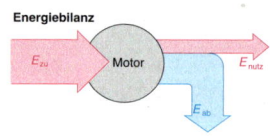

Das Verhältnis von E_{nutz} zu E_{zu} gibt an, wie wirksam der Motor ist und heißt deshalb **Wirkungsgrad η**.

$$\eta = \frac{E_{nutz}}{E_{zu}} = \frac{E_{zu} - E_{ab}}{E_{zu}} = 1 - \frac{E_{ab}}{E_{zu}} < 1$$

Weitere theoretische Überlegungen führen zu der Erkenntnis, dass der maximal mögliche Wirkungsgrad eines Stirlingmotors oder einer Maschine mit ähnlichem Kreisprozess nur abhängig ist von der höchsten Temperatur T_1 und der niedrigsten Temperatur T_2, zwischen denen der Motor oder die Maschine arbeitet. Dieser maximal mögliche Wirkungsgrad wird der ideale Wirkungsgrad genannt:

$$\eta_{ideal} = \frac{T_2 - T_2}{T_1} = 1 - \frac{T_2}{T_1} < 1.$$

> Der Wirkungsgrad eines Motors gibt an, wieviel der dem Motor zugeführten Energie als Nutzenergie zur Verfügung steht. Er ist stets kleiner als 1.

Aufgaben

1 Das Bild stellt die 1. Phase des Taktes „Ausdehnung" beim Stirlingmotor ohne die Pleuelstangen dar.

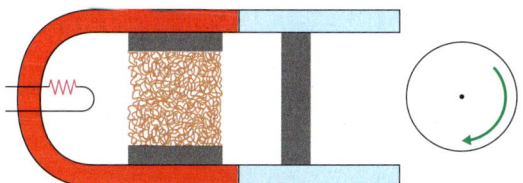

a) Fertige dir eine Skizze davon an und zeichne die Stellung der Pleuelstangen mit ein.
b) Zeichne drei weitere Skizzen des Zylinders und des Schwungrades. Zeichne in diese Skizzen dann die Stellung der Kolben und der Pleuelstangen für die Takte „Luft von heiß nach kalt", „Verdichtung" und „Luft von kalt nach heiß" ein.

2 Ein Heißluftmotor kann eine Last von 1,4 kg um 1,5 m heben. Dazu benötigt er 2 g Festspiritus (Heizwert 30 $\frac{kJ}{g}$).
Berechne η_{ideal}.

3 **a)** Begründe anhand der Formel für den Wirkungsgrad die Unmöglichkeit, ein Perpetuum mobile zu bauen.
b) Erläutere, was die Konstrukteure der angeblichen Perpetua mobilia nicht gewusst haben und weshalb sie deshalb Maschinen konstruierten, die nicht funktionierten.

GESCHICHTE

Der Stirlingmotor feierte 2016 seinen 200. Geburtstag. Ein 28 jähriger Priester in Schottland hatte bereits viele Unglücke mit den damals neu aufkommenden Dampfmaschinen in den Steinbrüchen der umliegenden Ortschaften miterlebt. Die Dampfmaschinen explodierten, weil sie mit sehr hohem Druck arbeiteten. Deshalb sann er über eine Maschine nach, die sich die Ausdehnung eines Gases bei Erwärmung zunutze machte ohne dabei gefährlich hohen Druck zu benötigen. 1816 konnte er ein Patent auf den nach ihm benannten Motor anmelden, mehr als ein ganzes Menschenlebensalter vor den Verbrennungs- und den Elektromotoren, die heute Autos, Bahnen und vieles mehr antreiben.
Nach einem 1½ Jahrhunderte währenden Nischendasein erlebt der Stirlingmotor heute eine Renaissance. Überall da, wo ein sehr stetig laufender Motor gebraucht wird, der zudem genügsam und mit nahezu jeder Wärmequelle zurechtkommt, sind neuere Fortentwicklungen des Stirlingmotors zu beobachten.

Stirlingmotor mit der Sonne betreiben

Um einen Stirlingmotor für eine Pumpe zu betreiben, genügt schon das gebündelte Sonnenlicht, das eine Fläche von wenigen Quadratmetern beleuchtet. Der Motor treibt eine Pumpe an, deren Einsatz in abgelegenen Regionen ohne viel technisches know-how möglich ist, damit aus mehr als 100m Tiefe Trinkwasser gepumpt werden kann.

Verbrennungsmotoren

Ein Gas erhöht während seiner Verbrennung seine Temperatur und dehnt sich dabei stark aus. Verläuft der Vorgang sehr schnell, wird dies als *Explosion* bezeichnet.

Im Versuch wird ein in einem Rohr eingeschlossenes Gemisch aus Benzingas und Luft zur Explosion gebracht. Der lose aufgesetzte Deckel wird durch das sich schnell und extrem stark ausdehnende Gas hochgeschleudert. Die chemische Energie des Benzin-Luft-Gemisches wandelt sich zunächst in innere Energie des Gases und dann in Bewegungsenergie des nach oben wegfliegenden Deckels.

Die frei werdende mechanische Energie wäre in einem Motor nutzbar, wenn der Explosionsvorgang fortlaufend wiederholt werden könnte. Welche technischen Veränderungen sind erforderlich, damit ein Kreisprozess möglich wird?

Zentraler Versuch

- Zunächst wird aus dem Papprohr ein Metallzylinder, in dem Explosionen unter großem Druck und hohen Temperaturen ablaufen können.
- Damit der Deckel an seinen Platz im Zylinder zurückgelangt, wird er zum Kolben mit Pleuelstange und Schwungrad umgebaut.
- Das verbrannte Gas muss aus dem Zylinder hinaus. Dazu wird ein Auslassventil in den Zylinder eingebaut.
- Nun muss neues Benzin-Luft-Gemisch in den Zylinder gelangen. Deshalb bekommt der Zylinder ein Einlassventil.
- Damit sich das Benzin-Luft-Gemisch entzündet, ist ein Zündfunke erforderlich. Er wird von einer elektrischen Zündkerze erzeugt.

Viertakt-Ottomotor

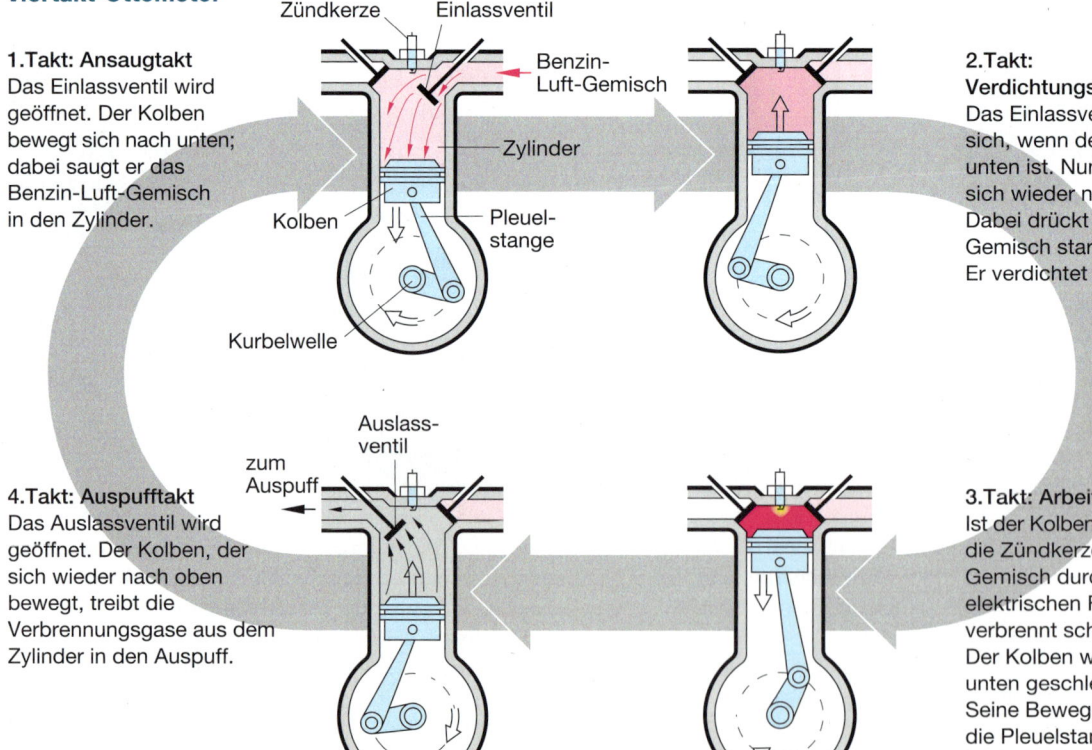

1.Takt: Ansaugtakt
Das Einlassventil wird geöffnet. Der Kolben bewegt sich nach unten; dabei saugt er das Benzin-Luft-Gemisch in den Zylinder.

Zündkerze · Einlassventil · Benzin-Luft-Gemisch · Zylinder · Kolben · Pleuelstange · Kurbelwelle

2.Takt: Verdichtungstakt
Das Einlassventil schließt sich, wenn der Kolben unten ist. Nun bewegt er sich wieder nach oben. Dabei drückt er das Gemisch stark zusammen: Er verdichtet es.

4.Takt: Auspufftakt
Das Auslassventil wird geöffnet. Der Kolben, der sich wieder nach oben bewegt, treibt die Verbrennungsgase aus dem Zylinder in den Auspuff.

Auslassventil · zum Auspuff

3.Takt: Arbeitstakt
Ist der Kolben oben, zündet die Zündkerze das Gemisch durch einen elektrischen Funken. Es verbrennt schlagartig. Der Kolben wird nach unten geschleudert. Seine Bewegung wird über die Pleuelstange auf die Kurbelwelle übertragen.

Energiebilanz Viertakt-Motor

Im Arbeitstakt wird ein Teil der zugeführten Energie zum Antrieb der Motorachse (Kurbelwelle) genutzt. Ein zweiter Teil wird zum Betrieb des Motors benötigt: Ansaugen und Verdichten des Benzin-Luft-Gemisches, Ausstoßen der Verbrennungsgase; Bewegung von Kurbelwelle, Kolben und Ventilen. Ein weiterer Teil wird in innere Energie der heißen Verbrennungsgase bzw. der Zylinderwände gewandelt.

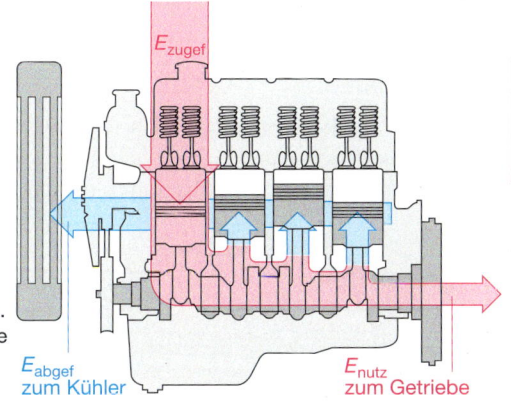

E_{zugef}

E_{abgef} zum Kühler

E_{nutz} zum Getriebe

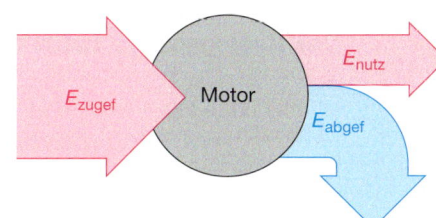

E_{zugef}

Motor

E_{nutz}

E_{abgef}

Wird die zum Betrieb des Motors erforderliche Energie nicht über die Kühlung abgeführt, überhitzt er sich und bleibt stehen. Kühlung ist deshalb unabdingbare Voraussetzung für den Betrieb eines jeden Motors.

Wird eine eingeschlossene Gasmenge sehr schnell zusammengepresst (komprimiert), so erhöht sich ihre Temperatur stark. Diesen Sachverhalt hat RUDOLF DIESEL 1893 für die Konstruktion eines Motors genutzt, der ohne Zündkerzen auskommt: Im Zylinder wird beim Verdichtungstakt Luft stark komprimiert. Dabei erhitzt sie sich auf über 600 °C. Dahinein wird Dieselkraftstoff fein verteilt eingespritzt, der sich bei dieser Temperatur von selbst entzündet. Bei der Verbrennung steigt die Temperatur der Verbrennungsgase auf über 2000 °C an. Entsprechend groß wird der Druck im Gasgemisch.

Zentraler Versuch

Im Benzinmotor wird ein verdichtetes Benzin-Luft-Gemisch durch eine Zündkerze zur Explosion gebracht. Im Dieselmotor entzündet sich eingespritzter Dieselkraftstoff in hochverdichteter Luft von selbst.
In beiden Fällen wandelt sich chemische Energie in mechanische Energie.

Verbrennungsmotoren haben sich ein weites Anwendungsfeld erobert. Die Möglichkeit, den Energievorrat als Benzin oder Dieselkraftstoff in vergleichsweise geringen Mengen mitzuführen, machen sie für Fahrzeuge zu geeigneten Antriebsmaschinen.

Ihr Nachteil: Schädliche Abgase gelangen in großen Mengen in die Atmosphäre. Die Verringerung des Schadstoffausstoßes ist deshalb ein wichtiges Gebot bei der Entwicklung neuer Verbrennungsmotoren. Dieses Ziel kann auf drei Wegen erreicht werden:

● Abgasreinigung in Katalysatoren;
● Senkung des Kraftstoffverbrauchs („3-Liter-Auto");
● Suche nach neuen Brennstoffen (z. B. Wasserstoff), die bei ihrer Verbrennung keine schädlichen Abgase zurücklassen.

Aufgaben

1 Zähle möglichst viele Unterschiede bzw. Gemeinsamkeiten bei Otto- und Dieselmotor auf.

2 Zeichne die vier Takte des Dieselmotors in der richtigen Reihenfolge.

3 Früher waren Dieselmotoren bei großer Kälte nur schwer zu starten. Woran mag das gelegen haben? (Vorglühkerzen sind heute ein Teil der Abhilfe gegen den schlechten Start.)

4 Zur Verbrennung von 1 l Benzin werden ca. 3,6 kg Sauerstoff (O_2) benötigt, der in ca. 12 m³ Luft enthalten ist; es entstehen 1,7 m³ Kohlenstoffdioxid (CO_2).
a) Wie viel CO_2 (in g und m³) entsteht bei 100 km Autobahnfahrt (Verbrauch 8,1 l/100 km)?
b) Welches Luftvolumen wird dabei seines Sauerstoffs beraubt?
c) Zukünftig sollen nur noch 120 g auf 100 km erlaubt sein. Kommentiere.

Der Kreisprozess beim Verbrennungsmotor

Ein Verbrennungsmotor (Benzin oder Diesel) ändert in sehr schneller Folge das Volumen in seinem Zylinder. Damit ändert sich in gleicher Folge auch der Druck.

Werden die Volumen- und Druckverhältnisse in einem V-p-Diagramm eingetragen, so ergibt sich für den Verbrennungsmotor die folgende Darstellung:

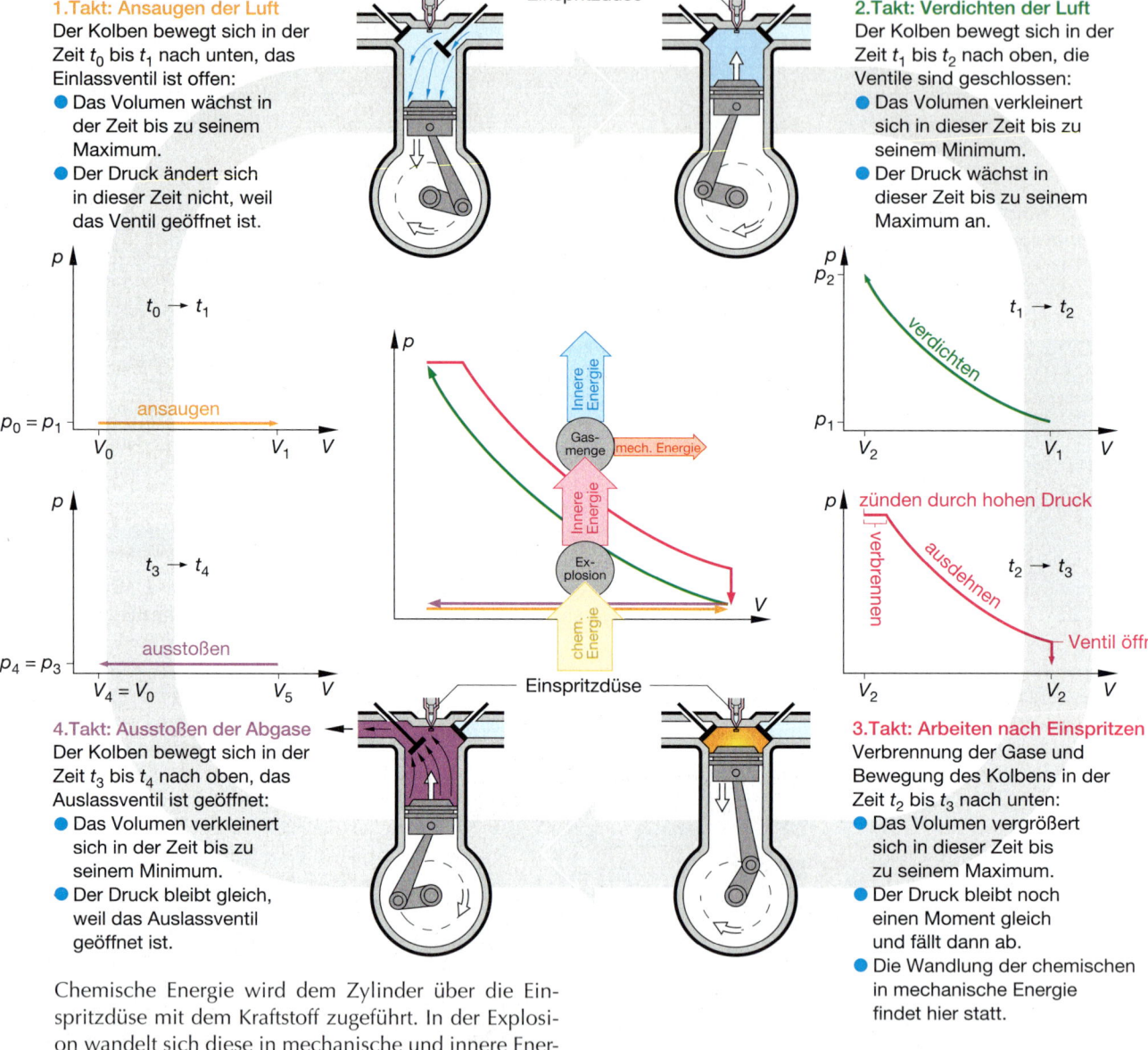

1.Takt: Ansaugen der Luft
Der Kolben bewegt sich in der Zeit t_0 bis t_1 nach unten, das Einlassventil ist offen:
● Das Volumen wächst in der Zeit bis zu seinem Maximum.
● Der Druck ändert sich in dieser Zeit nicht, weil das Ventil geöffnet ist.

2.Takt: Verdichten der Luft
Der Kolben bewegt sich in der Zeit t_1 bis t_2 nach oben, die Ventile sind geschlossen:
● Das Volumen verkleinert sich in dieser Zeit bis zu seinem Minimum.
● Der Druck wächst in dieser Zeit bis zu seinem Maximum an.

4.Takt: Ausstoßen der Abgase
Der Kolben bewegt sich in der Zeit t_3 bis t_4 nach oben, das Auslassventil ist geöffnet:
● Das Volumen verkleinert sich in der Zeit bis zu seinem Minimum.
● Der Druck bleibt gleich, weil das Auslassventil geöffnet ist.

3.Takt: Arbeiten nach Einspritzen
Verbrennung der Gase und Bewegung des Kolbens in der Zeit t_2 bis t_3 nach unten:
● Das Volumen vergrößert sich in dieser Zeit bis zu seinem Maximum.
● Der Druck bleibt noch einen Moment gleich und fällt dann ab.
● Die Wandlung der chemischen in mechanische Energie findet hier statt.

Chemische Energie wird dem Zylinder über die Einspritzdüse mit dem Kraftstoff zugeführt. In der Explosion wandelt sich diese in mechanische und innere Energie der Abgase und des Motorblocks. Die mechanische Energie bewirkt das Drehen der Kurbelwelle während die innere Energie über die Auspuffgase und die Kühlung abgeführt wird.

> Im Verbrennungsmotor findet die Wandlung von chemischer in innere und mechanische Energie während der Explosion im 3. Takt statt.

Aufgaben

1 Bestimme, nach welchem Takt die 1. Drehung der Kurbelwelle beendet ist und wie oft sie sich nach 4 Takten gedreht hat.

2 Zeichne das mittlere Diagramm ab und schreibe die Anfangs- und Enddrücke (p_0–p_4) bzw. Volumina (V_0–V_4) an die Achsen. Welche sind gleich?

Kreisprozesse

Achtung: Vorsicht beim Experimentieren mit Dampf und heißem Wasser.

V1 a) Baue die Versuchsanordnung mithilfe von Stativmaterial auf und bringe das Wasser zum Verdampfen. Bewege den Dreiwegehahn so, dass sich der Kolben im Kolbenprober hebt und senkt.
b) Beschreibe den ablaufenden Kreisprozess.

V2 Dampfmaschinen sind Wärme-Kaft-Maschinen. Die erste einsatzfähige Dampfmaschine wurde 1705 von NEWCOMEN und CAWLEY konstruiert. Sie arbeitete etwa so, wie in folgendem Versuch gezeigt.

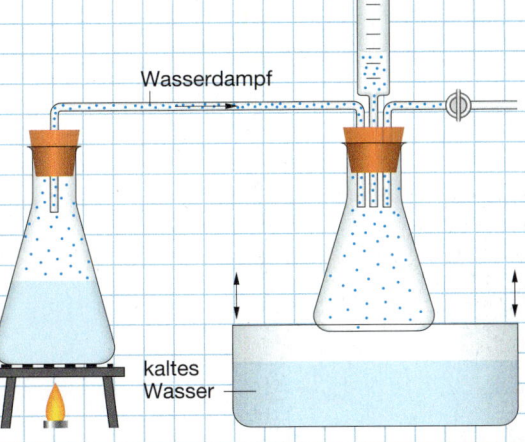

Wasserdampf

kaltes Wasser

a) Baue den Versuch unter Verwendung geeigneten Stativmaterials auf.
b) Bringe das Wasser im Erlenmeyerkolben sehr schwach zum Sieden. Öffne und schließe den Hahn abwechselnd und tauche den Kolben im richtigen Moment so in das Wasserbad, dass er sich in gleichmäßigem Wechsel hebt und senkt.
c) Beschreibe den Ablauf von Ausdehnung, Abkühlung, Zusammenziehen und Ausstoßen des Dampfes.
d) Zeichne das *V-p*-Diagramm dieses Kreisprozesses und erläutere daran die energetischen Vorgänge.

V3 a) Pumpe einen Fahrradreifen kräftig und möglichst schnell auf und ertaste anschließend die Temperatur am Fahrradventil. Nach ca. 5 Minuten lasse die Luft wieder möglichst schnell ausströmen und ertaste auch dabei wieder die Temperatur am Ventil.
b) Formuliere einen Merksatz über das schnelle Komprimieren und Entspannen eines Gases.
c) Baue den folgenden Versuch auf. Drücke den Kolben des Kolbenprobers ruckartig in den Zylinder.

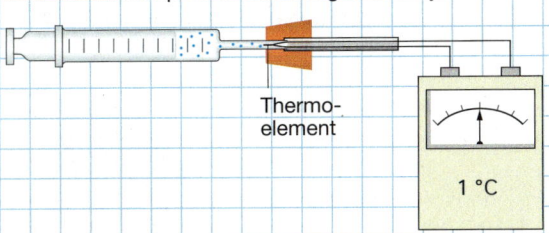

Thermoelement

1 °C

d) Schreibe auf, in welcher Weise die Ergebnisse dieser Versuche die Zündung im Dieselmotor erklären.

A4 Für die Zündung im Benzinmotor ist eine Zündkerze erforderlich. Ergründe die Funktionsweise einer solchen Zündkerze, indem du die erforderlichen Teile des Stromkreises im Auto auffindest. Fertige eine Zeichnung an und erläutere damit die Zündung im Auto.

V5 Mit einer aus Weichblech oder starker Alufolie konstruierten Turbine kann ein Turbinenmodell nachgebaut werden. Es kann aber auch eine Kinderwindmühle verwendet werden.

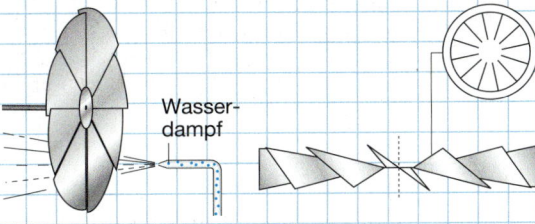

Wasserdampf

a) Führe den Versuch durch und erprobe dabei unterschiedliche Dampfgeschwindigkeiten.
b) Entwickle in einer Zeichnung diese Dampfturbine so weiter, dass die bewusst herbeigeführte Kondensation des Dampfes hinter der Turbine zu einer Erhöhung der Dampfgeschwindigkeit führt.

Der Kühlschrank – eine Wärmepumpe

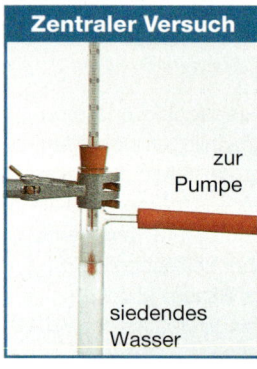

Zentraler Versuch

zur Pumpe

siedendes Wasser

Ether siedet wie Wasser unterhalb seiner Siedetemperatur (bei Normaldruck 35 °C), wenn der immer vorhandene Dampf über der Oberfläche der Flüssigkeit abgepumpt und dadurch der Druck dort verringert wird. Die für das Sieden erforderliche Energie kommt zunächst aus dem Vorrat an thermischer Energie des flüssigen Ethers. Aber nach einiger Zeit siedet der Ether bei gleichbleibend niedriger Temperatur weiter. Jetzt entzieht er die zum Sieden nötige Verdampfungsenergie der Umgebungsluft.

Der Etherversuch ist umkehrbar: Wird Butan, das Gas im Feuerzeug, zusammengepresst, dann steigt zunächst seine Temperatur, weil sich die Teilchen des Butangases jetzt auf engerem Raum heftiger bewegen als vorher. An den kalten Gefäßwänden kann das Butangas Energie durch dauernde Stöße der Teilchen gegen die Wände an diese abge-

⚡ **Lehrerversuch** ⚡

ben und kondensieren. Die vormals zum Verdampfen erforderliche Verdampfungsenergie wird beim Kondensieren wieder frei und als Wärmeenergie an die kältere Umgebung abgegeben. Durch das Verflüssigen unter Druck erfolgte also ein Energietransport vom Butan in die Umgebung.

Werden die Vorgänge „Sieden durch verringerten Druck" und „Kondensieren unter höherem Druck" mit der gleichen Flüssigkeit nacheinander ausgeführt, so entsteht ein Kreislauf. Durch ihn wird die Umgebungstemperatur an der Stelle der Druckerniedrigung („Sieden") geringer und an der Stelle der Druckerhöhung („Komprimieren") höher.

Es findet also ein ständiger Energietransport von der kalten zu einer warmen Stelle des Kreises statt. Dies scheint dem Naturgesetz, dass Energie von selbst nur von warm nach kalt strömt, zu widersprechen. Aber von selbst geht es ja auch gar nicht: Energie muss für den Betrieb des Kompressors in das System hineingesteckt werden. Der Energietransport von kalt nach warm gelingt nur, wenn dazu Energie aufgewendet wird.

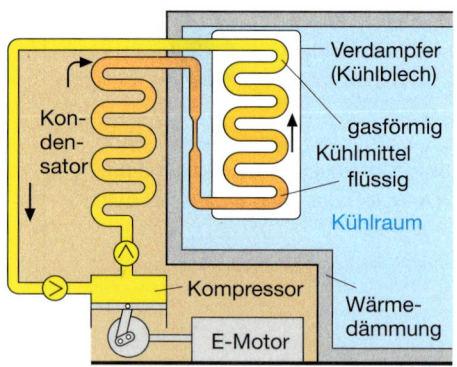

Verdampfer (Kühlblech)

gasförmig Kühlmittel flüssig

Kühlraum

Kondensator

Kompressor

E-Motor

Wärmedämmung

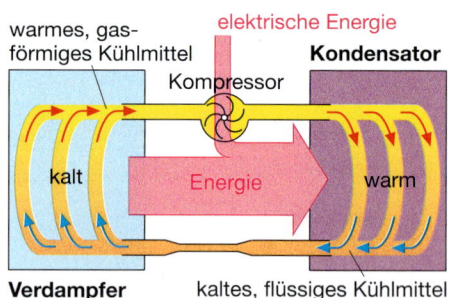

warmes, gasförmiges Kühlmittel

elektrische Energie

Kompressor

Kondensator

kalt

Energie

warm

Verdampfer

kaltes, flüssiges Kühlmittel

Das Kühlmittel siedet im Verdampfer unter niedrigem Druck und wird im Kondensator unter hohem Druck wieder verflüssigt. Beim Verdampfen wird fortwährend Energie vom kalten Innen in das warme Außen transportiert. Die elektrisch betriebene Pumpe des Kompressors führt dem System mechanische Energie zu, damit der Kreisprozess gelingt. Der Kühlschrank ist in energetischer Hinsicht die Umkehrung eines Stirlingmotors: Dort wurde innere Energie zu- und die Abwärme wie-

der abgeführt. Mechanische Energie wurde dabei als Nutzenergie gewonnen. In den Kreisprozessen von Stirlingmotor und Kühlschrank haben nur die Energieströme entgegengesetzte Richtungen.

> Im Kühlschrank wird durch den Kreislauf von Verdampfen und Kondensieren einer Kühlflüssigkeit Energie von innen nach außen transportiert. – Die dafür erforderliche mechanische Energie wird zugeführt.

Dampfmaschinen prägen ein Jahrhundert

Als der Schmied THOMAS NEWCOMEN zusammen mit JOHN CAWLEY 1705 eine Maschine konstruierte, die die Ausdehnung verdampfenden Wassers zur Betätigung einer Bergwerkspumpe nutzte, hatte er 50 Pferde und ihre Antreiber arbeitslos gemacht. Dafür hatte er einen neuen, modernen Arbeitsplatz geschaffen: Ein „Ventilsteller" musste im jeweils richtigen Moment drei verschiedene Ventile betätigen, um Dampf und Kühlwasser in den Kolben zu lassen. Der

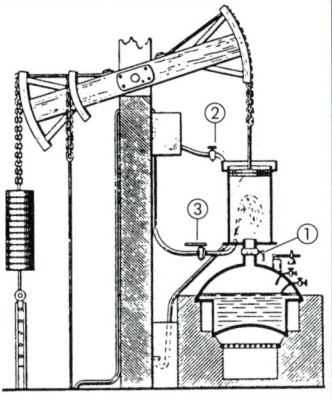

wurde durch den eingelassenen Dampf (Hahn ①) gehoben. Anschließend kam Kühlwasser in den Zylinder (Hahn ②), sodass der Dampf kondensierte und der Kolben von der Außenluft wieder herabgedrückt wurde. Schließlich wurde das Kühlwasser (Hahn ③) wieder aus dem Zylinder gelassen – der Prozess konnte von vorn beginnen.

Nützlich war diese Maschine schon, aber nicht sehr wirkungsvoll. Weil der Zylinder während eines Arbeitsganges heiß und kalt werden musste, hatte diese Dampfmaschine nur einen Wirkungsgrad von etwa 1 %. Sie verschlang Unmengen an Kohle für einen ziemlich geringen Nutzen.

In der zweiten Hälfte des 18. Jahrhunderts meldete dann JAMES WATT (1736–1819) verschiedene Patente auf Veränderungen an der Dampfmaschine NEWCOMENS an: Der Dampf wurde nicht mehr im Zylinder kondensiert, sondern in einem eigens dafür vorgesehenen Kondensator. Zusätzlich wurde der Zylinder durch Dampf auf einer hohen Temperatur gehalten. Durch diese beiden Maßnahmen wurde der Wir-

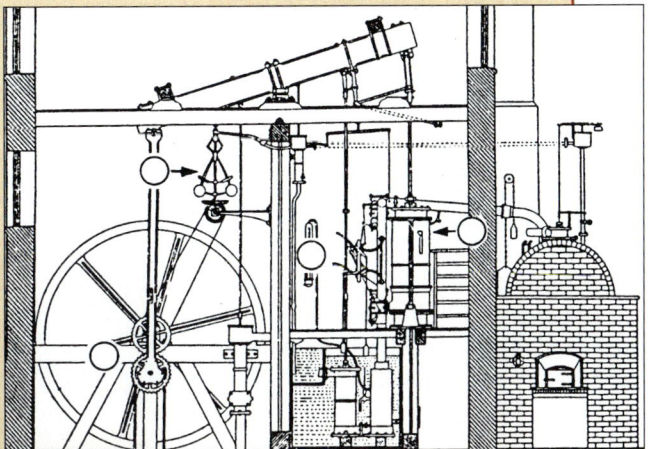

kungsgrad so erhöht, dass nur noch $\frac{1}{4}$ der Kohle für die gleiche Pumpleistung nötig war.

Aber jetzt wurden die Ventilsteller arbeitslos! WATT ließ die Ventile über ein Gestänge automatisch betätigen. Er erfand außerdem das Schwungrad, mit dem die Totpunkte des Kolbens überwunden wurden, und setzte das Auf und Ab des Kolbens über eine Pleuelstange in eine Kreisbewegung um. Aber einen neuen Arbeitsplatz gab es doch – für einen technisch versierten Maschinisten.

Ab 1787 fanden Dampfmaschinen Verwendung zunächst in der Textilindustrie, später auch in allen anderen Bereichen der Industrie. Sie haben die Entwicklung der Fabriken im 19. Jahrhundert ganz wesentlich bestimmt. Das Industriezeitalter ist ohne die Dampfmaschine nicht denkbar.

Am augenfälligsten waren Dampfmaschinen unseren Großeltern, Urgroßeltern ... in Form der Eisenbahn-Lokomotiven. Aber auch sie haben technisch nicht überlebt: Der Wirkungsgrad von Dampfmaschinen hat 15 % nie überstiegen.

Das Wärmekraftwerk

Wärmekraftwerke sind riesige Energiewandler: Die chemische Energie von Kohle, Erdöl oder Erdgas oder die Kernenergie im KKW erhöhen die innere Energie des Speisewassers; diese wird in der Turbine zu mechanischer Energie, im Generator zu elektrischer.

Das Speisewasser zirkuliert im Kreis und überträgt dabei Energie vom Kessel auf die gemeinsame Achse von Turbine und Generator. Es liegt also auch hier ein Kreisprozess vor, der zur Energieübertragung genutzt wird.

Der Wirkungsgrad moderner Wärmekraftwerke von ca. 43 % wird erhöht, wenn die im Kondensator entwertete Energie noch als Fernwärme zum Heizen genutzt wird.

Im Wärmekraftwerk wird in den Wandlern Brenner, Turbine, Generator aus chemischer oder Kernnergie elektrische Energie.
Der Wirkungsgrad der Kraftwerke beträgt etwa 43 %.

Aufgaben

1. Nenne die Ursachen für die 9 % Abwärme in Brenner und Kessel eines Wärmekraftwerks.
2. Erläutere im Teilchenbild, was mit einem Wasserteilchen im Kreislauf Kessel–Kondensator–Kessel alles passiert.
3. Begründe, warum elektrische Energie vielseitiger verwendbar ist als innere Energie. Denke auch an den Transport beider.
4. **a)** Zeichne das Energiefluss-Schema der „Dampfturbine" im Foto links.
   b) Begründe, warum der Wirkungsgrad dieser „Dampfturbine" nicht sehr hoch sein wird.
   c) Zeichne das Energiefluss-Schema der gesamten Anlage.

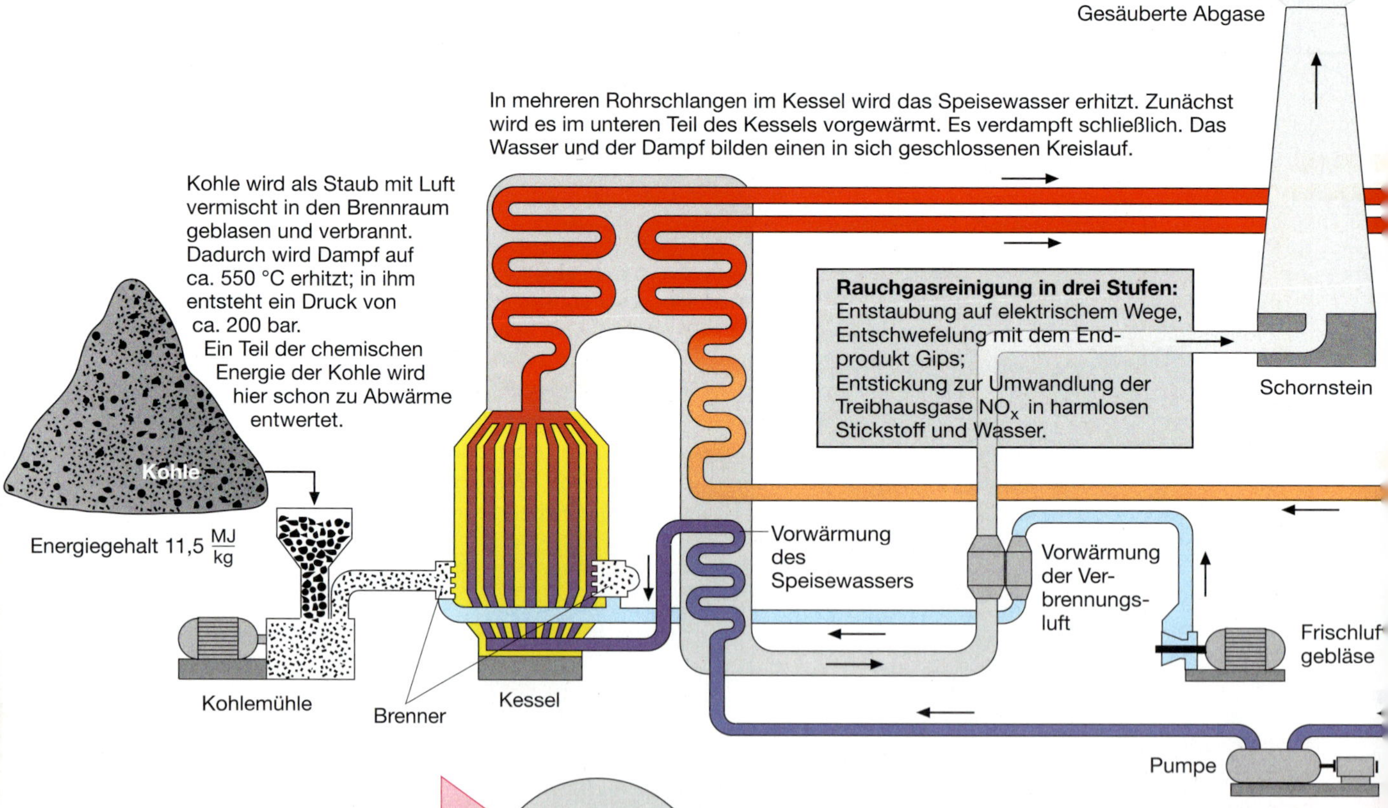

Gesäuberte Abgase

In mehreren Rohrschlangen im Kessel wird das Speisewasser erhitzt. Zunächst wird es im unteren Teil des Kessels vorgewärmt. Es verdampft schließlich. Das Wasser und der Dampf bilden einen in sich geschlossenen Kreislauf.

Kohle wird als Staub mit Luft vermischt in den Brennraum geblasen und verbrannt. Dadurch wird Dampf auf ca. 550 °C erhitzt; in ihm entsteht ein Druck von ca. 200 bar.
Ein Teil der chemischen Energie der Kohle wird hier schon zu Abwärme entwertet.

Kohle

Energiegehalt 11,5 $\frac{MJ}{kg}$

Rauchgasreinigung in drei Stufen:
Entstaubung auf elektrischem Wege, Entschwefelung mit dem Endprodukt Gips;
Entstickung zur Umwandlung der Treibhausgase NO_x in harmlosen Stickstoff und Wasser.

Schornstein

Vorwärmung des Speisewassers

Vorwärmung der Verbrennungsluft

Frischluftgebläse

Kohlemühle

Brenner

Kessel

Pumpe

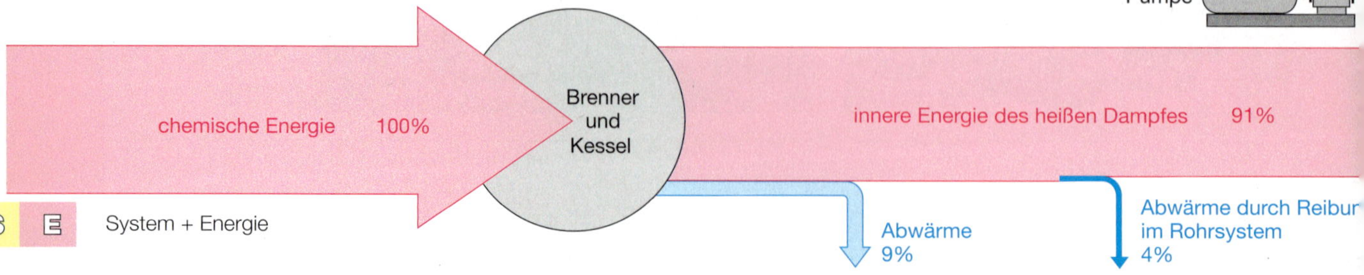

chemische Energie   100%

Brenner und Kessel

innere Energie des heißen Dampfes   91%

Abwärme 9%

Abwärme durch Reibung im Rohrsystem 4%

Die Dampfturbine

Herzstück jedes Wärmekraft-werkes ist die Dampfturbine, die den Generator treibt. In der Turbi-ne bewirkt die Energie des ca. 550 °C heißen Dampfes eine Dreh-bewegung der Turbine. Der heiße Dampf trifft auf die kleinen Lauf-räder, wird dabei abgelenkt und von feststehenden Leitblechen auf ein zweites Laufrad gelenkt, das auf derselben Achse sitzt usw. Dann wird er zum Kessel zurückgeführt, nochmals erhitzt und auf eine zweite Turbine geleitet. Wenn der Dampf fast alle Energie ab-gegeben hat, wird er im Kondensator bei ca. 25 °C und geringem Druck wieder flüssig und zum Kessel zurückgepumpt. Der Kreislauf hat sich geschlossen.

Der Nachteil von Dampfturbinen sind die komplizierte Herstellung und die hohen Qualitätsanforderungen an das Material.

feststehende
Leiträder

Abdampf

drehbare
Lauf-
räder

Frisch-
dampf

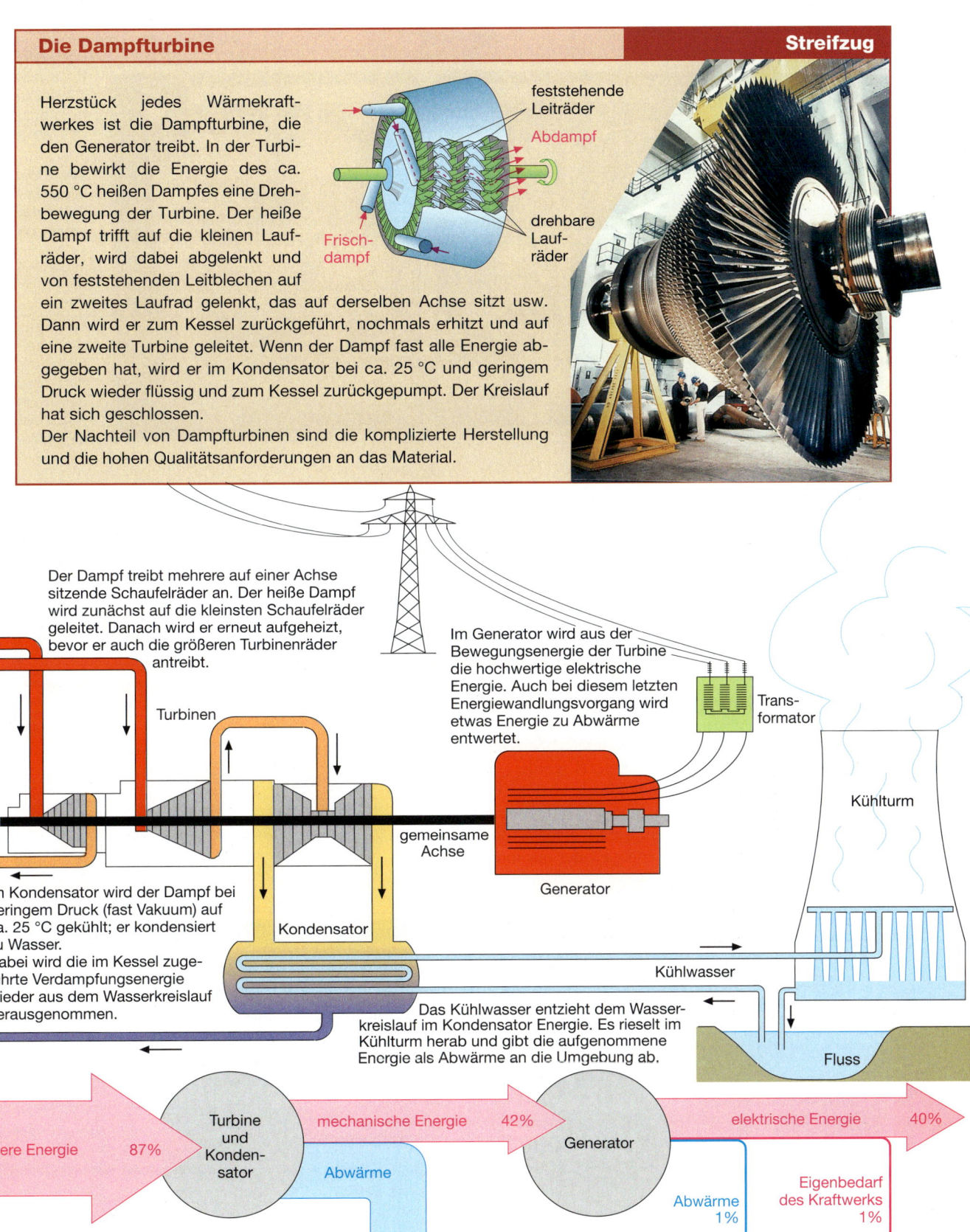

Der Dampf treibt mehrere auf einer Achse sitzende Schaufelräder an. Der heiße Dampf wird zunächst auf die kleinsten Schaufelräder geleitet. Danach wird er erneut aufgeheizt, bevor er auch die größeren Turbinenräder antreibt.

Turbinen

Im Generator wird aus der Bewegungsenergie der Turbine die hochwertige elektrische Energie. Auch bei diesem letzten Energiewandlungsvorgang wird etwas Energie zu Abwärme entwertet.

Trans-
formator

Kühlturm

gemeinsame
Achse

Generator

Im Kondensator wird der Dampf bei geringem Druck (fast Vakuum) auf ca. 25 °C gekühlt; er kondensiert zu Wasser.
Dabei wird die im Kessel zuge-führte Verdampfungsenergie wieder aus dem Wasserkreislauf herausgenommen.

Kondensator

Kühlwasser

Das Kühlwasser entzieht dem Wasser-kreislauf im Kondensator Energie. Es rieselt im Kühlturm herab und gibt die aufgenommene Energie als Abwärme an die Umgebung ab.

Fluss

innere Energie   87%

Turbine
und
Konden-
sator

mechanische Energie   42%

Abwärme

Generator

elektrische Energie   40%

Abwärme
45%

Abwärme
1%

Eigenbedarf
des Kraftwerks
1%

S E

Das Blockheizkraftwerk (BHKW)

Wie in einem Auto mit Katalysator werden auch die Abgase des Motors eines BHKW ständig durch **Messfühler** (Lambdasonde) auf Schadstoffe kontrolliert. Mit den ermittelten Messwerten wird die Frischluftzufuhr so dosiert, dass wenig Schadstoffe entstehen.

LKW- oder Schiffs-**Diesel-motor,** umgerüstet auf Erd-gas und für geringere und sehr gleichmäßige Leistung ausgelegt. Dadurch 10-mal so lange Lebensdauer.

Im **Kühlwasser-Wärme-tauscher** wird die innere Energie des Kühlwassers an den Heizkreislauf abgegeben.

Generator für 400 V Wechsel-spannung, direkt an den Motor angekoppelt

Wärmeisolierte **Abgasleitung.** Die sehr heißen Abgase werden zum Wärmetauscher geleitet.

Katalysator zur Reinigung der Abgase des Motors

Durch den **Vorlau** wird das im Wärmetauscher erhitzte Wasser zu den Heizkörpe in den Räumen gepumpt.

Im **Abgas-Wärme tauscher** wird die innere Energie der Abgase an das Wasser des Heizkreislaufes abgegeben.

BHKWs liefern nicht nur elektrische Energie. Zusätzlich wird die innere Energie der Abgase und des Kühlwas-sers zur Raumheizung genutzt. Über Wärmetauscher gelangt sie in die Heizungsanlage von Wohngebäu-den.

Der Wirkungsgrad eines BHKW ist deshalb fast doppelt so hoch wie der eines zentralen Kraftwerkes, das die Abwärme nicht mehr nutzt. Die bereitgestellte elek-trische Energie wird in das öffentliche Netz eingespeist.

BHKWs sind kleine, nicht einmal zimmergroße Aggre-gate. Sie können überall dort eingesetzt werden, wo elektrische Energie und innere Energie gleichzeitig und möglichst in gleichbleibenden Mengen während des ganzen Jahres benötigt werden. Denn eines können BHKWs nicht: Nur elektrische Energie oder nur innere Energie liefern.

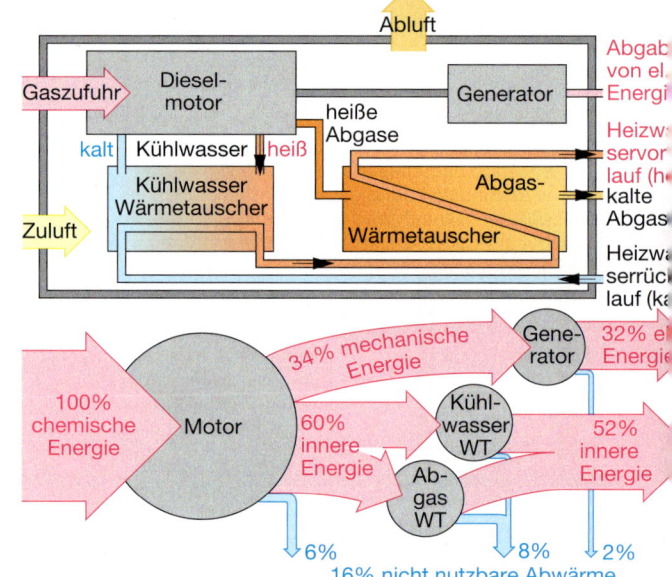

(Tipp: siehe auch S. 156)

Aufgaben

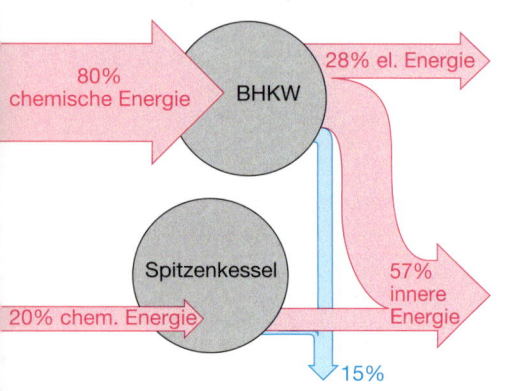

1 Wird ein BHKW mit einer normalen regelbaren Heizung (Spitzenkessel) gekoppelt, so ist ein flexiblerer Betrieb mög-lich. Begründe diese Aussage.

2 **a)** Ist eine Schule ein günstiges Objekt für den Einsatz eines BHKW? Begründe deine Ant-wort.
b) Nenne drei Beispiele für den sinnvollen Einsatz eines BHKW.

3 **a)** Zähle alle Energiewandler eines BHKW auf.
b) Berechne für jeden Wandler mithilfe der Prozentzahlen für aufgenommene und abgegebene Energie aus dem Energiestrom-Diagramm den Wirkungsgrad.

4 Informiere dich über Bau, Einsatz und Wirkungsgrad von „Gas- und Dampfkraftwerken" (GuD).

Wärme-Kraft-Maschinen – kritisch gesehen

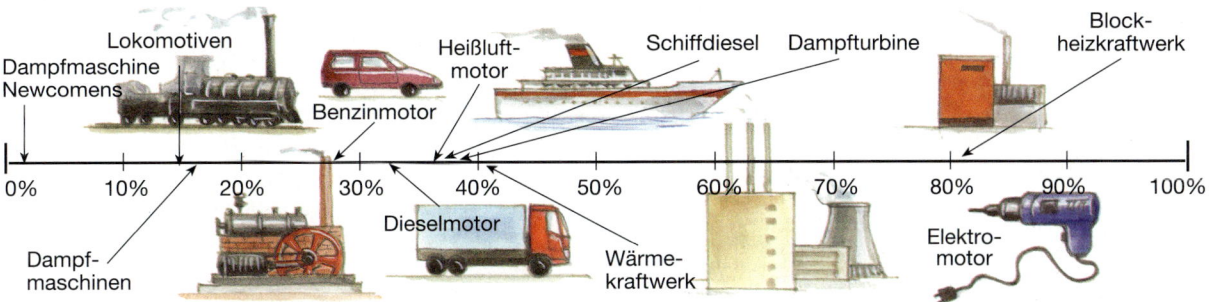

Wirkungsgrade von Wärme-Kraft-Maschinen sind sehr unterschiedlich. Warum sind sie für Fahrzeuge kein idealer Antrieb? Was macht den Betrieb von Wärme-Kraft-Maschinen so problematisch?

Wärme-Kraft-Maschinen im Vergleich

Alle Wärme-Kraft-Maschinen benötigen einen Teil der zugeführten Energie E_{zugef} für den eigenen Betrieb. Zur Wiederherstellung der Ausgangslage des Kolbens bei Motoren oder den Ausgangsbedingungen des Dampfes bei Dampfturbinen ist es in allen Wärme-Kraft-Maschinen unabdingbar, dass den verwendeten Betriebsstoffen Luft, Luft-Gasgemisch oder Dampf Energie über das Kühlmittel entzogen wird. E_{abgef} steht der Wandlung in mechanische Energie E_{nutz} nicht mehr zur Verfügung. Theoretische Überlegungen führen dazu, dass der maximal erreichbare Wirkungsgrad einer Wärme-Kraft-Maschine η_{ideal} unabhängig ist vom Bau dieser Maschine. Nur der Unterschied der hohen Temperatur T_z des Trägers von E_{zugef} und der niedrigen Temperatur T_a des Trägers von E_{abgef} bestimmen das Verhältnis von E_{nutz} zu E_{zugef}, also von η:

$$\eta_{ideal} = 1 - \frac{T_a}{T_z}$$

$$\eta = \frac{E_{nutz}}{E_{zugef}} = 1 - \frac{E_{abgef}}{E_{zugef}}$$

Dies bedeutet: Ein kleiner Temperaturunterschied ($\frac{T_a}{T_z} \approx 1$) zwischen Ausgang und Eingang des Betriebsstoffes führt zu einer nur geringen Energieausbeute; ein großer Temperaturunterschied ($\frac{T_a}{T_z} \ll 1$) ermöglicht eine große Energieabgabe.

Praktisch ist die Kühlung nicht dauerhaft unter der Umgebungstemperatur zu halten. Deshalb kommt es bei der Konstruktion einer Wärme-Kraft-Maschine darauf an, möglichst hohe Betriebstemperaturen zu erreichen.

Die Betriebsstoffe Luft bzw. Wasserdampf setzen dem Heißluftmotor bzw. der Dampfmaschine Grenzen bezüglich der Höchsttemperatur (nicht über 550 °C). Sie bleiben deutlich unter denen der Verbrennungsmotoren. Bei diesen kann die Energie des Brennstoffes bei höchster Temperatur optimal im Zylinder, der ja gleichzeitig Brennraum ist, ausgenutzt werden. Aber Verbrennungsmotoren geben ihre Abgase bei sehr hohen Temperaturen nach außen ab, sodass auch hier nur ideale Wirkungsgrade von bestenfalls 60 % erreicht werden. Die Reibung mindert die Wirkung einer Wärme-Kraft-Maschine nochmals, sodass gilt: $\eta_{real} < \eta_{ideal}$.

> Der ideale Wirkungsgrad einer Wärme-Kraft-Maschine wird bestimmt durch die höchste in der Maschine erreichbare Temperatur und durch die niedrigste Temperatur bei der Kühlung.
> Der real erzielbare Wirkungsgrad liegt bei jeder Wärme-Kraft-Maschine unter dem idealen Wert.

Aufgaben

1 a) In Deutschland wurde Steinkohle in über 1000 m Tiefe abgebaut. Welche Energie wandelnden und nutzenden Vorgänge durchläuft sie von der Lagerstätte bis zum Kraftwerk?
b) Gib an, was dies für den Wirkungsgrad eines Steinkohle-Kraftwerks bedeutet.

2 Beschreibe das grundlegende Ziel bei der Konstruktion einer möglichst wirkungsvollen Wärme-Kraft-Maschine. Begründe deine Antwort mit der formelhaften Darstellung des Wirkungsgrades.

3 Maschinen, die innere Energie in mechanische Energie wandeln, werden als „Wärme-Kraft-Maschinen" bezeichnet. Dies ist in zweifacher Hinsicht keine richtige Bezeichnung. Erläutere.

Verdampfung – Kondensation: Entwertung im Wärmekraftwerk

Im Wärmekraftwerk werden ca. 48 % der für den Verdampfungs-Kondensationsprozess eingesetzten Energie entwertet. Ist diese „Vergeudung" nicht vermeidbar? Um eine Turbine mittels strömenden Dampfes zu betreiben, muss vor der Turbine ein wesentlich höherer Druck herrschen als hinter ihr. Nur dann bekommt der

Dampf die erforderliche hohe Strömungsgeschwindigkeit. Um Wasser von 20 °C auf 550 °C zu erhitzen, müssen für jeden Liter Wasser zur Temperaturerhöhung und zum Verdampfen 4346 kJ Energie eingesetzt werden. Dabei entsteht gemäß dem Gesetz von AMONTONS bei gleichem Volumen ein entsprechend hoher Druck vor der Turbine und der Dampf kann mit hoher Bewegungsenergie die Turbine drehen. Hinter ihr muss der Druck gering sein, also muss der Dampf wieder kondensieren, d. h. die zuvor für das Verdampfen zugeführte Energie muss nun wieder herausgenommen und als Abwärme „entsorgt" werden. Nur so kann das Speisewasser erneut Energie aufnehmen.

Im Kraftwerksprozess ist also die Energie„vergeudung" unvermeidbar.

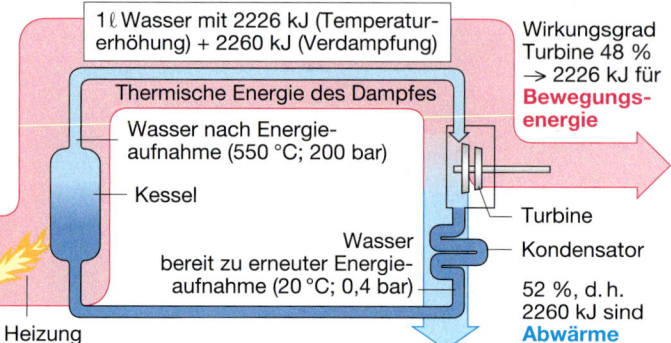

- 1 ℓ Wasser mit 2226 kJ (Temperaturerhöhung) + 2260 kJ (Verdampfung)
- Thermische Energie des Dampfes
- Wasser nach Energieaufnahme (550 °C; 200 bar)
- Kessel
- Wasser bereit zu erneuter Energieaufnahme (20 °C; 0,4 bar)
- Heizung
- Wirkungsgrad Turbine 48 % → 2226 kJ für **Bewegungsenergie**
- Turbine
- Kondensator
- 52 %, d. h. 2260 kJ sind **Abwärme**

Der Energieverlust beim Verdampfungs-Kondensations-Prozess im Wärmekraftwerk ist unvermeidbar.

Gas- und Dampfkraftwerk – Kraft-Wärme-Kopplung

Ist das für den Antrieb der Turbine benutzte Gas selbst brennbar, entfällt der hohe Energiebedarf für die Verdampfung. Eine solche Gasturbine kann mit den heißen Verbrennungsgasen aus dem Brennerraum bei ca. 1200 °C betrieben werden. Die Abgase verlassen sie bei einer Temperatur von ca. 600 °C. Damit kann danach noch ein Verdampfungs-Kondensations-Prozess wie im Wärmekraftwerk ablaufen. **Gas- und Dampfkraftwerke** (GuD) erreichen Wirkungsgrade von fast 60 %.

Eine sehr effiziente Nutzung der eingesetzten Energie zum Betrieb eines Kraftwerkes ist die **Kraft-Wärme-Kopplung** (KWK). Dabei wird die Abwärme aus dem Kraftwerk zur Heizung von Gebäuden ins Fernwärmenetz eingespeist. Dies ist aber nur in unmittelbarer Nähe von Siedlungen möglich, denn ein Fernwärmenetz kann wegen der Isolierungsprobleme nicht beliebig lang sein.

Eine Verbindung eines Gas- und Dampfkraftwerkes mit Kraft-Wärme-Koppelung macht Wirkungsgrade von fast 90 % möglich.

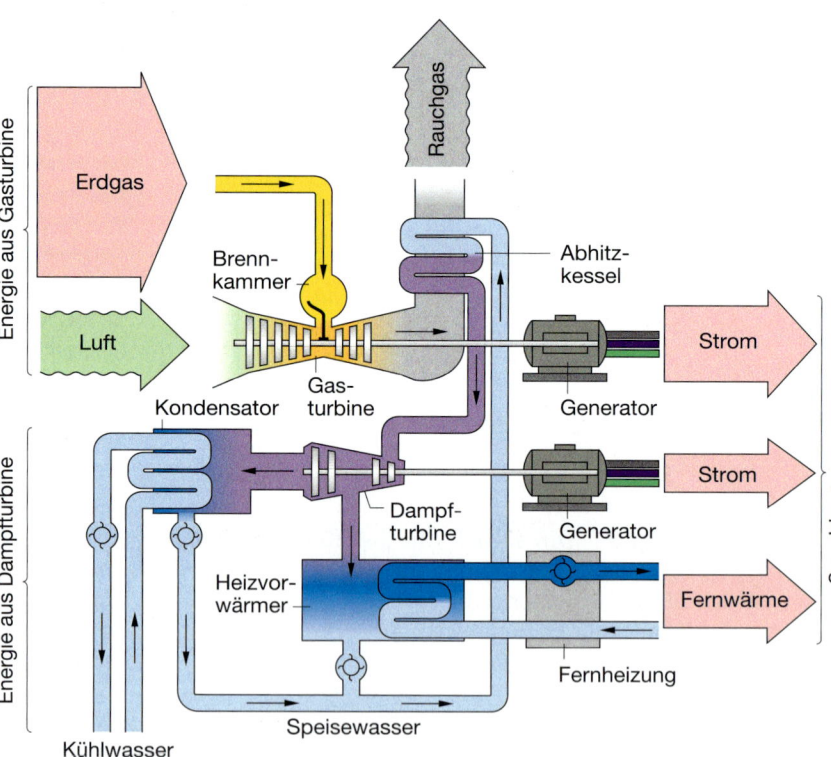

Energie aus Gasturbine · Energie aus Dampfturbine · Erdgas · Luft · Brennkammer · Rauchgas · Abhitzkessel · Gasturbine · Kondensator · Generator · Strom · Dampfturbine · Generator · Strom · Heizvorwärmer · Fernwärme · Fernheizung · Speisewasser · Kühlwasser

Gas- und Dampfkraftwerke und Kraft-Wärme-Koppelung steigern die Effizienz von Wärmekraftwerken.

Probleme der Energiewandlung in Verbrennungsprozessen

In Kraftwerken

Der geringe **Wirkungsgrad** in Kraftwerken resultiert hauptsächlich aus der Verdampfungstechnologie. Die dabei auftretende Entwertung von Energie ist kaum zu beeinflussen. Aber an allen anderen Stellen, an denen der Gesamtwirkungsgrad im Kraftwerksprozess beeinträchtigt wird, sind Verringerungen möglich. Insbesondere bieten die GuD-Technik und die Kraft-Wärme-Koppelung Möglichkeiten, den Wirkungsgrad von Wärmekraftwerken zu steigern.

Feinstaub, der besonders in Kohlekraftwerken in den Rauchgasen anfällt, wird auf elektrostatischem Wege entfernt und auf chemische Weise so gebunden, dass dabei Gips entsteht (Nutzung in der Bauindustrie).

Die **Abgase** von Wärmekraftwerken enthalten vor allem Kohlenstoffdioxid (CO_2), das ein unabdingbares Verbrennungsprodukt von Kohlenstoff ist. Wegen der Treibhauswirkung von CO_2 muss die Freisetzung dieses Gases möglichst ganz unterbunden werden. Es wird an Technologien gearbeitet, das CO_2 zu verflüssigen und unterirdisch in bestimmte Gesteinsformationen zu verpressen. Allerdings ist diese Technik sehr umstritten.

Über die **Kühlung** werden große Luftmassen um die Kühltürme herum erwärmt. Auf das Klima im engen Umfeld von Kraftwerken kann dies einen gewissen Einfluss haben.

In Fahrzeugen

Der schlechte **Wirkungsgrad** von Verbrennungsmotoren ist durch technische Maßnahmen am Motor selbst kaum noch zu beeinflussen. Deshalb wird nach Möglichkeiten gesucht, die Gesamtbilanz eines Fahrzeuges zu verbessern. Hybridfahrzeuge (Verbrennungsmotor in Kombination mit einem Elektromotor) und Verringerungen der Masse sind solche Maßnahmen.

Feinstaub entsteht vor allem bei Dieselmotoren. Deshalb sind für diese Fahrzeuge Staubfilter erforderlich. Nach EU-Richtwerten darf ein Pkw seit Anfang 2009 nur 5 mg Feinstaub pro km ausstoßen.

Die **Abgase** des Verbrennungsprozesses sind insbesondere Schwefel, Stickoxide und Kohlenstoffdioxid. Der Schwefel wird dem Kraftstoff schon in den Raffinerien entzogen. Stickoxide werden durch Katalysatoren weitgehend unschädlich gemacht. Das CO_2 aus Fahrzeugen mit Verbrennungsmotoren wird jedoch nach wie vor direkt in die Atmosphäre entsorgt.

Der Betrieb von Feinstaubfiltern und Katalysatoren setzt allerdings den Wirkungsgrad wieder herab.

Diagramm: **Probleme der Verbrennungstechnologie** — Wirkungsgrad, Resourcennutzung, Feinstaub, Abgase, Kühlung

Mit **Ressourcennutzung** ist die Ausbeutung der begrenzten Lagerstätten von Kohle, Erdöl und Erdgas gemeint. Für technisch genutzte Verbrennungsprozesse werden diese Energiereserven der Erde aufgebraucht.

> Technisch genutzte Verbrennungsprozesse haben unbefriedigende Wirkungsgrade, produzieren Klima- und die Gesundheit schädigende Abgase und verbrauchen die begrenzten Ressourcen der Erde.

Aufgaben

1 Bestimme die eingesetzte und wieder entwertete Energie, die bei 20 m³ Speisewasser im Kreislauf eines Wärmekraftwerkes erforderlich ist.

2 Ein Wärmekraftwerk benötigt täglich 4000 t Braunkohle. Bestimme die Ausbeute an elektrischer Energie und gib an, welcher Anteil der eingesetzten Energie im Verdampfungs-Kondensationsprozess entwertet wird.

3 **a)** Zeichne das Energiefluss-Schema eines GuD.
b) Bestimme aus den Pfeildicken der Zeichnung zum GuD mit Kraft-Wärme-Koppelung die Teil- und die Gesamtwirkungsgrade solch einer Anlage.

4 **a)** Berechne mithilfe einer Internetrecherche den täglichen CO_2-Ausstoß eines Kohlekraftwerkes, das 4000 t Braunkohle an einem Tag verfeuert.
b) Bestimme die Masse des CO_2-Ausstoßes eines Pkw, der die Norm von 120 $\frac{g}{km}$ erfüllt, für eine Fahrt von Hannover nach München.

Alle Kraftwerkstypen im Vergleich

	Kohlekraftwerk	Kernkraftwerk	Wasserkraftwerk
Wirkungsgrad	max. 45 %	ca. 35 %	ca. 95 %
elektrische Leistung	pro Kraftwerksblock 500–800 MW Meist werden zwei oder mehr Blöcke zusammengeschaltet	Neuere Kernkraftwerke haben mehr als 1300 MW Auch hier stehen oft zwei Reaktoren an einem Standort	Laufwasserkraftwerke liegen knapp über 50 MW
Brennstoff	Braunkohle oder Steinkohle Es werden ca. 4,1 Mio. t jährlich pro Kraftwerk benötigt	Uran Es werden ca. 30 t Uran jährlich pro Kraftwerk benötigt	keiner
Abwärme	ca. 60 % der Primärenergie geht in Form von innerer Energie in die Umwelt; Abwärme kann als Fernwärme genutzt werden	ca. 65 % der im Uran enthaltenen Energie geht in Form von innerer Energie in die Umwelt; Abwärme kann als Fernwärme genutzt werden	fast keine
Umweltbelastung	Abgase enthalten Schwefeldioxid und Stickoxide, die zu Smog und saurem Regen führen. Durch den Ausstoß von Kohlenstoffdioxid wird der Treibhauseffekt verstärkt	Abgabe von geringen Mengen radioaktiver Stoffe mit der Abluft in die Umwelt Die radioaktiven Abfälle müssen entsorgt werden Es gibt bislang kein Endlager	Erhebliche Eingriffe in die Natur bei der Anlage von Stauseen; Begradigung von Flussläufen; Überflutung von Uferzonen

Die Daten in der Tabelle sind natürlich einem ständigen Wandel unterworfen. Neue Technologien reduzieren die Umweltbelastung einzelner Kraftwerke immer weiter herab und Forschungen treiben die Nutzung regenerativer Energien weiter voran, sodass sie wirtschaftlich werden. Die Bereitschaft der Menschen, ihren Energiebedarf zu reduzieren, wird durch die anhaltende Diskussion um begrenzte Energieressourcen und Umweltbelastungen stetig erhöht. Jeder kann durch bewussten Umgang mit Energie viel zum Schutz der Umwelt beitragen. Jeder ist verpflichtet, nachfolgenden Generationen eine intakte Umwelt und ausreichend Energierohstoffe zu hinterlassen.

Der „Club of Rome", eine Gruppe führender Wissenschaftler aller Gebiete, schrieb schon 1989 in seinem „Bericht zur Lage der Menschheit":
„Wenn die gegenwärtige Zunahme der Weltbevölkerung, der Industrialisierung, der Umweltverschmutzung, der Nahrungsmittelproduktion und der Ausbeutung von natürlichen Rohstoffen unverändert anhält, werden die absoluten Wachstumsgrenzen auf der Erde im Laufe des nächsten Jahrhunderts erreicht sein."

Erzeugung elektrischer Energie in Deutschland
Insgesamt ca. 612 TWh

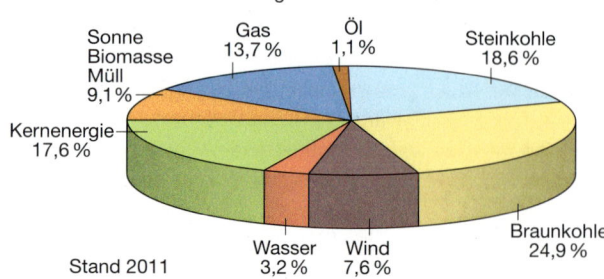

Sonne Biomasse Müll 9,1 %
Gas 13,7 %
Öl 1,1 %
Steinkohle 18,6 %
Kernenergie 17,6 %
Wasser 3,2 %
Wind 7,6 %
Braunkohle 24,9 %
Stand 2011

Windkraftwerk	Biomasse	Solarkraftwerk	Brennstoffzelle
ca. 40 %	ca. 30 %	max. 20 %	ca. 60 %
abhängig von Windgeschwindigkeit Ab 12 $\frac{m}{s}$ beträgt die Leistung 250 kW bis 2 MW	ca. 20 MW (max) meist geringer	Anlagen mit Parabolspiegeln erreichen pro Spiegel eine elektrische Leistung von 50 kW	von einigen Milliwatt bis zu mehr als 200 kW in Blockheizkraftwerken
keiner	organische Abfälle 1 kg Biomasse enthält etwa 14–16 MJ Energie	keiner	Wasserstoff, Erdgas oder Methanol
keine	Ein Teil der inneren Energie kann für Raumheizung und Warmwasserbereitung verwendet werden	keine	etwa so viel wie elektrische Energie Abwärme kann als Fernwärme genutzt werden
Lärmbelästigung durch die Rotoren Beeinträchtigung des Vogelflugs Beeinträchtigungen durch Schattenwurf	wie Kohlekraftwerk Treibhauseffekt wird nicht verstärkt, weil beim Wachsen der Pflanzen CO_2 aus der Atmosphäre aufgenommen wurde	Solarkraftwerke benötigen große Kollektorflächen. Die Vegetation unter diesen Stellflächen stirbt ab	keine Werden Erdgas oder Methanol „verbrannt", entsteht neben Wasser auch CO_2, das den Treibhauseffekt verstärkt

Aufgaben

1 Erläutere, welche der Energiequellen nicht zu jeder Zeit verfügbar sind. Gib dazu jeweils Gründe an.

2 **a)** Beschreibe die Wandlungsprozesse der unterschiedlichen Kraftwerkstypen.
b) Zeichne für jeden Kraftwerkstyp ein Energiefluss-Schema.
c) Nenne die umweltschädigenden Nebenwirkungen der verschiedenen Kraftwerkstypen.

3 Erkläre, warum Menschen und Tiere ebenfalls als Energiewandler bezeichnet werden können.

4 Erläutere anhand einiger Beispiele den Begriff „Wirkungsgrad".

5 Begründe, warum Kohlekraftwerke immer möglichst in der unmittelbaren Nähe von Kohlebergwerken oder von Häfen gebaut werden.

6 Windgeneratoren dürfen nicht unmittelbar hintereinander aufgestellt werden. Erläutere.

7 Nenne verschiedene Elektrogeräte, die mit Sonnenenergie betrieben werden.

8 Bei vielen Berghütten sind Windkraftanlagen mit Solarzellen gekoppelt. Ist das sinnvoll?

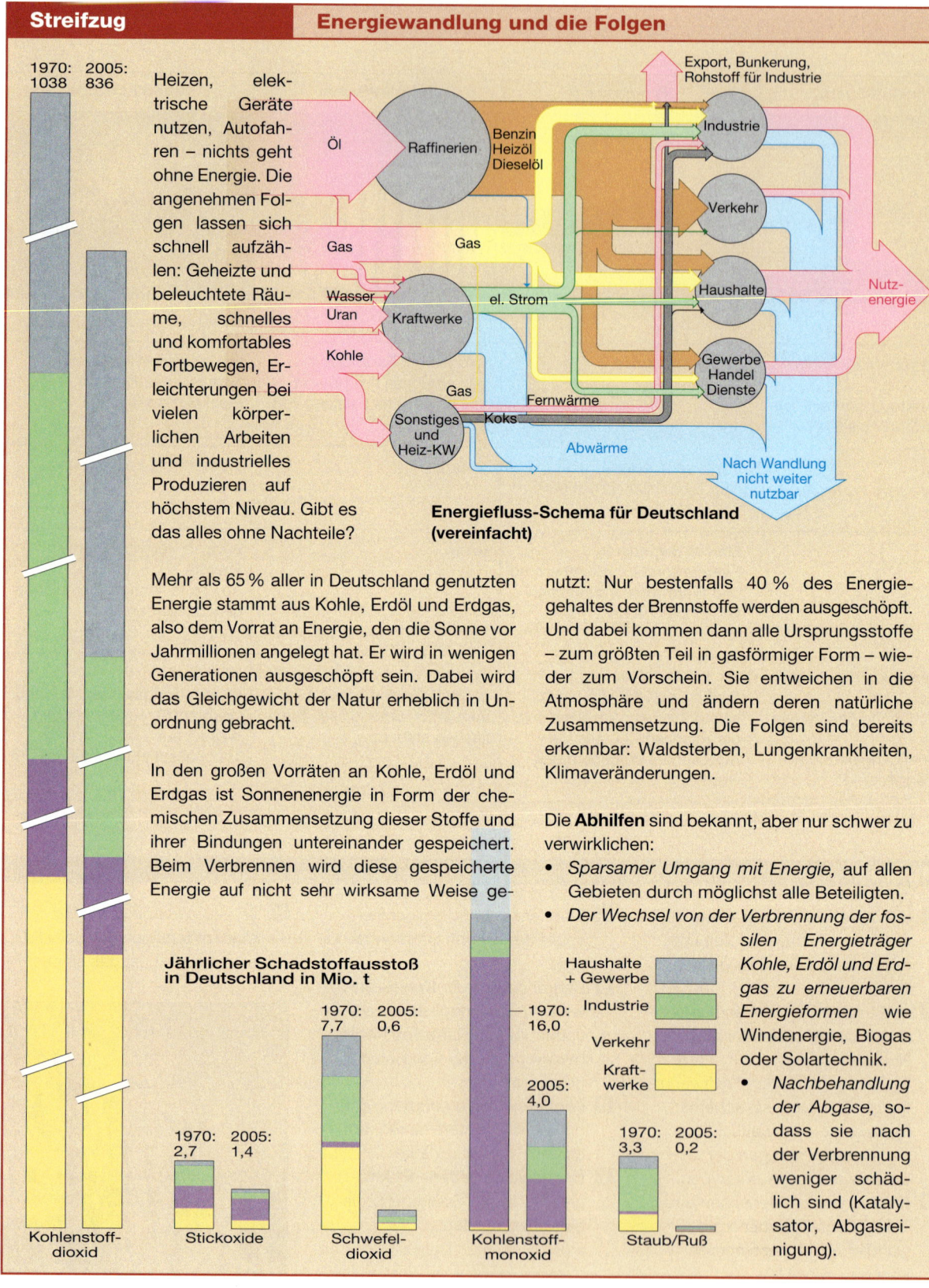

Streifzug — Energiewandlung und die Folgen

1970: 1038   2005: 836

Heizen, elektrische Geräte nutzen, Autofahren – nichts geht ohne Energie. Die angenehmen Folgen lassen sich schnell aufzählen: Geheizte und beleuchtete Räume, schnelles und komfortables Fortbewegen, Erleichterungen bei vielen körperlichen Arbeiten und industrielles Produzieren auf höchstem Niveau. Gibt es das alles ohne Nachteile?

Energiefluss-Schema für Deutschland (vereinfacht)

Labels im Schema: Öl, Raffinerien, Benzin Heizöl Dieselöl, Gas, Wasser, Uran, Kraftwerke, Kohle, Gas, Sonstiges und Heiz-KW, Koks, el. Strom, Fernwärme, Industrie, Verkehr, Haushalte, Gewerbe Handel Dienste, Export, Bunkerung, Rohstoff für Industrie, Nutzenergie, Abwärme, Nach Wandlung nicht weiter nutzbar

Mehr als 65 % aller in Deutschland genutzten Energie stammt aus Kohle, Erdöl und Erdgas, also dem Vorrat an Energie, den die Sonne vor Jahrmillionen angelegt hat. Er wird in wenigen Generationen ausgeschöpft sein. Dabei wird das Gleichgewicht der Natur erheblich in Unordnung gebracht.

In den großen Vorräten an Kohle, Erdöl und Erdgas ist Sonnenenergie in Form der chemischen Zusammensetzung dieser Stoffe und ihrer Bindungen untereinander gespeichert. Beim Verbrennen wird diese gespeicherte Energie auf nicht sehr wirksame Weise genutzt: Nur bestenfalls 40 % des Energiegehaltes der Brennstoffe werden ausgeschöpft. Und dabei kommen dann alle Ursprungsstoffe – zum größten Teil in gasförmiger Form – wieder zum Vorschein. Sie entweichen in die Atmosphäre und ändern deren natürliche Zusammensetzung. Die Folgen sind bereits erkennbar: Waldsterben, Lungenkrankheiten, Klimaveränderungen.

Die **Abhilfen** sind bekannt, aber nur schwer zu verwirklichen:

- *Sparsamer Umgang mit Energie,* auf allen Gebieten durch möglichst alle Beteiligten.
- *Der Wechsel von der Verbrennung der fossilen Energieträger Kohle, Erdöl und Erdgas zu erneuerbaren Energieformen* wie Windenergie, Biogas oder Solartechnik.
- *Nachbehandlung der Abgase,* sodass sie nach der Verbrennung weniger schädlich sind (Katalysator, Abgasreinigung).

Jährlicher Schadstoffausstoß in Deutschland in Mio. t

Kohlenstoffdioxid

Stickoxide — 1970: 2,7   2005: 1,4

Schwefeldioxid — 1970: 7,7   2005: 0,6

Kohlenstoffmonoxid — 1970: 16,0   2005: 4,0

Staub/Ruß — 1970: 3,3   2005: 0,2

Legende:
- Haushalte + Gewerbe
- Industrie
- Verkehr
- Kraftwerke

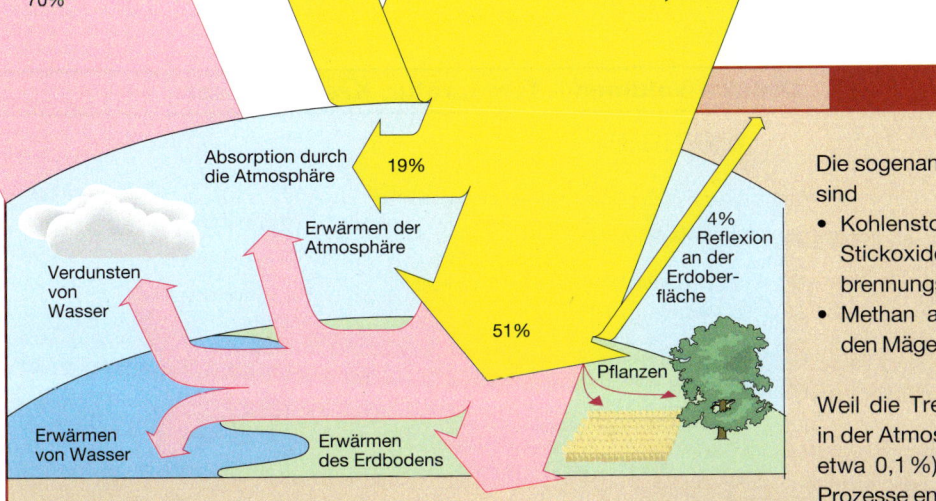

ostrahlung der
mosphäre

Reflexion an der
Lufthülle

Sonnenstrahlung
(IR, sichtbares Licht, UV)

70%

26%

Absorption durch
die Atmosphäre   19%

Erwärmen der
Atmosphäre

4%
Reflexion
an der
Erdober-
fläche

Verdunsten
von
Wasser

51%

Erwärmen
von Wasser

Erwärmen
des Erdbodens

Pflanzen

Die sogenannten **Treibhausgase** sind

- Kohlenstoffdioxid (CO_2) und Stickoxide (NO_x), die bei Verbrennungsvorgängen entstehen;
- Methan aus Erdgasfeldern und den Mägen von Pflanzenfressern.

Weil die Treibhausgase seit jeher in der Atmosphäre vorkommen (zu etwa 0,1 %) und durch natürliche Prozesse entstehen, wird die durch sie bewirkte Erwärmung der Erdatmosphäre auf 15 °C als **natürlicher Treibhauseffekt** bezeichnet.

Die Erde – ein riesiges Treibhaus

Alles irdische Leben spielt sich in der Atmosphäre ab wie unter der Glaskuppel eines riesigen Treibhauses. Ohne diese „Kuppel" wäre es auf der Erde rund 33 °C kälter: Die Lufttemperatur – über die ganze Erde gemittelt – liegt heute bei etwa 15 °C und nicht bei lebensfeindlichen –18 °C. Nur so konnten Pflanzen, Tiere und Menschen ihr heutiges Entwicklungsstadium erreichen. Wie lässt sich das Wirken dieser „Glaskuppel" Atmosphäre verstehen?

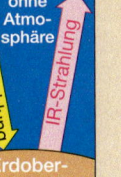

ohne
Atmo-
sphäre

Sonnenstrahlung

IR-Strahlung

Erdober-
fläche –18 °C

Von der Sonne gelangt Infrarotstrahlung, sichtbares Licht und ultraviolette Strahlung zur Erde. Die Grafik oben zeigt, was mit der Strahlung geschieht, wenn sie auf die Atmosphäre oder die Erdoberfläche trifft. Wichtig ist zweierlei:

- Nur ein verschwindend geringer Anteil der eingestrahlten Sonnenenergie wird oder wurde für das Wachstum der Pflanzen benötigt, ist also die Grundlage des Lebens.
- Etwa die Hälfte der eingestrahlten Sonnenenergie wird von der Erde (Böden und Gewässer) absorbiert und erwärmt diese.

Atmo-
sphäre
mit
Treib-
haus-
gasen

Aufheizen

Jeder warme oder heiße Körper sendet Strahlung aus, also auch die Böden und Wasseroberflächen. Aber die Lufthülle der Erde und die darin enthaltenen Gase wirken auf die Wärmestrahlung wie das Glasdach eines Treibhauses: Sie lassen nur einen ganz geringen Teil der Strahlung in den Weltraum entkommen; den Großteil absorbieren sie, was zu ihrer eigenen Erwärmung und einer entsprechenden Abstrahlung führt, oder sie reflektieren ihn wieder zur Erdoberfläche zurück, was deren Temperatur weiter erhöht.

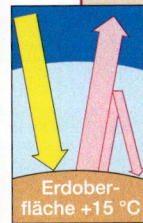

Erdober-
fläche +15 °C

Der natürliche Treibhauseffekt wird durch die vielfältigen Aktivitäten des Menschen verstärkt:

- Als Ergebnis der Industrialisierung und der dafür notwendigen Verbrennung fossiler Energieträger (Kohle, Erdöl, Erdgas) gelangen riesige Mengen CO_2 zusätzlich in die Atmosphäre.
- Beim Heizen, Autofahren, Kochen etc. entsteht auch Kohlenstoffmonoxid (CO), dessen Wirkung als Treibhausgas viel stärker ist als die von CO_2.
- Fluor-Chlor-Kohlenwasserstoffe (FCKW) – früher als Kühlmittel in Kühlschränken, Klimaanlagen oder als Treibgase in Spraydosen verwendet – übertreffen das CO noch hinsichtlich ihrer schädlichen Wirkung auf das Klima.

Dieser vom Menschen erzeugte **künstliche Treibhauseffekt** lässt die Temperatur von Erdoberfläche und Atmosphäre weiter ansteigen – was sicher nicht ohne Folgen bleibt! Klimaforscher befürchten drastische klimatische Veränderungen:

- Abschmelzen des Eises der Polkappen und der Gletscher in den Hochgebirgen. Folge: Ansteigen des Meeresspiegels und dadurch Überfluten von bislang bewohnten Küstenregionen.
- Verschieben der heutigen Klimazonen. Folgen: Ganze Landstriche werden zu Trockengebieten oder Wüsten; die nutzbare Ackerfläche wird drastisch verkleinert; Hungersnöte.

Damit diese alarmierenden Prognosen nicht Wirklichkeit werden, gibt es seit Ende des 20. Jahrhunderts Klimakonferenzen, auf denen die Staaten der Erde Maßnahmen diskutieren, um den weiteren Ausstoß von Treibhausgasen zu reduzieren und damit den künstlichen Treibhauseffekt abzuschwächen.

Grundwissen — Druck – Volumen – Temperatur, Kreisprozesse

ENERGIE

absolute
Temperatur
Einheit: 1 K
0 K = –273 °C
keine negativen
Temperaturen

Der **Wirkungsgrad** $\eta = \dfrac{E_{nutz}}{E_{zugef}}$ gibt an, wie gut die eingesetzte Energie genutzt wird. Es gilt: $\eta = \dfrac{E_{nutz}}{E_{zugef}} = 1 - \dfrac{E_{abgef}}{E_{zugef}} < 1$.

Ideal wäre, wenn alle zugeführte Energie genutzt könnte, also $E_{zugef} = E_{nutz}$ wäre: $\eta_{ideal} = 1 - \dfrac{T_a}{T_1} < 1$.

Gasgesetze

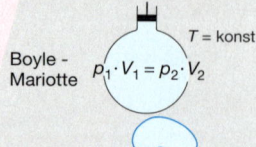

Boyle - Mariotte $\quad p_1 \cdot V_1 = p_2 \cdot V_2 \quad$ T = konst

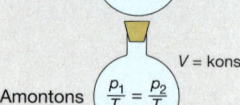

Gay - Lussac $\quad \dfrac{V_1}{T_1} = \dfrac{V_2}{T_2} \quad$ p = konst

Amontons $\quad \dfrac{p_1}{T_1} = \dfrac{p_2}{T_2} \quad$ V = konst

Wärmekraft-maschinen

Wärmekraftmaschinen-Kreisprozess ① ② ③ ④

V-p-Diagramm eines Stirlingmotors

E_{zu}
E_{mech}
① $E_{speicher\ in\ Cu\text{-}Wolle/Schwungrad}$
② T_1
T_2
③ E_{ab}
④ $E_{speicher\ in\ Cu\text{-}Wolle/Schwungrad}$

Die eingeschlossene Fläche stellt die größtmögliche Menge an nutzbarer Energie dar.

WECHSELWIRKUNG

Druck ist der Zustand des Gepresstseins einer Flüssigkeit oder eines Gases. Er ist überall in der Flüssigkeit bzw. im Gas gleich groß. Flüssigkeiten und Gase unter Druck üben auf die Begrenzungsflächen senkrecht wirkende Kräfte aus.

Druck wird durch Teilchenbewegung hervorgerufen.

Seine Einheit ist $1\,Pa = 1\,\dfrac{N}{m^2}$ oder $1\,bar = 10\,\dfrac{N}{cm^2}$.

Stempeldruck wird hervorgerufen durch die Kraft eines Kolbens auf eine eingeschlossene Flüssigkeits- oder Gasmenge: $p = \dfrac{F}{A}$

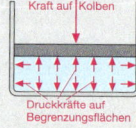

Kraft auf Kolben
Druckkräfte auf Begrenzungsflächen

Energiefluss-Diagramm eines Wärmekraftwerks

chemische Energie 100% → Brenner und Kessel → innere Energie des heißen Dampfes 91%
Abwärme 9%
Abwärme durch Reibung im Rohrsystem 4%
innere Energie 87% → Turbine und Kondensator
Abwärme 45%
mechanische Energie 42% → Generator
Abwärme 1%
elektrische Energie 40%
Eigenbedarf des Kraftwerks 1%

Kraft-Wärme-Kopplung

Energie aus Gasturbine
Erdgas
Luft
Brennkammer
Kondensator
Gasturbine
Rauchgas
Abhitzkessel
Generator → Strom
Dampfturbine
Generator → Strom
Heizvorwärmer
Generator → Fernwärme
Fernheizung
Kühlwasser
Speisewasser
Energie aus Dampfturbine
Kraft-Wärme-Kopplung

SYSTEM

MATERIE

Wirkungsgrad von Wärme-Kraft-Maschinen

Der geringe Wirkungsgrad von Verbrennungsmotoren bzw. von Wärmekraftwerken, die entstehenden Abgase (allesamt *Treibhausgase*) und die Endlichkeit der Primärenergieträger zeigen, dass Verbrennungsvorgänge keine idealen Energiegewinnungsprozesse sind.

A1 a) Fertige mit den Grundbegriffen auf der linken Seite Karteikarten an. Notiere den Begriff auf der Vorderseite und erläutere ihn auf der Rückseite, eventuelle mit sonstigen Besonderheiten. Anstelle der Karteikarten kannst du auch eine Datenbank anlegen.
b) Erstelle eine Mindmap für das ganze Kapitel. die Grundbegriffe links helfen dir dabei.

A2 Vergleiche durch eine Zeichnung das Verhalten von Flüssigkeiten und Gasen in abgeschlossenen Gefäßen, wenn auf eine Seite des Gefäßes eine Kraft wirkt (Kolbenwirkung). Verwende eine angemessene Teilchenvorstellung und erläutere deine Zeichnung.

A3 Mit einem tragbaren Gerät zum Auffüllen der Autoreifen mit Luft, wie sie an Tankstellen verwendet werden, wurden schon drei Reifen auf den richtigen Druck von 2,5 bar gebracht. Beim vierten Reifen werden nur noch 2,3 bar erreicht. Erkläre physikalisch, wo das Problem liegt und wie Abhilfe zu schaffen ist.

A4 Ein Stratosphärenballon hat ein Fassungsvermögen von 12000 m³. Er wird am Boden bei einem Luftdruck von 100 kPa bei 15 °C gefüllt. Danach hat die Hülle ein Volumen von 2500 m³.
Der Ballon steigt auf. In 5400 m Höhe ist der umgebende Luftdruck auf die Hälfte des Luftdruckes am Boden gesunken; in 10000 m Höhe beträgt er nur noch ein Viertel des Druckes am Boden.
a) Berechne das Volumen des Ballons in 5400 m Höhe und in 10000 m Höhe unter der Annahme, dass sich die Temperatur des Wasserstoffs nicht ändert.
b) Die Lufttemperatur ändert sich mit der Höhe. Sie beträgt in 5400 m Höhe etwa −20 °C und in 10000 m Höhe etwa −50 °C. Berechne die Auswirkungen auf den Ballon und nimm Stellung dazu.
c) Gib an und begründe, welches der Gasgesetze du in Aufgabe b) und welches in c) verwendet hast.

A5 a) Erläutere die Zustandsbedingungen eines Körpers am absoluten Nullpunkt, auch unter Verwendung eines angemessenen Teilchenbildes.
b) Bewerte die Zweckmäßigkeit der Kelvinskala.

A6 a) Skizziere durch Beschreibung und Zeichnung den Funktionsablauf eines Stirlingmotors.
b) Ein Stirlingmotor bleibt stehen, wenn die Kühlung ausfällt. Gib an, welche Wirkung diese Panne auf die eingeschlossene Luft im Motor hat. Benutze zur Erläuterung das Energieschema des Verdichtungstaktes.

A7 a) Beschreibe in vier Sätzen den idealen Stirling'schen Kreisprozess, wie er im V-p-Diagramm dargestellt ist.
b) Begründe, was daran „ideal" ist.

A8 Das V-p-Diagramm einer Wärme-Kraft-Maschine hat die folgend dargestellte Form.

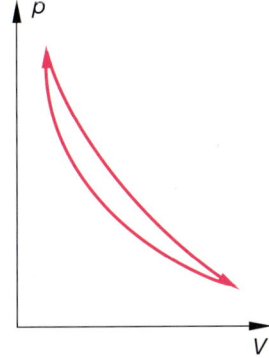

a) Welche Takte fehlen als eigenständige Takte in dieser Wärme-Kraft-Maschine gegenüber einem Stirlingmotor?
b) Zeichne das Diagramm ab und beschrifte es, indem du den verbleibenden Takten Namen gibst sowie an die Achsen p_0, p_1, V_0 und V_1 schreibst und sie in ihrer Größe vergleichst.

A9 In der Zeichnung ist die Reihenfolge der Takte eines Viertakt-Benzinmotors durcheinander geraten.

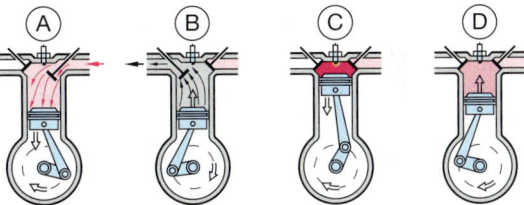

a) Welche Takte sind jeweils dargestellt?
b) Gib die richtige Reihenfolge an und begründe.

A10 Vergleiche ein Groß-Wärmekraftwerk mit einem Blockheizkraftwerk.
a) Liste die Vor- und Nachteile beider Kraftwerkstypen auf. Denke dabei auch an die Brennstoffe, die zugeführt werden müssen, und an die Transportwege der elektrischen Energie vom Kraftwerk zum Nutzer.
b) Entspricht jeder Nachteil des einen Kraftwerkstyps einem Vorteil des anderen? Begründe.

Schweredruck in Wasser

Beim Tauchen im Schwimmbad ist deutlich zu spüren, dass ein ungewohnter Druck auf die Ohren wirkt.

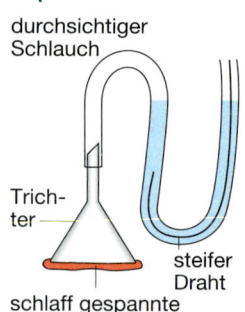

durchsichtiger Schlauch

Trichter

steifer Draht

schlaff gespannte Luftballonhaut

1 Mit nebenstehendem Gerät kann geprüft werden, in welchen Tiefen ein größerer Druck herrscht als in anderen. Probiert es aus.

2 Ein zu einem U gebogener und im U-Bogen mit Wasser gefüllter durchsichtiger Schlauch kann als Druckmesser dienen. Begründet.
Erforscht in einem möglichst hohen Wassereimer mit dem Ballon-überspannten Trichter und dem U-Manometer die Druckverhältnisse in verschiedenen Wasserschichten. Findet dabei auch heraus, wie in einer gleichen, waagerechten Ebene der Druck von oben, von unten oder von den verschiedenen Seiten auf die Membran wirkt.

3 Die Ursache des **Schweredrucks** im Wasser lässt sich erklären, wenn das Wasser in einem Gefäß in waagerechte Schichten unterteilt gedacht wird und die Gewichtskraft der einzelnen Schichten in die Überlegungen einbezogen wird.
Zeichnet die gedachte Situation und findet eine Formel, die den Druck in einer bestimmten Tiefe als Funktion der Eintauchtiefe h angibt.

Schweredruck in Luft

Bergsteiger haben in großen Höhen mit „dünner" Luft zu kämpfen, in Flugzeugen ist die Passagierkabine als Druckkabine gestaltet, die das Innere nach außen hermetisch abschließt, und beim Wetter wird zwischen hohem und tiefem **Luftdruck** unterschieden.

1 Fahrt mit einem Barometer im Fahrstuhl eines möglichst hohen Gebäudes vom unteren in das oberste Stockwerk und beobachtet dabei den Zeiger des Barometers.

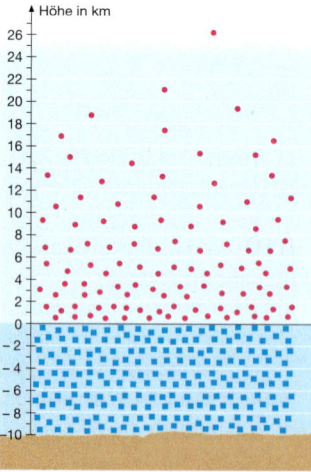

Höhe in km

26 24 22 20 18 16 14 12 10 8 6 4 2 0 -2 -4 -6 -8 -10

2 Der Gedanke „Schichtung" hilft bei der Erklärung des Luftdruckes. Wegen der Kompressibilität der Luft sind die einzelnen Schichten nicht mit gleich vielen Teilchen gefüllt. (Grafik: Jeder Kreis bzw. jedes Quadrat steht für eine gleich große Teilchenzahl.)
Zählt die Teilchen in den Schichten und fertigt ein Diagramm über die Verteilung von Luft- und Wasserteilchen in den unterschiedlichen Höhen an und interpretiert es.

Funktionsmodelle von Verbrennungsmotoren

1 Im Internet findet ihr mit den Suchworten „Animation" und „Verbrennungsmotor" Animationen zur Funktion von Verbrennungsmotoren. Sucht euch unter diesen Animationen diejenige heraus, die euch am geeignetsten erscheint, euren Mitschülerinnen und Mitschülern die Funktionsweise eines Verbrennungsmotors zu erklären. Schreibt euch dazu zu jedem Takt genau einen Satz auf, mit dem ihr bei einem Viertaktmotor bei jedem Takt sagen könnt, was während dieses Taktes geschieht.

2 Es gibt Animationen für einen 4-zylindrigen Benzinmotor. Sucht nach einer solchen Animation und erläutert an ihr das Zusammenspiel der vier Zylinder und Kolben mit der Kurbelwelle.

3 In Kleingeräten wie Heckscheren oder Kettensägen und in motorisierten Zweirädern werden 2-Taktmotoren verwendet. Ergründet ihre Funktionsweise und begründet, weshalb sie gerade hier Verwendung finden.

Wirkungsgrade in Natur und Technik

Ohne Energie geht nichts. Energiewandlungen trennen die nutzbare von der entwerteten Energie. Der Wirkungsgrad ist das Maß um zu beurteilen, wie gut eine Energiewandlung die eingesetzte Energie in die gewünschte Form wandelt oder sie transportiert.

1 Energie wird von Menschen in technischen Einrichtungen genutzt. Auch die Natur nutzt Energie. Findet Beispiele für miteinander vergleichbare Abläufe in der Technik und in der belebten Natur.

2 Recherchiert für diese Abläufe die Wirkungsgrade der auftretenden Energiewandlungen.

3 Vergleicht die Wirkungsgrade für die verschiedenen Abläufe in der Technik und in der Natur. Bildet Euch ein Urteil über die Qualität von Energiewandlungen, die der Mensch durch technische Abläufe erzielt.

4 Stellt die Ergebnisse in einem Referat dar.

A1 Bei einem Autokran wird der Ausleger über eine hydraulische Anlage bewegt. Der Pumpkolben hat eine Fläche von 0,3 cm², die zwei Arbeitskolben haben jeweils 50 cm² Fläche. Der Arbeitskolben greift am Ausleger so an, dass seine Kraft 3-mal so groß sein muss wie die Gewichtskraft des gehobenen Körpers.
a) Bestimme den Druck in der Hydraulikflüssigkeit, wenn auf den Pumpkolben eine Kraft von 750 N wirkt.
b) Welche Last kann damit angehoben werden?
c) Erläutere, was passiert, wenn sich in einer hydraulischen Anlage Gaseinschlüsse in der Hydraulikflüssigkeit befinden.

A2 a) Beim Aufsteigen eines Heißluftballons wird eines der drei Gasgesetze wirksam. Nenne dieses Gesetz und

erläutere, warum es für den Heißluftballon gilt.
b) Wie Aufgabe a), aber statt des Heißluftballons ein einfacher Luftballon, der von der eiskalten Straße in das warme Wohnzimmer gebracht wird.

A3 Jede Zentralheizung hat ein Druckausgleichsgefäß.
a) Recherchiere seine Funktion und gib an, welches der Gasgesetze hier Anwendung findet unter der Voraussetzung, dass die Wassertemperatur an der Stelle, an der das Gerät eingebaut ist, auch dann konstant bleibt, wenn die Heizung in Betrieb geht.
b) Bei einem Stickstoffvolumen von 3 dm³ erhöht sich der Druck in der Heizungsanlage während des Heizens von 1,2 bar auf 1,6 bar. Bestimme das Stickstoffvolumen während des Heizens.
c) Erläutere, was geschehen würde, wenn es das Ausgleichsgefäß nicht gäbe.

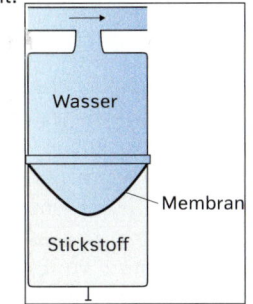

A4 Kolben, Pleuelstange und Schwungrad sind in Benzin/Diesel-Motoren und im Stirlingmotor gleich. Ebenso müssen beide die Abwärme abführen.
a) Nenne den wesentlichen Unterschied dieser beiden Motorarten und begründe damit den Begriff „Verbrennungsmotor" für eine der beiden Motorenarten.
a) Schätze ab, ob der Stirlingmotor den Verbrennungsmotoren in ökologischer Hinsicht überlegen ist.

A5 Bei einem zweizylindrigen Heißluftmotor haben Arbeits- und Verdrängerkolben unterschiedliche Zylinder. Sie sind um 90° versetzt und durch ein offenes Rohr miteinander verbunden.
a) Zeichne ein Schema dieses Motors.
b) Erläutere seine Funktionsweise.

A6 Während des Kreisprozesses eines Stirlingmotors werden an zwei Stellen Energien gewandelt, die am Ende weder als mechanische Energie nutzbar noch als Abwärme nachweisbar sind.
a) Benenne diese beiden Energien und beschreibe ihre Funktion im Ablauf des Kreisprozesses.
b) Entwirf ein Energie-Diagramm des Stirlingsch'schen Kreisprozesses, das diese beiden Energien angemessen mit darstellt.

A7 Ein Kühlschrank ist aus energetischer Sicht die Umkehrung eines Stirlingmotors – und umgekehrt.
a) Zeichne die Energieflussdiagramme beider Geräte, indem du dich auf die von außen zugeführte bzw. nach außen abgeführte Energie beschränkst.
(Bedenke: Die elektrische Energie wird im Elektromotor des Kühlschranks in mechanische Energie gewandelt.)
b) Es gibt vergleichbare konstruktive Elemente im Stirlingmotor und im Kühlschrank. Zähle solche Elemente auf.

A7 In der Darstellung der Funktionsweise eines Stirlingmotors haben die vier Haupttakte 1, 2, 3, 4 keine Namen bekommen.
a) Benenne die vier Haupttakte eines Stirlingmotors so, dass damit ihre Stellung im Kreisprozess angemessen dargestellt ist.
b) Vergleiche den Stirlingmotor mit einem Viertakt-Benzinmotor, indem du den Takten des Stirlingmotors sinnvoll die Takte des Benzinmotors zuordnest.

Physikalisch denken, arbeiten und verantworten

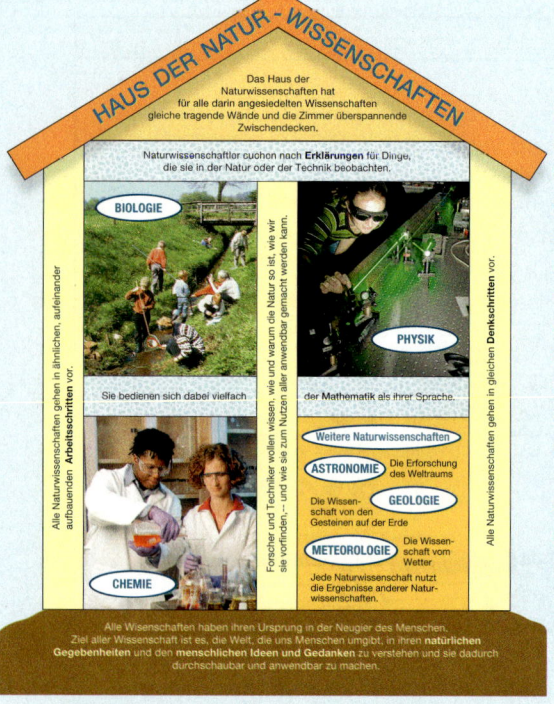

HAUS DER NATUR - WISSENSCHAFTEN

Das Haus der Naturwissenschaften hat für alle darin angesiedelten Wissenschaften gleiche tragende Wände und die Zimmer überspannende Zwischendecken.

Naturwissenschaftler suchen nach **Erklärungen** für Dinge, die sie in der Natur oder der Technik beobachten.

BIOLOGIE

PHYSIK

Sie bedienen sich dabei vielfach

der Mathematik als ihrer Sprache.

Weitere Naturwissenschaften

ASTRONOMIE — Die Erforschung des Weltraums

GEOLOGIE — Die Wissenschaft von den Gesteinen auf der Erde

METEOROLOGIE — Die Wissenschaft vom Wetter

CHEMIE

Jede Naturwissenschaft nutzt die Ergebnisse anderer Naturwissenschaften.

Alle Naturwissenschaften gehen in ähnlichen, aufeinander aufbauenden **Arbeitsschritten** vor.

Forscher und Techniker wollen wissen, wie und warum die Natur so ist, wie wir sie vorfinden, – und wie sie zum Nutzen aller anwendbar gemacht werden kann.

Alle Naturwissenschaften gehen in gleichen **Denkschritten** vor.

Alle Wissenschaften haben ihren Ursprung in der Neugier des Menschen. Ziel aller Wissenschaft ist es, die Welt, die uns Menschen umgibt, in ihren **natürlichen Gegebenheiten** und den **menschlichen Ideen und Gedanken** zu verstehen und sie dadurch durchschaubar und anwendbar zu machen.

In der Kulturgeschichte der Welt haben erkennbar erstmals Philosophen der Antike über die Natur und die damals bereits beachtliche Technik nachgedacht. Sie haben sich Gedanken gemacht, wie die Dinge der Welt in Beziehung zueinander stehen, und sie haben Ideen entwickelt, worauf die reale Welt und die Erscheinungen des Himmels gegründet sind und was sie in Bewegung hält. Aus diesen frühen Anfängen haben sich die heutigen Naturwissenschaften entwickelt. Sie sind ein Teil allen wissenschaftlichen Nachdenkens, das insgesamt strengen Regeln unterworfen ist, wenn es als „Wissenschaft" Wissen schafft. Die Naturwissenschaften haben ihre eigenen Regeln entwickelt – in der Physik sind sie besonders klar ausgeprägt.

Stand in den bisherigen Kapiteln physikalisches Wissen im Mittelpunkt, so geht es im Folgenden
- um die Sicht der Physiker auf die Welt;
- um die Regeln, die bei der Anwendung naturwissenschaftlicher Arbeitsmethoden eingehalten werden müssen;
- um die Denkweisen, die Physiker nutzen, um zu Erkenntnissen zu gelangen und sie darzustellen.

■ Physik in der Studierstube – GALILEO GALILEI (1564–1642)

Als GALILEI 1589 Professor für Mathematik in Pisa wurde, war seine Lehre Fortsetzung und Neubeginn eines Lebens für die Wissenschaft von den realen Dingen, die den Menschen auf Erden und am Himmel über ihm umgeben. Am Ende eines langen Lebens für die Wissenschaft hatte er Regeln und Verfahren entwickelt, die bis heute Gültigkeit haben und ohne die die Erfolge der Naturwissenschaften nicht möglich gewesen wären.

Am Anfang seines wissenschaftlichen Wirkens stand das Nachdenken über das Fallen von Körpern, so wie es vor ihm schon ARISTOTELES (384–322 v. Chr.) und LUKREZ (99–55 v. Chr.) in der Antike getan hatten. GALILEI fügte dem antiken Denken jedoch zwei neue Aspekte hinzu:
- Das Nachdenken muss den **Regeln der Logik** folgen und seine Ergebnisse müssen in mathematischer Form darstellbar sein. (*„Das Buch der Natur ist in der Sprache der Mathematik geschrieben …"*)
- Jedes Ergebnis des Nachdenkens über die Natur muss durch **Messungen** auf seine Richtigkeit geprüft werden. (*„… erhärten ihre Prinzipien durch Experimente, und diese bilden das Fundament …"*)

Die Frage, wie schnell Körper fallen, beantwortete GALILEI durch ein Gedankenexperiment: Würde ein schwerer Stein schneller fallen als ein leichter, so würde dies zu einem Widerspruch führen. Denn wären beide fest verbunden und fielen gemeinsam, so müssten sie schneller sein als der schwere Stein allein. Das kann aber nicht sein. Denn wäre der schwere Stein schneller als der leichte, würde dieser den schweren bremsen – die Geschwindigkeit der verbundenen Steine wäre kleiner als die des schweren allein. Das widerspricht der Ausgangsannahme. Der Widerspruch löst sich nur auf, wenn beide Körper die gleiche Fallgeschwindigkeit haben.

Dieses Ergebnis eines Gedankenexperimentes aus der Studierstube, das allein auf logischem Schlussfolgern beruht, muss im Experiment bestätigt werden. Weil GALILEI die kurzen Zeiten beim Fallen nicht messen konnte, hat er das Fallen der Steine durch herabrollende Kugeln in einer Rinne simuliert. So konnte er „Fall"zeiten und „Fall"höhen **messen** und dadurch das Ergebnis seines Denkens bestätigen; gleichzeitig hat er den mathematischen Zusammenhang zwischen Zeit und Weg gefunden: „*… verhalten sich die in gewissen Zeiten zurückgelegten Strecken wie die Quadrate der Zeiten.*"

GALILEI hat ein fundamentales Naturgesetz dadurch gefunden, dass er im Denken den Regeln der Logik gefolgt ist, das Ergebnis des Denkens im Experiment messend überprüfte und es mathematisch darstellte.

■ Physik im Labor – MICHAEL FARADAY (1791–1867)

Als FARADAY 1813 eine Anstellung als Laborassistent an der Royal Institution in London bekam, hatte sich der aus ärmlichsten Verhältnissen stammende junge Mann bereits ein reiches naturwissenschaftliches Wissen angelesen. 1825 wurde er Laboratoriumsdirektor mit einem eigenen Labor. Als FARADAY von den Versuchen OERSTEDs und AMPÈRES hörte, bei denen elektrischer Strom Magnetismus erzeugt hatte, ließ ihn der Gedanke nicht mehr los, dass auch das Umgekehrte möglich sein müsse: Elektrizität aus Magnetismus zu erzeugen.

Schon 1822 schrieb er in sein lebenslang sehr sorgfältig geführtes Labortagebuch: *„convert magnetism into electricity"*. Damit war der Leitgedanke – eine **Hypothese** – für eine jahrzehntelange Beschäftigung mit diesem Thema gefunden.

1831 gelang ihm der entscheidende Versuch: Um einen Weicheisenkern hatte er zwei voneinander isolierte Drähte gewickelt. An den einen schloss er eine starke Batterie an, den anderen hielt er über eine Magnetnadel. Jedes Mal, wenn er den Stromkreis der Batterie schloss oder öffnete, bewegte sich die Magnetnadel: Der Strom der Batterie hatte im Weicheisenkern Magnetismus erzeugt, der seinerseits wieder in dem Draht über der Magnetnadel einen elektrischen Strom ausgelöst hatte, der die Kompassnadel ausschlagen ließ. Das Ein- und Ausschalten hatte im Draht einen Strom erzeugt, „induziert". Die elektromagnetische Induktion war entdeckt.

FARADAYs mathematische Kenntnisse waren begrenzt, sodass er die Ergebnisse seiner Versuche nicht mathematisch formulieren konnte. Dafür entwickelte er ein Gedankengebäude, die **Theorie** der magnetischen und elektrischen Feldlinien. Sie ermöglichte ihm, neue Experimente zu planen und durchzuführen. Er fand heraus, dass nur die Änderung der magnetischen Feldliniendichte einen Strom induziert, nicht ein gleichbleibendes Bündel von Feldlinien. Die **Einfachheit** des Feldliniengedankens führte zu einer überzeugenden Begründung der Induktion. Auf dieser Grundlage konnte JAMES CLERK MAXWELL 1873 das Ergebnis der Faraday'schen Versuche in nur vier Gleichungen zusammenfassen.

Damit war es geglückt, zwei bisher getrennte Gebiete der Physik zu einer Einheit zusammenzuführen. Dieser Gedanke der **Vereinheitlichung** physikalischer Sachgebiete durchzieht seitdem die gesamte Physik.

FARADAY hat sich für seine Versuche von einer Hypothese leiten lassen und die Ergebnisse mit der Theorie der Feldlinien erklärt, die ihn zu weiteren Versuchen führte. Das Ergebnis seines Forschens war ein bedeutender Schritt auf dem Weg der Vereinheitlichung der Physik.

■ Physik im Forschungszentrum – das Beispiel CERN

Moderne physikalische Forschung ist nicht mehr allein in der Studierstube oder im Labor zu bewältigen und sie kann nicht mehr von einer einzelnen Person betrieben werden. Immer ist ein **Team** von Wissenschaftlern erforderlich, die sich in Theorie und Experimentierpraxis ergänzen. Auch Mathematiker und Informatiker gehören dazu, weil die Versuchsergebnisse nur durch große Rechner aufzuschlüsseln sind. Gute **Kommunikation** innerhalb des Teams ist unabdingbar. Am CERN (Centre Europénne de Recherche Nuclair) in Genf betreiben mehr als 2400 Wissenschaftler Grundlagenforschung auf dem Gebiet der Zusammensetzung der Kernbausteine. Für sie wurde ab etwa 1985 eigens http (hypertext transfer protcoll) zur Übertragung von Websites auf einen Browser entwickelt.

In modernen Forschungszentren wird in Teams von Wissenschaftlern verschiedenster Fachrichtungen gearbeitet. Innerhalb solcher Teams ist gute Kommunikation unabdingbar.

Projekt — Friede durch Kernwaffen??

P1 Schon am 1. September 1939 richteten die drei aus Deutschland in die USA emigrierten Physiker **SZILARD**, **EINSTEIN** und **WIGNER** einen Brief an den damaligen Präsidenten **ROOSEVELT**, um ihn vor der Möglichkeit der Entwicklung einer **Atombombe** in Deutschland zu warnen und ihn zur Entwicklung einer eigenen Atombombe anzuregen. Im zweiten Weltkrieg unternahmen amerikanische und britische Physiker große Anstrengungen, um eine Atombombe zu bauen. Sie hatten Angst, dass deutsche Physiker dieses Ziel schneller erreichen.
Recherchiert die historischen Hintergründe, die zum Bau der ersten Atombombe und deren Abwurf am 6. und am 9. August 1945 geführt haben (**MAUD-Kommission**, **Manhattan Projekt**, **Uranprojekt**) und stellt sie auf einer Zeitleiste übersichtlich dar.

P2 Nach Kriegsende werden die am Uranprojekt beteiligten deutschen Physiker verhaftet und im Landsitz „Farm Hall" interniert, dort werden ihre Gespräche abgehört und aufgeschrieben. Die amerikanischen und britischen Physiker bauen weiter an der Atombombe, am 6. August 1945 fällt die erste auf Hiroshima. **OTTO HAHN**, **WERNER HEISENBERG** und die anderen internierten Physiker erfahren durch das Radio davon. HEISENBERG bezweifelt die Nachricht, er glaubt nicht, dass die Atombombe funktioniert. HAHN ist entsetzt über die vielen Opfer.
Recherchiert, aus welchen physikalisch-technischen Gründen HEISENBERG eine Atombombe für nicht realisierbar hielt. Fertigt eine Skizze vom Aufbau einer solchen Bombe an.

P3 Spielt den Dialog, den HAHN und HEISENBERG in dieser Situation am Esstisch mit den anderen Physikern führen. Darin erklärt HAHN, wie die Atombombe funktioniert, HEISENBERG widerspricht mit physikalischen Argumenten. Die anderen Physiker am Tisch fragen nach, wenn sie etwas nicht verstehen.

P4 Die Bedeutung und die Notwendigkeit der Atombombeneinsätze sind bis heute umstritten. Befürworter argumentieren vor allem, dass der Einsatz die Kriegsdauer verringert und somit Millionen Menschen das Leben gerettet habe. Gegner meinen, dass ein Atombombeneinsatz ethisch nicht zu verantworten gewesen sei und der Krieg auch ohne Atombombeneinsatz in kurzer Zeit geendet hätte.

Projekt — Energie

P1 Nach der verheerenden Katastrophe von Fukushima am 11. März 2011 wurde die Frage nach dem energetischen Konzept der Bundesrepublik neu aufgerollt und das bereits am 28. September 2010 veröffentlichte **Energiekonzept** erhielt einen deurtlich höheren Stellenwert. Ein einleitender Satz lautet: „Deutschland soll in Zukunft bei wettbewerbsfähigen Preisen und hohem Wohlstandsniveau eine der effizientesten und umweltschonendsten Volkswirtschaften der Welt werden."
a) Erkundigt euch nach der Broschüre des **Bundesministeriums für Wirtschaft und Technologie** und erstellt daraus eine Dokumention für eure Mitschüler.
b) Führt eine Diskussionsrunde mit Befürwortern und Gegnern des Energiekonzeptes der Bundesrepublik Deutschland. Geht dabei auch auf neueste Entscheidungen und Erkenntnisse ein.

P2 Große Projekte wie das der Bundesregierung beginnen im Kleinen, in der Schule, bei euch zuhause, in eurem Ort.

a) Untersucht diese Orte auf **Energieeffizienz**. Erstellt dazu Schaubilder und diskutiert mit euren Mitschülern über mögliche Verbesserungsvorschläge.
b) Erstellt einen Brief an die entsprechenden Behörden.

P3 Welche Kriterien liegen einem Autokauf zugrunde? Was macht davon Sinn, was ist purer Luxus, was sogar umweltschädlich? Wo liegt die Verantwortung beim Autokauf? Wie sieht das Auto der Zukunft aus? Erstellt eine Präsentation zu den oben gestellten Fragen und führt darüber eine Diskussionsrunde mit Befürwortern und Gegnern.

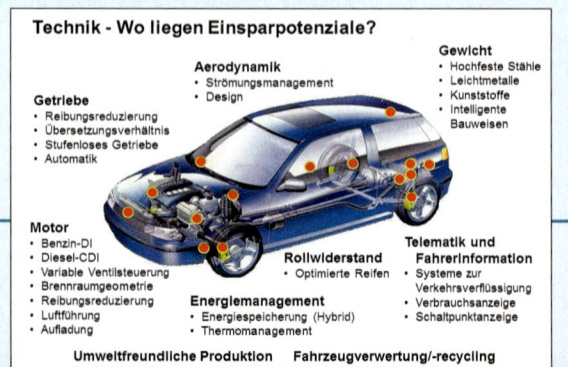

Technik – Fluch oder Segen?   Projekt

„Vielleicht werden meine Fabriken dem Krieg eher ein Ende machen als Ihre Kongresse: An jedem Tag, an dem zwei Armeen sich in einer Sekunde gegenseitig vernichten können, werden alle zivilisierten Nationen davor zurückschrecken und ihre Truppen auflösen." Dies schrieb 1891 ALFRED NOBEL, der Erfinder des Dynamits an seine Bekannte BERTHA VON SUTTNER, 1905 die erste Friedensnobelpreisträgerin.

P1 Recherchiert die Lebensläufe von ALFRED NOBEL und BERTHA VON SUTTNER und präsentiert sie in Form einer Zeitleiste. Informiert euch dabei auch über die vermuteten Beweggründe NOBELS für die Stiftung der „Nobelpreise".

P2 Dynamit wurde und wird in der Technik vielfach bei der Realisierung nützlicher Projekte eingesetzt. Es hat aber auch in vielen Kriegen bis in die Gegenwart hinein eine zerstörerische und vernichtende Wirkung entfaltet.
Recherchiert die Einsatzmöglichkeiten von Dynamit und stellt seine positiven und negativen Anwendungen gegenüber.

P3 NOBEL war sich der positiven und der negativen Wirkungen seiner Erfindung durchaus bewusst.
a) Findet für andere Erfindungen der Technik solche positiven und negativen Einsatzmöglichkeiten.
b) Gibt es überhaupt Technik, die nicht immer beides beinhaltet? Gebt Beispiele und kommentiert sie.

P4 V. SUTTNER hat sich mit ihrem gesamten Lebenswerk für die Ächtung des Krieges eingesetzt. Entwickelt Stichworte zu einem Briefwechsel (den es tatsächlich gegeben hat) zwischen NOBEL und V. SUTTNER zu obigem Zitat aus einem der Briefe NOBELS.

„Gemeinsam anders leben, damit alle überleben"   Projekt

1972 veröffentlichte der **Club of Rome** den ersten Bericht „**Limits to Growth**" (Die Grenzen des Wachstums), dem bisher weitere 30 Berichte zu unterschiedlichen Zukunftsfragen der Menschheit folgten.

P1 a) Recherchiert, wer diesen Bericht verfasst hat und welche Vorhersagen gemacht wurden. Überprüft, ob sie auch eingetroffen sind.
b) Stellt die damalige Prognose und den aktuellen Stand in einer Tabelle gegenüber.

P2 a) Stellt in einem Balkendiagramm den aktuellen **Energiebedarf pro Kopf** der Bevölkerung in verschiedenen Ländern der Welt dar und zeichnet in diese Grafik auch den Mittelwert ein.
b) Bildet in eurer Klasse Kleingruppen, die sich jeweils ein Land aus der Grafik heraussuchen und der Frage nachgehen, welche Auswirkung es für das Land und welche Folgen es weltweit hätte, wenn diesem Land (nur noch) der Mittelwert des Pro-Kopf-Energiebedarfs zugestanden würde.

P3 Spielt eine UN-Versammlung, in der die Vertreter der Länder aus P2 über die Zukunft der Energieversorgung in ihrem Land und global sowie die weltweiten Auswirkungen auf das Klima diskutieren. Versucht, am Ende der Diskussion eine Resolution zu verabschieden, in der ein fairer Ausgleich der Interessen angestrebt wird. Schreibt darüber einen Bericht; schickt ihn auch den Bundestagsabgeordneten eures Wahlkreises.

P4 Stellt Maßnahmen zusammen, wie in eurer Region der Bedarf an Primärenergie deutlich reduziert werden kann. Benennt auch Gründe, warum sie bisher vermutlich nicht ergriffen wurden.

P5 Beschreibt euren Tagesablauf, wenn ihr mit der Hälfte des normalen Energiebedarfs auskommen sollt.

Physik als Naturwissenschaft

Physik betreiben heißt, das Wechselspiel von Wahrnehmen, Denken, Reden, Handeln, Erklären und Wissen so zu gestalten, dass daraus ein sicheres Wissen über die der Physik zugängliche Welt entsteht. Dies Physiktreiben vollzieht sich nach Regeln, die sich vielfach bewährt haben und die gewährleisten, dass das Gebäude der Physik sicher gegründet ist und sich verlässlich weiter entwickelt. Es sollte eingebettet sein in einen Rahmen der Verantwortung gegenüber Natur und Mitmenschen.

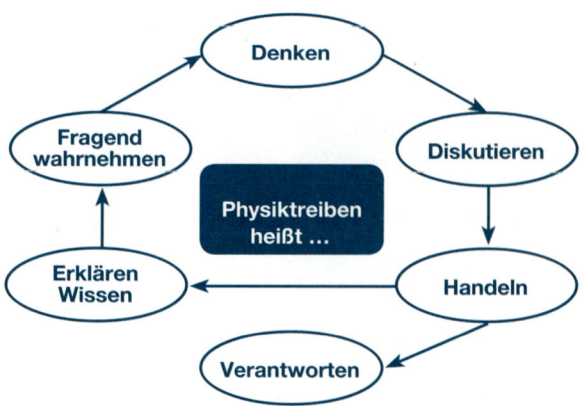

Physikalische Weltsicht – fragen, erklären, wissen

Ein Stein am Wegesrand kann zum Gegenstand der Physik werden, wenn nach seiner Masse, seiner Bewegung, seiner elektrischen Leitfähigkeit, seiner Fähigkeit, das Licht zu reflektieren usw. gefragt wird. Fragen nach seiner Schönheit, den Emotionen, die sein Anblick auslöst, seiner chemischen Zusammensetzung oder den Möglichkeiten, wie Pflanzen auf ihm wachsen können, sind keine Fragen, die der Physik zugänglich sind.

Physik beschränkt den Blick bewusst.

1. Der Stein ist schön.
2. Als Grabstein macht er mich traurig.
3. Er ist geformt wie ein Tierkopf.
4. Erinnert an letztes Picknick, das wir hier hatten.
5. Auf dem Stein zu sitzen, macht Spaß.
6. Wie hart ist er eigentlich?
7. Was unterscheidet das Rot des Steins vom Weiß der Adern darin? Wie schwer wird er sein?
8. Wie wird er flüssig?
9. Aus welchen Stoffen besteht der Stein?
10. Kann er gemahlen als Medizin dienen?
11. Er ist ein Findling, seit der Eiszeit liegt er hier.

Wenn Physiker in ihrer Wissenschaft arbeiten, blenden sie alle Fragen aus, die nicht den experimentierenden, messenden, mathematisierenden Verfahren der Physik zugänglich sind. Sie haben also nur eine eingegrenzte Sicht auf die Welt, so wie jede Fachwissenschaft nur den Teil der Welt betrachtet, der ihren Verfahren zugänglich ist. Physik kann also keineswegs die Ganzheit der Welt erfassen. Allerdings, was wie eine Schwäche aussieht, ist gleichzeitig der Grund ihres Erfolges!

Fragen zielen darauf ab, Erklärungen dafür zu finden, warum etwas so ist, wie es ist, wie ein Zustand geworden ist oder unter welchen Bedingungen er sich verändert. Wann aber gilt eine Sache als erklärt? Ein Lexikon sagt dazu: *Erklärung ist die argumentative Rückführung auf bekannte bzw. anerkannte Sachverhalte.*

Je nach Umfang und Tiefe der für die Erklärung bekannten und anerkannten Sachverhalte kann dann eine Erklärung sehr schlicht ausfallen oder aber sehr tief und umfassend begründet sein. Deshalb gibt es in verschiedenen Wissensstufen auch unterschiedliche Erklärungsstufen. Weil der Vorrat an Bekanntem immer weiter ausgedehnt wird, sind heute „richtige" Erklärungen morgen möglicherweise nur noch in engen Grenzen gültig.

① **Kindergarten:** Wenn man de Schalter knipst, geht das Licht a

② **Grundschule:** Von der Batte muss ein Kabel über den Schalt zur Lampe gehen und ein ander zurück zur Batterie.

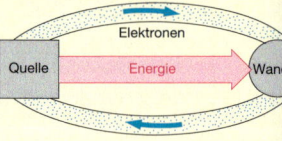

③ **7. Klasse:** In einem Stromkre strömen Elektronen im Kreis vor der Quelle zum Gerät und wiede zurück. Dabei gelangt Energie von der Quelle zum Gerät, das sie je nach Konstruktion in and Formen wandelt.

④ **Sekundarstufe II:** Ladung – Ladungstrennung – elektrisches magnetisches Feld

Ein erklärter Sachverhalt geht in das Wissen ein und steht damit späteren Erklärungen zur Verfügung.

Physik betreiben heißt, sich auf die Fragestellungen zu beschränken, die physikalischen Verfahren zugänglich sind – und alles andere bewusst auszublenden.

Erklären ist die argumentative Rückführung von Neuem auf bereits Bekanntes. Der Vorgang des Erklärens ist ein offener, nie abgeschlossener Prozess.

Physikalisch handeln – deduktiv oder induktiv vorgehen, verantwortlich sein

Deduktives (schlussfolgerndes) Vorgehen: Aus Bekanntem wird ein neuer Sachverhalt in logisch aufeinander folgenden Denkschritten hergeleitet. Anschließend muss experimentell gezeigt werden, dass das Abgeleitete auch mit der Realität übereinstimmt.
GALILEIs Vorgehen beim Auffinden des Gesetzes des freien Falles war solch ein deduktives Schlussfolgern.

Induktives Vorgehen: An einem oder mehreren Beispielen wird gezeigt, dass ein behaupteter Sachverhalt richtig ist. Daraus wird geschlossen, dass auch alle vergleichbaren Sachverhalte richtig sind. Die Richtigkeit gilt so lange, bis ein Gegenbeispiel gefunden ist.
FARADAYs Entdeckung des Elektromagnetismus ist ein Beispiel für induktives Vorgehen.

Ablauf physikalischen Handelns bei induktivem Vorgehen und bei der Überprüfung von deduktiv gefundenen Gesetzen: GALILEI schrieb: *Alle Naturwissenschaften „… **erhärten ihre Prinzipien durch Experimente, und diese bilden das Fundament des ganzen späteren Aufbaus."*** – Mit einer vorangestellten Hypothese, der eine Vorstellung, wie es sein könnte, zugrunde liegt – einer Theorie – ist das Experiment damit von GALILEI als Frage an die Natur in das Zentrum naturwissenschaftlicher Erkenntnis gestellt worden. In der Physik gilt deshalb nur das als gesichert, was sich im Experiment als richtig erwiesen hat. Und es ist nur so lange gültig, wie nicht spätere Experimente es wieder in Frage stellen.

Am Anfang steht etwas Unbekanntes, Fragwürdiges durch eine
Wahrnehmung
an der Natur oder der Technik.
Um Erklärung bemüht, aktivieren Forscher ihr Wissen in einer
Theorie,
wie es sein könnte. Ihre Vermutung formulieren sie in einer
Hypothese oder in einem deduktiv gefundenen Gesetz
(möglichst in der Sprache der Mathematik)

Um zu prüfen, ob die Hypothese oder das Gesetz richtig ist
oder verworfen werden muss, ist die
Planung eines Experimentes
einzuleiten. Dabei werden experimentelle Folgerungen aus der
Hypothese abgeleitet und alle nicht zur Sache gehörenden Dinge
ausgeblendet. Die anschließende
Durchführung des Experimentes
(samt **Beobachtungen und Messungen**)
hat das Ziel, das in der Hypothese oder dem Gesetz
Behauptete möglichst genau zu erfassen.
Die Beobachtungen und Messungen erfahren in der
Auswertung
eine angemessene Darstellung. Das ist in der Regel ein mathematischer Zusammenhang zwischen den beobachteten Größen in Form
einer Grafik oder einer Formel. Die Auswertung schließt mit einer
Fehlerbetrachtung.
Sie ermöglicht eine Aussage über den Gültigkeitsbereich
des gefundenen Zusammenhangs.

Danach wird das
Ergebnis
möglichst in mathematischer Form formuliert. Es gibt an, ob die
Hypothese oder das Gesetz richtig sind oder ob sie zu verwerfen sind.
Können sie weiterhin gelten, wird das Ergebnis zu einem
physikalischen Gesetz oder Modell.
Müssen Hypothese oder Gesetz verworfen werden, erfolgt
Neues Forschen.

Verantwortung übernehmen: Eine Bombenexplosion – Ergebnis naturwissenschaftlichen Denkens – hat großen Einfluss auf die körperlichen, emotionalen und sozialen Bedürfnisse der davon betroffenen Menschen.
Dieses Beispiel für mögliche Folgen naturwissenschaftlichen Handelns zeigt, dass Naturwissenschaftler immer in der Verantwortung stehen für die Konsequenzen ihres wissenschaftlichen Tuns. Die erarbeiteten Kenntnisse ermöglichen sachbezogene Urteile und werden damit handlungsleitend überall dort, wo naturwissenschaftliches Wissen relevant wird. Dies gilt für das Einschätzen politischer Aktivitäten ebenso wie für eigenes, persönliches Handeln.
Es gilt auch für den naturwissenschaftlichen Unterricht in der Schule: Durch Kenntnisse urteilsfähig zu werden, um verantwortlich zu handeln in allen Lebenssituationen, die diese Sachkenntnisse erfordern.

Allein die experimentelle Überprüfung von Hypothesen entscheidet über die Richtigkeit von Naturgesetzen – sonst nichts! Naturwissenschaftliches Handeln vollzieht sich in Verantwortung gegenüber Mensch und Natur.

Physikalisch kommunizieren – Mathematik als Sprache

Eines der grundlegenden Werke der modernen Physik ist *„Philosophiae Naturalis Principia Mathematica"* (Mathematische Prinzipien der Naturphilosophie) von ISAAC NEWTON (1643–1727), dem Vater der Mechanik. Er entwickelte die für die Mechanik erforderliche Differentialrechnung, die der Hannoveraner Naturphilosoph GOTTFRIED WILHELM LEIBNITZ (1646–1716) fast gleichzeitig, aber unabhängig von NEWTON geschaffen hatte. Mit der Differentialrechnung ist die Mathematik – wie in anderen Bereichen auch – von der Physik fortentwickelt worden.

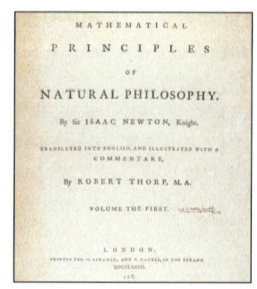

Ein Lexikon sagt: *„Die Physik befasst sich mit der Erforschung aller experimentell und messend erfassbaren sowie mathematisch beschreibbaren Erscheinungen und Vorgängen in der Natur"*.

Für ihr Fragen (Hypothesenbildung), ihre Vorgehensweisen (physikalisches Handeln) und ihre Ergebnisse (Gesetze) sind in der Physik seit GALILEI folgende Prinzipien entwickelt worden:

① Quantitativ messendes Experimentieren

Die Ergebnisse von Messungen sind Werte physikalischer Größen, also Zahlen, für deren Verarbeitung die Mathematik Regeln und Verfahren zur Verfügung stellt. Im Gegensatz zur reinen Mathematik haben die verwendeten Größen dabei eine physikalische Bedeutung. Die Physik ist somit auch eine Verbindung ansonsten abstrakter Objekte der Mathematik zur Natur. Ausdruck dessen ist, dass einer Zahl in der Physik immer eine Einheit zugeordnet ist – erst dadurch wird sie zu einer physikalischen Größe.

② Streng logisches Schlussfolgern

Die gewonnenen Messdaten sollen in einen funktionalen Zusammenhang gebracht werden. Diese Zusammenhänge sind oftmals einfacher Natur, wie etwa die proportionale Beziehung einer Kraft und der daraus resultierenden Ausdehnung der Feder (Hooke'sches Gesetz). Die Mathematik ist für die dazu erforderliche Darstellung als Funktion oder Graph eine angemessene Ausdrucksform. Ihre Verwendung liefert ein Höchstmaß an möglichem logischen Schlussfolgern, wie es die Physik benötigt.

③ Einfache, vereinheitlichende Darstellungsformen

Ferner sollen möglichst einfache und allgemeingültige Regeln/Folgerungen/Hypothesen ermöglicht werden. Dafür bietet die Mathematik eine klare, widerspruchsfreie und eindeutige Form. So ist z. B. der Zusammenhang zwischen einer Kraft, der Masse und der Ausdehnung einer Feder in der Formelschreibweise $F = D \cdot s$ klarer und einfacher ausgedrückt als ein Satz in Worten dies könnte.

④ Modelldenken, auch in abstrahierenden Formen

In der Physik werden für viele Sachverhalte Modelle als Vorstellungshilfen und zur Theoriebildung erdacht. Z. B. gelingt es in der modernen Physik vom Allerkleinsten nicht mehr, Beschreibungen zu entwickeln, die mit den Begriffen der makroskopischen Welt in Einklang zu bringen sind. Nur die abstrakten Formalismen der Mathematik bieten Möglichkeiten der exakten Darstellung.

Um diesen Prinzipien gerecht zu werden, benötigen die Physiker eine angemessene Sprache. Diese finden sie in der Mathematik, die in ihrer Klarheit und Eindeutigkeit als Kommunikationsmedium auch über Sprachgrenzen hinweg unübertroffen ist.

Ohne Mathematik ist Physik undenkbar – im wahrsten Sinne des Wortes. Entscheidend für die Anwendung der Mathematik auf die Physik ist allerdings, dass die mathematisch gewonnenen Erkenntnisse einer messenden, experimentellen Überprüfung standhalten:

- Sind die mathematisch formulierten physikalischen Gesetze allgemeingültig?
- Unter welchen Bedingungen sind sie veränderbar?
- Können neue, noch allgemeinere Beziehungen formuliert werden?

Das macht das Wesen der Physik aus und unterscheidet sie von der Mathematik, die sich mit Widerspruchsfreiheit begnügt und keine Überprüfung im Experiment fordert.

Die Mathematik ist für die Physik eine Hilfswissenschaft für alle quantifizierenden und schlussfolgernden Aspekte und zugleich wichtigstes Kommunikationsmittel bei der Verständigung der Physiker untereinander.

> Mathematik und Physik sind eng miteinander verwoben. Die Mathematik ist die universelle und einzig mögliche Sprache der Physik. Sie ist das Kommunikationsmittel der Physiker und wird von ihnen als Hilfswissenschaft genutzt.

Einheiten zur besseren Verständigung – das SI-Einheitensystem

Die Mathematik als Sprache und das Modelldenken als Verständigungsbrücke über Inhalte (S. 174) sind grundlegende Voraussetzungen für eine angemessene Kommunikation über die Gegenstände der Physik. Zusätzlich sind Absprachen über die Bedeutung und Zahlenwerte von Messungen erforderlich, um die Kommunikation zu vereinfachen unter allen, die Physik betreiben und deren Ergebnisse verwenden.

Dieser Bereich ist der einzige in der Physik, der auf dem Ergebnis von Übereinkünften beruht. Eigentlich ist es gleichgültig, ob eine Länge als Elle, als Yard oder als Meter gemessen wird, eine Länge bleibt es allemal. Schwierig wird es nur, wenn verschiedene Menschen unterschiedliche Längenmaße verwenden. Dann muss umgerechnet werden.

In der weiteren Entwicklung des Einheitensystems kam es 1960 zu einem wichtigen Schritt. Im „Système Internationale d'Unités" wurden für 7 Basisgrößen genau definierte Einheiten festgelegt. Für jede Einheit gibt es eine klare Definition, die immer auch eine Messvorschrift beinhaltet.

Größe		Einheit	
Länge	l	Meter	m
Masse	m	Kilogramm	kg
Zeit	t	Sekunde	s
Temperatur	ϑ	Kelvin	K
Stromstärke	I	Ampere	A
Lichtstärke	I	Candela	cd
Stoffmenge	n	Mol	mol

Die Grundideen für die Einführung von Basisgrößen sind folgende:
● So wenige Basisgrößen wie möglich.
● Alle anderen Größen der Physik sollen aus den Basisgrößen ableitbar sein.
● Alle Basisgrößen sollen immer, überall und möglichst genau reproduzierbar sein.

Die Nationalversammlung des revolutionären Frankreichs nahm dies zum Anlass, das Meter als Maßeinheit festzulegen. Zunächst wurde 1791 das metrische System eingeführt (Teilungen eines Maßes in 10 gleiche Unterteile); danach wurde nach Vermessung des Meridians, der durch Paris geht, festgelegt, dass **1 Meter der 10-millionste Teil der Entfernung Pol–Äquator auf diesem Meridian** sei. 1799 wurde dieses Urmaß in Paris in Form eines Platinstabes hinterlegt.

Später wurde für die Masse das Kilogramm definiert und als Platinzylinder ebenfalls in Paris hinterlegt. Viele Staaten haben sich dieser Definition angeschlossen.

Gerade die letzte Forderung hat mehrfach zu neuen Definitionen geführt. So wird z.B. zur Zeit daran gearbeitet, den Platinklotz „Urkilogramm" dadurch zu ersetzen, dass die Anzahl der Atome in einer extrem genau geschliffenen, 1 kg schweren, einkristallinen Siliciumkugel bestimmt wird. Dann soll das Kilogramm über die Anzahl der Atome einer solchen Kugel mit einer Genauigkeit von $2 \cdot 10^{-8}$ definiert werden.

> Für die SI-Einheiten sind sieben Basisgrößen und deren Einheiten definiert. Aus ihnen sind alle anderen Größen der Physik und Chemie ableitbar.

Naturwissenschaften — Versuche und Aufträge

A1 Diskutiert, was ihr unter „Naturwissenschaft" versteht im Vergleich etwa zu den Sprachwissenschaften, der Philosophie oder Rechtswissenschaft. Schreibt das Ergebnis eurer Diskussion in möglichst wenigen Sätzen auf, so dass es zu eurer Definition von „Naturwissenschaft" wird.

A2 Führt Interviews mit
• einer Schülerin / einem Schüler der SII,
• eurem Biologielehrer
• einem Erwachsenen, der nicht zur Schule gehört.
Schreibt nach jedem Interview auf, was der / die jeweilige Gesprächspartner/in als Naturwissenschaft definiert hat und vergleicht es mit eurer eigenen Definition.

A3 a) Recherchiert den Begriff **Naturwissenschaft**. Fasst jede gefundene Definition in höchstens fünf zentralen Stichworten zusammen und vergleicht das Ergebnis wieder mit eurer eigenen Definition.
b) Überarbeitet eure eigene Definition mit dem, was ihr in den Interviews erfahren habt – soweit ihr das akzeptieren könnt – und dem Ergebnis eurer Recherchen.

A4 Recherchiert auch die Definition von **Physik** und beurteilt, ob sie mit eurer Definition von Naturwissenschaft in Einklang zu bringen ist.

A5 Bereitet ein Referat zum Thema „Was ist eine Naturwissenschaft?" vor und haltet es vor der Klasse.

Physikalisch kommunizieren – Modelle zur Vorstellung und Verständigung

Die fantastische Leistung der Forscher, die sich mit dem Aufbau der Körper beschäftigten, bestand darin, sich ein Bild vom Inneren der Materie zu machen, ohne dass sie je ein Atom gesehen hätten.

JOHN DALTON (1766–1844) genügte für seine Untersuchungen der Systematik chemischer Verbindungen die Vorstellung, dass Atome feste, unteilbare Kugeln seien, einheitlich vom Material des Elements ausgefüllt und mit einer Masse versehen.

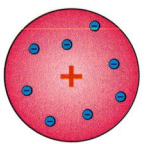

JOSEPH JOHN THOMSON (1856–1940) entdeckte bei Untersuchungen mit Röntgenstrahlen die Elektronen und dass sie sich vom Atom entfernen können. Ihre Existenz als Teil des Atoms widersprach dem Dalton'schen Bild von der Einheitlichkeit und Unteilbarkeit des Atoms.

Die Wirklichkeit war also offenbar anders als das Bild, das die Forscher vom Atom im Kopf hatten. Das neue Bild vom Atom war eine Kugel, in der die negativ geladenen Elektronen wie Rosinen im Kuchenteig eingelagert sind.

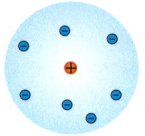

ERNEST RUTHERFORD (1871–1937) hatte herausgefunden, dass das Innere des Atoms fast leer ist und die Masse und positive Ladung allein im Kern konzentriert sind.

Die Wirklichkeit des Atoms war also offenbar noch anders als das Bild, das Thomson sich davon gemacht hatte, denn eine der gedachten Folgen des Thomson'schen Bildes war, dass Leere im Atom nicht sein kann. Die gedachte Folge stimmte nicht mit der naturnotwendigen Folge „Leere" überein: Das Bild vom Atom musste erneut revidiert werden. Spätere Entwicklungen haben zu weitern Verfeinerungen bzw. Veränderungen des Atommodells geführt.

Physiker ordnen ihr Wissen gedanklich in Vorstellungen und Bildern oder auch in abstrakten, mathematischen Formeln, die sie sich von den äußeren Gegenständen der Wirklichkeit machen. Solche **Modelle** bilden immer nur bestimmte Teile der Wirklichkeit ab. Sie sind Grundlage für ein zielgerichtetes Erforschen des wirklichen Gegenstandes und ermöglichen begründete Vorhersagen für das spätere Experimentieren. Stimmen die Ergebnisse nicht mit dem Modell überein, muss es geändert werden – die Wirklichkeit ist das Maß jeder Theorie!

Ein physikalisches Modell erfüllt seine Aufgabe also nur dann, wenn alles, was gedanklich aus ihm folgt, auch mit der Wirklichkeit übereinstimmt – im Experiment wird diese Übereinstimmung überprüft.

HEINRICH HERTZ (1857–1894), der Entdecker der Radiowellen, hat am Ende des 19. Jahrhunderts die Beziehung der Bilder zu den wirklichen Gegenständen so beschrieben: *„Wir machen uns innere … Bilder … der äußeren Gegenstände, und zwar machen wir sie von solcher Art, dass die denknotwendigen Folgen der Bilder stets wieder Bilder seien von den naturnotwendigen Folgen der abgebildeten Gegenstände."*

Modelle dienen noch einem weiteren Zweck als nur dem, gedanklich die Wirklichkeit zu erfassen – sie ermöglichen es, untereinander über die komplizierten Gegenstände der Wirklichkeit zu kommunizieren. „Ich stelle es mir so und so vor" ist die sprachliche Brücke vom Bild im Kopf zur Wirklichkeit, die auf diese Weise einem Gesprächspartner vermittelbar wird.

> Ein Modell ist ein gedachtes Abbild eines Ausschnittes der Wirklichkeit. Folgerungen, die sich aus dem Modell ergeben, müssen in der Wirklichkeit durch ein Experiment nachgeprüft werden. Stimmen Modell und Wirklichkeit nicht überein, muss das Modell geändert werden. Modelle dienen der Verständigung über die Gegenstände der Wirklichkeit.

Welt der äußeren Gegenstände in Natur und Technik

Beobachtungen

ergeben solche inneren Bilder der äußeren Gegenstände,

Welt der Gedanken des Menschen

neue Bilder

dass die denknotwendigen Folgen der Bilder …

stets wieder Bilder sind von den naturnotwendigen Folgen der abgebildeten Gegenstände.

Überprüfung des Gedachten im Experiment

Welt der äußeren Gegenstände in Labor und Experiment

Wissen im Wandel – das Beispiel Weltbilder

Das geozentrische Weltbild

Das geozentrische Weltbild des CLAUDIUS PTOLEMÄUS (um 100–178) galt über 1000 Jahre lang:

- Die Erde ist Mittelpunkt der gesamten Welt.
- Sonne, Mond und Planeten bewegen sich auf verschiedenen, konzentrischen, durchsichtigen Hohlkugeln (Sphären ≙ Himmelsschalen) mit der Erde im Mittelpunkt.
- Die inneren Sphären der Planeten werden von einer letzten Sphäre umschlossen, an der die Sterne unbeweglich fest sitzen.
- Alle Sphären bewegen sich durch göttliche Kräfte.

Diese Vorstellung spiegelt genau das wider, was die Menschen sehen. Weil sie keiner Beobachtung widersprach, musste sie richtig sein. Die Kirche als Hüterin der göttlichen Ordnung übernahm dieses Weltbild und hat es länger als eineinhalb Jahrtausende vertreten.

Erst NIKOLAUS KOPERNIKUS (1473–1543) hatte aus der Beobachtung bestimmter Unregelmäßigkeiten bei der Bewegung der Planeten die Idee, die Sonne ins Zentrum zu setzen. Die genauen Beobachtungen JOHANNES KEPLERS (1571–1630) stützten diesen damals revolutionären Gedanken.

Das heliozentrische Weltbild

- Die Sonne ist Mittelpunkt des Sonnensystems und die Planeten bewegen sich um sie.
- Der Mond bewegt sich um die Erde.
- Die Fixsterne sind sehr weit entfernt.
- Tag und Nacht entstehen durch die Rotation der Erde um die Achse Nordpol–Südpol.

Die Erfindung des Fernrohres und die Beobachtungen GALILEIS lieferten zu Beginn des 17. Jahrhunderts die Belege für die Richtigkeit des heliozentrischen Weltbildes: GALILEI entdeckte vier Monde des Jupiter, die sich keineswegs auf der Jupiter-Sphäre, sondern sie durchstoßend bewegten – was im Ptolemäi'schen System unmöglich wäre. Ferner sah GALILEI Krater und Täler auf dem Mond und erkannte die Planeten als ausgedehnte Himmelskörper. Das verwaschene Band der Milchstraße erwies sich als eine Ansammlung unzählbar vieler Sterne. Auch das widersprach dem alten Denken.

Die katholische Kirche hat GALILEIs Ansichten lange nicht akzeptiert, sondern ihn mit lebenslangem Hausarrest bestraft. Erst 1992 hat sie ihn vom Vorwurf der Ketzerei freigesprochen.

Das kosmologische Weltbild

Die Astronomie nach GALILEI hat eine Fülle weiterer Beobachtungen zur Stützung des heliozentrischen Weltbildes geliefert. Sie hat aber auch den Blick über das Sonnensystem hinaus in den Kosmos gerichtet. Dabei hat sie Galaxien als geordnete Sternenansammlungen, Schwarze Löcher, Weiße Zwerge und vieles mehr entdeckt.

EDWIN HUBBLE (1889–1952) entdeckte, dass sich die Galaxien im Weltraum voneinander entfernen. Seit wann tun sie das und war alles einmal dicht beieinander? Tatsächlich ergaben Berechnungen, dass vor 14 Milliarden Jahren das gesamte Universum extrem dicht und heiß auf engstem Raum konzentriert war. In einem unvorstellbaren Ereignis, dem **Urknall,** „flog" es auseinander und dehnt sich seitdem aus. Zuerst gab es nur energiereiche Strahlung, kurze Zeit später Elementarteilchen (Protonen, Neutronen und Elektronen), die trillionenmal heißer waren als die Sonne. Die Ausdehnung bewirkte Abkühlung, wodurch sich die ersten Atome – Wasserstoff und Helium – bilden konnten, die zum Grundstoff der Sterne und Galaxien wurden. Sie wurden zum Grundstoff der Sterne, in denen sich die schweren Elemente bildeten. Diese wurden von Supernovae ins All geschleudert und wurden so die Bausteine aller Materie im Kosmos.

Die Beobachtung eines sich ständig und immer schneller ausbreitenden Universums ist nicht verstanden und führte zur Einführung von Begriffen wie „Dunkle Materie" und „Dunkle Energie". – Auf uns warten noch Überraschungen!

Das Bild der Menschen über die Welt, in der sie leben, hat sich nach den Kenntnissen der Wissenschaft über den Kosmos im Laufe der Jahrhunderte gewandelt. Der Wandel des Weltbildes wird nie abgeschlossen sein.

Angenommen, seit dem Urknall wäre ein Jahr vergangen, …

1. Januar 0 Uhr Urknall

1. Januar 17.00 Uhr Weltall wird durchsichtig; erste Atome haben sich gebildet

1. April Bildung der ältesten Galaxien und darin der ersten Sterne

8. Oktober Entstehung des Sonnensystems

23. Oktober Bildung der ältesten Gesteine auf der Erde

26. Oktober Erste Lebewesen auf der Erde

14. November Sauerstoff in der Erdatmosphäre

31. Dezember 22.45 Uhr Herausbildung des Menschen **23.59** Älteste Kulturvölker

Stichwörter

Bildquellen

Auszug aus der Nuklidkarte (vereinfacht)

Zeitangaben

a	Jahr
d	Tag
h	Stunde
min	Minute
s	Sekunde
ms	Millisekunde
µs	Mikrosekunde
ns	Nanosekunde

Ausschnitt aus dem Bereich der natürlichen Zerfallsreihe

Zahl der Protonen (vertikale Achse, nach oben) — *Zahl der Neutronen* (horizontale Achse, nach rechts)

Element-Bezugsfelder (Element / relative Atommasse):
- **94 — Pu 244,0642**
- **93 — Np 237,0482**
- **92 — U 238,02891**
- **91 — Pa 231,03588**
- **90 — Th 232,0381**

Z \\ N	120	121	122	123	124	125	126	127	128	129	130	131	132	133	134
93 Np															Np 227 · 0,51 s · α:7,68
92 U															U 226 · 0,28 s · α:7,555 /0,182
91 Pa	Pa 216 · 105 ms · α:7,948 γ:0,134	Pa 217 · 3,8 ms · α:8,337 γ:0,466	Pa 218 · 113 µs · α:9,616 γ:0,092	Pa 219 · 53 ns · α:9,90	Pa 220 · 0,78 µs · α:9,65	Pa 221 · 5,9 µs · α:9,08	Pa 222 · 4,3 ms · α:8,21	Pa 223 · 6,5 ms · α:8,01	Pa 224 · 0,95 s · α:7,555	Pa 225 · 1,8 s · α:7,25					
90 Th	Th 213 · 0,14 s · α:7,69	Th 214 · 0,10 s · α:7,68	Th 215 · 1,2 s · α:7,392 γ:0,134	Th 216 · 26 ms · α:7,923 γ:0,629	Th 217 · 237 µs · α:9,261 γ:0,822	Th 218 · 0,1 µs · α:9,67	Th 219 · 1,05 µs · α:9,34	Th 220 · 9,7 µs · α:8,79	Th 221 · 1,68 ms · α:8,15	Th 222 · 2,24 ms · α:7,980 γ:0,140	Th 223 · 0,66 s · α:7,324 γ:0,390	Th 224 · 1,04 s · α:7,17			
89 Ac	Ac 209 · 90 ms · α:7,59	Ac 210 · 0,35 s · α:7,46	Ac 211 · 0,25 s · α:7,48	Ac 212 · 0,93 s · α:7,38	Ac 213 · 0,80 s · α:7,36	Ac 214 · 8,2 s · α:7,215 γ:0,139	Ac 215 · 0,17 s · α:7,600	Ac 216 · 0,44 ms · α:9,029 γ:0,083	Ac 217 · 69 ns · α:9,65	Ac 218 · 1,1 µs · α:9,205	Ac 219 · 11,8 µs · α:8,664	Ac 220 · 26 ms · α:7,85	Ac 221 · 52 ms · α:7,65	Ac 222 · 5,0 s · α:7,009	Ac 223 · 2,10 min · α:6,647
88 Ra	Ra 208 · 1,3 s · α:7,113	Ra 209 · 4,6 s · α:7,003	Ra 210 · 3,7 s · α:7,003	Ra 211 · 13 s · α:6,907	Ra 212 · 13 s · α:6,899	Ra 213 · 2,74 min · α:6,624 γ:0,110	Ra 214 · 2,46 s · α:7,137	Ra 215 · 1,67 ms · α:8,700 γ:0,834	Ra 216 · 0,18 µs · α:9,349	Ra 217 · 1,6 µs · α:8,99	Ra 218 · 25,6 µs · α:8,39	Ra 219 · 10 ms · α:7,679 γ:0,316	Ra 220 · 23 ms · α:7,46 γ:0,316	Ra 221 · 28 s · α:6,613 γ:0,149	Ra 222 · 38 s · α:6,559 γ:0,324
87 Fr	Fr 207 · 14,8 s · α:6,767	Fr 208 · 58,6 s · α:6,636 /0,636	Fr 209 · 50,0 s · α:6,648	Fr 210 · 3,18 min · α:6,543 γ:0,644	Fr 211 · 3,10 min · α:6,535 γ:0,540	Fr 212 · 20 min · α:6,262 γ:1,274	Fr 213 · 34,6 s · α:6,775	Fr 214 · 5,0 ms · α:8,426	Fr 215 · 0,09 µs · α:9,36	Fr 216 · 0,70 µs · α:9,01	Fr 217 · 16 µs · α:8,315	Fr 218 · 1,0 ms · α:7,867	Fr 219 · 21 ms · α:7,312	Fr 220 · 27,4 s · α:6,68 γ:0,045	Fr 221 · 4,9 min · α:6,341 γ:0,218
86 Rn	Rn 206 · 5,67 min · α:6,260 γ:0,498	Rn 207 · 9,3 min · β:6,133 γ:0,345	Rn 208 · 24,4 min · α:6,138 γ:0,427	Rn 209 · 28,5 min · β:6,039 γ:0,408	Rn 210 · 2,4 h · α:6,040 γ:0,458	Rn 211 · 14,6 h · α:5,783 γ:0,674	Rn 212 · 24 min · α:6,264	Rn 213 · 19,5 ms · α:8,09 γ:0,540	Rn 214 · 0,27 µs · α:9,037	Rn 215 · 2,3 µs · α:8,67	Rn 216 · 45 µs · α:8,05	Rn 217 · 0,54 ms · α:7,740	Rn 218 · 35 ms · α:7,133	Rn 219 · 3,96 s · α:6,819 γ:0,271	Rn 220 · 55,6 s · α:6,288
85 At	At 205 · 26,2 min · α:5,902 γ:0,719	At 206 · 29,4 min · α:5,703 γ:0,701	At 207 · 1,8 h · α:5,759 β:0,815	At 208 · 1,63 h · α:5,640 γ:0,686	At 209 · 5,4 h · α:5,647 γ:0,545	At 210 · 8,3 h · α:5,524 γ:1,181	At 211 · 7,22 h · α:5,867 γ:0,063	At 212 · 314 ms · α:7,68	At 213 · 0,11 µs · α:9,08	At 214 · 0,56 µs · α:8,819	At 215 · 0,1 ms · α:8,026	At 216 · 0,3 ms · α:7,804	At 217 · 32,3 ms · α:7,069	At 218 · ~2 s · α:6,694	At 219 · 0,9 min · α:6,27
84 Po	Po 204 · 3,53 h · α:5,377 γ:0,884	Po 205 · 1,66 h · α:5,22 γ:0,872	Po 206 · 8,8 d · α:5,2233 γ:1,032	Po 207 · 5,84 h · α:5,116 β:0,992	Po 208 · 2,898 a · α:5,1152	Po 209 · 102 a · α:4,881	Po 210 · 138,38 d · α:5,3044	Po 211 · 0,516 s · α:7,450	Po 212 · 0,3 µs · α:8,785	Po 213 · 4,2 µs · α:8,376	Po 214 · 164 µs · α:7,6869	Po 215 · 1,78 ms · α:7,3862 β	Po 216 · 0,15 s · α:6,7783	Po 217 · 1,53 s · α:6,543	Po 218 · 3,05 min · α:6,0024
83 Bi	Bi 203 · 11,76 h · β:0,820	Bi 204 · 11,22 h · γ:0,899	Bi 205 · 15,31 d · β:1,764	Bi 206 · 6,24 d · γ:0,803	Bi 207 · 31,55 a · γ:0,570	Bi 208 · 3,68·10⁵ a · γ:2,615	**Bi 209 · 100**	Bi 210 · 5,013 d · α:4,649 β:1,2	Bi 211 · 2,17 min · α:6,6229 γ:0,351	Bi 212 · 60,60 min · α:6,05 β:2,3 γ:0,727	Bi 213 · 45,59 min · α:5,87 β:1,4 γ:0,440	Bi 214 · 19,9 min · α:5,45 β:1,5 γ:0,609	Bi 215 · 7,6 min · β γ:0,294	Bi 216 · 2,17 min · β γ:0,550	Bi 217 · 98,5 s · β γ:0,265
82 Pb	Pb 202 · 5,25·10⁵ a	Pb 203 · 51,9 h · γ:0,279	**Pb 204 · 1,4**	Pb 205 · 1,5·10⁷ a	**Pb 206 · 24,1**	**Pb 207 · 22,1**	**Pb 208 · 52,4**	Pb 209 · 3,253 h · β:0,6	Pb 210 · 22,3 a · β:3,72/0,02 γ:0,047	Pb 211 · 36,1 min · β:1,4 γ:0,405	Pb 212 · 10,64 h · β:0,3 γ:0,239	Pb 213 · 10,2 min · β	Pb 214 · 26,8 min · β:0,7 γ:0,352	133	134
81 Tl	Tl 201 · 73,1 h · γ:0,167	Tl 202 · 12,23 d · γ:0,440	**Tl 203 · 29,52**	Tl 204 · 3,78 a · β:0,8	**Tl 205 · 70,48**	Tl 206 · 4,20 min · β:1,5	Tl 207 · 4,77 min · β:1,4	Tl 208 · 3,053 min · β:1,8 γ:2,615	Tl 209 · 2,16 min · β:1,8 γ:1,567	Tl 210 · 1,3 min · β:1,9 γ:0,800	130	131	132		
80 Hg	**Hg 200 · 23,10**	**Hg 201 · 13,18**	**Hg 202 · 29,86**	Hg 203 · 46,59 d · β:0,2 γ:0,279	**Hg 204 · 6,87**	Hg 205 · 5,2 min · β:1,5 γ:0,204	Hg 206 · 8,15 min · β:1,3 γ:0,305	Hg 207 · 2,9 min · β:1,8 γ:0,351	Hg 208 · ~42 min · β:0,474	Hg 209 · 35 s · β:0,324					

Legende:

N 14,00674	Element · relative Atommasse	
N 14 · 99,634	Stabile Nuklide	
U 234 · 0,0054 · 2,455·10⁵ a · α:4,775 · sf	Nuklide, die bei der Bildung der irdischen Materie entstanden	

Instabile (radioaktive) Nuklide

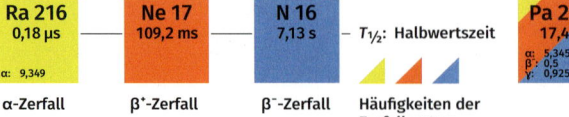

Ra 216 · 0,18 µs · α:9,349	Ne 17 · 109,2 ms	N 16 · 7,13 s	Pa 230 · 17,4 d · α:5,345 β:0,5 γ:0,925
α-Zerfall	β⁺-Zerfall	β⁻-Zerfall	Energie der Strahlung in MeV

$T_{1/2}$: Halbwertszeit — Häufigkeiten der Zerfallsarten

Am (95) — 243,0614

Nuklid	Halbwertszeit	Zerfall
Am 232	1,31 min	α / sf
Am 233	3,2 min	α: 6,780
Am 234	2,32 min	α: 6,46
Am 235	10,3 min	α: 6,457 γ: 0,291
Am 236	3,6 min	α: 6,157 γ: 0,719
Am 237	73,0 min	α: 6,042 γ: 0,280
Am 238	1,63 h	α: 5,94 γ: 0,963
Am 239	11,9 h	α: 5,774 γ: 0,278
Am 240	50,8 h	α: 5,378 γ: 0,988
Am 241	432,2 a	α: 5,486 γ: 0,060
Am 242	16 h	β: 0,7 sf

Pu — 229 90 s

Nuklid	Halbwertszeit	Zerfall
Pu 229	90 s	α: 7,465
Pu 230	1,7 min	α: 7,057 γ: 0,096
Pu 231	8,6 min	α: 6,72
Pu 232	34,1 min	α: 6,60
Pu 233	20,9 min	α: 6,31 γ: 0,235
Pu 234	8,8 h	α: 6,202
Pu 235	25,3 min	α: 5,85 γ: 0,049
Pu 236	2,858 a	α: 5,768
Pu 237	45,2 d	α: 5,334 γ: 0,06
Pu 238	87,74 a	α: 5,499
Pu 239	$2{,}411 \cdot 10^{4}$ a	α: 5,157
Pu 240	6563 a	α: 5,168
Pu 241	14,35 a	α: 4,896 γ: 0,02 β

Np

Nuklid	Halbwertszeit	Zerfall
Np 228	61,4 s	α: ~7,15 sf
Np 229	4,0 min	α: 6,89
Np 230	4,6 min	α: 6,66
Np 231	48,8 min	α: 6,28 γ: 0,371
Np 232	14,7 min	γ: 0,327
Np 233	36,2 min	α: 5,54
Np 234	4,4 d	β+ γ: 1,559
Np 235	396,1 d	α: 5,025 γ
Np 236	$1{,}54 \cdot 10^{5}$ a	γ: 0,160
Np 237	$2{,}144 \cdot 10^{6}$ a	α: 4,790 γ: 0,029 sf
Np 238	2,117 d	β-: 1,2 γ: 0,984
Np 239	2,355 d	β-: 0,4 γ: 0,106
Np 240	65 min	β-: 0,9 γ: 0,566

U

Nuklid	Halbwertszeit / Häufigkeit	Zerfall
U 227	1,1 min	α: 6,86 γ: 0,247
U 228	9,1 min	α: 6,68
U 229	58 min	α: 6,362 γ: 0,123
U 230	20,8 d	α: 5,888
U 231	4,2 d	α: 5,456 γ: 0,026
U 232	68,9 a	α: 5,320
U 233	$1{,}592 \cdot 10^{5}$ a	α: 4,824 γ
U 234	0,0054 $2{,}455 \cdot 10^{5}$ a	α: 4,775 γ sf
U 235	0,7204 $7{,}038 \cdot 10^{8}$ a	α: 4,398 γ: 0,186 sf
U 236	$2{,}342 \cdot 10^{7}$ a	α: 4,494 sf
U 237	6,75 d	β-: 0,2 γ: 0,060
U 238	99,2742 $4{,}468 \cdot 10^{9}$ a	α: 4,1987 sf
U 239	23,5 min	β-: 1,2 γ: 0,075

Pa

Nuklid	Halbwertszeit	Zerfall
Pa 226	1,8 min	α: 6,86
Pa 227	38,3 min	α: 6,456 γ: 0,065
Pa 228	22 h	α: 6,078 γ: 0,911
Pa 229	1,50 d	α: 5,580
Pa 230	17,4 d	α: 5,345 γ: 0,5 γ: 0,952
Pa 231	$3{,}276 \cdot 10^{4}$ a	α: 5,014 γ: 0,027
Pa 232	1,31 d	β-: 0,3 γ: 0,969
Pa 233	27,0 d	β-: 0,3 γ: 0,312
Pa 234	6,70 h	β-: 0,5 γ: 0,131
Pa 235	24,2 min	β-: 1,4 γ: 0,128
Pa 236	9,1 min	β-: 2,0 γ: 0,642
Pa 237	8,7 min	β-: 1,4 γ: 0,854
Pa 238	2,3 min	β-: 1,7 γ: 1,015

Th

Nuklid	Halbwertszeit / Häufigkeit	Zerfall
Th 225	8,72 min	α: 6,482 γ: 0,321
Th 226	31 min	α: 6,336 γ: 0,111
Th 227	18,72 d	α: 6,038 γ: 0,236
Th 228	1,913 a	α: 5,423 γ: 0,084
Th 229	7880 a	α: 4,845 γ: 0,194
Th 230	$7{,}54 \cdot 10^{4}$ a	α: 4,687
Th 231	25,5 h	β-: 0,3 γ: 0,026
Th 232	100 $1{,}405 \cdot 10^{10}$ a	α: 4,013 sf
Th 233	22,3 min	β-: 1,2 γ: 0,087
Th 234	24,10 d	β-: 0,2 γ: 0,063
Th 235	7,1 min	β-: 1,4 γ: 0,17
Th 236	37,5 min	β-: 1,0 γ: 0,111
Th 237	5,0 min	β-

147

Ac

Nuklid	Halbwertszeit	Zerfall
Ac 224	2,9 h	α: 6,142 γ: 0,216
Ac 225	10,0 d	α: 5,830 γ: 0,100
Ac 226	29 h	α: 5,34 β-: 1,2 β+ γ: 0,23
Ac 227	21,773 a	α: 4,953 β- γ: 0,04
Ac 228	6,13 h	β-: 4,277 γ: 0,911
Ac 229	62,7 min	β-: 1,1 γ: 0,165
Ac 230	122 s	β-: 2,7 γ: 0,455
Ac 231	7,5 min	β- γ: 0,282
Ac 232	119 s	β- γ: 0,665
Ac 233	145 s	β- γ: 0,523
Ac 234	44 s	β- γ: 1,847

Ra

Nuklid	Halbwertszeit	Zerfall
Ra 223	11,43 d	α: 5,7162 γ: 0,269
Ra 224	3,66 d	α: 5,6854 γ: 0,241
Ra 225	14,8 d	β-: 0,3 γ: 0,04
Ra 226	1600 a	α: 4,7843 γ: 0,186
Ra 227	42,2 min	β-: 1,3 γ: 0,027
Ra 228	5,75 a	β-: 0,04
Ra 229	4,0 min	β-: 1,8
Ra 230	93 min	β-: 0,8 γ: 0,027
Ra 231	103 s	β- γ: 0,410
Ra 232	4,2 min	β- γ: 0,471
Ra 233	30 s	β-
Ra 234	30 s	β-

146

Fr

Nuklid	Halbwertszeit	Zerfall
Fr 222	14,2 min	α: ? β-: 1,8 γ: 0,206
Fr 223	21,8 min	α: 5,34 β-: 1,1 γ: 0,05
Fr 224	3,3 min	β-: 2,6 γ: 0,216
Fr 225	4,0 min	β-: 1,6 γ: 0,182
Fr 226	48 s	β-: 3,2 γ: 0,254
Fr 227	2,47 min	β-: 1,8 γ: 0,090
Fr 228	39 s	β- γ: 0,474
Fr 229	50,2 s	β- γ: 0,310
Fr 230	19,1 s	β- γ: 0,711
Fr 231	17,5 s	β- γ: 0,433
Fr 232	5 s	β- γ: 0,125

Rn

Nuklid	Halbwertszeit	Zerfall
Rn 221	25 min	α: 6,037 β-: 0,8 γ: 0,186
Rn 222	3,825 d	α: 5,48948
Rn 223	23,2 min	β- γ: 0,593
Rn 224	1,78 h	β- γ: 0,261
Rn 225	4,5 min	β-
Rn 226	7,4 min	β- γ: 0,162
Rn 227	22,5 s	β- γ: 0,125
Rn 228	65 s	β-

143 144 145

At

Nuklid	Halbwertszeit	Zerfall
At 220	3,71 min	α: 5,493 β- γ: 0,241
At 221	2,3 min	β-
At 222	54 s	β-
At 223	50 s	β-

137 138 139 140 141 142

Bi 218 | 33 s | β-: 3,5 γ: 0,510

136 135

Ausschnitt aus dem Bereich der leichten Elemente

Ne (10) — 20,1797

Nuklid	Halbwertszeit / Häufigkeit	Zerfall
Ne 17	109,2 ms	β-: 8,0 γ: 0,495
Ne 18	1,67 s	β+: 3,4 γ: 1,042
Ne 19	17,22 s	β+: 2,2 γ
Ne 20	90,48	
Ne 21	0,27	
Ne 22	9,25	

F (9) — 18,998403

Nuklid	Halbwertszeit / Häufigkeit	Zerfall
F 17	64,8 s	β+: 1,7
F 18	109,7 min	β+: 0,6
F 19	100	
F 20	11,0 s	β-: 5,4 γ: 1,634
F 21	4,16 s	β-: 5,3 γ: 0,351

O (8) — 15,9994

Nuklid	Halbwertszeit / Häufigkeit	Zerfall
O 13	8,58 ms	γ: 16,7
O 14	70,59 s	β+: 1,8 γ: 2,313
O 15	2,03 min	β+: 1,7
O 16	99,762	
O 17	0,038	
O 18	0,200	
O 19	27,1 s	β-: 3,3 γ: 0,197
O 20	13,5 s	β-: 2,8 γ: 1,057

12

N (7) — 14,00674

Nuklid	Halbwertszeit / Häufigkeit	Zerfall
N 12	11,0 ms	β+: 16,4 γ: 4,439
N 13	9,96 min	β+: 1,2
N 14	99,634	
N 15	0,366	
N 16	7,13 s	β-: 4,3 γ: 6,129
N 17	4,17 s	β-: 3,2 γ: 0,871
N 18	0,63 s	β-: 9,4 γ: 1,982

C (6) — 12,011

Nuklid	Halbwertszeit / Häufigkeit	Zerfall
C 9	126,5 ms	β+: 15,5
C 10	19,3 s	β+: 1,9 γ: 0,718
C 11	20,38 min	β+: 1,0
C 12	98,90	
C 13	1,10	
C 14	5730 a	β-: 0,2
C 15	2,45 s	β-: 4,5 γ: 5,298
C 16	0,747 s	β-: 4,7
C 17	193 ms	β- γ: 1,375

11

B (5) — 10,811

Nuklid	Halbwertszeit / Häufigkeit	Zerfall
B 8	770 ms	β+: 14,1
B 10	19,9	
B 11	80,1	
B 12	20,20 ms	β-: 13,4 γ: 4,439
B 13	17,33 ms	β-: 13,4 γ: 3,684
B 14	13,8 ms	β-: 14,0 γ: 6,09
B 15	10,4 ms	β-

Be (4) — 9,012182

Nuklid	Halbwertszeit / Häufigkeit	Zerfall
Be 7	53,29 d	γ: 0,478
Be 9	100	
Be 10	$1{,}6 \cdot 10^{6}$ a	β-: 0,6
Be 11	13,8 s	β-: 11,5 γ: 2,125
Be 12	23,6 ms	β-: 11,7

9 10

Li (3) — 6,941

Nuklid	Halbwertszeit / Häufigkeit	Zerfall
Li 6	7,5	
Li 7	92,5	
Li 8	840,3 ms	β-: 12,5
Li 9	178,3 ms	β-: 13,6
Li 11	8,5 ms	β-: ~18,5

He (2) — 4,002602

Nuklid	Halbwertszeit / Häufigkeit	Zerfall
He 3	0,000137	
He 4	99,999863	
He 6	806,7 ms	β-: 3,5
He 8	119 ms	β-: 9,7 γ: 0,981

7 8

H (1) — 1,00794

Nuklid	Halbwertszeit / Häufigkeit	Zerfall
H 1	99,985	
H 2	0,015	
H 3	12,323 a	β-: 0,02

3 4 5 6

n 1 | 10,25 min | β-: 0,8

1 2